国家出版基金项目
NATIONAL PUBLICATION FOUNDATION

┃雷达技术丛书┃

雷达成像技术

邢孟道　孙光才　王　彤　等编著

電子工業出版社
Publishing House of Electronics Industry
北京·BEIJING

内 容 简 介

雷达技术的发展使其具有高的二维分辨率，能对场景和目标成像，因而成像已成为雷达的一种新的功能，极大地提高了获取目标信息的能力。它在各类雷达的许多方面得到越来越广泛的应用。

本书共分 9 章，主要内容包括雷达高分辨的原理和实现的处理方法，一维距离像，合成孔径雷达，逆合成孔径雷达，干涉技术在合成孔径雷达和逆合成孔径雷达中的应用等。本书在内容的安排上更着重于理论联系实际，在将基本原理和算法介绍清楚的基础上，主要讨论实际实现中的各类工程技术问题，力求帮助雷达工程技术人员尽快地掌握这一新技术，并能用以解决实际工程问题。

本书具有的设计性和实用性，将会指导从事雷达研究和制造的工程技术人员设计、制造出性能优异的雷达。本书对于从事雷达系统与相关技术教学的高等院校师生也是一本很有实践价值的教材或参考书，对于广大从事雷达装备使用与维护的雷达部队官兵和各行各业操作人员来说也是系统性学习雷达工程技术知识的参考书。

图书在版编目（CIP）数据

雷达成像技术 / 邢孟道等编著.—北京：电子工业出版社，2024.1
（雷达技术丛书）
ISBN 978-7-121-45979-5

Ⅰ.①雷…　Ⅱ.①邢…　Ⅲ.①雷达成像　Ⅳ.①TN957.52

中国国家版本馆 CIP 数据核字（2023）第 130023 号

责任编辑：董亚峰　　特约编辑：刘宪兰
印　　刷：中国电影出版社印刷厂
装　　订：中国电影出版社印刷厂
出版发行：电子工业出版社
　　　　　北京市海淀区万寿路 173 信箱　邮编：100036
开　　本：720×1 000　1/16　印张：25.5　字数：542.6 千字
版　　次：2024 年 1 月第 1 版
印　　次：2024 年 11 月第 2 次印刷
定　　价：160.00 元

"雷达技术丛书"编辑委员会

总　序

雷达在第二次世界大战中得到迅速发展，为适应战争需要，交战各方研制出从米波到微波的各种雷达装备。战后美国麻省理工学院辐射实验室集合各方面的专家，总结第二次世界大战期间的经验，于1950年前后出版了雷达丛书共28本，大幅度推动了雷达技术的发展。我刚参加工作时，就从这套书中得益不少。随着雷达技术的进步，28本书的内容已趋陈旧。20世纪后期，美国Skolnik编写了《雷达手册》，其版本和内容不断更新，在雷达界有着较大的影响，但它仍不及麻省理工学院辐射实验室众多专家撰写的28本书的内容详尽。

我国的雷达事业，经过几代人70余年的努力，从无到有，从小到大，从弱到强，许多领域的技术已经进入了国际先进行列。总结和回顾这些成果，为我国今后雷达事业的发展做点贡献是我长期以来的一个心愿。在电子工业出版社的鼓励下，我和张光义院士倡导并担任主编，在中国电子科技集团有限公司的领导下，组织编写了这套"雷达技术丛书"（以下简称"丛书"）。它是我国雷达领域专家、学者长期从事雷达科研的经验总结和实践创新成果的展现，反映了我国雷达事业发展的进步，特别是近20年雷达工程和实践创新的成果，以及业界经实践检验过的新技术内容和取得的最新成就，具有较好的系统性、新颖性和实用性。

"丛书"的作者大多来自科研一线，是我国雷达领域的著名专家或学术带头人，"丛书"总结和记录了他们几十年来的工程实践，挖掘、传承了雷达领域专家们的宝贵经验，并融进新技术内容。

"丛书"内容共分3个部分：第一部分主要介绍雷达基本原理、目标特性和环境，第二部分介绍雷达各组成部分的原理和设计技术，第三部分按重要功能和用途对典型雷达系统做深入浅出的介绍。"丛书"编委会负责对各册的结构和总体内容审定，使各册内容之间既具有较好的衔接性，又保持各册内容的独立性和完整性。"丛书"各册作者不同，写作风格各异，但其内容的科学性和完整性是不容置疑的，读者可按需要选择其中的一册或数册读取。希望此次出版的"丛书"能对从事雷达研究、设计和制造的工程技术人员，雷达部队的干部、战士以及高校电子工程专业及相关专业的师生有所帮助。

　　"丛书"是从事雷达技术领域各项工作专家们集体智慧的结晶，是他们长期工作成果的总结与展示，专家们既要完成繁重的科研任务，又要在百忙中抽出时间保质保量地完成书稿，工作十分辛苦，在此，我代表"丛书"编委会向各分册作者和审稿专家表示深深的敬意！

　　本次"丛书"的出版意义重大，它是我国雷达界知识传承的系统工程，得到了业界各位专家和领导的大力支持，得到参与作者的鼎力相助，得到中国电子科技集团有限公司和有关单位、中国航天科工集团有限公司有关单位、西安电子科技大学、哈尔滨工业大学等各参与单位领导的大力支持，得到电子工业出版社领导和参与编辑们的积极推动，借此机会，一并表示衷心的感谢！

中国工程院院士

2012 年度国家最高科学技术奖获得者

2022 年 11 月 1 日

前　言

　　雷达成像技术是 20 世纪 50 年代发展起来的。它是雷达发展的一个重要里程碑。从此，雷达的功能不仅仅是将所观测的对象视为"点"目标，来测定它的位置与运动参数，而且它能获得目标和场景的图像。同时，由于雷达具有全天候、全天时、远距离和宽广观测带，以及易于从固定背景中区分运动目标的能力，从而使雷达成像技术受到广泛重视。

　　雷达成像技术应用最多的是合成孔径雷达（Synthetic Aperture Radar，SAR）。当前，机载和星载 SAR 的应用已十分广泛，已可得到厘米级的分辨率，场景图像的质量可与同类用途的光学图像相媲美。利用 SAR 的高分辨能力，并结合其他雷达技术，SAR 还可完成场景的高程测量或形变监测，以及在场景中显示地面动目标（Ground Moving Target Indication，GMTI）。

　　SAR 的高分辨率能力，在径向距离上依靠宽带信号，几千兆赫兹的频带可将距离分辨单元缩小到厘米级；在方位向上则依靠雷达平台运动，等效地在空间形成很长的线性阵列，并将各次回波存储做合成的阵列处理，这正是合成孔径雷达名称的来源。合成孔径可达几百米甚至上千米或更长，因而可获得高的方位分辨率。

　　雷达平台相对于固定地面运动形成合成孔径，实现 SAR 成像。反过来，若雷达平台固定，而目标运动，则以目标为基准，雷达在发射信号过程中，可视为等效反向运动而形成阵列，据此也可对目标成像，通常称为逆合成孔径雷达（Inverse SAR，ISAR）。显然，ISAR 可以获取更多的目标信息。

　　最简单的雷达成像是只利用高分辨一维距离像（High-Resolution Range Profile，HRRP）。当距离分辨率达厘米级时，对飞机、车辆等一般目标，单次回波已是沿距离分布的一维距离像，它相当于目标三维像以向量和的方式在雷达射线上的投影，其分布与目标相对雷达的径向结构状况有关。同时，高距离分辨率有利于检测和区分距离像接近的多个目标，以及目标回波的直达波及其多径信号。

　　本书将对当前已经广泛应用和具有应用潜力的内容做了较为全面的介绍。

　　本书是"雷达技术丛书"中的一册，主要面向从事雷达研制工作的工程技术人

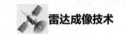

员，因此，本书编著时考虑到读者已有"雷达原理"和"雷达系统"方面的基础，对雷达各部件的基本情况也已比较熟悉，与上述内容有关的部分，本书均做了省略。对这些内容不熟悉的读者，可以从本丛书的其他分册里找到。

国内外有关雷达成像的专著和书籍已经不少，一般着重于原理的叙述和分析，其中有许多学术性很强的佳作。本书作为"雷达技术丛书"中的一册，力求写出自己的特色。由于雷达成像为雷达技术中较新的内容，为便于读者掌握雷达成像的内容，我们的设想是用雷达工程技术人员熟悉的概念、方法和术语对新的问题进行研究，而且根据雷达的实用性来安排本书的体系结构，如雷达的高分辨一维距离像，在原理方面比较简单，但在雷达里很实用，并有许多实际问题需要研究，本书将其专门列为一章。又如与合成孔径雷达相结合的地面动目标显示（GMTI）效果，严格说在原理上不属于雷达成像，但对军用雷达来说，是不可或缺的重要内容，本书也将它列为介绍的重点。

编著本书时，还考虑到雷达成像技术的迅速发展，成像技术已不仅用于专门的成像雷达，而已作为一种新的功能用于各种雷达，如在机载对地警戒雷达，以及对地火控和轰炸雷达里增加合成孔径和/或逆合成孔径成像功能，而在对空警戒和跟踪地基雷达中增加逆合成孔径成像功能。可以说，成像已成为一般雷达工程技术人员所必须掌握的一门技术。为此，在本书编写时，力求做到概念清晰地把工作原理、设计原则、设计方法，以及有关的实际问题交待清楚，从而使读者能通过对本书的学习掌握问题的本质，并能用本书提供的原理和方法，灵活地解决实际问题。

雷达成像及其有关问题现仍在迅速发展中，我们力求将最新的内容介绍给读者。可以肯定地说，本书出版后还会不断有新的内容发表。因此，我们尽可能把新概念、新原理、新方法在其基础层面介绍清楚，做到能与现在发展中的新内容接轨，便于读者今后能用新的知识不断充实自己。

本书由邢孟道、孙光才、王彤等集体编著。在介绍各部分工作之前，这里首先需要特别感谢已故的保铮院士，他是本书编著者和部分参编者的导师，基于对雷达成像技术基本概念全面且深入的理解与思考，保铮院士建立了本书的整体架构，编写了第 1、第 3、第 4 等章节，为本书的概念、理论与体系奠定了扎实的基础。邢孟道编写了第 5、7 章，编写了第 2、第 8 章初稿并经保铮院士修改成稿。孙光才编写了第 6 章，王彤编写了第 9 章。本书成稿后，通过集体讨论与多次修改，由邢孟道定稿。此外，常文胜、楼屹杉、邓玉辉、高悦欣等分别参与了第 4、5、7、8 章中个别小节的编写，冯大政、黄源宝、周峰、王琦、匡晓霞、陈渤、李燕平、丁金闪、吴建新、裴磊、蔡伟纲、张欢、张振华、王虹现、李亚超、全英汇、梁毅、郭亮、白雪茹、张磊、李军、张双喜、杨军、吴玉峰、徐刚、李学仕、段佳、盛佳恋、杨泽民、李震宇、景国彬、陈溅来、符吉祥、陈潇翔、刘文康、李宁等在本书的编写中提供了帮助，蓝洋、向吉祥、张金松、薛敏以及课题组更多人员在校对中提供了帮助，在这里一并表示感谢。

虽然我们在编著本书时做了努力，但由于水平限制和经验不足，书中缺点一定不少，甚至还有错误，希望读者批评指正。

在本书编著中融入了我们二十余年来的一些研究成果，这些研究工作是在国防预研项目"雷达成像技术"，863 计划项目"用外场数据进行 ISAR 成像与运动补偿"，国家自然科学基金重点项目"用信号处理方法提高雷达成像质量"，以及中科院电子所负责的 973 项目"稀疏微波成像的理论、体制和方法研究"中的子课题三"稀疏微波成像信号处理方法研究"的资助下进行的。此外，有很多国内的研究单位在雷达成像算法的研究和验证中提供了帮助，他们包括中国电子科技集团公司十四所、三十八所，中国航天科技集团五〇四所、七〇四所，中国航天科工集团二十三所、三十五所，中国兵器工业集团公司第二〇六研究所等。本书中所举的实测数据基本上来自这些单位。对他们在编写本书过程中给予的帮助，表示衷心感谢。

编著者

2022 年 6 月 30 日

目 录

第 1 章
概　论

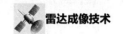

1.1　雷达成像及其发展概况[1-4]

　　雷达的发明是无线电发展史上的重要里程碑，雷达可以全天候、全天时、远距离对目标进行检测和定位，在第二次世界大战发挥了重大作用，至今仍然是军用和许多民用领域的重要传感器。

　　早期雷达的分辨能力很低，其分辨单元通常远大于目标尺寸，因而雷达是将观测对象（如飞机、车辆等）视为"点"目标来测定它的位置和运动参数。为了获取目标更多的信息，雷达科技工作者做了许多研究工作，设法从回波中提取目标特性。实际上，提高雷达的分辨能力应当是最有效的方法之一，当分辨单元远小于目标的尺寸时，就有可能对目标成像，从图像来识别目标显然要比"点"回波识别可靠得多。

　　雷达的距离分辨率受制于信号频带，提高距离分辨率相对容易一些，例如信号频带为300MHz，则通过匹配滤波输出的脉冲宽度为3.3ns，相当于距离长度为0.5m（考虑到脉压时为降低距离副瓣所引起的脉冲主瓣展宽，距离分辨率为0.6m多）。在微波波段，现在要产生300MHz或更宽频带的信号是不困难的。

　　提高横向分辨率，要依靠减小波束宽度，即要采用大孔径的天线。举个实际例子，若天线孔径为300个波长（在X波段约为10m），其波束宽度约为0.2°，则在30km处的横向分辨率约为100m[①]。因此，要将上述横向分辨率提高到1m，则天线孔径还要加大100倍，即约为1000m，实际上是难以做到的，特别是在飞行平台上。

　　如果只是为了提高方位分辨率，原理上用小天线（称为阵元）排成很长的线性阵列是可行的，为了避免方向模糊（即不出现波束栅瓣），阵元间距应不超过1/2波长。若目标是固定的，为了简化设备可以将阵元同时接收改为逐个收发，并铺一条直轨，将小雷达放在轨道上的小车上，步进式地推动小车，而将每一步得到的回波记录下来，这些回波含有接收处回波的相位、幅度信息，将它们按阵列回波做合成处理，显然能得到与实际阵列相类似的结果[②]，即可以得到很高的方位分辨率。由此类推，将雷达安装在飞机或卫星上，在飞行过程中发射和接收宽频带

---

　　① 对雷达图像而言，一般使用纵向和横向来描述方向；对雷达系统而言，一般使用径向（也称距离向）与横向（也称方位向）来描述方向。因此，本书中的纵向分辨率、距离分辨率和径向分辨率三者含义接近，横向分辨率和方位分辨率两者含义接近，根据不同的描述场景来使用。

　　② 合成孔径阵列与实际阵列稍有差别，实际阵列只能用同一个发射源，各阵元回波的波程差是单程的；而合成阵列的发射与接收同时移动，波程差是双程的。

的信号对固定的地面场景作观测，将接收存储的信号作合成阵列处理，便得到径向分辨率和横向分辨率均很高的地面场景图像，合成孔径雷达（Synthetic Aperture Radar，SAR）正是由此得名的。

利用飞行的雷达平台对地面场景获得高的方位分辨率还可用多普勒效应来解释，当雷达载机以一定速度水平飞行，地面的固定目标方位不同，其视线与雷达（载机）的速度向量的夹角也不相同，即它们有不同的相对径向速度和多普勒频率。因此，对同一波束里的固定目标回波做多普勒频率分析，只要多普勒分辨率足够高，仍然可将波束无法分辨的目标加以分辨。1951 年，美国 Goodyear 公司在这种特定条件下，利用多普勒分析提高方位分辨率，他们把这种方法称为"多普勒锐化"，即通过多普勒分析将同一波束内的回波按方位不同分成一组"多普勒波束"，而将原波束宽度与"多普勒波束"宽度的比值称为"锐化比"。直至今日，多普勒锐化技术仍在机载雷达里应用，其锐化比值通常可做到 32～64，以 2° 的波束宽度为例，多普勒锐化之后的波束可窄到 0.06°～0.03°。图 1.1 是多普勒波束锐化（简称多普勒锐化）的地面场景图，其信号频带为 5MHz，波束宽度为 1.5°，通过锐化比值约为 64 的多普勒锐化，多普勒波束宽度约为 0.023°。图 1.1 的纵向分辨率约为 30m，横向分辨率为 20m。这样的分辨率是较低的，只能得到地面场景的轮廓图。

图 1.1　多普勒波束锐化的地面场景图

为了提高图像的纵向和横向分辨率，前者相对简单一些，只需加宽信号频带，而横向则决定于多普勒分辨率，因而需要加长相干积累时间，也就是要加大前面提到的合成孔径。为了得到米级的分辨率，合成孔径长度一般应为百米的数量级，即飞机要飞行几百米后才能得到所需的分辨率。前面提到，相对于雷达不同方位角的地面固定目标，多普勒频率是不同的。对某一地面固定目标，在飞机飞行过程中，由于其视角不断变化，回波多普勒频移也随之变化。前面所说的多普勒锐化，只是由于相干时间不长（即合成孔径不大），多普勒频移的变化可以忽略。现在为提高横向分辨率采用了大的合成孔径，这时多普勒锐化不能再用简单的傅里叶变换，而需要特殊处理（后面还要详细讨论），习惯上用非聚焦和聚焦来区分两者（这两个名词也将在后面说明）。实际上，上面介绍的多普勒波束锐化也就是非聚焦方法。1953 年夏，在美国 Michigan 大学的暑期讨论会上，明确了非聚焦和聚焦方法，"合成孔径"的概念也是在这次会上提出的。

有了清晰的概念、严格的理论分析和成功的部分原理性试验后，接下来就是工程实现的研制。当时，高相干的宽频带信号产生、发射和接收，信号的存储和处理都还是难题。1958 年，Michigan 大学雷达和光学实验室研制出第一部合成孔径雷达，并得到清晰的地面场景图像。当时的数字处理技术还比较落后，用光学设备实现复杂的二维处理成像。随着数字技术的迅速发展，光学处理方法很快被数字处理所代替[5]。

对横向分辨率的要求越高，所需合成孔径长度就越长，即要有长的相干积累时间。所谓聚焦处理就是将在相干时间内由于雷达至目标距离变化而引起的相位非线性变化和包络平移通过补偿做处理，分辨率越高，相干积累时间就越长，对补偿精度的要求也越高，从而处理也越复杂。因此，合成孔径雷达能够达到的分辨率是逐年提高的，早期的分辨率可达 10～20m，不久就到了米的数量级；近年来，国内外已有分辨率达 0.03m 的报道。当然，在应用中并不都要求最高的分辨率，而是根据实际要求确定，图 1.2 是图 1.1 对应地区的合成孔径雷达场景图像，分辨率为 3m。可见用作广域的普查，3m 分辨率已可满足要求。如果要求观察清楚其中一小部分特定区域，则要求更高的分辨率。

合成孔径雷达发展中的一个新的里程碑是高程测量，前面提到过，为了在方位向得到高的横向分辨率需要大的横向合成孔径。因此，如果要在高度方向得到高的分辨率，同样需要在高度向有大的天线孔径，这是难以做到的。但是，对合成孔径雷达图像做高程测量只是对已经在距离-方位平面分离开的点测高，这时可用垂直于航向分开的两副接收天线，各自做合成孔径成像，将两幅图像加以配准，则图像中的每一点均具有分开的天线的两路输出，对它们做比相单脉冲处理（这是雷达技术里用的术语，在物理学里叫干涉法），就可得到该点的仰角值，从而根据该点相对于雷达的几何位置计算出它的高程。可以想象，所测高程的精度与两天线之间的基线长度有关，无论是在飞机还是卫星上安装两副天线，上述基线不可能很长，其测高精度一般比较低，如果要提高测高精度则要采取另外的措施。

这种能测量高程的合成孔径雷达通常称为干涉合成孔径雷达，双天线的干涉合成孔径雷达的原理是在 20 世纪 70 年代中期提出的，真正达到实用则是 80 年代后期的事，这在后面还要详细介绍。

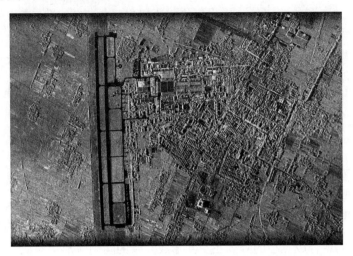

图 1.2　分辨率为 3m 的合成孔径雷达场景图像

合成孔径雷达另一个发展是合成孔径雷达的地面动目标显示，它在军事上是战场感知的重要手段，它也用两副接收天线和两个通道，只是这时的两副接收天线沿平台运动方向前后放置。由于合成孔径图像的横坐标也相当于是多普勒频率，只是由于雷达平台相对于地面固定场景的相对速度和几何位置已知，从上述多普勒频率可以换算出横向位置。当然这只是对固定目标，如果场景里有运动目标（如车辆等），它还有额外的多普勒频率，因而动目标显示的横向位置会"错位"。

当用前后放置的两副接收天线的信号各自成像时，两幅复数像只是有一段时间差，如果将时间差加以补偿（主要是横向位置配准，在后面还要详细介绍），则两天线相当于在同一地点成像，两幅固定场景的复数像会完全相同，两者相减原理上可完全抵消。动目标则不一样，因为两幅复数像实际是在不同时间得到的，两者的相位不同，因而在两幅复数像相减后会留下动目标。不过动目标的横向位置是"错位"的，要得到动目标的真实横向位置还要另想办法，这也将在后面介绍。

合成孔径雷达的应用领域越来越广，20 世纪五六十年代只用于飞机。人造卫星发射成功后，很快有人研究星载合成孔径雷达，并于 1978 年试验成功。现在机载、星载合成孔径雷达的应用已十分广泛，在军用方面有战场侦察、目标识别、对地攻击等，而在民用方面有地形测绘、海洋观测、灾情预报、农作物评估、天体观测等，在国民经济和国防建设方面发挥了重要作用。

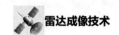

逆合成孔径雷达是又一个发展方面。实际上，合成孔径是利用雷达与目标之间的相对运动形成的，这里是目标不动，而雷达平台做直线运动。如果反过来，雷达平台不动，而飞机运动，当以飞机为基准时，也可将雷达视为反向运动，并在虚拟的运动中不断发射和接收信号，用合成孔径技术得到飞机图像。其实两者在原理上是相同的，不存在原理上的"逆"问题，只不过是运动方倒置，而在雷达界习惯称为逆合成孔径雷达。在 20 世纪 80 年代初，就实现了非合作目标的逆合成孔径雷达成像，现已得到较广泛的应用，图 1.3 所示为一种逆合成孔径雷达的飞机图像。逆合成孔径雷达在实际应用中存在的主要问题是目标（如飞机）通常是非合作的，很难要求它做规则的直线飞行，

图 1.3　C 波段频带为 400MHz
雷达实测数据的逆合成孔径雷达
飞机成像

因而所形成的逆合成孔径的阵列在空间形成复杂的阵列流形。对机动目标的逆合成孔径成像现在仍然是研究的热点。

应当说，合成孔径技术发展到今天，不仅有专用的合成孔径雷达，而应用该技术的雷达成像已成为一种功能应用于各种雷达。在许多现代雷达里都配备有宽带信号，并根据需要加成像处理，使雷达具有对场景的合成孔径成像（对运动平台的雷达）和对目标的逆合成孔径成像（对运动或固定平台的雷达）的功能。

1.2　雷达成像的基本原理[6-7]

1.1 节，介绍了合成孔径雷达和逆合成孔径雷达成像方方面面的情况，详细情况将在本书的各章里讨论。雷达成像有别于一般雷达的最主要点是用合成孔径技术（也可用多普勒效应来解释）得到高的横向分辨率。为了使读者在阅读后面的各章时，能集中精力去掌握各种具体情况下的特殊方法，先在这里对雷达成像的基本概念和基本原理进行简单介绍。

为了便于理解，先从介绍逆合成孔径技术开始。

1.2.1　逆合成孔径技术

逆合成孔径的一般情况是雷达不动，而目标（如飞机）运动。为简化分析，暂假设雷达和目标位于一个平面，且目标做匀速直线飞行。

可以将目标的运动分解成平动和转动两个分量。设目标上有一个参考点，目标平动是指该参考点沿目标运动轨迹移动，而目标相对于雷达射线的姿态（可用

目标轴向与雷达射线的夹角表示）保持不变；转动分量是指目标围绕该参考点转动。不难看出，当目标以散射点模型表示时，若目标处于雷达的远场，雷达电磁波可用平面波表示，在只有平动分量的情况下，目标上各散射点回波的多普勒值完全相同，对雷达成像没有贡献。设法将平动分量补偿掉（如何补偿后面会详细讨论），则相当于把目标上的参考点移到转台轴上，而成为对转台目标成像［图1.4（a）所示］。

转台目标成像的原理是容易理解的。为了成像，必须有高的二维分辨率。在平面波照射下，纵向分辨率主要依靠信号的宽频带（Δf_r），在对回波作匹配滤波的条件下，纵向分辨率

$$\rho_r = c / (2\Delta f_r) \tag{1.1}$$

式（1.1）中，c 为光速。

如信号频带 Δf_r 为 400MHz，则 ρ_r 为 0.375m，考虑到脉压过程中为了降低距离副瓣而做的加权，ρ_r 会展宽到约为 0.5m。

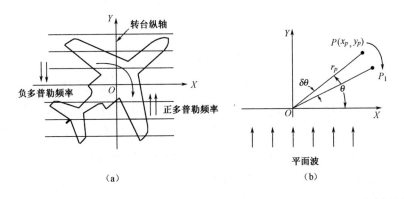

图 1.4　转台目标成像的示意图

高的横向分辨率主要靠多普勒效应，如图 1.4（a）所示，当目标以顺时针方向转动时，目标上各散射点的多普勒频率是不同的。位于轴线（轴心至雷达的连线）上的散射点没有相对于雷达的径向运动，其子回波的多普勒频率为零，而在其右或左侧的多普勒频率分别为正或负，且离轴线越远，多普勒的值也越大。于是，将各个距离单元的回波序列分别通过傅里叶变换到多普勒域，只要多普勒分辨率足够高，就能将各单元的横向分布表示出来。

如图 1.4（b）所示，设在相邻两次观测中目标对于雷达视线转过了一个很小的角度 $\delta\theta$，它上面的某一散射点则从 P 点移到了 P_1 点，其纵向位移为

$$\Delta y_p = r_p \sin(\theta - \delta\theta) - r_p \sin\theta = -x_p \sin\delta\theta - y_p(1 - \cos\delta\theta) \tag{1.2}$$

式（1.2）中，x_p，y_p 为散射点 P 相对于转台轴心的坐标，且 $x_p = r_p \cos\theta$，

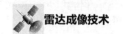

$y_p = r_p \sin\theta$。纵向位移 Δy_p 引起子回波的相位变化为

$$\Delta\varphi_p = -\frac{4\pi}{\lambda}\Delta y_p = -\frac{4\pi}{\lambda}[-x_p\sin\delta\theta - y_p(1-\cos\delta\theta)] \qquad (1.3)$$

若 $\delta\theta$ 很小，则式（1.3）可近似写成

$$\Delta\varphi_p \approx \frac{4\pi}{\lambda}x_p\delta\theta \qquad (1.4)$$

式（1.4）表明，两次回波的相位差正比于横距 x_p。该散射点相邻两个周期的回波相差一个相位旋转因子 $\exp\left(\mathrm{j}\frac{4\pi}{\lambda}\delta\theta x_p\right)$，当转台连续转动时，子回波的相位变化表现为多普勒频率，x_p 越大，则该散射点子回波的多普勒频率也越高。

目标均匀转动，并在观测过程中接收到 M 次回波，即总转角 $\Delta\theta = M\delta\theta$，当两散射点的横向距离差为 Δx 时，两散射点子回波总的相位差为

$$\Delta\Phi_M = \frac{4\pi}{\lambda}\Delta\theta\Delta x \qquad (1.5)$$

用傅里叶变换做多普勒分析时，只要 $\Delta\Phi_M \geqslant 2\pi$，两点即可分辨，这时的横距分辨率 ρ_a 为

$$\rho_a = \frac{\lambda}{2\Delta\theta} \qquad (1.6)$$

上面是以某瞬间的散射点位置与子回波多普勒频率的关系来说明横向高分辨率的，但是多普勒分辨率越高，所需的相干积累时间就越长，散射点是否会移动而改变位置了呢？移动肯定存在，但在一般情况下影响不大，可以举一个数字例子。若 λ 为 3cm，$\Delta\theta = 0.05\text{rad} \approx 3°$，则 $\rho_a = 0.3\text{m}$。可见对于厘米波雷达，为得到零点几米的横向分辨率，所需的总的转角是很小的，一般为 3°～5°。

虽然很小的转角就能实现转台目标成像，但在转动过程中，散射点还是要有纵向移动的，偏离轴线越远，则移动也越大。设目标横向尺寸为 10m，当总转角为 0.05rad 时，两侧散射点的相对纵向移动为 0.5m；若横向尺寸为 40m，则相对纵向移动为 2m。这已经超过了一般逆合成孔径雷达距离分辨单元的长度，即在此期间产生了越距离单元徙动。

前面提到过，在一般的成像算法中，是按距离单元将许多周期的数据序列做多普勒分析得到高分辨率的，若在此期间产生了越距离单元徙动，则该散射点的子回波序列将分段分布在两个或更多个距离单元里，且在每个距离单元的驻留时间要缩短。

实际上，由于受到系统分辨率的限制，从雷达回波数据重建图像的形状和原物体是有区别的，以理想的点目标为例，重建图像的纵向分布由于信号有一定的频带（Δf_r）而时间展宽为 $1/\Delta f_r$，其横向（多普勒）分布由于相干积累时间 T 的

限制，而多普勒展宽为 $1/T$。还可以在距离-多普勒平面画出上述重建图像的形状，该图像的数学表示式称为点散布函数，信号频带越宽、相干时间越长，则点散布函数就越集中，表明该系统具有越高的分辨率。当散射点产生了越距离单元徙动时，点散布函数会在纵向展宽，同时由于在一个距离单元里的驻留时间缩短，其横向（多普勒向）也会展宽，其结果是使转台目标的重建图像具有不同的点散布函数：离转轴越远，点散布函数就越差。不过，在实际应用中，上述现象通常可以容忍。但也有方法来消除越距离单元徙动产生的不良影响，这将在后面介绍。

上面是将运动目标通过平动补偿成为匀速转动的平面转台目标，当飞机做直线平稳飞行时，一般满足或近似满足上述条件。如果飞机做加速或减速的直线飞行，仍可补偿成平面转台目标，只是转速是非均匀的。更有甚者，如果飞机做变向机动飞行，则平动补偿后的转台目标是三维转动的。这些问题也将在后面讨论。

1.2.2　合成孔径技术[3]

前面提到，当用飞机平台上的雷达观测固定的地面场景时，可以用多普勒效应来说明其高的横向分辨率，如图 1.5（a）所示与飞机航线平行的一条地面线上，在某一时刻，线上各点到雷达天线相位中心连线与运动平台速度向量的夹角是不同的，因而具有不同的瞬时多普勒频率。但是，为了得到高的多普勒分辨率，必须有长的相干积累时间，也就是说飞机要飞一段距离，它对某一点目标的视角是不断变化的。图 1.5（b）的上图用直角坐标表示飞行过程中目标 P 的雷达回波相位变化图，当 P 点位于飞机的正侧方时，目标 P 到雷达的距离最近，设以这时回波相位为基准（假设为 0），而在此前后的相应距离要长一些，即回波相位要加大。而如图 1.5（b）的上图所示，不难从距离变化计算出相位变化的表示式，它近似为抛物线。上述相位变化的时间导数即多普勒频率（要除以 2π），如图 1.5（b）的下图所示，这时的多普勒频率近似为线性变化，图中画出了与航线平行的线上多个点目标回波的多普勒频率变化图，它们均近似为线性调频信号，只是时间上有平移。

在多普勒频率为常数的情况下，可以用傅里叶变换做相干积累，也就是脉冲压缩。现在是线性调频信号，只要调频率已知，对它做脉冲压缩是不困难的。

从图 1.5（b）也可以看出，在与飞行航线平行线上的点目标具有相同的冲激响应，而当该平行线与航线的垂直距离不同时，冲激响应也不相同，主要是调频率发生了变化。冲激响应的空变性，给图像重建的计算带来一定的复杂性。

在上面的讨论中，还只是考虑了目标到天线相位中心距离变化引起的相位变化。如果上述距离变化是波长级的，只考虑相位变化就可以了；若距离变化与径向距离分辨单元的长度可以相比拟，甚至长达多个距离单元，这时就要考虑越距离单元徙动的问题，这在 1.2.1 节讨论逆合成孔径成像技术时已经提到过，不过合成孔径雷达观测的场景通常比逆合成孔径雷达的目标大得多，只要分辨率高一些，越距离单元徙动就可能发生。有关问题将在后面详细讨论。

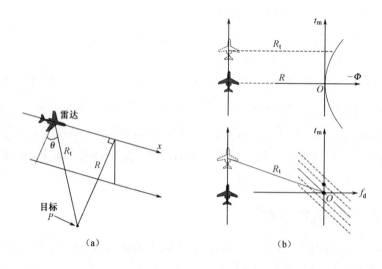

图 1.5　SAR 成像几何关系以及 SAR 信号的相位和多普勒频率图

上面是用多普勒效应对合成孔径技术的高的横向分辨率问题做了说明。用合成孔径的概念同样也可做出解释，这里不再重复。下面用合成孔径来说明聚焦和非聚焦问题，由此可以得到更清晰的概念。

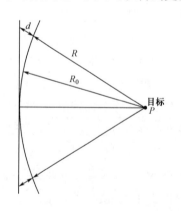

图 1.6　合成孔径排列

在图 1.6 里画出了飞行航线和场景里的点目标 P，合成孔径沿航线排列。如果合成孔径较长，应考虑目标 P 回波的波前为球面波。从该图中可见，若波前为平面波，则合成孔径阵列上各阵元的相位相同，将它们直接相加就可重建目标 P 的形状（横向）。但实际波前为球面波，从而造成不同阵元上的信号有不同的相差，只有补偿相差后相加才能正确重建，这相当于光学系统里的聚焦。实际上，这里的聚焦相差补偿也就是多普勒调频率补偿，只是解释方法不同而已。

如果合成孔径长度不长，可用图 1.6 中与球面波相切的一小段直线近似球面波的弧线，这时可用平面波时各阵元的信号直接相加来近似重建目标，这称为非聚焦方法。

上面提到非聚焦方法的合成孔径只能用"一小段直线"，这"一小段"直线允许多长呢？下面做一些说明：设阵列以 A 为中点，前后对称排列，若波前为平面波，则所有阵元上的信号相位均相同，而在球面波情况下，直线上阵元的信号会有相位差，若仍以 A 点为基准，则偏离 A 点越远，相位差就越大，当相位差大到 $\pi/2$（考虑到收、发双程，即该阵元与球面波前的距离差为 $\lambda/8$ 时，再加大孔径而得到的积累增益已经很小，因此通常以到球面波前的距离差为 $\lambda/8$ 来确定有效孔径长度。通过简单的几何运算，即可得到非聚焦时的有效孔径长度 $L_{\mathrm{e}}=\sqrt{R\lambda}$，$R$ 为目标距离；并可计算得到这时的横向（方位）分辨率 $\rho_{\mathrm{a}}=\dfrac{1}{2}\sqrt{R\lambda}$。举一个数字例子，若波长 $\lambda=3\,\mathrm{cm}$，距离 $R=30\,\mathrm{km}$。这时非聚焦的有效孔径长度 $L_{\mathrm{e}}=30\,\mathrm{m}$，而横向分辨率 $\rho_{\mathrm{a}}=15\,\mathrm{m}$。由于 ρ_{a} 与 $\sqrt{R}$ 成正比，若距离加长，横向分辨率还要下降。

1.3 本书的内容安排

本书是将雷达成像作为雷达的一种新的功能，对其工作原理和实际应用加以综合考虑，然后对内容做出安排的，其中第 2 章为"距离高分辨和一维距离像"。它是雷达成像的基础之一，同时它又可直接应用，因为一维距离像可以无须复杂处理就可直接获得，它含有的目标形状信息比窄带信号的目标"点"回波丰富得多，可以完成多种任务，即使没有 ISAR 成像的任务，许多现代雷达也配备宽频带信号以获取目标的一维距离像。

第 3 章为"方位高分辨和合成阵列"。雷达是基于距离测量的探测设备，容易获得高的距离分辨率和测距精度，而一般雷达的方位分辨率是较低的。为了提高方位分辨率必须加大天线孔径，对于固定的场景，可以通过合成阵列的办法得到长的孔径。正是由于用合成阵列得到高的方位分辨率，才揭开了雷达成像新的一页。用于方位高分辨的合成孔径处理，还与一般雷达的阵列处理不同，其一是阵列长度比起雷达到场景的距离并不很短，阵列中常用的远场平面波假设不再成立，必须考虑近场的球面波效应；其二是为了获得高的距离分辨率，合成孔径雷达的信号频带必须较宽，通常对阵列的窄带假设，即阵列里各阵元的包络时延差可以忽略不计（因其远小于包络的相关时间）的条件也不再成立。阵列的近场和宽带工作使分析复杂化，这两者正是合成孔径雷达提高分辨率的基础。

实际上，用合成阵列得到高的方位分辨率和用宽带信号得到高的距离分辨率两者是可分离的，后者已在第 2 章里讨论，第 3 章主要讨论方位高分辨，这时暂不考虑信号宽带的影响，而用单频连续波来分析合成阵列的方位高分辨原理，至于两种高分辨率的结合将主要在第 5 章里研究。

从原理上讲，合成阵列虽然可以用单个阵元在地面上逐点移动、逐次发射和接收信号后合成处理得到，但实际的合成孔径雷达总是将小天线的雷达（相当于阵元）装置在运动载体（如飞机、卫星等）上，在飞行过程中，发射和接收信号形成合成阵列，实际得到回波信号，相当于时间序列。在载体以恒定速度做直线飞行的情况下，相对于航线的一定方位的目标回波具有相应的多普勒频率，载体飞行过程中，目标的相对方位角不断改变，其多普勒频率随之变化，合成阵列的信号合成等效于多普勒频率时变信号的处理，因此在第 3 章里还将介绍运动平台阵列的多普勒分析方法。

合成阵列成像应用属于电磁场理论和技术的研究范畴。以散射点模型为例，根据一定的点辐射源（或散射源）计算空间电磁场分布，在电磁场技术里属于正问题，而根据测得的电磁场分布，计算辐射（散射）源的分布，称为电磁场波前重建，这属于逆问题。合成阵列等效于用雷达阵元在空间采样，而成像处理是从散射场的空间分布重建目标。这类问题用描述电磁场空间分布的波数域方法是合适的，所以在第 3 章里还着重讨论了用波数域分析合成阵列的方法。

前 3 章主要是本书的基础部分，从第 4 章开始将具体介绍合成孔径雷达、逆合成孔径雷达以及干涉合成孔径雷达等。合成孔径雷达是本书的重点，也是后两类雷达的基础，它们的共性问题将在合成孔径雷达里一起研究。为此，本书将用 3 章（从第 4 章到第 6 章）的篇幅来讨论合成孔径雷达。

第 4 章为"合成孔径雷达"，主要是概述。合成孔径雷达的成像算法和一些实际问题的具体分析和解决是比较复杂的，而在对合成孔径雷达有了概况性的了解后，再去分析那些比较复杂的问题，就有利于掌握问题的实质，并能有的放矢地去理解和解决问题。

在第 4 章里，首先介绍合成孔径雷达成像的基本原理，概况性地讨论合成孔径雷达，主要是在读者对一般雷达的原理、性能和工作状况已较为熟悉的基础上，介绍合成孔径雷达的特殊性。

合成孔径雷达具有高的二维（距离和方位）分辨率，能对场景做高分辨率的二维成像。但合成孔径雷达总是工作在实际的三维空间里，不仅地面场景不可避免地有起伏，而雷达载体更是以较高的高度飞行。在实际的三维空间里，做二维的数据录取、聚焦和成像，应将它们之间的关系分析清楚。

一般雷达（合成阵列的阵元就是用一般雷达）是基于距离测量的探测设备，而用长的合成阵列得到高的方位分辨率。因此，合成孔径雷达在三维空间的高分辨率二维坐标应当采用圆柱坐标，而以载体运动的航线作为圆柱坐标的轴（通常将轴的方向称为横向或方位向），合成孔径雷达显然具有高的方位（横向）分辨率。

在与圆柱轴垂直的法平面里，其二维坐标为极坐标。从高分辨率的要求来看，在极坐标里只具有高的距离分辨率（即高的径向分辨率），而在仰角向（即极坐标的辐角维）不具有高分辨能力。作为阵元的雷达天线孔径很小，仰角波束相当宽，它只具有确定雷达照射范围的作用，而在仰角分辨方面不起作用。因此，在上述与航线轴相垂直的法平面里，雷达照射到的目标回波只是呈径向分布。合成孔径雷达要依据这一特点来考虑场景的二维成像问题。由于上述没有仰角向（即辐角向）信息只是沿径向分布的特点，必然对场景的高程起伏产生图像失真，这些都将在第 4 章里讨论。

合成孔径雷达的观测对象、工作方式以及所需的结果都与一般雷达不同，因此有必要对合成孔径雷达的性能指标加以研究，主要有雷达方程和作用距离，地面后向散射系数，确定分辨能力的点散布函数，以及合成孔径雷达所特有的乘性噪声。

第 4 章最后一个内容是合成孔径雷达的电子反对抗，这也是作为军用雷达必须考虑的问题。

第 5 章为"合成孔径雷达成像算法"。合成孔径雷达是在距离维和方位维做高分辨成像，在第 2 章和第 3 章里已分别讨论了距离和方位的高分辨算法，剩下的问题是如何把两者结合起来。而关键之处在于第 3 章主要是从单频连续波出发来分析方位高分辨率的，它没有距离分辨率。将两种高分辨率相结合就是要将单频连续发射改成宽带信号发射，在宽带信号的基础上研究方位高分辨率算法。

两种不同信号的方位高分辨率算法会有什么区别呢？以单个点目标为例，发射单频连续波的目标回波也是单频连续波，通过相干检波得到的基频信号为复直流，其相位值由点目标到雷达的距离确定。将阵元位于各处的回波基频信号（主要是相位值）录取下来，通过合成孔径处理就可用高的分辨率重建点目标的横向位置。

若改为宽带脉冲发射，则点目标的基频回波也为宽带脉冲，通过匹配滤波可得复振幅的基频窄脉冲信号，复振幅的相位值与单频连续波时相同。因此，从原理上说，宽带脉冲（例如宽的线性调频脉冲）发射与窄的单频脉冲发射等价，而复振幅的基频窄脉冲相当于对单频连续波时的复的基频直流信号采样。将阵元位于各处时采样录取下来的基频信号通过合成孔径处理，与单频连续波时以高分辨率重建点目标的横向位置等价，只是窄脉冲也包含距离信息，从而实现了点目标二维位置的高分辨率重建。

应当指出的是，上述两种信号的回波在快时间域的表现是不同的，单频连续波时的基频回波为复直流，在任一快时间时刻沿慢时间作横向处理都能得到所需的横向结果。窄脉冲信号则不一样，在快时间域里只是回波到达的很短时刻有信号，而且合成阵列上不同位置时雷达到点目标的距离是变化的，当雷达到点目标的射线与航线（即合成阵列方向）垂直时，上述距离最近，雷达离该处越远，则到点目标的距离也越长。窄脉冲回波的时延与点目标的距离成正比，于是，因距离徙动而使回波的轨迹在距离向（即快时间）和方位向（即慢时间）的二维平面里呈现为曲线，而距离徙动量有时比窄脉冲的宽度还大，甚至大得多。这给对回波进一步做横向处理带来一定的困难。

作为工程应用，应采用合理的近似，以简化运算，从而易于实现。在第 5 章里，主要针对距离徙动量的影响大小，提出不同程度近似的成像算法。实际应用中碰到的问题可能不完全属于所划分的某一种，为了使读者能灵活运用各种算法，本书不仅把各种算法的公式和流程介绍清楚，而且将其中的意义做了较详细的说明。

在第 5 章还介绍了波数域的成像算法，以及将它应用于聚束模式成像和它存在的问题。

第 6 章为"多模式 SAR 成像方法"，主要介绍常用正侧视条带模式和小区域聚束模式之外的几种工作模式的合成孔径雷达成像技术。该章首先介绍大斜视条件下，常规基于倾斜谱的波数域算法和非线性调频变标算法都不适用，给出了在斜视角方向基于正交谱的斜视合成孔径雷达成像。其次介绍了较大区域的聚束模式成像算法，随着分辨率提高和测绘带的增大，常规的极坐标格式算法（简称极坐标算法）不够严格，而常规波数域算法要求重复频率大于总方位带宽，为此介绍了在重复频率略大于瞬时带宽条件下的成像算法。然后介绍了在滑动聚束模式下，子孔径成像算法和全孔径成像算法。最后，针对星载条带合成孔径雷达中测绘带和分辨率这一对矛盾，介绍了多通道体制，以及其在低重复频率而有多普勒模糊情况下，是如何通过多通道真实空间采样，弥补合成孔径空间采样的不足，解决高分辨率宽测绘带成像难题的。

第 7 章为"基于回波数据的合成孔径雷达运动补偿"。此前是在理想条件下，即在载体做平行于地面且以恒定的速度直线飞行情况下进行分析的。实际情况并非如此，星载的情况基本正常，而机载的情况比较差，特别是中、低空飞行时气流扰动大，造成载机颠簸而雷达天线相位中心不断偏离理想位置，使实测数据产生偏差，其结果会使所成图像散焦、失真甚至不能成像。在这种情况下，必须进行运动补偿。

运动补偿通常用两种方式：一种是基于测量仪器的；另一种是基于信号处理的。前者利用载机上的惯性导航系统和全球定位系统，用以确定雷达天线相位中心在各个不同时刻的精确位置，同时将雷达天线置于稳定平台，使波束指向不受因颠簸产生的载机姿态变化的影响。惯性导航系统响应速度快，在短时间内具有高的测量精度。不过，它直接测量的是加速度，通过两次时间积分得到位置数据，长时间工作会有漂移误差。全球定位系统是直接测量位置数据的，但系统响应稍慢。将惯性导航系统和全球定位系统相结合，可获得高的位置测量精度。合成孔径雷达的相干积累时间一般以秒计，为使成像的数据情况正常，短时间内的精确测量更为重要，这主要靠惯性导航系统。至于测量时载机所在的实际区域和位置的确定主要靠全球定位系统。

载机上的高精度惯性导航系统通常有较大的体积，且不仅为合成孔径雷达服务，它通常安置于载机的驾驶舱，而雷达天线则常置于机身中部机舱的下方。在飞行过程中机身的变形（如弯曲），会使惯性导航系统测得的位置数据与天线相位中心的位置差不等于常数，从而使所测的位置精度下降。为了提高现代合成孔径雷达天线相位中心位置的测量精度，常为它在雷达天线座的上方专设一惯性测量单元装置。

通过信号处理做运动补偿是另一种方式。合成孔径雷达通过正常飞行录取的数据进行成像处理，运动不正常的情况也会在录取的数据中反映出来。例如，当载机平稳飞行时，回波的多普勒频率中心基本恒定，因而可从多普勒中心的变化估计载机速度的改变；又如雷达相邻周期的回波具有很强的相关性，当天线相位中心有横向扰动时也会在相邻回波的相关处理中反映出来。此外，信号处理中的自聚焦技术还能将仪器难以检测到的快速扰动的影响加以补偿。

两种运动补偿方式具有互补性，在一般情况下，先通过仪表测量做运动补偿，将信号处理方式作为补充。在载机飞行平稳且仪表测量精度高的情况下，不再用信号处理补偿也能满足要求。但当载机扰动较大且惯性导航系统测量精度不高的情况下，只靠仪表难以实现满足要求的运动补偿，而且通常会严重影响成像质量。

由于本书的性质，在本书的第 7 章里将主要讨论基于信号（回波数据）处理的合成孔径雷达运动补偿。在实际应用中，应将两种方式合理地结合。

第 8 章为"逆合成孔径雷达"。合成孔径雷达为场景不动，雷达随载体运动而形成的合成阵列；逆合成孔径雷达则相反，通常是雷达不动，目标运动。若以目标作为基准，可视为目标不动，雷达向相反方向运动，而在空间形成合成阵列。所以两者在提高方位分辨率和成像原理上是相同的。逆合成孔径的目标如飞机、导弹，其尺寸比起合成孔径雷达所需观测的场景要小很多，照射的电波完全可以采用平面波近似，从而可使运算简化。但是，若目标的飞行不是平稳的，根据机动目标姿态变化，等效于雷达在空间形成相应曲线形的合成阵列流形，从而使成像算法复杂化。

由于平面波假设近似成立，逆合成孔径雷达用转台模型表示是很合适的，通过平动补偿，平稳飞行的目标相当于平面转台目标，目标在垂直于某一固定轴的平面里旋转。若目标为机动飞行，则相应的转台为三维的。

更为主要的是，合成孔径雷达合成阵列形成的主动权在于自己，它通常使载体沿平行于地面的直线飞行，即使存在气流扰动等影响因素，也可以进行测量或估计，并设法加以补偿。逆合成孔径雷达形成等效合成阵列流形的主动权在对方，对于非合作目标，如何飞行以及姿态如何变化，不仅不能预知，而且难以精确测量。在目标的回波里可以取得一定的信息，但有较大的局限性。这些都将在第 8 章里讨论。

第 9 章为"干涉合成孔径雷达"。干涉合成孔径雷达可用于场景的高程测量，即所谓 InSAR，也可用于检测场景中的低速动目标，即所谓 SAR-GMTI。

在第 4 章讨论合成孔径雷达的成像原理时曾经提到过，合成孔径雷达是对实际的三维空间做二维成像，在与雷达载体航线垂直的法平面的极坐标里，只有径向距离分辨率，没有辐角（相当于雷达射线的仰角）分辨率，因而对场景中的高程没有分辨能力。为了对场景的高程进行测量，可以在与航线垂直的法平面里，添加一个接收站，这样在法平面里就有位置不同的两个接收站，每个接收站都以自己的天线相位中心为基准，具有高的距离分辨率和测量精度。也就是说对场景中的任一个点目标，它到两天线的相位中心的距离均可精确测量，从而可确定它在法平面里二维的位置，也就可以测得该点的高程。

合成孔径雷达高程测量的原理虽很简单，但考虑到实际问题，精确测量高程不是一件容易的事。上面只是用一个点目标为例来说明高程测量原理，实际上两副接收天线及其通道对录取数据处理后，只能得到两幅平面图像，而将图像中的各个像素作为点目标，为此首先要作高精度的两幅图像配准，使同一像素准确代表同一地点。另外，为了精确测距，总是采用干涉法，即用相位来度量长度，实际上从复信号测得的相位只是其主值，而复信号里相位是以 2π 为模，主值相当于缠绕值，如何将相位的主值解缠绕而得到真实值有许多工作要做。还有一点需着重指出的是，用以确定高程的是图像中的"像素"，而不是真正的"点"目标。像素的尺寸一般以平方米计，它实际还包含许多散射点，两副接收天线为了能测高，空间上要有一段长度（称为基线长度），使两天线对所观测的像素有一定的视角。对于由许多散射点组成的"像素"，其复回波与视角有关，通常用相关系数来表示它们之间的差别。为了获得较高的测量精度，基线长度要取长一些，由此又会使两路信号的相关性下降。实际处理中常采用解除去相关效应的方法提高它们的相关性。这些问题都将在第 9 章里讨论。

干涉合成孔径雷达的另一个内容是在合成孔径雷达所成的场景图像里检测低速动目标（即所谓 SAR-GMTI）。当合成孔径雷达图像的横坐标用时间序列信号来分析时，它相当于以航线某点为中心的多普勒频率。如果场景里存在低速动目标，设动目标的速度相当低，在成像的相干积累时间里不会走过一个分辨单元。于是，该动目标也会在所成图像里显示出来，只是由于它相对于雷达有一定的径向速度，即它的多普勒频率与所在地的固定场景相比，要多一个与径向速度相对应的多普勒频率值，从而使它的横向位置产生了位移，这称为多普勒-横向距离耦合。正是由于这一原因，公路（与载机航线垂直）上的行驶车辆在图像上常显示于公路的两侧。除非有先验知识，用单通道的合成孔径雷达是无法从一般固定场景中检测出低速动目标的。

如果在沿载机航线而与原天线一定距离处再加装一副接收天线（或通道），则两通道各自做成像处理可得到两幅图像（这里要用复图像，即像素值用复数表示）。将两幅像做配准处理，由于天线有前后，这相当于将不同时刻的两幅图像配准。只要发射信号频率十分稳定，合成孔径雷达对固定场景所成的图像只与阵列位置有关，而与观测的时刻无关。因此对于固定场景，上述两场景相同，在理想情况下，两者相减为零。对于低速动目标，虽然存在多普勒-横向耦合，但对两幅图像的作用相同，在两幅复图像里仍显示在同一位置上，所不同的是由于两幅图像成像时刻不同，两者的动目标复数值的相位不同，因而两幅复图像相减时动目标会保留下来。

用上述的方法可以检测出地面的低速动目标，如果要对动目标精确定位，则还需加装设备。低速动目标检测还有许多实际问题需要解决，这些将在第 9 章里研究。

参 考 文 献

[1]　Sherwin C W, Ruina J P, Rawcliffe R D. Some Early Developments in Synthetic Aperture Radar System[J]. IRE Transactions on Military Electronics, 1962, 6(2): 111-115.

[2]　Brown W M. Synthetic Aperture Radar[J]. IEEE Transactions on Aerospace and Electronic Systems, 1967, 3(2): 217-229.

[3]　Wiley C A. Synthetic Aperture Radar[J]. IEEE Transactions on Aerospace and Electronic Systems, 1985, 21(3): 440-443.

[4]　张澄波. 综合孔径雷达[M]. 北京：科学出版社，1989.

[5] Kirk J C. Discussion of Digital Processing in Synthetic Aperture Radar[J]. IEEE Transactions on Aerospace and Electronic Systems, 1975, 11(3): 326-337.

[6] Chen C C, Andrews H C. Target Motion Induced Radar Imaging[J]. IEEE Transactions on Aerospace and Electronic Systems, 1980, 16(1): 2-14.

[7] 保铮，朱兆达，曹志道. 逆合成孔径雷达的进展和发展前景[R]. 863-308 主题十周年汇报——逆合成孔径雷达文集三，1996.

第 2 章
距离高分辨和一维距离像

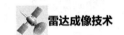

　　雷达采用了宽频带信号后，距离分辨率可大大提高。其距离分辨率可小到厘米级，这时从一般目标（如飞机等）接收到的已不再是"点"回波，而是沿距离分布开的一维距离像。

　　目标在雷达电磁波作用下，产生后向散射的电波称为雷达回波。严格计算雷达回波是比较复杂的，当目标的尺寸远大于雷达的波长，即认为雷达工作在光学区（一般目标对微波雷达均满足这一条件），则目标可用散射点模型近似表示，特别是对一些金属目标，可以用分布在目标表面的一系列散射点表示各处对电波后向散射的强度。

　　散射点的分布状况随雷达对目标的视角变化而改变，因为目标的某些部件有强的方向性，例如目标中有些类似平板的部件，当它正面向雷达时有很强的后向镜面反射，而偏开不大的角度时，后向散射就很小（隐身目标常据此构造其外形），而如类似三面角和两面角的部件则在较大角域里有强的后向散射。此外，由于谐振波和爬行波的滞后效应，有时也会有少数散射点位于目标本体之外。

　　分析和实验结果表明，在一般情况下，视角变化十余度，散射点在目标上的位置和强度近似不变。顺便提一下，前面曾提到的微波雷达对目标进行逆合成孔径雷达（Inverse Synthetic Aperture Radar，ISAR）成像，要求目标有不超过 $3°\sim5°$ 的转动，分析时用散射点模型是合适的。而在面临大转动角成像时，散射点模型则需要做适当的修正。

　　如上所述，在散射点模型假设条件下，目标的回波可视为它的众多散射点子回波的和。宽频带雷达一般都采用时宽较大的宽频带信号（如常用的线性调频信号），通过匹配滤波将其压缩成窄脉冲，而与窄脉冲宽度相当的长度远小于目标的长度，目标回波的窄脉冲分布相当于三维分布的目标散射点子回波之和，在平面波的条件下，为沿波束射线的相同距离单元里的子回波作向量相加。通常将该回波的幅度分布称为一维实距离像，简称一维距离像。

　　虽然是同一个目标，当视角相差较大时，不仅投影的射线有变化，且目标上散射点的分布也会有所不同。图 2.1 所示是实测的飞机目标一维距离像，它们的视角各相差 $15°$，可见一维距离像在视角变化较大的情况下有很大的不同。

　　实际上，目标上散射点的分布虽然随视角的改变而变化，但其变化是比较缓慢的，当视角改变不超过十余度时，可认为目标上的散射点分布近似不变。由于由散射点投影到雷达射线而得到距离像，要考虑目标转动会使其子回波的包络有少许移动，更要考虑由此而引起的子回波间的相位差变化，从而使子回波的向量和的幅度发生大的变化。下面加以说明。

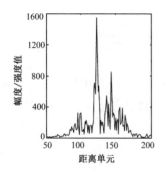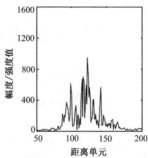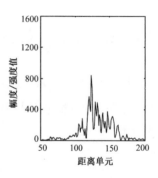

图 2.1　实测的飞机目标一维距离像（大视角范围）

如果以目标上的某一点作为转动的轴心，则在转动过程中，离轴心横距越远的散射点，其径向移动也越大，即各散射点子回波（强散射点的子回波表现为尖峰）之间到雷达的径向距离会有所变化。实际上，视角变化对距离像波形影响最敏感的因素还在于同一距离单元里的子回波是以向量相加的，雷达对目标视角的微小变化，会使在同一距离单元内而横向位置不同的散射点的径向距离差改变，从而使两者子回波的相位差发生显著变化。以波长 3cm 为例，若两散射点的横距为 10m，当目标转动 0.05° 时，两者到雷达的径向距离差变化为 1cm，它们的子回波的相位差改变 240°。由此可见，目标一维距离像的波形随视角缓慢变化（由于散射点模型缓变）。但在约 10° 的范围里，波形的总体变化不大，只是尖峰的相对位置会有小的移动（由于转动引起的散射点徙动），而尖峰的振幅可能是快变的（当相应距离单位中有多个散射点子回波作向量和时）。图 2.2 所示是 C 波段雷达

实测的飞机回波的一维距离像的例子，图中将视角变化约 3° 的回波重合画在一起。一维距离像随视角变化，具有的峰值位置缓变性和峰值幅度快变性可作为目标特性识别的基础。

本章将用上述散射点模型对高分辨的一维距离像进行讨论。本章的内容做如下安排：2.1 节讨论对一般大时宽的宽频带信号进行匹配滤波和脉冲压缩；2.2 节讨论线性调频信号的脉冲

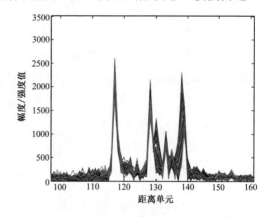

图 2.2　飞机回波的一维距离像（小视角范围）

压缩，重点介绍便于工程应用的解线频调处理方法；2.3 节讨论基于散射点模型的一维距离像的一些特性；2.4 节讨论存在距离走动条件下，一维距离像回波的相干积累；2.5 节介绍高距离分辨雷达的检测和测高。

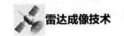

2.1 宽带信号的逆滤波、匹配滤波和脉冲压缩[1]

根据散射点模型，设散射点为理想的几何点，若发射信号为 $p(t)\mathrm{e}^{\mathrm{j}2\pi f_c t}$，将接收的回波做相干检波（即乘以 $\mathrm{e}^{-\mathrm{j}2\pi f_c t}$），对不同距离多个散射点目标，其基频回波可写成

$$s_\mathrm{r}(t) = \sum_i A_i p\left(t - \frac{2R_i}{c}\right)\mathrm{e}^{-\mathrm{j}\frac{4\pi f_c}{c}R_i} \tag{2.1}$$

式（2.1）中，A_i 和 R_i 分别为第 i 个散射点回波的幅度和某时刻的距离；$p(\cdot)$ 为归一化的回波包络；f_c 为载波频率，c 为光速。

若以单频脉冲发射，脉冲越窄，信号频带越宽。但发射很窄的脉冲，要有很高的峰值功率，实际困难较大，通常都采用大时宽的宽频带信号，接收后通过处理得到窄脉冲。为此，将式（2.1）的回波信号转换到频率域（有时简称频域）来讨论如何处理 $\left[p\left(t - \frac{2R_i}{c}\right) \Rightarrow P(f)\mathrm{e}^{-\mathrm{j}\frac{4\pi R_i}{c}f}\right]$，这时有

$$S_\mathrm{r}(f) = \sum_i A_i P(f)\mathrm{e}^{-\mathrm{j}\frac{4\pi(f_c+f)}{c}R_i} \tag{2.2}$$

对理想的几何点目标当然希望重建成冲激脉冲，如果复包络的基频频谱 $P(f)$ 在所有频率没有零分量，则冲激脉冲信号可通过逆滤波得到，即

$$F_{(f)}^{-1}\left[\frac{S_\mathrm{r}(f)}{P(f)}\right] = \sum_i A_i\, \mathrm{e}^{-\mathrm{j}\frac{4\pi f_c}{c}R_i}\, \delta\left(t - \frac{2R_i}{c}\right) \tag{2.3}$$

实际 $P(f)$ 的频带虽然较宽，但总是带限信号，所以一种实用的距离成像方法是通过匹配滤波，主要将各频率分量的相位校正成一样，为了提高信噪比再按信号频谱幅度加权，而频谱为零部分是无法恢复的。匹配滤波后的输出为

$$\begin{aligned}
s_\mathrm{rM}(t) &= F_{(f)}^{-1}\left[S_\mathrm{r}(f)P^*(f)\right] \\
&= F_{(f)}^{-1}\left[\sum_i A_i P(f)P^*(f)\mathrm{e}^{-\mathrm{j}\frac{4\pi(f_c+f)}{c}R_i}\right] \\
&= \sum_i A_i\, \mathrm{e}^{-\mathrm{j}\frac{2\pi f_c}{c}R_i}\, \mathrm{psf}\left(t - \frac{2R_i}{c}\right)
\end{aligned} \tag{2.4}$$

这里 $P^*(\cdot)$ 为 $P(\cdot)$ 的复共轭，而

$$\mathrm{psf}(t) = F_{(f)}^{-1}\left|P(f)\right|^2 \tag{2.5}$$

$\mathrm{psf}(\cdot)$ 称为点散布函数，它可确定分辨率。在时域上看，滤波相当于信号与滤波器冲激响应的卷积，对一已知波形的信号做匹配滤波，其冲激响应为该波形的共轭

倒置。当波形的时间长度（时宽）为 T_p，则卷积输出信号的时宽为 $2T_p$。实际上，匹配滤波可实现脉冲压缩，输出主瓣的宽度为 $1/\Delta f$（Δf 为信号的频带宽度，为降低副瓣而做加权，主瓣要展宽一些），即距离分辨率为 $c/(2\Delta f)$，脉压信号的 Δf 通常较大（$\Delta f T_p \gg 1$），输出主瓣是很窄的，在时宽为 $2T_p$ 的输出中，绝大部分区域为幅度很低的副瓣区。

当反射体是静止的离散点时，回波为一系列不同时延和复振幅的已知波形之和，对这样的信号用发射波形做匹配滤波时，由于滤波是线性过程，可视为分别处理后叠加。如果目标长度相应的回波距离段为 Δr，其相当的时间段为 ΔT（$=2\Delta r/c$），考虑到发射信号时宽为 T_p，则目标所对应的回波时间长度为 $\Delta T+T_p$，而匹配滤波后的输出信号时间长度为 $\Delta T+2T_p$。虽然如此，具有离散点主瓣的时间段仍只有 ΔT，两端的部分只是副瓣区，没有目标位置信息。

应当指出，通过卷积直接做匹配滤波脉压的运算量相对较大，可以在频域通过共轭相乘再做逆快速傅里叶变换（Inverse Fast Fourier Transform，IFFT）求得。需要注意的是两离散信号频域相乘相当于它们在时域做圆卷积，为使圆卷积与线性卷积等价，待处理的信号须加零延伸，由此避免圆卷积时发生混叠。

在实际处理中，为了压低副瓣，通常将匹配函数加窗，然后加零延伸为 $\Delta T+T_p$ 的时间长度，做快速傅里叶变换（Fast Fourier Transform，FFT）后并做共轭，和接收信号的 FFT 相乘后，做 IFFT，取前 ΔT 时间段的有效数据段。前面提到过，实际信号和匹配函数时间长度分别为 $\Delta T+T_p$ 和 T_p，两者卷积的输出信号时间长度为 $\Delta T+2T_p$。由于脉冲压缩的特殊性质，输出的 $\Delta T+2T_p$ 长度中只有 ΔT 的长度为与压缩主峰相对应的场景区，而前、后的 T_p 部分只是不含信息的副瓣区。由于做圆卷积而产生的副瓣区混叠是没有影响的，所以在处理时，数据信号不加零延长。匹配滤波脉压处理过程如图 2.3 所示，其中虚框部分可事先计算好，以减少运算量。

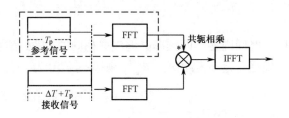

图 2.3 匹配滤波脉压处理过程示意图

距离匹配滤波压缩后，不管是否补零，其距离分辨率为 $c/(2\Delta f)$，距离采样率为 $c/(2F_s)$，其中 F_s 为采样频率，$T_s=1/F_s$ 为采样周期，距离采样周期要求小于距离分辨率对应的时间。

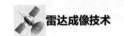

2.2 线性调频信号和解线频调处理[2-3]

大时宽宽频带信号可以有许多形式，如脉冲编码等，但在 SAR 里用得最多的是线性调频（LFM）脉冲信号。由于线性调频信号的特殊性质，对它的处理不仅可用一般的匹配滤波方式，还可用特殊的解线频调（Dechirping）方式来处理。

解线频调脉压方式是针对线性调频信号提出的，对不同延迟时间信号进行脉冲压缩，在一些特殊场合，它不仅运算简单，而且可以简化设备，已广泛应用于 SAR 和 ISAR 中做脉冲压缩。应当指出，解线频调处理和匹配滤波虽然基本原理相同，但两者还是有些差别的，为了能正确利用解线频调方式做脉冲压缩，下面对它做详细的说明。由于单个脉冲脉压后通常还要对脉冲序列做相干处理，这里讨论相干信号。

为使信号具有好的相干性，发射信号的载频必须十分稳定。设载频信号为 $\mathrm{e}^{\mathrm{j}2\pi f_c t}$，脉冲信号以重复周期 T_r 依次发射，即发射时刻 $t_m = mT_r$（$m = 0, 1, 2, \cdots$），称为慢时间。以发射时刻为起点的时间用 $\hat{t}$ 表示，称为快时间。快时间用来计量电波传播的时间，而慢时间是计量发射脉冲的时刻，这两个时间与全时间的关系为：$\hat{t} = t - mT_r$。因而发射的 LFM 信号可写成

$$s(\hat{t}, t_m) = \mathrm{rect}\left(\frac{\hat{t}}{T_p}\right) \mathrm{e}^{\mathrm{j}2\pi(f_c t + \frac{1}{2}\gamma \hat{t}^2)} \tag{2.6}$$

式（2.6）中，$\mathrm{rect}(u) = \begin{cases} 1 & |u| \leqslant \dfrac{1}{2} \\ 0 & |u| > \dfrac{1}{2} \end{cases}$，$f_c$ 为中心频率（有时称载波频率），T_p 为脉宽，γ 为调频率。

解线频调是用一时间固定，而频率、调频率相同的 LFM 信号作为参考信号，用它和回波做差频处理。设参考距离为 R_{ref}，则参考信号为

$$s_{\mathrm{ref}}(\hat{t}, t_m) = \mathrm{rect}\left(\frac{\hat{t} - 2R_{\mathrm{ref}}/c}{T_{\mathrm{ref}}}\right) \mathrm{e}^{\mathrm{j}2\pi\left[f_c\left(t - \frac{2R_{\mathrm{ref}}}{c}\right) + \frac{1}{2}\gamma\left(\hat{t} - \frac{2R_{\mathrm{ref}}}{c}\right)^2\right]} \tag{2.7}$$

式（2.7）中，T_{ref} 为参考信号的脉宽，它比 T_p 要大一些（参见图 2.4）。参考信号中的载频信号 $\mathrm{e}^{\mathrm{j}2\pi f_c t}$ 应与发射信号中的载频信号相同，以得到良好的相干性。

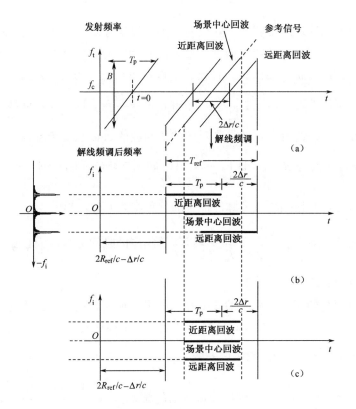

图 2.4　解线频调脉压示意图

某点目标到雷达的距离为 R_i，雷达接收到的该目标信号 $s_r(\hat{t}, t_m)$ 为

$$s_r(\hat{t}, t_m) = A\,\mathrm{rect}\left(\frac{\hat{t} - 2R_i/c}{T_p}\right)\mathrm{e}^{\mathrm{j}2\pi\left[f_c\left(t - \frac{2R_i}{c}\right) + \frac{1}{2}\gamma\left(\hat{t} - \frac{2R_i}{c}\right)^2\right]} \tag{2.8}$$

解线频调脉压示意图如图 2.4 所示，若 $R_\Delta = R_i - R_{ref}$，则其差频输出为

$$s_{if}(\hat{t}, t_m) = s_r(\hat{t}, t_m)\cdot s_{ref}^*(\hat{t}, t_m)$$

即

$$s_{if}(\hat{t}, t_m) = A\,\mathrm{rect}\left(\frac{\hat{t} - 2R_i/c}{T_p}\right)\mathrm{e}^{-\mathrm{j}\frac{4\pi}{c}\gamma\left(\hat{t} - \frac{2R_{ref}}{c}\right)R_\Delta}\mathrm{e}^{-\mathrm{j}\frac{4\pi}{c}f_c R_\Delta}\mathrm{e}^{\mathrm{j}\frac{4\pi\gamma}{c^2}R_\Delta^2} \tag{2.9}$$

若暂将讨论限制在一个周期里（即 R_Δ 为常数），则式（2.9）在快时间域里为频率与 R_Δ 成正比的单频脉冲。如果所需观测的范围为 $[R_{ref} - \Delta r/2, R_{ref} + \Delta r/2]$，图 2.4 中也画出了范围两侧边缘处的回波。

顺便提一下，通过差频处理后，全时间 t 不再出现在公式里。这是在回波信号与参考信号相干检波时消去的，这里隐含着发射载频绝对稳定。至于慢时间 t_m 则体现在目标距离 R_i 里，对一般动目标，用慢时间计量已够精确。再结合图 2.4 的

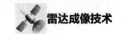

解线频调的差频处理示意图做一些说明，图中纵坐标均为频率，图 2.4（a）中除参考信号外，有远、近的两个回波。参考信号与回波进行共轭相乘，即进行差频处理，回波变成单频脉冲信号，且其频率与回波和参考信号的距离差成正比，因而也叫解线频调处理。由图 2.4（b）可知 $f_i = -\gamma \dfrac{2R_\Delta}{c}$。因此，对解线频调后的信号做傅里叶变换，便可在频域得到对应的各回波的 sinc 状的窄脉冲，脉冲宽度为 $1/T_p$，而脉冲位置与 R_Δ 成正比 $\left(-\gamma \dfrac{2R_\Delta}{c}\right)$，如图 2.4（b）的左侧所示。

如上所述，变换到频域窄脉冲信号的分辨率为 $1/T_p$，利用 $f_i = -\gamma \dfrac{2R_\Delta}{c}$，可得相应的距离分辨率为 $\rho_r = \dfrac{c}{2\gamma} \times \dfrac{1}{T_p} = \dfrac{c}{2} \times \dfrac{1}{\Delta f}$，相应的时间分辨率为 $1/\Delta f$，这与匹配滤波脉冲压缩的结果是一致的。

由于用解线频调做脉冲压缩的窄脉冲结果表现在频域里，而不像匹配滤波是在时域里完成，有些书籍里又把这种方法叫"时频变换脉冲压缩"。从频域变换到距离（相对于参考点的），应乘以系数 $-\dfrac{c}{2\gamma}$。

应当指出，如 Δr 一定，则解线调频后的频率范围为 $\left[-\dfrac{\Delta r}{c}\gamma, \dfrac{\Delta r}{c}\gamma\right]$，即信号最大频宽为 $\dfrac{2\Delta r}{c}\gamma = \dfrac{2\Delta r}{cT_p}\Delta f = \dfrac{\Delta r}{R_p}\Delta f$，其中 R_p 为 T_p 所对应的距离。因此可见，比值 $\dfrac{\Delta r}{R_p}$ 越小，则差频信号最大频宽比原调频带宽也小得越多，在聚束模式 SAR 和 ISAR 里这一比值有时小到几十分之一，甚至几百分之一。以 ISAR 为例，飞机一类目标的长度一般小于 100m，对应的时宽为零点几微秒，而大时宽的宽频带信号一般在几十微秒以上，从而可将信号频带从几百兆赫减小到只有几兆赫，对后续设备（特别是中放和 A/D 变换）可简化很多。当然，这一频带的降低是以时间加长为代价换来的，即用长的时间来处理短时间里的信号，当目标回波很短时非常适用。

以上只是结合图 2.4 做定性说明，回过来看看式（2.9），它还是比较复杂的，特别是它有三个相位项。为简化分析，由于目标一般移动相对缓慢（在 ISAR 中，雷达不动，目标运动；在 SAR 中，雷达运动场景和目标通常不动，目标相对雷达运动的速度为雷达速度在目标方向的投影分量），可设其距离（相对于参考点）R_Δ 所对应的快时间 $\hat{t}$（限于一个周期）是固定的，而对慢时间 t_m（跨多个周期）是移动的。上面的定性说明只是讨论一个周期里的脉压，即 R_Δ 为定值，因此式（2.9）中的后两个相位项在所讨论的时间里为常数，而需要注意的只是第一个相位项。

该项表明变换后得到的脉冲是单频的，其值为 $f_i = -\gamma \dfrac{2R_\Delta}{c}$（$f_i$ 称为相干差频，或简称差频），这与上面的定性讨论相一致，通常将这一相位项称为距离项。

R_Δ 对于慢时间 t_m 是变化的，R_Δ 的变化会使对应的距离项中的频率［即式（2.9）中的第一相位项所对应的 f_i］发生改变，同时也使式（2.9）中其他两个相位项的相位不再是固定的，而会发生变化。下面将会看到，第二相位项的相位变化使回波产生多普勒，这是正常的，而第三相位项是解线频调方法所独有的，称为剩余视频相位（Residual Video Phase，RVP），它会使多普勒值有少许改变。

将式（2.9）后两个相位项的相位单独写出，即

$$\Phi_d = -\frac{4\pi}{c} f_c R_\Delta + \frac{4\pi\gamma}{c^2} R_\Delta^2 \tag{2.10}$$

在短的时间里，设 R_Δ 的变化近似是线性的（高次项可以忽略），即 $R_\Delta = R_{\Delta 0} + V_r t_m$，而 $R_\Delta^2 = (R_{\Delta 0} + V_r t_m)^2 \approx R_{\Delta 0}^2 + 2R_{\Delta 0} V_r t_m$。将 R_Δ 和 R_Δ^2 代入式（2.10），得

$$\Phi_d = -\frac{4\pi}{c} f_c (R_{\Delta 0} + V_r t_m) + \frac{4\pi\gamma}{c^2} (R_{\Delta 0}^2 + 2R_{\Delta 0} V_r t_m) \tag{2.11}$$

由此可得多普勒频率为

$$f_d = -\frac{1}{2\pi} \frac{\mathrm{d}}{\mathrm{d}t} \Phi_d = \frac{2V_r}{c} f_c - \frac{4\gamma}{c^2} R_{\Delta 0} V_r = \frac{2V_r}{c}(f_c - f_{\Delta 0}) \tag{2.12}$$

式（2.12）中，$f_{\Delta 0} = -\gamma \dfrac{2R_{\Delta 0}}{c}$，即目标相对于参考点的距离为 $R_{\Delta 0}$ 时，解线频调后信号的频率。

如上所述，用解线频调得到如图 2.4（b）所示的差频信号，其差频值可以表示目标相对于参考点的距离，只是相位项中的 RVP 项使多普勒频率有些差别。从图 2.4（b）可见，不同距离的目标回波在时间上是错开的，称之为斜置，而这种时间上的错开并不带来新的信息，反而在后面的一些应用中带来不便。因此，通常希望将不同距离目标的回波在距离上取齐，而如图 2.4（c）所示，称为"去斜"处理，去斜的结果 RVP 项也随之消失。

为完成上述工作，可将式（2.9）的差频信号对快时间（以参考点的时间为基准）做傅里叶变换，由此得到在频域（此处可理解为差频域）的表示式

$$S_{if}(f_i, t_m) = AT_p \mathrm{sinc}\left[T_p \left(f_i + 2\frac{\gamma}{c} R_\Delta \right) \right] e^{-j\left(\frac{4\pi f_c}{c} R_\Delta + \frac{4\pi\gamma}{c^2} R_\Delta^2 + \frac{4\pi f_i}{c^2} R_\Delta \right)} \tag{2.13}$$

式（2.13）中，$\mathrm{sinc}(\alpha) = \dfrac{\sin \pi\alpha}{\pi\alpha}$。

式（2.13）的 3 个相位项中，第一项为前面提到过的多普勒频率项，这是正常

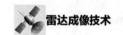

的；第二项为 RVP 项，而第三项为 $R_\Delta \neq 0$ 时，回波包络"斜置"项，均应去除。但是这两项都与距离 R_Δ 有关，对不同的 R_Δ 应做不同的相位补偿。不过，差频回波变到差频域后，成为宽度很窄的 sinc 函数，其峰值位于 $f_i = -2\dfrac{\gamma}{c}R_\Delta$ 处，因此当对距离为 R_Δ 的目标进行补偿时，只要补偿 $f_i = -2\dfrac{\gamma}{c}R_\Delta$ 处的相位即可。考虑到这一特殊情况，式（2.13）中后两个相位项可写成

$$\Delta\Phi = -\frac{4\pi\gamma}{c^2}R_\Delta^2 - \frac{4\pi f_i}{c}R_\Delta = \frac{\pi f_i^2}{\gamma} \qquad (2.14)$$

式（2.14）中，从第一等式到第二等式利用了 $\dfrac{2R_\Delta}{c} = -\dfrac{f_i}{\gamma}$ 的条件。

于是将式（2.13）乘以下式

$$S_c(f_i) = \mathrm{e}^{-\mathrm{j}(\pi f_i^2/\gamma)} \qquad (2.15)$$

就可将式中的 RVP 和包络斜置的两个相位项去除掉，再通过 IFFT 变回到快时间域，就可将图 2.4（b）的差频回波变成图 2.4（c）的形式。图 2.5 中虚线前的部分表示这一处理过程，虚线后面的部分为加权脉压。

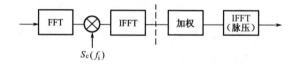

图 2.5　解线频调后去斜和压缩处理流程

解线频调脉压从图 2.4（a）得到图 2.4（b）的相干差频处理是用模拟电路来实现的，因为这时信号处于高频，且频带很宽。该差频信号放大后，应改用数字电路处理。为此，要讨论对差频信号如何采样。

从原理上说，应对图 2.4（c）所示的信号做傅里叶变换更为合理，它是一系列相互重叠的脉宽为 T_p 的矩形脉冲，只是脉冲的差载频由点目标的位置确定。若场景范围为 $(R_{\mathrm{ref}} - \Delta r/2, R_{\mathrm{ref}} + \Delta r/2)$，则差载频的范围为 $\left(-\gamma\dfrac{\Delta r}{c}, \gamma\dfrac{\Delta r}{c}\right)$。通过傅里叶变换将该信号变换到频域后，变成一系列宽度为 $1/T_p$（用频率值计量），而位置按其差载频值排列的窄脉冲，差载频范围仍为上面提到的 $\left(-\gamma\dfrac{\Delta r}{c}, \gamma\dfrac{\Delta r}{c}\right)$。对这一频域信号，采样间隔等于或小于 $1/T_p$，由于差载频范围的宽度为

$$F_{\Delta r} = 2\gamma\frac{\Delta r}{c} \qquad (2.16)$$

所以对该频域信号的采样数 M 为

$$M \geqslant \frac{F_{\Delta r}}{1/T_{\mathrm{p}}} = \gamma T_{\mathrm{p}} \frac{2\Delta r}{c} \tag{2.17}$$

由于 γT_{p} 为发射 LFM 脉冲信号的频带宽度 Δf，所以

$$M \geqslant \frac{2\Delta r}{c} \Delta f \tag{2.18}$$

式（2.18）中，$2\Delta r/c$ 为场景宽度相应的时间宽度，而 $1/\Delta f$ 为用常规方法对 LFM 脉冲信号做脉压处理时的时间分辨率。因此，用现在解线频调的脉压与常规方法所需的采样点是相同的，在 $T_{\mathrm{p}} \geqslant 2\Delta r/c$ 的情况下，运算量仍然相同，只是对电路运算速度（包括 A/D 的采样速度）的要求大大降低。

由于上述频域信号是通过傅里叶变换从图 2.4（c）的差频信号变换过来的，所以对图 2.4（c）的时域差频信号进行采样时，采样点数也应满足式（2.18）或式（2.17）的要求。现在是在 T_{p} 的时间里采样 M 个点，采样间隔 T_{s} 为

$$T_{\mathrm{s}} = T_{\mathrm{p}}/M \leqslant 1 / \gamma \frac{2\Delta r}{c} \tag{2.19}$$

相应的采样频率 F_{s} 为

$$F_{\mathrm{s}} = 1/T_{\mathrm{s}} \geqslant \gamma \frac{2\Delta r}{c} \tag{2.20}$$

前面已多次提到差频信号的差载频范围（即其频带）为 $\gamma \dfrac{2\Delta r}{c}$。式（2.20）是满足 Nyquist 采样定理的。

应当指出，$\gamma \dfrac{2\Delta r}{c}$ 只是差载频的范围，考虑到宽脉冲对载调频制后频宽要增加 $1/T_{\mathrm{p}}$，比起 $\gamma \dfrac{2\Delta r}{c}$ 来它是很小的，可以考虑它而将采样频率取高一些。

上面是从图 2.4（c）出发进行讨论的。实际上，通过模拟电路处理得到的是图 2.4（b）的波形，即使要对信号做"去斜"处理得到图 2.4（c）的波形，也应采用数字电路，为此应对图 2.4（b）的波形直接采样。

从前面的讨论可知图 2.4（b）波形与图 2.4（c）波形的频谱并无区别，两者的采样频率应相同。图 2.4（b）的信号时间长度为 $T_{\mathrm{p}} + \dfrac{2\Delta r}{c}$，所以其采样数 M' 为

$$M' = F_{\mathrm{s}}\left(T_{\mathrm{p}} + \frac{2\Delta r}{c}\right) \geqslant M + \gamma \left(\frac{2\Delta r}{c}\right)^2 \tag{2.21}$$

应当指出，按式（2.9）做差频相干处理，是以复信号形式进行的，其差频相干电路必须有同相和正交双通道。只用一个通道的实信号电路会引起频谱混叠。雷达工程技术工作者是熟悉的，这里只是提醒一下，后面的许多处理均如此。

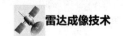

2.3 散射点模型与一维距离像[4]

宽频带信号的功能之一是为雷达目标识别提供了较好的基础。现代雷达，特别是军用雷达常希望能对非合作目标进行识别。常规窄带雷达由于距离分辨率很低，一般目标（如飞机）呈现为"点"目标，其波形虽然也包含一定的目标信息，但十分粗糙。频宽为一百多兆赫到几百兆赫的雷达，目标回波为高距离分辨率信号，分辨率可达亚米级，一般目标的高距离分辨率回波信号呈现为一维距离像。

雷达成像通常将目标以散射点模型表示，关于散射点模型及一维距离像的一般情况在本章开始时已做了说明，在这一节里将做较详细的讨论。

2.3.1 单个距离单元的回波特性

前面曾提到过，目标运动可分解为平动和转动两部分，平动时目标相对雷达射线的姿态固定不变，一维距离像形状不会变化，只是包络有平移。为了研究距离像的方向特性，可暂不考虑平动。

在目标转动过程中，雷达不断发射和接收回波。将各次距离像回波沿纵向离散采样，并依次横向排列，横向（方位向）和纵向（距离向）的顺序分别以 m, n 表示。根据目标的散射点模型，在不发生越距离单元徙动的情况下，在任一个距离单元里存在的散射点不会改变。设在第 n 个距离单元里有 L_n 个散射点，由于转动，各散射点会发生径向移动，设第 i 个散射点在第 m 次回波时（m 时刻）的径向位移（与第 0 次回波时比较）为 $\Delta r_i(m)$，则第 n 个距离单元的第 m 次回波为

$$x_n(m) = \sum_{i=1}^{L_n} \sigma_{ni} \mathrm{e}^{-\mathrm{j}\left[\frac{4\pi}{\lambda}\Delta r_i(m) - \psi_{i0}\right]} = \sum_{i=1}^{L_n} \sigma_{ni} \mathrm{e}^{\mathrm{j}\phi_{ni}(m)} \qquad (2.22)$$

而

$$\phi_{ni}(m) = -\frac{4\pi}{\lambda}\Delta r_i(m) + \psi_{i0} \qquad (2.23)$$

式（2.23）中，λ 为波长，σ_{ni} 和 ψ_{i0} 分别为第 i 个子回波的振幅和起始相位。

$x_n(m)$ 可以表示第 m 次回波沿距离（n）分布的复振幅像，而其功率像为

$$\left|x_n(m)\right|^2 = x_n(m)x_n^*(m) = \sum_{i=1}^{L_n}\sigma_{ni}^2 + 2\sum_{i=2}^{L_n}\sum_{k=1}^{i}\sigma_{ni}\sigma_k\xi_{nik}(m) \qquad (2.24)$$

式（2.24）中

$$\xi_{nik}(m) = \cos[\theta_{nik}(m)] \qquad (2.25)$$

$$\theta_{nik}(m) = \phi_{ni}(m) - \phi_{nk}(m) = -\frac{4\pi}{\lambda}[\Delta r_i(m) - \Delta r_k(m)] + (\psi_{i0} - \psi_{k0}) \qquad (2.26)$$

式（2.26）中，$\theta_{nik}(m)$ 表示 m 时刻第 n 个距离单元里 i 和 k 两散射点子回波的相位差。

由式（2.24）可见，各个距离单元的回波功率像由两部分组成，第一部分是相同子回波自己共轭相乘的自身项，它为各散射点的强度和，与转动无关；第二部分是相异子回波共轭相乘的交叉项，它是 m 的函数。这里需要研究的是交叉项中 $\xi_{nik}(m)$ 的统计性质。重写式（2.26）为

$$\theta_{nik}(m) = (\psi_{i0} - \psi_{k0}) - \frac{4\pi}{\lambda}[\Delta r_i(m) - \Delta r_k(m)] = \theta_{nik}(0) + \delta\theta_{nik}(m) \quad (2.27)$$

式（2.27）中

$$\delta\theta_{nik}(m) = -\frac{4\pi}{\lambda}[\Delta r_i(m) - \Delta r_k(m)] \quad\quad\quad (2.28)$$

即两散射点子回波在 m 时刻的相位差为它们在 0 时刻相位差 $\psi_{i0} - \psi_{k0}$ 与此后相位差的变化 $\delta\theta_{nik}(m)$ 之和，而考察交叉项随 m 的变化，主要看各个 $\delta\theta_{nik}(m)$ 分量的变化。

如上所述，一维距离功率像与散射点模型有很密切的联系，在实际应用中为了方便，常将复距离像直接取模，得到实数的一维距离像。下面除了特别声明，本书所说的一维距离像是指实数振幅距离像，而实数振幅距离像的平方即为功率距离像。

2.3.2　距离像随转角的变化

由式（2.28）可见，各个距离单元中，位于左右两侧边界处的两个散射点的 $\delta\theta_{nik}(m)$ 变化最大，若该两点之间的横向距离差为 L，则 $\Delta r_i(m) - \Delta r_k(m) = L\Delta\varphi(m)$，其中 $\Delta\varphi(m)$ 为 m 时刻目标的转角。如果最大的 $\delta\theta_{nik}$ 分量小于 $\pi/2$，即

$$|\delta\theta_{nik}(m)| = \frac{4\pi}{\lambda}L\Delta\varphi(m) < \pi/2 \quad\quad 或 \quad\quad \Delta\varphi(m) < \frac{\lambda}{8L} \quad (2.29)$$

举个例子，如 $\lambda = 5$ cm，$L = 30$ m，则 $\Delta\varphi(m) < 2\times10^{-4}$ rad，这时交叉项变化很小，2×10^{-4} rad（弧度）约为 0.01°。微波雷达波长为 5cm 时，对飞机一类目标成像所需的相干积累角约为 3°，若用 256 次回波样本进行成像（为使相干积累角达到要求，一般要抽取），则相邻两次之间的目标的转角约为 0.01°。可以想象到，如果目标的转角大于 0.1°，则 $\delta\theta_{nik}$ 的变化就可能较大，横向距离差最大的两个点，其 $\delta\theta_{nik}$ 可能大到 5π；而横向紧连的两个点的 $\delta\theta_{nik}$ 仍然很小。对众多的散射点，式（2.24）中的交叉项的各个分量可近似看成为起伏的余弦变化，即整个交叉项随 m 做 0 均值的随机变化，其相关角度为百分之一度的量级。

举一个实测的例子，图 2.6 是桨状飞机的距离像，雷达工作在 C 波段，频带为 400MHz，图 2.6（a）、图 2.6（b）、图 2.6（c）和图 2.6（d）依次为第 1、第 2、第 10 和第 243 次回波的距离像，可见第 1 和 2 两次回波，因为转角只有约

0.01°，两者十分相似，相关系数很高。将图 2.6（c）第 10 次回波与图 2.6（a）相比较，已可看出两者的明显区别；而图 2.6（d）的第 243 次回波与图 2.6（a）的第 1 次回波就有很大差别，其实两者间的转角约为 3°，目标相对于雷达的散射点模型基本未发生变化，即图 2.6 中各距离像出现尖峰的位置基本不变，只是许多峰的振幅有或大或小的起伏。

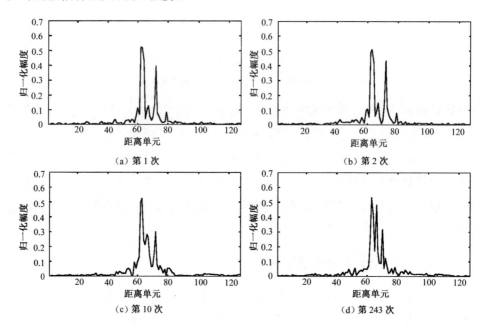

图 2.6　桨状飞机的距离像

2.3.3　平均距离像

如上所述，在目标相对于雷达的散射点模型基本未变的转角范围里（一般为 10°以内），考虑到发生不严重越距离单元徘徊现象，转角一般限制为 3°～5°，这时式（2.24）的结果可以适用，即其自身项不随转角变化，而交叉项则随转角做均值为零的随机变化。其相关转角为百分之一度的量级。因此，在一定的转角范围里，取较多交叉项相关较小的回波（即间隔较大）做平均，交叉项的分量就会减得很小。由于交叉项的各分量具有余弦变化特性［见式（2.25）］，取做平均的样本应等角度间隔选取。因此，平均功率距离像基本为距离像中的自身项，它在转角范围内是稳定不变的。当由于交叉项而引起的起伏不很大时，实数振幅距离像也有类似的性质，因此后面分析处理时，平均距离像是指实数振幅距离像的平均。

仍用与图 2.6 相同的数据，以不同数目等角度间隔的样本做平均而得到的平均距离像如图 2.7 所示，图 2.7（d）为用一幅 ISAR 像的全部 256 次回波做平均。

将图 2.7（a）、图 2.7（b）、图 2.7（c）与图 2.7（d）比较可见，只要在全观察角内等角度间隔选取样本，用十多次回波作平均就能得到该视角范围较为稳定的平均距离像。这是由于式（2.25）的交叉项为余弦型，且初相又是随机的，容易被平均掉。

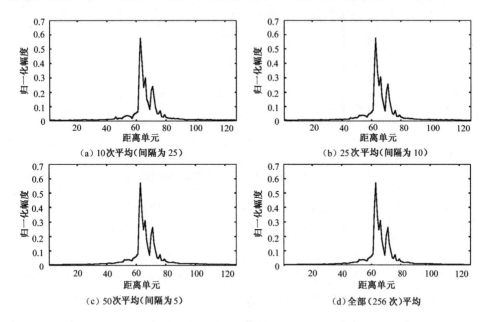

图 2.7　桨状飞机在一定视角的平均距离像

平均距离像还可从特征分解的主分量求得，设第 i 次回波的距离像向量为 $\boldsymbol{x}_m = \left[|x_1(m)|, |x_2(m)|, \cdots, |x_n(m)|\right]^{\mathrm{T}}$（$m = 0, 1, \cdots, M-1$），则估计得到的协方差矩阵为

$$R = \frac{1}{M}\sum_{m=0}^{M-1} \boldsymbol{x}_m \boldsymbol{x}_m^{\mathrm{T}} \tag{2.30}$$

求 $\boldsymbol{R}$ 最大特征值对应的特征向量，如图 2.8 所示，它与图 2.7（d）几乎完全一致。特征主分量在信号空间里为一组信号向量的能量最大方向，该组信号向量到它的垂直距离的均方值最小；而平均距离像向量为该组信号向量至其端点距离的均方值最小。当该组向量较为集聚时，两者十分接近。

为了说明距离像的起伏状况，再做一些补充说明。式（2.24）表示的是一个距离单元的情况，实际上，它随转角的变化（即 m 变化）与单元内散射点的分布有很大关系。散射点的分布粗略地可分为 3 类：第一类为分辨单元中只有一个大的特显点，其余均为相对小得多的分布开的散射点，统称为杂波。这类单元回波的幅值基本由特显点确定，杂波的影响是使幅值有小的起伏。第二类是分布单元里没有特显点，而为众多的小散射点组成的杂波。这类单元回波的幅值是起伏的，基本成瑞利分布。第三类是少数几个特显点，再加上杂波。以两个强度相近的特显点为例，转角变化时，两者的差拍作用会有大的起伏。两者的横距差越大，则起伏也越快。这类单元是距离像中最不稳定的。

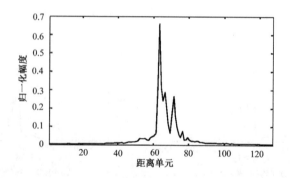

图 2.8　用特征分解主分量得到的距离像

当用宽频带信号获得目标一维距离像后，对目标的测速可以借助于相邻回波的滑动互相关处理（相邻周期距离像变化很小），测得一个脉冲周期目标的移动距离，从而推算出目标的瞬时径向速度。这相当于用时差法测速，可在很短时间内得到测量值，且不存在多普勒模糊，其测速精度显然高于窄带雷达采用的回波脉冲跟踪法，但低于多普勒测速，因为后者利用载波相位，测距误差比波长小得多。用相继窄带回波的相位差估计速度（即多普勒测速），再利用宽带信号互相关解多普勒模糊，是在短时间内精确测速的优选方案。

对于低空目标，地面反射的多径回波是不可避免的，且常常因此而影响雷达的低空性能。当雷达采用宽带信号时，利用它的高的距离分辨率，只要将雷达天线架高一些，则较直达回波迟延的多径信号虽然和直达波混在一起，但距离上是可以分辨的。将接收到的复回波（包含直达波和多径信号）做滑动自相关处理，就可从其峰值之间的间隔估计出多径信号较直达波的迟延时间，从而由雷达天线架设的高度计算得到目标的高度。如果目标仰角较高，这时（特别是微波雷达）反射的多径信号很小，宜采用多波束比幅法对目标测高[5]。

2.4　一维距离像回波的相干积累[6]

宽带信号的高距离分辨率在应用中也会带来一些不便，主要是脉冲间目标回波的距离徙动容易使像的距离单元错开，难以实现一串回波的相干积累，同时也难以实现动目标回波与固定杂波的分离；而这些性能对一般雷达是不可或缺的。

其实，高分辨距离像的上述越距离单元徙动，在一定条件下可以用新的算法加以补救。先以点目标为例，当有多个不同距离、不同速度的点目标时，其总的

基频回波可写成

$$s_{\mathrm{r}}(t) = s_{\mathrm{r}}(\hat{t}, t_{\mathrm{m}}) = \sum_i A_i p(\hat{t}, t_{\mathrm{m}}) \mathrm{e}^{-\mathrm{j}\frac{4\pi f_{\mathrm{c}}}{c} R_i(t_{\mathrm{m}})} \tag{2.31}$$

式（2.31）中，t_{m} 和 $\hat{t}$ 分别为慢时间和快时间，$t_{\mathrm{m}} = mT_{\mathrm{r}}$，$\hat{t} = t - mT_{\mathrm{r}}$，$T_{\mathrm{r}}$ 为脉冲重复周期（或脉冲重复间隔）；A_i 和 $R_i(t_{\mathrm{m}})$ 分别为第 i 个点目标回波的幅度和 t_{m} 时刻的距离；$p(\cdot)$ 为归一化的回波包络；f_{c} 为载波频率（简称载频）。

将 $s_{\mathrm{r}}(\hat{t}, t_{\mathrm{m}})$ 从快时间域变换到基带频率 (f) 域，此处还可称为距离频率域，得

$$S_{\mathrm{r}}(f, t_{\mathrm{m}}) = P(f) \sum_i A_i \mathrm{e}^{-\mathrm{j}\frac{4\pi}{c}(f_{\mathrm{c}}+f)R_i(t_{\mathrm{m}})} \tag{2.32}$$

式（2.32）中，$P(f)$ 为 $p(\hat{t})$ 的傅里叶变换。如前面所述的匹配滤波处理，在距离频域乘以 $P^*(f)$，对发射信号频率分量进行相位补偿，则 $S_{\mathrm{r}}(f, t_{\mathrm{m}})$ 化为

$$S_{\mathrm{r}}(f, t_{\mathrm{m}}) = P^*(f)P(f) \sum_i A_i \mathrm{e}^{-\mathrm{j}\frac{4\pi}{c}(f_{\mathrm{c}}+f)R_i(t_{\mathrm{m}})} = \left|P(f)\right|^2 \sum_i A_i \mathrm{e}^{-\mathrm{j}\frac{4\pi}{c}(f_{\mathrm{c}}+f)R_i(t_{\mathrm{m}})} \tag{2.33}$$

如果各点目标在 t_{m} 时刻里近似以恒速飞行，即 $R_i(t_{\mathrm{m}}) = R_{i0} + v_i t_{\mathrm{m}} + \dfrac{1}{2} a t_{\mathrm{m}}^2 + \cdots$

$\approx R_{i0} + v_i t_{\mathrm{m}}$，$v_i$ 为各点目标的径向速度，则式（2.33）可写成

$$\begin{aligned} S_{\mathrm{r}}(f, t_{\mathrm{m}}) &= \left|P(f)\right|^2 \sum_i \tilde{A}_i \mathrm{e}^{-\mathrm{j}\frac{4\pi}{c} f R_{i0}} \mathrm{e}^{-\mathrm{j}\frac{4\pi}{c} f v_i t_{\mathrm{m}}} \mathrm{e}^{-\mathrm{j}\frac{4\pi}{c} f_{\mathrm{c}} v_i t_{\mathrm{m}}} \\ &= \left|P(f)\right|^2 \sum_i \tilde{A}_i \mathrm{e}^{-\mathrm{j}\frac{4\pi}{c} f R_{i0}} \mathrm{e}^{-\mathrm{j}\frac{4\pi}{c}(f_{\mathrm{c}}+f) v_i t_{\mathrm{m}}} \end{aligned} \tag{2.34}$$

式（2.34）中，$\tilde{A}_i = A_i \mathrm{e}^{-\mathrm{j}\frac{4\pi}{c} f_{\mathrm{c}} R_{i0}}$，式（2.34）第一个等式中的第一个指数项表示目标在 0 时刻的位置，第二个指数表示包络平移，而第三个指数则为多普勒效应引起的载波相位变化，即多普勒频率 $f_{\mathrm{dci}} = -\dfrac{2f_{\mathrm{c}}}{c} v_i = -\dfrac{2v_i}{\lambda}$。

将式（2.34）中第一等式的后两个指数项合并，得到第二等式的第二个指数项，即从频域看，也可看作对不同频率分量具有不同的多普勒频率，即 $f_{\mathrm{di}} = -\dfrac{2v_i}{c}(f_{\mathrm{c}}+f)$。

上述现象对宽带和窄带信号都是存在的，但影响程度有质的差别。若信号频带为 Δf，则信号的基频 $|f| \leqslant \Delta f / 2$，雷达的距离单元长度近似为 $c/(2\Delta f)$。因此，当目标在 t_{m} 时刻的一定时间间隔 Δt_{m} 内移动的距离 $v_i \Delta t_{\mathrm{m}}$ 远小于 $c/(2\Delta f)$ 时，则式（2.34）里的 $\mathrm{e}^{-\mathrm{j}\frac{4\pi}{c} f v_i \Delta t_{\mathrm{m}}} \approx 1$。从而用 f_{dci} 补偿后可以得到相干积累，这是窄带雷达常用的多普勒滤波器组算法（用 FFT 实现）。

宽带信号通常不满足上述条件，因此在频域里，多普勒频率是 $f_{\mathrm{c}}+f$ 的函数。将式（2.34）中相位随波形平移有关的部分，以等相位线的形式画在 f-t_{m} 平面里

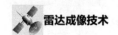

[见图 2.9（a）]，正是由于多普勒随 $f_c + f$ 变化，不同频率分量具有不同的多普勒频率，因而它们随时间的相位变化也不同。以 $t_m = 0$ 时刻为准，垂直于 $f\text{-}t_m$ 平面，画各频率分量的 $\varphi\text{-}t_m$ 关系，为作图方便，在图 2.9 中将其画在 $f\text{-}t_m$ 平面里，实际上的相位变化线只在 $t_m = 0$ 时与平面相交，其余部分应离开纸面旋转 $90°$。可见相位线的斜率随多普勒频率变化，从而回波频谱有线性相位，即包络会有平移。

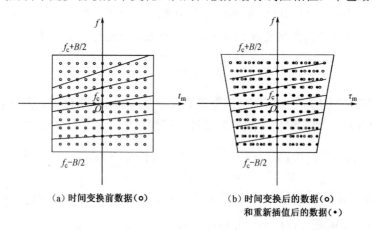

（a）时间变换前数据（○）

（b）时间变换后的数据（○）
和重新插值后的数据（•）

图 2.9 （$f\text{-}t_m$）和（$f\text{-}\tau_m$）平面的等相位图和插值变换示意图

为了消除波形的平移，可以定义一个虚拟时间 τ_m，τ_m 与 t_m 有下列关系，即

$$f_c\tau_m = (f_c + f)t_m \tag{2.35}$$

式（2.35）的意义是：当 $f = 0$ 时，τ_m 与 t_m 相同；当 $f > 0$ 时，τ_m 大于 t_m，且与 f 成线性关系，即将由原来因 f 不同而增加的相位变化，视之为用加大时间间隔（τ_m）得到的。$f < 0$ 时的情况也类似，只是 τ_m 是减小的。于是在 $f\text{-}\tau_m$ 的平面里，如图 2.9（b）所示，一个点目标的等相位线将是平行的。即以 τ_m 为新的时间来度量，则逐次回波不会在频谱里出现线性相位因子，即波形不再有平移。

将式（2.35）的关系代入式（2.34）的第二等式，得到以虚拟时间 τ_m 表示的信号快时间的频谱为

$$
\begin{aligned}
S_r(f,\tau_m) &= |P(f)|^2 \sum_i \tilde{A}_i \mathrm{e}^{-\mathrm{j}\frac{4\pi}{c}fR_{i0}} \mathrm{e}^{-\mathrm{j}\frac{4\pi}{c}v_i f_c \tau_m} \\
&= |P(f)|^2 \sum_i \tilde{A}_i \mathrm{e}^{-\mathrm{j}\frac{4\pi}{c}fR_{i0}} \mathrm{e}^{-\mathrm{j}2\pi f_{dci}\tau_m}
\end{aligned} \tag{2.36}
$$

式（2.36）中，$f_{dci} = -\dfrac{2v_i}{c}f_c$ 为与载频 f_c 相对应的各目标的多普勒频率。

从式（2.36）可见，它的第二等式中的第二个指数项不再与 f 有关，它只是表示相位沿 τ_m 按多普勒频率 f_{dci} 变化，而与 f 有关的第一个指数项只是表示目标在

$t_m = 0$ 时离雷达的距离（R_{i0}）。因此，式（2.36）频谱对应的各个点目标的回波信号的包络"凝结"在 $t_m = 0$ 时的距离，而相位则按各自的多普勒频率变化。

式（2.36）的时间频率 f 和慢虚拟时间 τ_m 都是以连续变量表示的，数字处理首先要把它变换成离散变量。

在（f - t_m）平面，信号采样点用图 2.9（a）中的"○"表示，它是以矩形格式采样的，在（f - τ_m）平面，原来的信号采样点将变成梯形格式［或称楔石（keystone）形格式］，在图 2.9（b）中用"○"表示。为了能采用 FFT 快速处理，需要将 f - τ_m 平面的采样点插值成为矩形格式，如图 2.9（b）"·"所示。

直接用插值方法从楔石形格式的数据得到所需的矩形格式，虽然只是一维变换，但运算量还是很大的。为了便于工程实际应用，必须探索运算量较少的方法。

从式（2.35）和图 2.9（b）可知，对于均匀的 t_m 采样，虽然 $f \neq 0$ 时 τ_m 的采样间隔会有所伸缩，但对一定的 f，τ_m 仍为等间隔采样，只是间隔的尺度有所变化，即乘以尺度因子 $\left(1 + \dfrac{f}{f_c}\right)$。所以，从楔形格式数据变换成矩形格式实质上是一种变尺度变换，而习惯上常称它为楔形变换。

下面介绍一种变尺度变换方法。在快时间 $\hat{t}$ 和慢时间 t_m 的离散采样顺序分别以 n 和 m 表示，设采样点的总数目分别为 N 和 M。两个时间对应的频率分别为距离频率（f）和方位多普勒频率（f_d）分别用 l 和 k 表示，而两者采样的总数目分别为 L 和 K，且有 $N = L$，$M = K$。这里研究的是不同距离频率 f 时慢时间 t_m 的变尺度变换，主要对象是 $S(f, t_m)$ 离散化，取 $f = l\Delta f / L$（Δf 为信号带宽）和 $t_m = mT$；同时令 $b_i = \dfrac{2R_{i0}}{c} \times \dfrac{\Delta f}{L}$，$\eta = \dfrac{\Delta f}{f_c L}$，则可写出式（2.34）的离散形式为

$$S(l, m) = |P(l)|^2 \sum_{i=1}^{Q} \tilde{A}_i \mathrm{e}^{-\mathrm{j}2\pi b_i l} \mathrm{e}^{\mathrm{j}2\pi(1+\eta l) f_{dci} T_m} \tag{2.37}$$

将虚拟慢时间 τ_m 离散采样的顺序以 m' 表示，设其采样点的总数也为 M；与 τ_m 相对应的虚拟离散多普勒域采样点的顺序以 k' 表示，其总数为 $K'(= K = M)$。应当指出的是 m' 和 m，以及 k' 和 k 虽然同样以整数值表示，但它们的尺度是不同的，且在不同的 l（即不同的 f）有不同的尺度关系。

为了从 $S(l, m)$ 得到 $S(l, m')$，即完成楔形变换，可以先通过傅里叶变换将 $S(l, m)$ 变换到 $S(l, k')$（k' 与 m' 相对应的离散多普勒域），然后再通过逆傅里叶变换，变换到 $S(l, m')$。应当指出的是前一个变换的时、频域之间具有不同的尺度，傅里叶变换不能用 FFT，只能用离散傅里叶变换（Discrete Fourier Transformation，DFT）对各个 k' 的值逐个计算；而后一个傅里叶变换则可采用 FFT，其变换过程如下

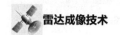

$$S(l,m') = \sum_{k'=-\frac{M}{2}}^{\frac{M}{2}-1} \left[\sum_{m=-\frac{M}{2}}^{\frac{M}{2}-1} S(l,m) e^{-j\frac{2\pi(1+\eta l)}{M}k'm} \right] e^{j\frac{2\pi}{M}k'm'} \qquad (2.38)$$

式（2.38）中，设 M 为偶数。

应当指出，从 $S(l,m)$ 到 $S(l,k')$ 的变换只能采用 DFT，其运算量仍然比较大，因为在 l 为各种数值时都要对 k' 逐个计算。变尺度变换还可设法进一步减少运算量。

在推导式（2.38）的过程中已经指出，由于将信号从 m 维（即慢时间 t_m 维）变换到 k' 维（即相当于虚拟慢时间 τ_m 的多普勒域），由于存在尺度上的不同，只能采用 DFT 进行运算，由此大大增加了运算量。实际由 m 维的慢时间域变换到 k 维的多普勒域，离散频谱的 K 个采样点等间隔（$= 2\pi / K$，$K = M$）地分布在频率复平面的单位圆上。当要将 m 维的离散信号变换到对应于虚拟慢时间 τ_m 域的 k' 维时，由于尺度不同，若仍以原来的频率复平面表示频谱采样点的位置时，$k'(= K = M)$ 个采样点仍在单位圆上等间隔分布，只是间隔变为 $(1+\eta l)\dfrac{2\pi}{M}$。当 l 为负时，间隔比原来的小。不再是在整个圆周上均匀分布，因而 FFT 的算法不能应用。

由于 FFT 算法具有高效性，对于并非在频率复平面的整个圆上，而是为任意一组等间隔采样的情况，有人提出将 DFT 表示成卷积形式，进而采用多次 FFT 的算法，称为线频调变换算法，其运算量比直接用 DFT 小得多。这些内容可以从一般的数字信号处理的书籍和论文中查到[7-8]，具体算法这里不再介绍。

应当指出，以上的楔形变换算法对不同速度的多个散射点同时存在时仍然适用，将不同频率分量的时间变尺度后，可视为将各点的位置"凝结"在 $t_m=0$ 时刻，回波相位仍按各自的多普勒频率变化，因此，它适用于多散射点的复杂目标。但是，以上算法是针对恒速目标，如果目标有加速度、加加速度等，当 t_m 较大时，它对相位变化的影响还必须考虑。此外，在上述的讨论中，假设回波的不存在多普勒模糊，当发生多普勒模糊时，若得知模糊次数，上述算法只要做小的修正即可。

2.5 高距离分辨雷达的检测和测高

随着雷达技术的发展，宽频带信号的产生、传输和处理的实现不再是困难的事，许多现代雷达都同时配备有多种形式的信号，包括窄频带信号和宽频带信号。传统雷达系采用窄频带信号对目标进行检测和测高等，加装宽频带信号后，采用宽频带信号执行这些任务会得到怎样的效果，有必要加以研究。

2.5.1 宽频带雷达信号的检测

宽频带雷达信号通过脉压处理可得到很窄的脉冲，通常以纳秒计，相应的距离分辨率为亚米到米级；而常用的窄频带信号的脉冲宽度以微秒计，相应的距离分辨率为几十米到几百米，或更长，两者相差约 3 个数量级。目标（如飞机）的尺寸通常为十几米到几十米，对窄频带雷达信号其回波类似于"点"目标，而宽频带雷达信号的回波则延伸成为距离像。

目标的径向运动的影响也类似，设目标以音速的量级径向飞行，脉冲重复周期通常为毫秒级或亚毫秒级，在一个重复周期的时间里距离移动一般为亚米级，对于十多个脉冲到几十个脉冲，回波包络的徙动一般比窄频带信号的宽脉冲所相应的距离小很多，包络徙动的影响可以不考虑，因而易于对多个周期的回波进行相干积累。对宽频带信号的回波就不一样，同样的距离徙动通常比窄脉冲的宽度大很多。虽然也可以采取措施补偿包络徙动，但计算相当复杂，在成像的小范围里尚可应用，将其用于大范围的目标检测是比较困难的。因此，当雷达须做相干积累处理时，最好采用窄带信号。

对单次脉冲的情况又如何呢？由检测理论可知[1]，在白噪声背景下检测信号，若信号回波能量为 E_R，噪声功率密度（单位频带的功率值）为 N_0，则在匹配滤波条件下的输出信号峰值功率与噪声功率之比（S/N）为

$$\left(\frac{S}{N}\right)_0 = \frac{2E_R}{N_0} \tag{2.39}$$

用上述信噪比定义对雷达检测是合适的，它总是对输出信号设置一定的门限，以超门限的峰值判断为信号存在。

式（2.39）表明，以匹配滤波方式检测信号，其输出信噪比只决定于回波的能量和噪声的功率密度，而与回波的波形无关。

如上所述，若目标为理想的点目标（即为几何点），则回波的波形与发射波形相同，若发射能量为 E_T，则回波能量 $E_R = K^2 h^2 E_T$，其中 h^2 为目标的雷达截面积，K^2 为与作用距离、天线增益等有关的常系数。对于同一雷达而采用不同的波形，K^2 值仍为常数。因此，对于理想的点目标，在匹配滤波条件下，单次脉冲的检测性能决定于发射信号的能量，而与发射的波形无关。也就是说，用宽频带或窄频带信号，其检测性能相同。

实际上，理想的点目标是不存在的，目标可视为由许多散射点组成，目标相对于窄频带的宽脉冲被视为"点"目标，是指散射点的分布范围远小于脉冲宽度所对应的距离，而散射点之间的距离与雷达波长是可以比拟的，甚至比波长还大许多。为阐述简单起见，设目标由一系列理想的散射点组成，在平面波照射下，其基频回波响应函数为

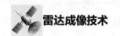

$$h(\hat{t}) = \sum_{i=1}^{N} h_i \delta(\hat{t} - \tau_i) e^{-j2\pi f_c \tau_i}$$

$$= \sum_{i=1}^{N} h_{\tau_i} \delta(\hat{t} - \tau_i)$$

（2.40）

式（2.40）中，$\delta(\cdot)$ 为冲激函数；τ_i 为第 i 个散射点子回波的时延；h_i 为后向散射系数，而 $h_{\tau_i} = h_i e^{-j2\pi f_c \tau_i}$，为附加时延相位的后向散射系数，$h_{\tau_i}$ 的模值比较稳定，相位对时延 τ_i 的变化极其敏感，但对固定的 τ_i，相位为常数，且 $|h_{\tau_i}| = |h_i|$。

当发射信号为 $s_t(\hat{t}) e^{j2\pi f_c t}$ [$s_t(\hat{t})$ 为其基频信号]，则基频回波为

$$s_r(\hat{t}) = K s_t(\hat{t}) \sum_{i=1}^{N} h_{\tau_i} \delta(\hat{t} - \tau_i)$$

$$= K \sum_{i=1}^{N} h_{\tau_i} s_t(\hat{t} - \tau_i)$$

（2.41）

即总的基频回波为各散射点子回波的复数加权和。

下面先讨论窄频带信号的情况，设发射脉冲为一般的单频脉冲，其基频信号（即包络）为实数脉冲。由于这时的脉冲宽度比散射点的分布长度大得多，各个包络相加的波形与单个包络基本相同，即式（2.41）中的 $\tau_i (i = 1, 2, \cdots, N)$ 可用统一的时延 τ 代替，而基频回波为

$$s_r(\hat{t}) = K \left(\sum_{i=1}^{N} h_{\tau_i} \right) s_t(\hat{t} - \tau)$$

（2.42）

即目标回波的波形与发射波形相同，而复振幅为 $K h_{\tau_i} (i = 1, 2, \cdots, N)$ 的加权向量和。

上面提到 h_{τ_i} 对距离的变化十分敏感，若目标向雷达迎面飞行，目标与雷达之间的距离不断缩短，即目标上各散射点子回波的相位同样变化，它们之间的相位差保持不变，其加权向量和的模为常数。但如果目标沿斜直线或机动飞行，雷达对目标的视角有变化，即使这一变化量很小，目标上的散射点分布没有变化，但小的视角改变会使各散射点到雷达的距离差发生与雷达波长可以相比拟的变化，也就是使其子回波的相位分布有大的变化。因此，式（2.42）所示的回波振幅 $K \left(\sum_{i=1}^{N} h_{\tau_i} \right)$ 通常只能用统计平均值来表示，这时单次回波信号的能量为

$$E_r = K^2 \left(\sum_{i=1}^{N} |h_{\tau_i}|^2 \right) E_t$$

$$= K^2 \left(\sum_{i=1}^{N} |h_i|^2 \right) E_t$$

（2.43）

式（2.43）中，$\sum_{i=1}^{N} |h_i|^2$ 也就是传统窄带雷达所定义的目标雷达散射截面积（Radar

Cross Section，RCS）。

式（2.43）表明，对于窄频带雷达，其检测性能与发射波形无关，不可能用改变发射波形的方法来提高检测性能。

下面再来讨论宽频带信号的情况，这时的脉冲宽度与散射点的时延差相比拟，其回波可直接由式（2.41）得

$$s_r(\hat{t}) = K\sum_{i=1}^{N} h_{\tau_i} s_t(\hat{t} - \tau_i) \tag{2.44}$$

先讨论一种简单情况，设各个散射点子回波在时间上不重叠，为一串波形与发射波形相同的回波。因此，接收回波能量为各子回波能量之和，即 $E_r = K^2\left(\sum_{i=1}^{N}|h_{\tau_i}|^2\right)E_t$，可见在发射能量不变的情况下，接收回波能量与窄频带信号时相同，也就是说它们的最佳检测性能与窄带信号时相同。

应当指出，所谓最佳检测性能是在对回波信号匹配滤波情况下得到的，对于式（2.41）所示的回波波形，匹配滤波可分两级进行：第一级对发射信号，第二级对脉冲串。第一级实际上就是普通对发射波形的匹配滤波，这是容易实现的；第二级可采用时延和权值与回波的脉冲串相匹配。不难证明，在两级匹配情况下，所得结果仍与式（2.43）的相同。问题是第二级匹配必须具有目标分布的先验信息，即散射点的分布及它们的复后向散射系数为已知，这一般是难以做到的。如果不做第二级匹配滤波，直接将第一级输出做门限检测，这时的最大峰值对应于最强散射点，显然比整体的小很多，检测性能会大大降低。

有一点需要做些补充说明，上面为了使说明简单，目标以离散的散射点沿径向分布。实际复杂目标是三维的，如以距离分辨单元分割，在一个距离单元内也有许多散射点，如果将这些散射点用一个等效散射点代替，则等效散射点的后向散射应为众多散射点后向散射的向量和，这使得式（2.44）中的任一个 h_i 都变成与方向敏感的复变量。因而式（2.43）中的 $|h_i|^2$ 应以其统计平均值 $\overline{|h_i|^2}$ 代替。但做上述第二级匹配滤波时不能用 h_i 的统计平均值，而应当采用该次回波的实际值，这是很难实现的。

由于宽频带信号时的回波复距离像分布的先验信息难以获得，采用自相关接收是一种次优的方法。从信号匹配的角度来看，自相关和匹配滤波是等价的，只是自相关法的"等价系统函数"里还包含与信号中相同的噪声，从而使输出信噪比降低。用相邻两个回波的复距离像做互相关处理，情况会有所改善，因为相邻两个回波复距离像的复包络基本相同，而两者的噪声是不相关的。即使如此，其

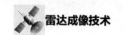

检测性能还是较匹配滤波时的低[①]。

如上所述，当雷达同时配备有窄频带和宽频带波形时，应采用窄频带波形作目标检测。

有一点需要指出，式（2.39）的匹配滤波输出信噪比与回波信号能量成正比。是否有可能在目标和发射信号能量确定的情况下，提高回波信号能量呢？如果可能，就有可能提高雷达的检测性能。这是一个值得考虑的问题。

以一组散射点表示的目标为例，前面在宽、窄脉冲两种情况下，讨论了回波信号能量。在窄频带、宽脉冲的情况下，单次的回波信号能量是各不相同的，因为总的回波近似为各散射点子回波的向量和，各次能量会有大的起伏，在各子回波满足一定相位关系条件下，可以得到大得多的回波能量。只是这一相位关系是无法控制的，因而只能用统计平均值来表示回波能量。

上面还用简单例子讨论了宽频带信号的情况，假设散射点间的径向距离大，各个散射点子回波在时间上是分开的，总的回波能量仍为各子回波能量之和，而与波形无关。可以想象，如果令宽频带信号不是窄脉冲，而是延伸的波形，如用类似于相位编码的长脉冲，不过这里的子脉冲相位可随意设置，设子脉冲振幅也可随意设置。这样的发射信号作用于复杂目标，各子回波在时间上就不再是分离的，而是相互叠加。现在的子回波叠加与窄频带时不同，它们的相位和振幅受发射波形的控制。如果对目标散射点的分布及复后向散射系数具有准确的先验信息，则可以设计发射波形，以获得大的回波能量。这称为匹配发射[8-9]。

上面也曾提到，复杂目标的散射点不会只是沿径向作大间隔的直线分布，而是在空间作三维分布。如果用距离分辨单元长度沿径向分割，各距离单元里的散射点子回波间的相位关系无法调整。但如果将各个距离单元视为一个合成的等效散射点，且可获得其分布和复后向散射系数的准确先验信息，则采用上面所说的匹配发射，也可得到较大的回波能量。

实际上，复杂目标沿径向的等效散射点的分布及其复后向散射系数的先验信息是难以获得的，对于飞机一类目标，它们对方向还十分敏感。参阅本章 2.3.2 节介绍的距离像变化情况，在图 2.6（a）和图 2.6（c）中只是方位上变了约 0.1°，它的波形已发生大的变化。因此，匹配发射在理论上是可能的，除非目标非常特殊，一般是难以实现的，这里不再做详细讨论，有兴趣的读者可参阅文献[9]。

[①] 利用相邻脉冲做互相关处理不可能获得更好的检测性能，但如果用它做目标测速是可取的，因为在互相关处理中，可以估计得到相邻回波的距离差，其精度比窄频带信号时高得多。测速时的信噪比一般较高，在互相关处理时可采用回波的实距离像，以简化运算。

2.5.2　**宽频带雷达信号的测高**[5]

无线电测向一般借助于天线波束，如果有多个接收站，也可利用测得信号的时延差，即各个接收站到达波的波程差，推算出目标的方向，这种方法称为时差测向。

时差测向也可用于雷达，如图 2.10 所示，架设于地面上的雷达，只要地面较平坦（相对于波长），接收到的目标回波除直达波外，还有反射波。若天线架高为 h，目标的仰角为 α，在平面波条件下，反射波与直达波的波程差为 $2h\sin\alpha$，与其相应的时延差为 $\dfrac{2h\sin\alpha}{c}$。若天线架高为十几米到几十米，α 角为几十分之一弧度，则反射波与直达波的波程差为米级到亚米级。由于直达波和反射波都由实际天线接收，这样的波程差，对脉宽为微秒级的窄频带信号是无法分辨的。采用高分辨的频带信号时，回波为距离像，直达波与反射波有上述数量级的时延差，且波形相同。将接收到的回波做滑动的自相关（或相邻两次回波的滑动互相关）处理，则除了直达波自身对齐时会在输出端呈现峰值外，直达波与反射波对齐也会呈现峰值。因此，只要宽频带信号的距离分辨率能够分辨和估计出两者的时延差，就可以估计出目标的仰角，并推算出它的高度。

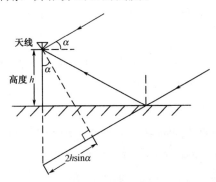

图 2.10　利用直达波与反射波的时差测高

采用这样的方法测高，必须有足够强的镜面反射波，即对地面的平整度（相对于波长）有一定要求，同时可具有较宽的频带。因此，它适用于波长较长的雷达，如 L 波段或 P 波段的雷达。此外，在信号频带已确定的情况下，要对天线的架高提出要求。

此外，从雷达到目标，以及从目标到雷达，发射和接收都存在直达波和反射波两条路径，两两组合，可得四种路径的回波，其中最先到达的为直达波-直达波方式，其后到达的是一条路径为直达，而另一条路径为反射的方式。测出这两者的时延差就可对目标进行测高。

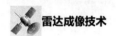

参 考 文 献

[1]   Cook C E, Bernfeld M. Radar Signals[M]. New York: Academic Press, 1967.

[2]   Caputi W J. Stretch: A Time-Transformation Technique[J]. IEEE Transactions on Aerospace and Electronic Systems, 1971, 7(2): 269-278.

[3]   Wehner D R. High Resolution Radar, Norwood[M]. MA: Artech House, 1987.

[4]   Xing M D, Bao Z, Pei B. Properties of High-resolution Range Profiles[J]. Optical Engineering, 2002, 41(2): 403-504.

[5]   Skolnik M, Linde G, Meads K. Senrad: An Advanced Wideband Air Survellance Radar[J]. IEEE Transactions on Aerospace and Electronic Systems, 2001, 37(4): 1163-1175.

[6]   Perry R P, Dipietro R C, Fante R L. SAR Imaging of Moving Targets[J]. IEEE Transactions on Aerospace and Electronic Systems, 1999, 35(1): 188-199.

[7]   奥本海姆 A V，谢弗 R W，巴克 J R. 离散时间信号处理[M]. 刘树棠，黄建国，译. 2 版. 西安：西安交通大学出版社，2001.

[8]   Bluestein L. A Linear Filtering Approach to the Computation of Discrete Fourier Transform[J]. IEEE Transactions on Audio and Electroacoustics, 1970, 18(4): 451-455.

[9]   Farina A, Studer F A. Detection with High Resolution Radar: Great Promise, Big Challenge[J]. Microwave Journal, 1991(5): 263-273.

[10]   Van Trees H L. Detection, Estimation and Modulation Thory, Vol.Ⅲ: Radar/Sonar Signal Processing and Gaussian Signals in Noise[A]. John Wiley, 1971.

[11]   Papoulis A. System and Transforms with Application in Optics[M]. New York: McGraw-Hill, 1968.

第 3 章
方位高分辨和合成阵列

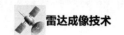

要得到场景的纵向和横向二维平面图像，则同时需要距离和方位二维高分辨[①]能力，这一章主要讨论方位高分辨。

雷达本质上是一种基于距离测量的探测设备，容易获得高的距离分辨率，而方位分辨率是比较差的。传统实孔径雷达的方位分辨率取决于雷达天线的波束宽度，一般地基雷达的波束宽度为零点几度到几度，以窄一些的波束为例，设天线波束宽度等于 0.01rad（约 0.57°），它在距离为 50km 处的横向分辨率约为 500m，显然远远不能满足场景成像的要求，需要大大提高方位分辨率，即需将波束宽度做大的压缩。

天线波束宽度与其孔径长度成反比，如果要将上述横向分辨单元缩短到 5m，则天线横向孔径应加长 100 倍，即几百米长。这样长的天线，特别要装在运动载体（如飞机）上是不现实的，实际上对固定的场景可以用合成阵列来实现。

本章的内容做如下安排：3.1 节主要介绍合成阵列的特点；3.2 节对运动平台的合成孔径雷达的横向分辨率进行了讨论；由于波数域方法在合成孔径雷达里应用十分广泛，因此在 3.3 节对波数域方法做了较详细的讨论。

合成孔径雷达主要用运动平台雷达对地面场景实现二维成像，而合成孔径雷达也只具有径向（借助宽频带信号）和横向二维高分辨能力。但实际地面场景会有高程起伏，而雷达载体（如飞机）更是有较高的高度，所以合成孔径雷达是在三维空间里实现二维成像的，有许多实际问题需要解决和注意。

本章的任务是讨论用合成阵列获得高的横向分辨率，为了突出主题，避免过早涉及一些具体问题而影响对主题基本概念的理解，在本章里将讨论范围限于二维平面，不仅场景是理想平面，雷达载机的高度也暂不考虑，可认为雷达和目标位于同一平面中。

这当然与实际情况不符，但在对横向分辨的原理和方法建立了清晰概念后，从二维推广到三维是不困难的，这些工作将在第 4 章里进行。

3.1　合成阵列的特点[1-2]

现代雷达常采用阵列天线，将一系列阵元按一定的构形排列成阵列。合成阵列的概念是从实际阵列引申过来的，为此先简单介绍实际阵列，由此可比较实际阵列和合成阵列的异同。

---

① 雷达成像是从雷达录取的数据重建雷达图像，是一种映射关系，雷达距离向或径向对应场景纵向，雷达方位向对应场景横向。

3.1.1 **实际阵列天线**

下面用线性阵列为例来介绍实际阵列。如图 3.1 所示，设有 N 个阵元排成均匀线阵，阵元间隔为 d。若远处有一辐射源从斜视角 θ 的方向以单频平面波照射阵列，在同一时刻（通称一次快拍）记录下阵列上各阵元接收到的信号，它可以写成

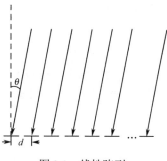

图 3.1 线性阵列

$$s_r(t) = \begin{bmatrix} 1 & e^{j\frac{2\pi}{\lambda}d\sin\theta} & \cdots & e^{j\frac{2\pi}{\lambda}(N-1)d\sin\theta} \end{bmatrix}^T e^{j2\pi f_c t} \tag{3.1}$$

式（3.1）中以阵列最左边的阵元作为基准，其他阵元与它相比其波程差为 $\dfrac{(i-1)d}{\lambda}\sin\theta (i = 2, 3, \cdots, N)$，因而有相应的相位差；上标 T 表示转置。

如果要得到该阵列天线法向指向时的方向图，可将各阵元的信号直接相加，即将式（3.1）的信号包络向量与单位向量 $\mathbf{1}\big[=(1,\cdots,1)^T\big]$ 做归一化的点积，得

$$\begin{aligned} G(\theta) &= \frac{1}{N}\big|(s_r(t)\cdot\mathbf{1})\big| \\ &= \frac{1}{N}\left|1 + e^{j\frac{2\pi}{\lambda}d\sin\theta} + \cdots + e^{j\frac{2\pi}{\lambda}(N-1)d\sin\theta}\right| \\ &= \frac{\sin\left(\dfrac{\pi N d}{\lambda}\sin\theta\right)}{N\sin\left(\dfrac{\pi d}{\lambda}\sin\theta\right)} \end{aligned} \tag{3.2}$$

当以一连续的线天线（长度为 L），用平面波均匀照射时，其方向图 $\mathrm{sinc}\left(\dfrac{L}{\lambda}\theta\right) = \sin\left(\dfrac{\pi L}{\lambda}\theta\right)\Big/\left(\dfrac{\pi L}{\lambda}\theta\right)$，式（3.2）是将连续天线离散化的结果，在实际应用中斜视角 θ 较小，$\sin\theta \approx \theta$，$\sin\dfrac{\pi d}{\lambda}\theta \approx \dfrac{\pi d}{\lambda}\theta$，式（3.2）也可近似写成 $\mathrm{sinc}\left(\dfrac{L}{\lambda}\theta\right)$。

从式（3.2）的方向图，可求得它的 3dB 波束宽度

$$\theta_{BW} = \alpha\frac{\lambda}{L} \tag{3.3}$$

式（3.3）中，$L = Nd$ 为阵列孔径，α 为比例系数，式（3.2）是将各阵元信号等值相加，即沿阵列均匀加权，这时的 $\alpha = 0.88$。实际阵列为降低波束副瓣电平而沿阵列作锥削加权，即对两侧阵列元的信号在相加时离中心越远所加的权值也越小，这时会使 θ_{BW} 有所展宽。在工程中，近似取 $\alpha = 1$。

有时还要用到波束第一对零点之间的波束宽度 θ_{nn}，其近似值为

$$\theta_{nn} = 2\theta_{BW} = \frac{2\lambda}{L} \tag{3.4}$$

在上面的讨论中，并没有考虑阵元的方向图，实际阵元通常是有方向图的，若阵元孔径长度为 D_e，则阵元波束宽度 θ_{BW1} 为

$$\theta_{BW1} = \frac{\lambda}{D_e} \tag{3.5}$$

阵列方向图应为式（3.2）的方向图与阵元方向图的乘积。不过，当阵元数目很多时，式（3.2）方向图的主波束要比阵元的窄很多。当研究阵列主波束时，阵元的方向图的影响可以不考虑。

在上面讨论阵列各阵元信号相加时，采用了直接相加，这意味着形成的波束指向阵列的法线方向，如果要使波束指向 θ_d 的方向，则应将作为权向量的 **1** 向量改成 $\boldsymbol{a}(\theta_d) = \begin{bmatrix} 1 & e^{-j\frac{2\pi}{\lambda}d\sin\theta_d} & \cdots & e^{-j\frac{2\pi}{\lambda}(N-1)d\sin\theta_d} \end{bmatrix}^T$，即在各阵元接入与 $\boldsymbol{a}(\theta_d)$ 中各相应项的移相器。这种以相位控制来调控波束指向的天线称为相控阵天线。

上面是以接收为例来讨论阵列天线，根据互易定理，阵列做发射时情况也相同，它会形成发射方向图。通常同一雷达天线既用作发射又用作接收，收发双程的方向图应为两者的乘积。所以，如果图 3.1 中阵列同时用作收发工作，则其方向图应为式（3.2）的平方。

有一点需要指出，如果用很长的实际阵列以获得很高的横向分辨率时，若目的是观测场景图像，用收发双程窄波束一般是不合适的，因为观察区域要用很多个窄的波束来覆盖，窄波束扫描需要很长时间。比较合理的工作方式是宽波束发射而用多个（所有的）窄波束同时接收，即将一个或少数几个阵元或整个阵列用特殊的加权形成宽的发射波束，覆盖所需观测的区域，而用整个长阵列同时接收，并同时用许多组权向量并行地形成相应于各个方向的窄波束，这种同时多波束形成用数字波束形成的方法是容易实现的。在这种情况下，收发双程波束的方向图和宽度基本上由接收波束决定。

3.1.2　合成阵列的工作方式

3.1.1 节介绍了实际阵列的一些情况，其目的是更好地理解合成阵列的概念和问题。合成阵列只用一个阵元，它是在不同位置上测量和录取信号，然后通过合成处理形成所需的波束，合成阵列的目标在阵列的坐标里必须是固定的。

仍以图 3.1 为例，在合成阵列情况下用一个阵元在各个位置发射和接收信号，这里的"阵元"在实用中就是一副天线孔径较小的一般相干雷达。在介绍实际阵列时，是将一次"快拍"的各阵元的信号加以合成，强调必须在同一瞬间录取，而这在合成阵列里显然是做不到的。但是，应注意到用一次"快拍"为的是正确反映各阵元信号之间因波程差而引起的相位关系。合成阵列对所用阵元采取自发自收方式，设在第 1 个位置处发射一单频连续波信号 $e^{j(2\pi f_c t + \varphi_1)}$（初相 φ_1 为任意值，发射振幅在这里不重要，故略去），设距离阵元 1 的 R_{i1} 处有一点目标 σ_{ni}，可得点目标回波 $\sigma_{ni} e^{j\left[2\pi f_c\left(t - \frac{2R_{i1}}{c}\right) + \varphi_1\right]}$，其中 c 为光速。通过相干检波，即乘以基准信号 $e^{-j(2\pi f_c t + \varphi_1)}$，得基频回波信号为 $\sigma_{ni} e^{-j4\pi f_c \frac{R_{i1}}{c}}$。可以看出，所得基频回波为与时间 t 和初相 φ_1 无关、而相位与距离 R_{i1} 成正比的常数。将阵元移到第 $2, 3, \cdots, N$ 等位置，发射信号频率完全相同，而初相可以不同，这时点目标的基频回波在形式上与第 1 位置时相同，只是将 R_{i1} 改写成 $R_{i2}, R_{i3}, \cdots, R_{iN}$ 等，可见这样做时各阵元处通过自发自收接收到的基频回波信号的相位完全可以反映目标到各阵元位置的波程关系，前提是发射载频必须十分稳定，而初相 φ_1 是不重要的，可以为各次不同的任意值。

上面说的是合成阵列在原理上与实际阵列的相同点，但两者也有不同点，仍用图 3.1 的例子来分析合成阵列的方向图，假设在斜视角 θ 方向遥远处有一点目标，电波波前近似为平面波，即各阵元位置点指向目标的射线为一组平行线。由于合成孔径在各阵元位置以自发自收工作，相邻两阵元的双程波程差为 $\frac{2d}{\lambda}\sin\theta$，即比实际阵列作为单独接收时大一倍，阵元间隔长度对相位差的影响加倍，相当于使其等效阵列长度大了一倍（$2L$），即合成阵列长度为 L 时，其收发双程的波束宽度 θ_{BWS} 为

$$\theta_{\mathrm{BWS}} = \frac{\lambda}{2L} \tag{3.6}$$

在本章 3.1.1 节里提到，长度为 L 的实际线性阵列，其方向图为 $\mathrm{sinc}\left(\frac{L}{\lambda}\theta\right)$；若该实际阵列同时做发射和接收，其方向图为 $\left[\mathrm{sinc}\left(\frac{L}{\lambda}\theta\right)\right]^2$。合成阵列在同样长度下，由于各阵元自发自收，其方向图为 $\mathrm{sinc}\left(\frac{2L}{\lambda}\theta\right)$。三种情况时的主波束形状分别如图 3.2 所示，而其波束宽度各自为 $0.88\frac{\lambda}{L}$、$0.64\frac{\lambda}{L}$ 和 $0.44\frac{\lambda}{L}$。

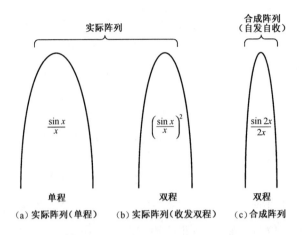

图 3.2　实际阵列与合成阵列的主波束形状

上面介绍了合成阵列的基本情况，说明只要目标固定不动，且发射载频十分稳定，用单个阵元在各个阵元位置分别测量和录取，通过合成处理，可以获得长阵列的结果。但是，讨论合成阵列的目的是为获得高的横向分辨率，合成阵列孔径必须很长；同时还要结合具有高的距离分辨率的宽频带信号对观测场景成像。这为讨论带来一些新的问题，因为对一般天线（包括阵列天线）的分析通常有两个假设：远场和窄频带。远场是指目标远离天线阵列，即其间的距离长度远大于阵列长度，阵列上任一点到目标的射线近似平行，也就是假设阵列接收的电波的波前为平面，在前面的分析阵列方向图时也用了这一近似。窄频带是指信号的包络变化缓慢，阵列上各处在同一"快拍"（指实际阵列）接收到的信号，由于有不同的波程差，并不是来自同一辐射（或散射）时刻，严格地说，不仅载波相位不同，它们的包络也有差异。"窄频带"假设要求包络变化很慢，而上述波程差所相应的时差又很短，从而可忽略阵列上的包络差异。上面分析实际阵列和合成阵列假设信号为连续波，也就是用了这一假设。实际合成孔径雷达里上述两个假设通常均不成立，因此要在近场和宽频带的条件下进行分析。

3.1.3　合成阵列的远场和近场

为了不使难点集中，暂撇开信号的宽频带问题来讨论合成阵列的近场问题，这时仍假设发射信号为单频连续波。

图 3.1 是在远场条件下分析阵列的接收方向图，其方向图是指点辐射源所在的方向不同时，阵列接收信号幅度的变化。远场假设是指辐射源很远，各阵元到点辐射源的射线近似为平行线。很明显，各阵元到点辐射源的射线总会汇聚到点辐射源上，而点辐射源到阵列的波前应为球面波，在二维平面里波前为圆弧，只

在距离很远时，直线阵列上的圆弧可以用直线近似（到波前为平面波）。

现在用图 3.3 来分析近场的条件。假设阵列为合成阵列，各阵元自发自收。阵列长度为 L，点目标 P 位于阵列中点的法线方向，距离为 R。R 称为 P 点到阵列的最近距离，离阵列中心越远的阵元，与 P 点的距离也越长。图中也画出了经过阵列中心点球面波前的圆弧线，即当平面波假设不成立时，阵列上各阵元的基频回波相位不再是同相的，将所有阵元输出直接求和时，其合成信号将较平面波时小。所谓远场近似就是在阵列长度 L 一定

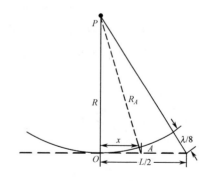

图 3.3　近场条件的说明

的条件下，将目标距离 R 加大，波前圆弧的曲率减小，在阵列两端与中点处的相位差小于 $\pi/2$ 时作为远、近场的分界。由于合成阵列为收发双程工作，相位差小于 $\pi/2$ 相当于图 3.3 中的单程波程差小于 $\lambda/8$（即双程的波程差为 $\lambda/4$），按该图的几何关系，得

$$\sqrt{R^2+(L/2)^2}-R \leqslant \lambda/8$$

即

$$R \geqslant L^2/\lambda \tag{3.7}$$

或

$$L \leqslant \sqrt{\lambda R}$$

实际上，远、近场的分界是不清晰的，以边缘处信号相位与中心处差 $\pi/2$ 只是准则之一。如果阵列再加长，其增益还会再增加。另一种准则似乎更合理些，可以想象到，由于阵列上离中心越远，该处信号的相位差也越大，因而对阵列增益的贡献就越小，将阵列长度大到增益曲线梯度为 0 时的阵列长度（见图 3.4）作远、近场的分界似乎更为合理。此处的信号相位应与此前阵列合成信号（而不是阵列中心点处的信号）的相位之间差 $\pi/2$。由此得到的临界阵列长度为

$$L_c \leqslant 1.2\sqrt{\lambda R} \tag{3.8}$$

图 3.4 所示为近场条件下合成阵列天线增益、波束宽度与阵列长度的关系曲线，它画出了由于阵列上相位不一致而对波束宽度的影响，其影响是使波束较远场时的宽，而且在阵列长度超过临界长度后，随着阵列进一步加长，波束反而加宽。

为了对在近场条件下，仍采用远场方式处理所发生的问题有较明确的理解，这里再做一些补充说明。图 3.5 所示为长阵列时天线增益与阵列长度的关系，即阵列长度进一步加长时的增益变化曲线。当阵列长度 L 增加到 L_c 时增益最大，此

后 L 的进一步加长使增益下降，然后来回起伏而趋于一稳定值。这是由于长度 L 充分大时，目标至该点的斜视角已较大，L 进一步加大，则到目标的距离增量明显增加，因而信号相位随 L 的加长变化十分剧烈，对增益作用正负交替，即此后总的增益变化只有很小的起伏。

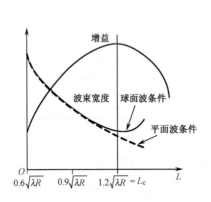

图 3.4　近场条件下合成阵列天线增益、波束宽度与阵列长度的关系曲线

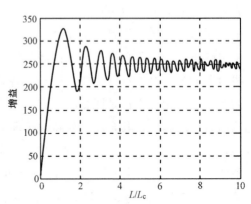

图 3.5　长阵列时天线增益与阵列长度的关系

换句话来说，当目标位于近场时，如果长阵列按远场工作方式形成波束，长阵列中只有长度为 L_c 的一段起主要作用，其余部分基本不起作用，如图 3.6（a）所示。

应当指出，图 3.6（a）所画的起主要作用的 L_c 这一段位于目标的正下方，这是指阵列向法线方向发射和接收的情况，也就是前面所说的阵列权向量为 **1** 向量的情况。如果仍按远场操作，将波束指向 θ_d 的方向，即将权向量改为 $a(\theta_d)$。在目标 P 仍位于近场的情况下，长阵列中起主要作用的仍只有一段，其相对于 P 点的有效孔径为 L_c，即在阵列上的长度为 $L_c/\cos\theta_d$ 的一段，不过这一段的中心到 P 点的指向角为 θ_d。

如上所述，当对阵列做同时多波束形成时（仍按远场工作方式），对位于近场的目标 P，有许多波束可以覆盖 P 点。如图 3.6（b）所示，可以将全阵列粗略地分成许多段，对某一波束指向，起主要作用只是所对应的一小段，而这一小段的位置随波束指向的改变而变化。因此，用长阵列并采用多波束（指远场方式）工作时，在波束指向角变化不大的情况下，等效于用一个长度约为 L_c 的短阵列沿长阵列的轴向移动，在移动过程中，使波束指向一直指向 P 点。

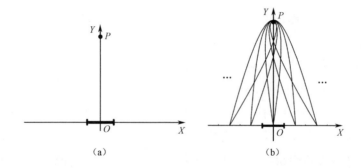

图 3.6 长阵列按远场方式作波束形成，而目标位于近场时工作的示意图

长阵列的同时多波束形成，原理上可以用离散傅里叶变换（DFT）来完成，而变换的每一个输出对应于相应指向的波束输出，而对形成该指向波束的只有长阵列中与其相应的一小段。以上是指有一个点目标 P 的例子，如果在到阵列的垂直距离与 P 点相同的直线（与阵列平行）上还有多个点目标，它们也会在 DFT 形成的多波束产生输出。以法线指向的波束为例，虽然同样在该波束有输出，但长阵列中起主要作用的长度为 L_c 的一段的位置是不同的。长阵列近场工作的上述概念，对理解合成阵列的原理和计算是有帮助的。

下面举些例子来说明远、近场的情况。对一般雷达来说，式（3.8）或式（3.7）的条件总是满足的，以 X 波段的雷达为例，设波长 $\lambda = 3\text{cm}$，天线孔径 $L = 3\text{m}$，则远场条件的目标距离分别为 $R \geqslant 300\text{ m}$ 或 220m，这是不成问题的。但对同波段的合成孔径雷达就不同了，若合成阵列的孔径长度为 200m，则从式（3.8）或式（3.7）可得的远场条件的距离 $R \geqslant 1330$ 或 950km，而一般机载 SAR 的观测距离只有几十千米到一二百千米，相差甚远；星载 SAR 的距离一般为 1000km 左右，但其合成孔径通常为几千米或更长，远场条件同样远远不能满足要求，因此，合成孔径雷达通常总是在近场条件下工作。

如果用长的合成阵列工作于近场，而用远场方式处理，例如 X 波段雷达的观测距离为 30km，用傅里叶权做波束形成，则从式（3.8）可知，阵列增益最大时的临界长度为 36m，阵列再加长，增益会减小，然后基本上稳定于一定数值，更长的部分不起作用。有关情况已在前面做了较详细的说明。

3.1.4 合成阵列的近场处理

3.1.1 节提到合成孔径雷达通常不满足远场工作的条件，仍采用远场条件下的处理方法效果是很差的。原因在于远场的平面波假设，即阵列上各处到同一目标的射线近似平行的假设不再成立，若仍按平面波条件处理，则各阵元上的目标回

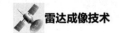

波不再同相相加，从而使所需指向处的增益下降。当阵列很长时，相当长的部分实际不起作用。

这种由于相位偏离而不能很好相干相加的现象与光学摄影中的"散焦"相似，而解决的办法也是设法调整阵列上各阵元信号的相位，使之同相相加，这种处理方式称为"聚焦"。为此，有必要对"聚焦"模式的近场处理方法加以讨论。

所谓"聚焦"处理，就是要考虑近场条件下，阵列上阵元信号相位的差异，并加以校正（可用移相器，如果用数字信号处理则可在运算中完成）后相干相加。

仍以图 3.3 为例，设阵列上的某点 A，距阵列中心 O 的距离为 x，则从 A 到 P 点的距离与垂直距离 R 之差为 ΔR_A，即

$$\Delta R_A = \sqrt{R^2 + x^2} - R \qquad (3.9)$$

由于合成阵列为双程工作，按上述双程波程差的表达式，以 O 点作为基准，可写出 A 点的信号相位为

$$\varphi_A = -\frac{4\pi}{\lambda}\Delta R_A = -\frac{4\pi}{\lambda}(\sqrt{R^2 + x^2} - R) \qquad (3.10a)$$

在一般情况下，虽然是近场工作，目标距离还是比阵列长度大很多，即 $R \gg x$。采用这一条件，式（3.10a）可近似写成

$$\varphi_A \approx -\frac{2\pi}{\lambda R}x^2 \qquad (3.10b)$$

式（3.10a）的相位分布称为球面函数，而近似后的式（3.10b）则为抛物线分布，通称为 Fresnel 近似（菲涅耳近似）。

在实际情况中，最大的 ΔR_A［见式（3.9），即 A 点位于合成阵列的端点］一般以厘米或米计，比起微波波长已经很可观。但比起几十千米的观测距离（即 R）还是很小的，距离长度的微小差异对接收点的信号幅度的影响可以不计，重要的是信号间的相位关系。

采用权值（相位）校正后，可使 P 点回波在阵列上各处输出的相位完全相同，实现相干相加。针对 P 点确定的阵列权值，相当于对 P 点形成波束，也就是聚焦。近场条件下的波束是二维的，任何偏离 P 点的目标，回波相位与由 P 点确定的权值不会匹配，增益会下降，从而形成了二维波束图，原理上可用以分辨二维不同位置的目标。

应当指出，对于常用的合成阵列长度，用上述处理得到的分辨率在两个维度上是不在一个数量级的，合成阵列处理可以获得相当高的横向分辨率，而纵向分辨率是很低的，下面加以讨论。

将阵列正前方的点目标 P 的回波相位分布示于图 3.7［以近似式（3.10b）

的抛物线画出〕中，并按对 P 点聚焦设置了权值。设 P 点横向右侧 Δ_a 处有另一点目标 P'，很显然，若合成阵列要对 P' 点做聚焦处理，应针对 P' 点回波的相位分布（以 P' 点垂直距离处作为基准），即

$$\varphi'_A = -\frac{2\pi}{\lambda R}(x - \Delta_a)^2 \qquad (3.11)$$

式（3.11）中，已采用了 Fresnel 近似。φ'_A 的分布如图 3.7 中的虚线所示。

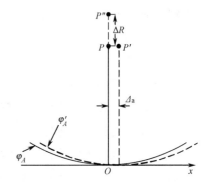

图 3.7　长阵列对目标的二维响应

用针对 P 点设置的权值对 P' 点的回波做合成处理，阵列上各处的信号回波输出相位显然是不一致的，其差值为

$$\Delta\varphi'_A = \varphi'_A - \varphi_A = \frac{4\pi}{\lambda R}\Delta_a\left(x - \frac{\Delta_a}{2}\right) \qquad (3.12)$$

式（3.12）的相位差值与阵列 A 点与中心 O 之间的距离 x 成线性关系，即阵列上的回波向量沿 x 均匀旋转，如果回波向量在阵列上旋转了许多周，其求和的相对值就很小。举一个数字例子，若 $\lambda = 3\,\text{cm}$，$R = 30\,\text{km}$，$\Delta_a = 5\,\text{m}$，则上述相位差的梯度 $\frac{4\pi}{\lambda R}\Delta_a$ 约为 $0.2\,\text{rad/m}$，如果合成阵列长度为几十米，则 P' 点的阵列增益已经很小，可见用长的合成阵列可以获得很高的横向分辨率。有关横向分辨率的计算将在后面讨论。

前面提到，近场条件下合成阵列的波束是二维的，下面讨论其纵向分辨率。设有点目标 P'' 位于图 3.7 中 P 点的正上方，相距 ΔR，当合成阵列的权值对 P 点聚焦时，对 P'' 点的回波也是散焦时，可以用式（3.10b）计算由于失配而引起的沿阵列相位分布

$$\begin{aligned}\Delta\varphi_R &= \frac{-2\pi}{\lambda(R + \Delta R)}x^2 + \frac{2\pi}{\lambda R}x^2 \\ &\approx \frac{2\pi}{\lambda R^2}\Delta R x^2\end{aligned} \qquad (3.13)$$

由于 $R \gg \Delta R$，式（3.13）的相位偏差是很小的，仍以上面的 $\lambda = 3\,\text{cm}$，$R = 30\,\text{km}$ 为例，设 $\Delta R = 100\,\text{m}$，在 $x = 100\,\text{m}$ 的相位偏差 $\Delta\varphi_R$ 也只有 $2.3\,\text{mrad}$，即散焦效应很小。

顺便提一下，上面提到合成阵列的纵向分辨率很差，实际是由于式（3.13）中的比值 x/R 很小。换句话说，目标对合成阵列总的张角很小。实际情况确实如此，以张角为 $\frac{1}{30}\,\text{rad}$ 为例，若 R 为 30km，则合成阵列长度已达 1km。如果设法加大张角，合成阵列有可能用单频信号获得高的二维分辨率。例如，X 光层析成像，它

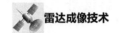

的成像原理与合成阵列成像相似，用的是类似于单频的信号，不过它的合成阵列是绕物体转一周，即张角为360°。这不属于本书讨论的范围。下面还是回来讨论雷达合成阵列的情况。

通过上面的讨论可知，用长的合成阵列对目标近场聚焦处理，可以获得具有二维分辨率的波束，横向分辨率很高，但纵向分辨率相当差。实际上合成孔径雷达为了得到高的二维分辨率，在纵向还要借助于宽频带信号。此外，为提高横向分辨率，合成阵列做聚焦处理时也必须考虑目标的纵向距离，在纵向距离变化较大时，散焦效应还是不可忽略的。因此，当对较宽的场景观测时，合成阵列的聚焦权值应随距离而改变，即所谓动态聚焦，这在数字信号处理时是不难实现的。

有关合成阵列长度限制的问题还需做一些说明，实际阵列由于受载体、工艺等条件的限制，做得很大是有困难的，而合成阵列是移动阵元（实际是一个小天线的雷达）形成的，且不受时间限制，因此容易得到长的合成阵列。实际上合成阵列的长度主要受限于阵元的波束宽度，假设波束不旋转，如图3.8所示，阵元由左向右移动对点目标 P 进行观测，只有阵元波束照射到 P 时才起作用，即阵元右移到达 A 点时阵元波束的右端开始接触到点目标 P，而移到 B 点时阵元波束离开点目标，有效阵列长度即 A 和 B 两点之间的距离 L，而 L 即阵元波束在距离 R 处所覆盖的横向长度，$L \approx \theta_{BW} R$，其中 θ_{BW} 为阵元波束宽度。考虑到 $\theta_{BW} = \lambda / D$（$D$ 为阵元孔径），可得有效阵列孔径长度为

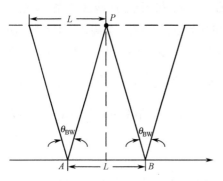

图3.8　阵元波束宽度对实际合成阵列长度的限制

$$L = \frac{\lambda}{D} R \tag{3.14}$$

即有效阵列孔径长度与观测距离成正比，距离越远，有效阵列孔径长度也越长。后面将会看到，正是由于这一原因，合成孔径雷达的横向分辨率与目标距离无关，这对雷达成像是十分重要的。

在这里可以对合成阵列的不同处理方式做一比较。对于短的阵列，目标位于远场，用傅里叶权做波束形成可得到一定的波束宽度 θ_{BW}，在距离 R 处的横向分辨率 ρ_a 为 $R\theta_{BW}$，即 ρ_a 与距离 R 成正比，距离越远，横向分辨率越差。为提高横向分辨率，加大阵列长度，仍采用远场波束形成处理方法，这时的阵列长度有所限制［见式（3.7）和式（3.8）］，极限长度 L_c 与目标距离 R 的1/2次方成正比，于

是，如果阵列长度按 L_c 选取，能够得到的横向分辨率 ρ_a 与 R 的1/2次方成正比，称为非聚焦模式；而聚焦模式可以获得与目标距离无关的横向分辨率。

3.2　运动平台的合成孔径雷达的横向分辨率

3.2.1　运动平台合成孔径雷达的横向分辨原理和简单分析

为使读者能对合成阵列的特性以及它和实际阵列的关系有比较清晰的概念，在 3.1 节，介绍的是用一个阵元自发自收方式工作，该阵元将逐步移动到各个指定的位置上，并分别获取场景的回波数据，然后进行合成处理的全过程。只要发射信号载频十分稳定，且场景目标固定不动，则与在各阵元位置处什么时候测量，以及用什么顺序测量都没有关系。

实际合成孔径雷达通常装置在运动的载体（如飞机）上，载体平稳地以速度 V 直线飞行，雷达的脉冲重复周期为 T_r，于是在飞行过程中在空间形成了间隔为 $d(=VT_r)$ 的均匀直线阵列，而雷达依次接收的序列数据即相应顺序阵元的信号。因此可用二维时间信号——快时间信号和慢时间信号分别表示雷达接收的回波信号和雷达天线（即合成阵列的阵元）相位中心所处的位置（慢时间）等效采集的信号。用时序信号进行分析处理更适合雷达技术人员的习惯。本节用时域信号分析、处理的概念和方法来讨论合成孔径技术。为简单起见，暂假设载体以理想的匀速直线飞行，且不考虑载体高度，即在场景平面形成的阵列为均匀线阵。

严格地说，3.1 节的逐次移位形成合成阵列和载机运动形成的阵列还是有区别的，前者为"一步一停"地工作，而后者为连续工作，即在发射脉冲到接收回波期间，阵元也在不断运动着。不过这一影响是很小的，快时间对应于电磁波速度（即光速），而慢时间对应于载体速度，两者相差很远，在以快时间计的时间里载机移动很小，由此引起的合成阵列上的相位分布的变化可以忽略。为此，仍可采用"一步一停"的方式，用快、慢时间分析。

前面曾提到，用长的合成阵列只能提高横向分辨率，实际的合成孔径雷达为同时获得高的纵向分辨率，总是采用宽频带信号，通常为线性调频（LFM）脉冲。前面也指出，宽频带工作条件下，阵列上的包络延迟必须考虑，这使分析复杂化。下面主要讨论合成阵列的横向分辨，为简化分析，仍假设发射信号为单频连续波。

如图 3.9（a）所示，设载体在 X-Y 平面内沿 X 轴飞行（暂不考虑载机高度，而在二维平面里讨论飞行平台的合成阵列），目标为沿与 X 轴平行且垂直距离为 R_s 直线上分布的一系列点目标 $\sigma_1, \sigma_2, \cdots, \sigma_N$，点目标在 X 方向的坐标为 $X_1, X_2, \cdots, X_N$。之所以采用这一简单目标模型，是由于单频连续波信号不能提供纵向距离信息，

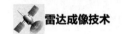

没有纵向分辨率；且合成阵列做聚焦处理，必须知道目标到阵列的垂直距离。

若雷达载体在飞行过程中一直发射单频连续波信号，点目标回波也是连续波，只是其相位会因距离随慢时间变化而受到调制。实际雷达总是周期地发射脉冲信号，其回波可视为对上述连续回波以周期 T_r 采样。由于单频连续波没有纵向分辨率，如上所述，回波的相位调制在快时间域的变化可忽略（因为在一个周期长的快时间区间里目标到雷达的距离变化可忽略）。上面还提到连续飞行与"一步一停"方式基本等效，所以慢时间采样可取 $t_m = mT_r$（m 为整数）。

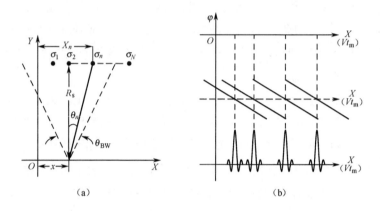

图 3.9　运动平台合成孔径雷达的目标模型和回波

如图 3.9（a）所示，由于载体上的雷达的波束有一定宽度（设为 θ_{BW}），它在点目标连线上覆盖的长度为 $L = R_s \theta_{BW}$。在载机飞行过程中，波束依次扫过各个点目标，得到慢时间宽度各为 L/V 的一系列回波，其中 V 为载机速度。

在图 3.9（a）中画出了 t_m 时刻从雷达天线相位中心（$x = Vt_m$）到第 n 个点目标的斜距 $R_n(t_m)$，即

$$R_n(t_m) = \sqrt{R_s^2 + (X_n - Vt_m)^2} \tag{3.15}$$

若发射的单频连续波为 $e^{j2\pi f_c t}$，则在 t_m 时刻该点目标回波为 $e^{j\left[2\pi f_c\left(t - \frac{2R_n(t_m)}{c}\right)\right]}$，通过相干检波，得到基频回波为

$$s_n(t_m) = \sigma_n e^{-j\frac{4\pi f_c}{c}R_n(t_m)} \tag{3.16}$$

实际上回波的振幅还会受到天线波束方向图的调制，由于对分析不重要，这里略去；而回波相位的变化是重要的，若以雷达最接近点目标时为基准，则其相位历程为

$$\varphi_n(t_m) = \frac{-4\pi f_c}{c}\left[R_n(t_m) - R_s\right] \tag{3.17}$$

将式（3.17）对慢时间取导数，得到回波的多普勒频率为

$$f_d = \frac{1}{2\pi} \frac{d}{dt_m} \varphi_n(t_m) = -\frac{2f_c}{c} \frac{d}{dt_m} R_n(t_m)$$

$$= \frac{2f_c V}{c} \frac{X_n - Vt_m}{\sqrt{R_s^2 + (X_n - Vt_m)^2}} \tag{3.18}$$

考虑到 $R_s \gg (X_n - Vt_m)$，式（3.18）又可近似写成

$$f_d = \frac{2f_c V}{cR_s}(X_n - Vt_m) \tag{3.19}$$

式（3.19）中，f_d 与 t_m 呈线性关系，即在慢时间域里，回波是线性调频的，且在 $t_m = X_n / V$ 时（即雷达最接近点目标时），$f_d = 0$。

关于目标回波的多普勒频率，雷达技术人员是很熟悉的，从图 3.9（a）可知，当雷达对第 n 个点目标的斜视角为 θ_n 时，回波的多普勒频率

$$f_d = \frac{2f_c V}{c} \sin\theta_n$$

$$= \frac{2f_c V}{c} \frac{X_n - Vt_m}{\sqrt{R_s^2 + (X_n - Vt_m)^2}} \tag{3.20}$$

为非线性调频，若 θ_n 较小，采用 $\sin\theta_n \approx \tan\theta_n$ 的近似，式（3.20）可写成

$$f_d \approx \frac{2f_c V}{cR_s}(X_n - Vt_m) \tag{3.21}$$

上两式的结果与式（3.18）和式（3.19）相同。

式（3.21）表明，当雷达的横向位置 $x(x = Vt_m)$ 小于点目标的 X_n 时，θ_n 为正，其多普勒频率也为正；而当 $x(x = Vt_m)$ 大于 X_n 时，θ_n 为负，其多普勒频率也为负。即面向目标飞行，多普勒频率为正；而背向目标飞行，多普勒频率为负。只有当 $x = X_n$ 时，点目标 σ_n 相对于雷达的径向速度分量为 0，这时的多普勒频率也为 0。

从式（3.21）还可得到回波的多普勒调频率 γ_m 为

$$\gamma_m = -\frac{2f_c V^2}{cR_s} = -\frac{2V^2}{\lambda R_s} \tag{3.22}$$

从式（3.22）可得回波的多普勒带宽 Δf_d 为

$$\Delta f_d = \left| \gamma_m \frac{L}{V} \right| = \frac{2VL}{\lambda R_s} \tag{3.23}$$

式（3.23）中，$L/R_s \approx \theta_{BW} = \lambda/D$，其中 θ_{BW} 和 D 分别为阵元的波束宽度和天线横向孔径长度，式（3.23）又可写成

$$\Delta f_d = \frac{2V}{D} \tag{3.24}$$

根据多普勒带宽，可以计算得到脉压（即匹配滤波）后的时宽

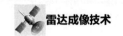

$$\Delta T_{\mathrm{dm}} = \frac{1}{\Delta f_{\mathrm{d}}} = \frac{D}{2V} \tag{3.25}$$

将该时宽乘以载机速度 V，即点目标的横向分辨率 ρ_{a}，即

$$\rho_{\mathrm{a}} = V\Delta T_{\mathrm{dm}} = \frac{D}{2} \tag{3.26}$$

式（3.26）表明，合成阵列若充分利用其阵列长度（受阵元波束宽度限制），所能得到的横向分辨率为 $D/2$，而与目标距离远近无关。

还可从另一个角度来表示合成阵列的横向分辨率，从式（3.23）的 $L/R_{\mathrm{s}} \approx \theta_{\mathrm{BW}}$，可将 ρ_{a} 写成

$$\rho_{\mathrm{a}} = \frac{V}{\Delta f_{\mathrm{d}}} = \frac{\lambda}{2\theta_{\mathrm{BW}}} = \frac{D}{2} \tag{3.27}$$

式（3.27）中的第二等式在本书第 1 章里曾经出现过［参见式（1.6）］，即目标的横向分辨率决定于合成阵列对它的观测视角的变化范围，在波长一定的条件下，必须有足够大的视角变化范围，才能得到所需的横向分辨率。条带式合成孔径雷达，是依靠减小实际雷达（即阵元）的天线横向孔径，从而加大波束宽度，以提高视角范围。当然也可用其他方法来加大视角范围，如聚束式合成孔径雷达就是调控波束指向，使波束较长时间地覆盖目标，靠载机运动，以加大视角范围来提高横向分辨率。

这里可能产生一个问题，为提高横向分辨率，机载雷达应采用小的横向孔径长度 D，是否可尽量减小 D 而使 ρ_{a} 无限减小呢？

这是不可能的。在上面的分析中，从式（3.24）出发采用了机载雷达天线波束较窄时的近似；天线进一步缩小，波束随之加宽，但这是有限制的，极端地说 $\theta_{\mathrm{BW}} = \pi$，相当于无方向性天线，则式（3.24）中的近似不能应用，这时 $\Delta f_{\mathrm{d}} = 4V/\lambda$。考虑到 $\rho_{\mathrm{a}} = V\Delta T_{\mathrm{dm}} = V/\Delta f_{\mathrm{d}}$，这种极限情况下的 ρ_{a} 为

$$\rho_{\mathrm{a}} = \frac{V}{\Delta f_{\mathrm{d}}} = \frac{\lambda}{4} \tag{3.28}$$

3.2.2 运动平台合成孔径雷达回波的多普勒特性

在 3.2.1 节，已经用单频连续波的发射信号，对运动平台合成孔径雷达的横向分辨进行了分析，在分析回波的波前时采用了 Fresnel 近似，在 SAR 发展的早期均采用这一假设，而且适用于各种实际情况。在这一近似条件下，点目标回波序列在慢时间域为线性调频信号，这是雷达常见的信号形式，雷达技术人员可以得心应手地对它进行分析和处理。

随着 SAR 技术的发展，对分辨率提出越来越高的要求，也就是要求更长的合

成阵列长度。同时，对 SAR 工作的波段也有新的要求，它不仅工作在微波、毫米波波段，有时也要工作在 UHF 和 VHF 波段，其波长为米级，这就使所需的阵列更长，即阵列长度远小于目标距离的假设不总是成立的。这时，回波的波前为球面相位调制，不能用抛物线近似，Fresnel 近似不再成立。

为此，有必要在 3.2.1 节的基础上，更严格地对运动平台合成孔径雷达的横向分辨原理做进一步的分析。

另外，在 3.2.1 节的分析里，曾用图 3.9（b）说明了位于与垂直距离 R_s 相同直线上的多个点目标的回波，在载机飞行过程中，在慢时间域有相同形状的波形，只是波形所处的时刻不同，即这类信号在慢时间域具有平移不变特性，将它们变换到频域（此处为方位频域，有时简称多普勒域），则除了不同的线性相位因子外（表示时延不同）它们的多普勒谱完全相同，即横向位置不同，并不改变相位谱的非线性结构。

应当指出，垂直距离 R_s 不同，图 3.9（b）中相位曲线弯曲或多普勒调频率是不相同的，这里用的是单频连续波，得不到径向距离的信息，后面将会讨论到，当采用宽频带发射信号时，可以将不同垂直距离 R 的目标区分开来，由此在多普勒域进行分析要方便得多。因此，有必要对慢时间回波的频域特性进行较详细的讨论。在讨论中还是采用单频连续波发射信号，只是对回波的相位调制不采用 Fresnel 近似。

为此，可以回到式（3.15），对该式中的 $R_n(t_m)$ 不用 Fresnel 近似式直接进行分析。

将式（3.16）的慢时间域信号变换到多普勒域，得

$$
\begin{aligned}
S_n(f_d) &= \int_{T_n} s_n(t_m) e^{-j2\pi f_d t_m} dt_m \\
&= \int_{T_n} \sigma_n \exp\left[-j\frac{4\pi f_c}{c}\sqrt{R_s^2 + (X_n - Vt_m)^2}\right] e^{-j2\pi f_d t_m} dt_m
\end{aligned}
\tag{3.29}
$$

式（3.29）中，积分项 T_n 表示雷达照射点目标 σ_n 的全过程。

由于载机与点目标 σ_n 最接近的时刻 $t_{mn} = X_n / V$，而雷达天线波束在目标处的覆盖长度近似为 $R\theta_{BW}$，故 $T_n \in \left[\dfrac{X_n - R\theta_{BW}/2}{V}, \dfrac{X_n + R\theta_{BW}/2}{V}\right]$。

求解式（3.29）的积分通常用驻相点法，其条件是被积函数的幅度为常数或缓变函数，而相位变化要快得多，且变化率是改变的。也就是说被积函数为包络缓变（或为常数）的调频信号，调制的频率有快有慢，而在某一点（或某些点）频率为 0。可以想象，当其频率不为 0 时，在积分过程中由于幅度不变（或基本不变），其相继的正负部分在积分过程中相互抵消，只有频率为 0 点的附近才对积分有贡献，而被积函数瞬时频率为 0 的时刻称为驻相点。

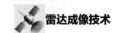

其实上述驻相点法积分的概念已经在 3.1.3 节讨论过。那里是用远场波束形成方法，对近场目标回波进行处理，实际上就是用的式（3.29）（自变数为沿阵列的位移 $x = Vt_m$），只是讨论了目标点位于阵列正前方的情况，相当于式（3.29）中的 $f_d = 0$。那里已说明对阵列总的输出信号有贡献的只是阵列中的一小段阵列，也就是"驻相点"所在的那一段。式（3.29）不只是对 $f_d = 0$，而是对各种 f_d 的值进行分析。这相当于 3.1.3 节里，目标有一定斜视角的情况，其结论相同，只是阵列中有贡献的一小段的位置是随 f_d 而变化的。

先举一个通用例子来说明如何用驻相点法解相应的积分，设

$$S(f) = \int_a^b s(t) \mathrm{e}^{\mathrm{j}\varphi(t)} \mathrm{d}t \tag{3.30}$$

式（3.30）中，$s(t)$ 为 t 的缓变的函数，而 $\varphi(t)$ 在积分区间里的变化使 $\mathrm{e}^{\mathrm{j}\varphi(t)}$ 变化很多周。求式（3.30）的驻相点 t^*，即

$$\frac{\mathrm{d}}{\mathrm{d}t}[\varphi(t)]\Big|_{t=t^*} = 0 \tag{3.31}$$

从求得的驻相点 t^*，可解得式（3.30）的积分为

$$\int_a^b s(t) \mathrm{e}^{\mathrm{j}\varphi(t)} \mathrm{d}t = \sqrt{\frac{2\pi}{|\varphi''(t^*)|}} \mathrm{e}^{-\mathrm{j}\frac{\pi}{4}} s(t^*) \mathrm{e}^{\mathrm{j}\varphi(t^*)} \tag{3.32}$$

式（3.32）中，$\varphi''(t^*)$ 为 $\varphi(t)$ 在 t^* 处的二阶导数，其倒数表示驻相点处频率为 0 处的宽度，宽度越宽，则积分值越大。

现在再回到式（3.29），该式对不同的 f_d，其驻相点 t_m^* 的位置也不同。为此，在各种 f_d 的条件下求解下式

$$\frac{\mathrm{d}}{\mathrm{d}t_m}\left[\frac{-4\pi f_c}{c}\sqrt{R_s^2 + (X_n - Vt_m)^2} - 2\pi f_d t_m\right]\Bigg|_{t_m = t_m^*} = 0$$

即

$$-\frac{2V}{\lambda}\left[\frac{X_n - Vt_m^*}{\sqrt{R_s^2 + (X_n - Vt_m^*)^2}}\right] + f_d = 0 \tag{3.33}$$

将式（3.33）的 t^* 代回到式（3.29），得

$$S_n(f_d) = \frac{\sigma_n \mathrm{e}^{-\mathrm{j}\pi/4}}{2\pi\sqrt{f_{dM}^2 - f_d^2}} \exp\left(-\mathrm{j}2\pi\sqrt{f_{dM}^2 - f_d^2}\frac{R_s}{V} - \mathrm{j}2\pi f_d \frac{X_n}{V}\right) \tag{3.34}$$

式（3.34）中，$f_{dM} = \frac{2V}{\lambda}$ 为最高多普勒频率（机首方向）。

式（3.34）是对第 n 个目标求得的回波多普勒谱，可以看出，除后一线性相位的指数 $\mathrm{e}^{-\mathrm{j}2\pi f_d\frac{X_n}{V}}$ 外，它与第 n 个目标的位置 (X_n) 无关，因而该多普勒谱也适用于其

他目标（例如第 l 个目标），只要将式中的 X_n 换成 X_l，而线性相位指数项正能反映出目标的横向位置。由此可以写出载机整个飞行过程中所有回波的多普勒谱（式中的幅度部分对下面的分析作用不大，均加以省略）。

$$S_n(f_{\mathrm{d}}) = \sum_n S_n(f_{\mathrm{d}}) = \sum_n \sigma_n \exp\left(-\mathrm{j}2\pi\sqrt{f_{\mathrm{dM}}^2 - f_{\mathrm{d}}^2}\,\frac{R_{\mathrm{s}}}{V} - \mathrm{j}2\pi f_{\mathrm{d}}\frac{X_n}{V}\right) \tag{3.35}$$

式（3.35）中，$\displaystyle\sum_n$ 没有标明对哪一些目标求和，它应包括波束扫过的所有目标。

式（3.35）的多普勒谱表示式是比较严格的，为球面相位调制函数。如果雷达的波束较窄，则 $|f_{\mathrm{d}}| \ll f_{\mathrm{dM}}$，可采用近似式 $\sqrt{f_{\mathrm{dM}}^2 - f_{\mathrm{d}}^2} \approx f_{\mathrm{dM}} - \dfrac{1}{2}\dfrac{f_{\mathrm{d}}^2}{f_{\mathrm{dM}}}$，考虑到 $f_{\mathrm{dM}} = 2V/\lambda$，式（3.35）可以写成近似式

$$S_n(f_{\mathrm{d}}) = \sum_n \sigma_n \exp\left(-\mathrm{j}2\pi f_{\mathrm{dM}}\frac{R_{\mathrm{s}}}{V} - \mathrm{j}\pi\frac{\lambda R_{\mathrm{s}}}{V^2}f_{\mathrm{d}}^2 - \mathrm{j}2\pi f_{\mathrm{d}}\frac{X_n}{V}\right) \tag{3.36}$$

式（3.36）中的 3 个相位指数项中，第三项与式（3.35）相同，表示目标的横向位置；第一项是与垂直距离 R_{s} 有关的常数项；第二项表示相位与 f_{d}^2 成正比，是抛物线形的二次相位，这是采用了 Fresnel 近似的结果。

其实，从时域信号通过傅里叶变换，并利用信号为缓变调频波，用驻相点法求得的式（3.34）[及其近似式（3.36）]多普勒谱可以用瞬时多普勒频率的概念直接推导得到。

如图 3.10 所示，仍以第 n 个点目标 σ_n 为例，当雷达横坐标为 x（$x = Vt_{\mathrm{m}}$）时，设点目标 σ_n 回波的瞬时多普勒频率为 f_{d}，则 $f_{\mathrm{d}} = \dfrac{2V}{\lambda}\sin\theta$，$\theta$ 为该图中所示的斜视角。以图中的原点 O 为基准，从图 3.10 的几何关系，可得多普勒频率为 f_{d} 时，点目标回波相位为

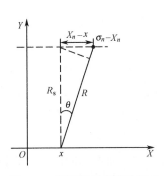

图 3.10　通过瞬时多普勒频率直接计算 $S(f_{\mathrm{d}})$ 的多普勒谱

$$\begin{aligned}
\varphi_n(f_{\mathrm{d}}) &= -\frac{4\pi}{\lambda}R - 2\pi f_{\mathrm{d}}t_{\mathrm{m}} \\
&= -\frac{4\pi}{\lambda}\big[R_{\mathrm{s}}\cos\theta + (X_n - x)\sin\theta\big] - 2\pi f_{\mathrm{d}}\frac{x}{V}
\end{aligned} \tag{3.37}$$

考虑到式（3.37）中的 $\sin\theta = \dfrac{\lambda f_{\mathrm{d}}}{2V} = \dfrac{f_{\mathrm{d}}}{f_{\mathrm{dM}}}$（因为 $f_{\mathrm{dM}} = \dfrac{2V}{\lambda}$），而且 $\cos\theta = \sqrt{f_{\mathrm{dM}}^2 - f_{\mathrm{d}}^2}\Big/f_{\mathrm{dM}} = \dfrac{\lambda}{2V}\sqrt{f_{\mathrm{dM}}^2 - f_{\mathrm{d}}^2}$，则式（3.37）可写成

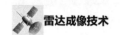

$$\varphi_n(f_d) = -2\pi\sqrt{f_{dM}^2 - f_d^2}\frac{R_s}{V} - 2\pi f_d\frac{X_n}{V} \tag{3.38}$$

其结果与式（3.34）的相位完全相同。

从式（3.37）的推导过程可知，在雷达波长 λ 和载机速度 V 一定的条件下，目标回波的瞬时多普勒频率 f_d 取决于雷达对目标的斜视角 θ。在载机飞行过程中，对某目标的斜视角随慢时间改变，从而得到多普勒频率与回波相位的关系。

应当指出，回波信号的多普勒谱是从慢时间域信号通过傅里叶积分变换得到的，只有录取了时域信号的全过程，才能得到它的多普勒谱。只是由于现在的雷达回波为缓变的调频波，瞬时多普勒频率有明确的含义，所以可利用瞬时多普勒频率与斜视角的关系推导出相位谱公式。实际上，从一次或少数几次回波是不可能得到它的相位谱的。

众所周知，载机飞行过程中得到的时序信号，相当于合成阵列单元在各个位置时的输出，对这一组信号做傅里叶变换相当于在远场条件下对不同的斜视角做数字波束形成。前面讨论长阵列处理时曾指出，当目标位于近场而仍用远场方法进行处理时，对一定指向的波束，起作用的只是其中的一小段，其他部分对合成输出基本没有贡献[1]。所以用多普勒波束锐化的数字波束形成的方法，用不长的合成阵列可以得到"瞬时"的多普勒谱。当然，这时得到的只是目标回波多普勒谱的一小段[2]，横向分辨率是很差的。如果将总的时序信号逐段处理，同一目标在各段有不同的斜视角，即回波多普勒谱有不同的数值，从而将各段拼接可获得宽的多普勒谱，再将它们作"聚焦"处理（即下面介绍的匹配滤波），可以获得高的横向分辨率。

上面讨论的是单个点目标 σ_n 的情况，如果在图 3.9 所示的场景中心线上，在不同横坐标处分布有多个点目标，则这时所有回波的多普勒谱为各个目标多普勒谱的线性和，如式（3.35）所示。前面已经提到过，当目标的 R_s 相同时，其非线性相位谱分量是相同的，只有线性相位项与目标的横坐标成正比。

比较众多目标回波的时域信号 $s(t_m)$ 和它的多普勒谱 $S(f_d)$ 可知，同一慢时间时刻 t_m 的回波来自波束覆盖区域的所有目标，而同一多普勒频率 f_d 的回波来自同样的斜视角 $\theta\left(\theta = \arcsin\dfrac{f_d\lambda}{2V}\right)$，其观测时刻是不同的。至于各回波的观测时刻则

---

① 在本章式（3.8）中用 $L_c \leq 1.2\sqrt{\lambda R}$ 表示起作用的临界长度。

② 若场景内有多个目标，由于雷达波束有一定宽度，覆盖较宽的角域，即可覆盖的多普勒谱宽度还是比较大的，但对一个目标来说，短时间的多普勒谱宽度是很窄的。

以线性相位表现在多普勒谱的线性相位项中。

载机飞行过程中，雷达的波束依次扫过各个目标，以瞬时多普勒频率作为自变量，由于雷达到目标的斜视角不断变化，瞬时多普勒频率也随之改变，于是可得到每一回波的多普勒谱。如果各目标均位于同航线平行的线上（即 R_s 相同），则各个回波多普勒谱的非线性相位项$\left(\text{非线性相位项} = -2\pi\sqrt{f_{dM}^2 - f_d^2}\,\dfrac{R_s}{V}\right)$也相同，至于目标的横向位置则表现在它的线性相位项$\left(\text{线性相位项} = -2\pi f_d\,\dfrac{X_n}{V}\right)$。由此可见，只要雷达波束有一定的张角，由雷达至目标斜视角变化而产生的多普勒谱足够宽，则可获得高的横向分辨率，而且它的线性相位还可确定各个目标的横向位置。

3.2.3　运动平台合成孔径雷达回波的匹配滤波

在式（3.35）的多普勒谱表示式中有两个相位指数项，第二个指数项为点目标的平移项，它表示各点目标的横向位置；第一个指数项是共同项，为球面相位调制，应在匹配滤波中做匹配处理，匹配滤波特性应与该指数项成共轭关系，即

$$H_0(f_d) = \exp\left(j2\pi\sqrt{f_{dM}^2 - f_d^2}\,\frac{R_s}{V} \right) \tag{3.39}$$

式（3.35）的总回波通过匹配滤波后，其输出多普勒谱为

$$\begin{aligned} S_0(f_d) &= \left[\sum_n S_n(f_d)\right] H_0(f_d) \\ &= \sum_n \sigma_n e^{-j2\pi f_d t_{mn}} \end{aligned} \tag{3.40}$$

$$f_d \in \left(-\frac{2V}{\lambda}\sin\frac{\theta_{BW}}{2}, \frac{2V}{\lambda}\sin\frac{\theta_{BW}}{2} \right)$$

式（3.40）中，$t_{mn} = \dfrac{X_n}{V}$ 为雷达与第 n 个目标最接近时的慢时间值。

式（3.40）有一定的近似，主要在于它的幅度谱，在分析式（3.35）的多普勒谱时，实际上忽略了它的幅度变化部分，同时也没有考虑波束方向图对回波幅度调制的影响，相当于将波束方向图看成是矩形的，在波束宽度内增益为 1，而在波束宽度外增益为 0，从而得到式（3.40）的矩形多普勒谱。

在上述近似条件下，将式（3.40）的输出信号通过逆傅里叶变换从多普勒域变换回慢时间域，得横向压缩后的信号为

$$s(t_m) = \sum_n \sigma_n \,\mathrm{sinc}\left[\Delta f_d(t_m - t_{mn})\right] \tag{3.41}$$

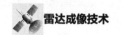

式（3.41）中，$\Delta f_d = \dfrac{4V}{\lambda} \sin \dfrac{\theta_{BW}}{2}$ 为信号的多普勒谱宽。信号波形如图 3.9（b）中最下面的一串脉冲。

顺便提一下，为了简化对横向分辨率的分析，上面是在单频连续波发射的基础上进行的，实际雷达总是采用宽频带的周期脉冲信号，不断获取载机行进中的距离信息，由此带来的一系列问题将在第 5 章里讨论。这里需要提出的是由于回波具有一定多普勒谱宽度，为了避免出现多普勒模糊，脉冲重复频率应大于回波的多普勒谱宽 Δf_d。上面也已提出，Δf_d 是以波束宽度为准的矩形波束宽度，实际波束方向图是缓变的，在波束宽度外不可能立即下降到零，所以实际的重复频率应为 Δf_d 的 1.5～2 倍。

3.3　用波数域分析合成孔径雷达的横向分辨率[3]

严格地说，合成孔径雷达成像的研究属于电磁场范畴。众所周知，从不同形式的辐射源可以分析出空间电磁场分布；反过来，其逆问题是从已知的电磁场分布推算出辐射源的状况，也就是对辐射源"成像"，有些文献里称为波前重建。在许多成像领域如地震勘探、医疗影像诊断等常用这一类算法。在合成孔径雷达里它也是应用广泛的成像算法之一。

3.3.1　波数域的基本概念

下面先从简单的情况介绍起，设电波为单频平面波，以振荡频率 f_c（角频率 $\omega_c = 2\pi f_c$）沿 l 方向传播，其时空表示式为 $\sigma_n \mathrm{e}^{\mathrm{j}(\omega_c t - Kl)}$，振幅 σ_n 为与 t、l 无关的常数，相位 $\varphi(t,l) = \omega_c t - Kl$，其中 K 称为波数或空间（角）频率。时间角频率以单位时间里的弧度计，而波数［即空间（角）频率］以单位长度里的弧度计。由于 $\omega_c = \dfrac{\partial \varphi}{\partial t}$ 和 $K = -\dfrac{\partial \varphi}{\partial l}$，电波传播速度 $c = \dfrac{\partial l}{\partial t} = \dfrac{\omega_c}{K}$，或 $K = \dfrac{\omega_c}{c} = \dfrac{2\pi f_c}{c}$。

如同时间信号可在频域分析一样，空间分布信号也可在波数域分析，两者具有一定的对偶关系。不过两者也有不同之处，时间量是一维的，用标量表示，而空间量是多维的，要以向量表示。上面讨论的平面波是一维空间信号的特例，实际上它的空间位置和波数都应以向量 $\boldsymbol{L}$ 和 $\boldsymbol{K}$ 表示，其时空表示式应为 $\sigma_n \mathrm{e}^{\mathrm{j}(\omega_c t - \boldsymbol{K}\cdot\boldsymbol{L})}$，只是由于 $\boldsymbol{K}$ 和 $\boldsymbol{L}$ 同向，$\boldsymbol{K}\cdot\boldsymbol{L} = Kl$。如果分析的路径（直线）$\boldsymbol{r}$ 与 $\boldsymbol{L}$ 不同向，则沿 $\boldsymbol{r}$ 的波数应减小，但如果仍用波数 K 表示，则应写成 $\sigma_n \mathrm{e}^{\mathrm{j}(\omega_c t - \boldsymbol{K}\cdot\boldsymbol{r})}$，即 $\boldsymbol{K}\cdot\boldsymbol{r} = Kr\cos\theta$，其中 θ 为 $\boldsymbol{L}$ 和 $\boldsymbol{r}$ 的夹角。

下面再讨论点辐射源的例子，这时的电波为球面波，如以球坐标表示，其时

空表示式为 $\dfrac{\sigma_s}{R}\mathrm{e}^{\mathrm{j}(\omega_c t - K_R R)}$，其中 σ_s 为球面波的振幅，球面对称使电波强度只是径向距离的函数，而与空间角度无关，因而也可用一维空间表示，这里的 $\boldsymbol{K}_R$ 称为径向波数向量，它可以是各种不同的方向，但只要 $\boldsymbol{R}$ 是径向距离向量，$\boldsymbol{K}_R$ 就与 $\boldsymbol{R}$ 同向，因而有 $\boldsymbol{K}_R \cdot \boldsymbol{R} = K_R R$。

球面波的振幅与 R 有关，它与 R 成反比。但在合成孔径雷达里，合成阵列的各个阵元到点目标的距离变化不大，而且在合成处理中起主要作用的是相位。为此，可以忽略振幅随距离的变化，而将其时空表示式写成 $\sigma_n \mathrm{e}^{\mathrm{j}(\omega_c t - K_R R)}$。

上面讨论的是电波来自辐射源的情况。雷达是自身发射通过目标的后向散射，再接收到回波。仍以点目标为例，因其散射会产生球面波，所以情况与点辐射源相同。只是雷达通常以自身（即雷达天线相位中心）作为相位基准，于是在计算雷达回波到基准点的距离时应按到目标的距离进行双程计算，如果仍将点目标回波的空时表示式写成 $\sigma_n \mathrm{e}^{\mathrm{j}(\omega_c t - K_R R)}$，这时的 K_R 应为 $\dfrac{4\pi f_c}{c}$，而不是原来的 $\dfrac{2\pi f_c}{c}$，因为这里的 R 是目标到雷达的距离，而实际电波行程为 $2R$。

雷达通常对回波做相干接收，即将回波乘以基准信号 $\mathrm{e}^{-\mathrm{j}\omega_c t}$ 变换到基频，得基频回波为

$$s_b(t,R) = \sigma_n \mathrm{e}^{-\mathrm{j}K_R R} \tag{3.42}$$

式（3.42）中，$K_R = \dfrac{4\pi f_c}{c}$，$R$ 表示雷达到目标的距离。

式（3.42）是与时间无关的复常数，在一定波数 K_R（即频率 f_c 一定）的条件下，它表示信号相位和幅度与雷达所在位置的关系。波数的数值由 f_c 确定，但波数向量 $\boldsymbol{K}_R$ 的指向随雷达所在地的径向距离向量的指向改变而变化。

顺便提一下，只是在发射为单频连续波的条件下，雷达的基频回波才是与时间无关的复常数。若发射为受调制的波形 $p(t)\mathrm{e}^{\mathrm{j}\omega_c t}$，则其基频回波为 $\sigma_n p\!\left(t - \dfrac{2R}{c}\right)\mathrm{e}^{-\mathrm{j}K_R R}$，即回波只在一定时间里存在，而雷达正是据此测量目标径向距离的，而目标的横向位置还得依靠移动雷达测得 $\boldsymbol{K}_R$ 不同指向时的基频回波相位值计算得到，其原理与单频连续波相同。具体计算将在 3.3.2 节里介绍。

上面提到，与时间频率 f_c 不同，波数 $\boldsymbol{K}_R$ 是向量，为了能更好地掌握波数域的分析方法，有必要对 $\boldsymbol{K}_R$ 为向量这一特点做进一步的说明。

前面提到过，在单频连续波发射条件下，基频回波的相位为雷达相对于点目标径向距离向量 $\boldsymbol{R}$ 的函数，$\varphi(\boldsymbol{R}) = -\boldsymbol{K}_R \cdot \boldsymbol{R}$。空间是三维的，由于本章讨论的空间限于二维平面，在这里波数向量也以二维表示，在直角坐标系里为

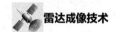

$$\boldsymbol{K}_{\mathrm{R}} = -\frac{\partial \varphi}{\partial \boldsymbol{R}} = \begin{bmatrix} -\dfrac{\partial \varphi}{\partial x} \\ -\dfrac{\partial \varphi}{\partial y} \end{bmatrix} = \begin{bmatrix} K_x \\ K_y \end{bmatrix} \tag{3.43}$$

即径向波数向量在直角坐标系里，就像空间向量 $\boldsymbol{R}$ 可以分解为 x 和 y 两个分量一样，也可分解为 K_x 和 K_y 两个分量，它们的方向分别与 x 和 y 相对应。

前面多次提到，点目标回波径向波数向量 $\boldsymbol{K}_{\mathrm{R}}$ 的指向与雷达相对于点目标的径向距离向量 $\boldsymbol{R}$ 相一致。如图 3.11 所示，图 3.11（a）表示雷达相对于点目标的位置及其空间径向距离向量，图 3.11（b）画的是相应的径向波数向量 $\boldsymbol{K}_{\mathrm{R}}$。径向波数向量的长度取决于频率 $f_{\mathrm{c}}\left(K_{\mathrm{R}} = \dfrac{4\pi f_{\mathrm{c}}}{c}\right)$，若频率值增减，则其长度也成正比地增减，而径向波数向量的指向则取决于目标到雷达的径向距离向量 $\boldsymbol{R}$ 的指向，而与目标所在的位置无关。

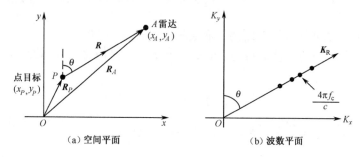

图 3.11　目标平面及其对应的波数平面

在后面的分析里，空间平面和波数平面常以直角坐标表示，即空间坐标为 (x, y)，而波数坐标为 (K_x, K_y)。于是，空间向量和波数向量均可用两个坐标分量表示，若空间径向距离向量 $\boldsymbol{R}$ 与 y 轴成 θ 角，则 $K_x = K_{\mathrm{R}} \sin\theta$，$K_y = K_{\mathrm{R}} \cos\theta$，$K_{\mathrm{R}}^2 = K_x^2 + K_y^2$。当空间回波信号的相位分布已知时，$K_x$ 和 K_y 也可从相位 φ 沿 x 轴和 y 轴变化直接求得。单个点目标是合成孔径雷达里常用的例子，读者可用图 3.11（a）的例子，以雷达从 A 点水平或垂直移动，从雷达基频回波直接求 K_x 和 K_y，其结果与上述分解是一致的。

为了能将空间域和波数域的关系理解得更清楚一些，下面再举两个例子。

图 3.12 的例子是只有一个观测点 B，而空间有三个点目标 P_1、P_2 和 P_3，这相当于雷达位于一处，而波束覆盖了三个点目标的情况。空间系统是线性的，总的回波为三个点回波的线性和，即总的基频回波为 $\displaystyle\sum_{i=1}^{3} \sigma_{ni} \mathrm{e}^{-\mathrm{j}\boldsymbol{K}_{Ri} \cdot \boldsymbol{R}_i}$，其中 $\boldsymbol{R}_i$ 和 $\boldsymbol{K}_{Ri}$

（$i = 1, 2, 3$）分别为空间长度向量和径向波数向量，由于这两个向量同向，它们的内积又可写成两标量的乘积。若雷达以单频 f_c 发射，则所有径向波数向量的长度均为 $4\pi f_c / c$，但方向是不同的［见图 3.12（b）］。

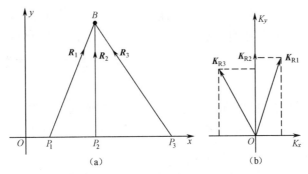

图 3.12　空间域和波数域关系示例一

如图 3.12（b）所示，各个径向波数向量 $\boldsymbol{K}_{Ri}$ 还可分别分解为 K_{xi}，K_{yi} 两个分量，分量的数值是不相同的，以 $\boldsymbol{K}_{R2}$ 为例，它的 $K_{x2} = 0$，这是很明显的，由于点目标 P_2 的反射波的波前在点 P_2 与 x 轴相切，$\dfrac{\partial \varphi}{\partial x} = 0$；而 K_{x1} 和 K_{x3} 则分别为正和负。

图 3.13 是另一个例子，空间点目标只有一个，雷达沿 x 轴移动了三处（B_1、B_2 和 B_3）进行观测。虽然不是在同一地点观测，但可以在同一波数平面里进行讨论。三处观测时的空间径向距离向量和径向波数向量如图 3.13（a）和 3.13（b）所示。图 3.13（b）实际表示了雷达观测地点改变时，径向波数向量的变化情况，虽然各处的径向波数向量的长度均相同，但各个 K_x-K_y 是不相同的，图 3.13（b）相当于从不同空间位置观测目标，而得到目标的波数分布。

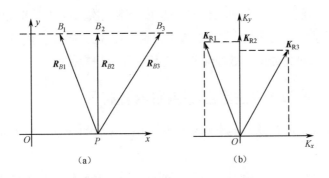

图 3.13　空间域和波数域关系示例二

关于径向波数向量的方向，图 3.12 和图 3.13 里都是以从目标到雷达作为径向波数向量的指向。在辐射源的场合，以辐射源作为起点显然是合适的，而在合成孔径雷达里，电波由雷达发射，通过目标的后向散射再传给雷达，作为径向波数向量应与目标和雷达的连接线相重合，至于用目标还是用雷达作为起点是无关紧要的，不过径向波数向量的指向必须与相应的空间径向距离向量的指向相一致。在后面的分析中，为了实际应用的方便，常以雷达作为径向波数向量的起点。

上面讨论的是雷达回波在波数域里波数向量的情况，这类似于信号的时频分析里频域频率值的情况，为了在频域表示信号，还需要给出各个频率的信号值，也就是信号的频谱。为此，下面对波数谱的情况做一些介绍。

波数谱即信号在波数域的表示，即波数域中以各波数向量为自变量的信号值。实际上，前面的式（3.42）就是雷达发射单频连续波信号（频率为 f_c），且相对于点目标的径向距离向量为 $\boldsymbol{R}$ 时的波数谱，这时的波数谱为点谱，即在二维波数平面里只有一点，其波数向量为 $\boldsymbol{K}_R = \dfrac{4\pi f_c}{c}\dfrac{\boldsymbol{R}}{R}$，而以 $\boldsymbol{K}_R$ 表示的信号为 $\sigma_n \mathrm{e}^{-j\boldsymbol{K}_R \cdot \boldsymbol{R}}$。如果要得到更多的谱点，可以变更载波频率，也可采用调制的信号使信号具有更多的频率分量，这时波数向量的指向不变，而长度与频率成正比变化。也可以用非径向移动雷达位置，以改变径向距离向量 $\boldsymbol{R}$ 的指向，从而有更多指向不同的波数向量。

上面对空间信号及其波数向量和波数谱的概念作了简单介绍。本节一开始时就曾提出，雷达成像属于场的范畴，而且是"逆问题"。应当指出的是，用图 3.11 至图 3.13 加以说明还只是"正问题"，即已知目标及雷达的相对位置，发射单频连续波，求得回波的波数向量和波数谱。逆问题是从接收到的信号重建目标相对于雷达的位置，用图 3.11 至图 3.13 的一次或少数几次回波是不可能做到的。有关目标空间位置重建的问题将在 3.3.2 节里讨论。在 3.3.2 节里仍假设发射为单频连续波，只讨论横向高分辨，脉冲波的情况将在后面研究。

3.3.2　用波数域方法重建目标横向位置[4-5]

有了上面关于波数域的基本知识，就可用它来分析空间信号分布，以及目标横向位置的重建。

仍采用图 3.9（a）的模型，即一系列目标位于与航线平行的直线上，两线间的距离为 R_s，并设发射信号为单频（f_c）连续波，载机以速度 V 沿 x 轴飞行。这里的任务是计算雷达沿 x 变化位置时回波信号的变化情况，即回波的空间信号分布，再由它变换得到波数谱。

其实，在本章一开始讨论合成阵列时就已经强调指出，对于固定目标，合成
阵列主要是阵元的空间分布，而与测量的时间，甚至测量的顺序都没有关系，只
是转到讨论运动平台合成孔径雷达时，由于实际接收和记录的是时间信号，而雷
达技术工作者又熟悉时频域信号分析，所以在上一节分析了回波信号在慢时间域
的变化及其多普勒谱。

这一节的工作实际是又回到空间域里来。有了上一节的分析结果，这里没有必要
做过多的重复性工作，如用慢时间 t_m 作自变量时，基频回波为［参见式（3.16）］

$$s(t_\mathrm{m}) = \sum_n \sigma_n \exp\left[-\mathrm{j}\frac{4\pi f_\mathrm{c}}{c} R_n(t_\mathrm{m})\right] \tag{3.44}$$

如改用雷达的位置 x 作为自变量，则基频回波为

$$\begin{aligned}g(x) &= \sum_n \sigma_n \exp\left[-\mathrm{j}\frac{4\pi f_\mathrm{c}}{c} R_n(x)\right]\\&= \sum_n \sigma_n \exp[-\mathrm{j}K_\mathrm{Rc} R_n(x)]\end{aligned} \tag{3.45}$$

式（3.45）中，K_Rc 为中心频率对应的距离方向的波束，$R_n(x) = \sqrt{R^2 + (X_n - x)^2}$。

可以看出，上两个回波是相同的，且 $x = Vt_\mathrm{m}$，即

$$g(x) = s(t_\mathrm{m}) = s\left(\frac{x}{V}\right) \tag{3.46}$$

应当强调的是采用了波数 K_{R_n}，而当雷达位置为 x 时，凡波束照到的点目标都
会有回波回来，各个回波的波数值相同（$K_\mathrm{Rc} = 4\pi f_\mathrm{c}/c$），但各波数向量的方向是
不同的，它们与各自的距离向量同向，两者的内积可写成标量乘积形式。

将 $s(t_\mathrm{m})$ 变换到时频域可得到多普勒谱 $S(f_\mathrm{d})$，相类似地，将 $g(x)$ 变换到空频
域也可得波数谱 $G(K_x)$。由于 $g(x)$ 和 $s(t_\mathrm{m})$ 之间有式（3.46）的关系，同时考虑到
f_d 为频率，而 K_R 为角频率，所以可借用式（3.35）的形式而将 $G(K_x)$ 写成

$$G(K_x) = |V| S\left(\frac{K_x}{2\pi} V\right) \tag{3.47}$$

于是，将式（3.35）中的 f_d 用 $\frac{K_x}{2\pi}V$ 代替，并稍加整理，得到波数谱（省略谱幅度
的常数变化）

$$G(K_x, K_\mathrm{Rc}) = \sum_n \sigma_n(-\mathrm{j}\sqrt{K_\mathrm{Rc}^2 - K_x^2} \cdot R - \mathrm{j}K_x X_n)$$

$$K_x \in \left[-\frac{4\pi}{\lambda}\sin\frac{\theta_\mathrm{BW}}{2}, \frac{4\pi}{\lambda}\sin\frac{\theta_\mathrm{BW}}{2}\right] \tag{3.48}$$

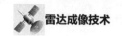

式（3.48）中，$K_{\mathrm{Rc}} = \dfrac{4\pi f_{\mathrm{c}}}{c}$

式（3.48）中的 $G(K_x, K_{\mathrm{Rc}})$ 实际上就是式（3.47）中的 $G(K_x)$，对于单频连续波信号，$K_{\mathrm{Rc}} = \dfrac{4\pi f_{\mathrm{c}}}{c}$ 为常数，作为自变量写在公式里没有意义，之所以在式（3.48）中加上 K_{Rc} 是为后面讨论多频的情况做准备。

利用式（3.48）的波数谱对 K_x 的高次相位项做匹配滤波，再通过逆傅里叶变换，变回到空间域，而式（3.48）中的第二个指数为线性相位项，各散射点将以各自的横向位置 $X_n(n = 1, 2, \cdots, N)$，并以窄脉冲的波形依次排列，这与 3.3.1 节讨论的完全相同，不再重复。

需要加以说明的是，在慢时间域（t_{m}）和空间域（x）里，某一时刻（地点）接收到的回波来自波束内的各个方向；而在多普勒域（f_{d}）或波数域（K_x）则不一样，在某一频率所对应的回波并非同一时刻的，但来自一定的方向，由于 $f_{\mathrm{d}} = \dfrac{2V}{\lambda}\sin\theta$，$K_x = \dfrac{2\pi f_{\mathrm{d}}}{V} = \dfrac{4\pi}{\lambda}\sin\theta = \dfrac{4\pi f_{\mathrm{c}}}{c}\sin\theta$，只有斜视角 θ 方向的目标回波才会出现在所对应的 K_x（或 f_{d}）处。于是，式（3.48）中的 K_{Rc} 具有方向一定的含义，即 K_{Rc} 与 K_x 对应同一处的波数。从图 3.11 的关系，波数 K_{Rc} 在波数平面里可以用直角坐标的 K_x 和 K_y 分量表示，即 $K_{\mathrm{Rc}}^2 = K_x^2 + K_y^2$，利用这一关系，可将式（3.48）的波数谱以 K_x，K_y 表示，即

$$G(K_x, K_y) = \sum_n \sigma_n \exp(-\mathrm{j}K_y R - \mathrm{j}K_x X_n) \tag{3.49}$$

当发射为单频连续波信号时，从测量和录取到的回波数据序列，可通过傅里叶变换得到 K_x 和 K_{Rc} 的波数谱，其中波数谱在 K_x 维的支撑区为 $\left[-\dfrac{4\pi}{\lambda}\sin\dfrac{\theta_{\mathrm{BW}}}{2}, \dfrac{4\pi}{\lambda}\sin\dfrac{\theta_{\mathrm{BW}}}{2}\right]$；由于是单频发射，$K_{\mathrm{Rc}}$ 只有一个值 $\left(\dfrac{4\pi f_{\mathrm{c}}}{c}\right)$，将这时的二维波数谱画出，如图 3.14 所示。当利用 $K_{\mathrm{Rc}} = \sqrt{K_x^2 + K_y^2}$ 的关系，从已知的 K_x 和 K_{Rc} 计算出相应的 K_y，则可得到图 3.14 中以黑实线表示的支撑区和式（3.49）所示的波数谱。

从式（3.49）中的波数谱通过逆傅里叶变换，容易得到目标在 x-y 平面的二维分布，但如果对该平面要求具有高的二维分辨率，则波数谱在二维方向都必须有足

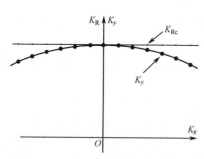

图 3.14　单频连续波发射时回波
二维波数谱的支撑区

够的谱宽。利用合成阵列可以使 K_x 具有宽的波数谱，但从单频信号无法获得宽的 K_y 波数谱，这只有通过宽频带信号。在 3.3.3 节里将对此做简单介绍。

3.3.3　用波数域方法重建二维目标的位置

1. 二维波数平面 K_x-K_y 的建立

为了获得高的径向分辨率，必须采用宽频带信号，下面讨论用宽频带周期性调制脉冲为发射信号的情况，即发射信号为

$$s_t(\hat{t},t) = p(\hat{t})e^{j2\pi f_c t} \tag{3.50}$$

式（3.50）中，t 和 $\hat{t}$ 分别为全时间和快时间，$p(\hat{t})$ 为调制复包络，这里只写了一个周期的。

仍采用图 3.9（a）的目标模型，垂直距离为 R_s，则接收回波通过相干检波后，得到基频回波为

$$s(t_m,\hat{t}) = \sum_n \sigma_n p\left(\hat{t} - \frac{2R_n}{c}\right)e^{-j\frac{4\pi f_c}{c}R_n} \tag{3.51}$$

式（3.51）中的信号中加了慢时间 t_m，因为载机位置随慢时间变化，R_n 也变化，如以载机雷达的横向位置 x 表示，即 $R_n = \sqrt{R^2 + (X_n - x)^2} = \sqrt{R^2 + (X_n - Vt_m)^2}$。

将式（3.51）从快时间域变换到基频域，同时将慢时间 t_m（包含在 R_n 里），用雷达横向位置 x 表示，于是可将式（3.51）写成空域信号形式，即

$$
\begin{aligned}
s_1(x,K_R) &= \sum_n \sigma_n P(f_b)e^{-j\frac{4\pi f_b}{c}R_n}e^{-j\frac{4\pi f_c}{c}R_n} \\
&= P(f_b)\sum_n \sigma_n e^{-j\frac{4\pi f}{c}R_n} \\
&= P(f_b)\sum_n e^{-jK_R R_n}
\end{aligned} \tag{3.52}
$$

式（3.52）中，$K_R = \dfrac{4\pi f}{c}$，而 f_b 为基频。$f = f_c + f_b$ 表示发射频率的各个分量。

式（3.52）中的 $P(f_b)$ 为发射脉冲复包络（可以是线性调频信号等）的频谱，对快时间域的回波做匹配处理（相当于作脉压处理），即在距离频率域（此处为基带频域）乘以频率特性为 $P^*(f_b)$ 的函数，考虑到 $f_b = \dfrac{K_R c}{4\pi} - f_c = \dfrac{c}{4\pi}(K_R - K_{Rc}) = \dfrac{c}{4\pi}\Delta K_R$（其中 $\Delta K_R = K_R - K_{Rc}$），可将在快时间域匹配滤波后的式（3.52）写成

$$s_2(x,K_R) = \left|P\left(\frac{c}{4\pi}\Delta K_R\right)\right|^2 \sum_n e^{-jK_R\sqrt{R^2 + (X_n - x)^2}} \tag{3.53}$$

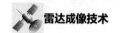

再将式（3.53）从 x 域变换到 K_x 域 [参考式（3.48）]，得

$$S_2(K_x, K_R) = \left| P\left(\frac{c}{4\pi}\Delta K_R\right) \right|^2 \exp\left[-\mathrm{j}\sqrt{K_R^2 - K_x^2}\,R - \mathrm{j}K_x X_n\right]$$

$$K_x \in \left[-\frac{4\pi f}{c}\sin\frac{\theta_{BW}}{2}, \frac{4\pi f}{c}\sin\frac{\theta_{BW}}{2}\right] \tag{3.54}$$

$$K_R \in \left[\frac{4\pi}{c}\left(f_c - \frac{\Delta f}{2}\right), \frac{4\pi}{c}\left(f_c + \frac{\Delta f}{2}\right)\right]$$

式（3.54）中，Δf 为宽频带复包络的频带宽度。

式（3.54）中波数谱的支撑区如图 3.15（a）所示。回波数据用数字信号形式记录和处理时，在 K_x - K_R 平面为一组等间隔的离散点，K_R 限制在 $\left[\frac{4\pi}{c}\left(f_c - \frac{\Delta f}{2}\right), \frac{4\pi}{c}\left(f_c + \frac{\Delta f}{2}\right)\right]$ 的范围里，而 K_x 的支撑区与 f 有关，若不考虑信号频带对天线波束宽度的影响，则 K_x 支撑区的长度与 f（也就是与 K_R）成正比，于是在 K_x - K_R 平面里形成如图 3.15（a）所示的梯形支撑区。

考虑到 $K_y^2 = K_R^2 - K_x^2$，还可将式（3.54）的 K_x - K_R 的波数谱变换到 K_x - K_y 平面，即

$$S(K_x, K_y) = \left| P\left(\frac{c}{4\pi}\Delta K_R\right) \right|^2 \sum_n \sigma_n \exp(-\mathrm{j}K_y R - \mathrm{j}K_x X_n) \tag{3.55}$$

从 K_R 变换到 K_y 是非线性变换，将图 3.15（a）中的数据点逐点变换到 K_x - K_y 平面，如图 3.15（b）所示。

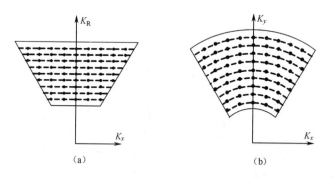

图 3.15　宽频带信号发射时回波二维波数谱的支撑区

已经有了 K_x - K_y 平面的波数谱分布，要得到在 x - y 平面的分布，原理上是不困难的，只要通过二维逆傅里叶变换即可。这一变换在工程上总是用二维 FFT 来完成，为此在 K_x - K_y 平面上应具有矩形网格点的数据，而图 3.15（b）是不具备的，要从图 3.15（b）中的原有数据点，通过 K_y 维的插值，得到如图 3.16 所示的矩形

网格数据分布，这种插值称为 Stolt 插值。

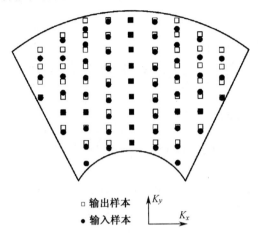

□ 输出样本　K_y

● 输入样本　K_x

图 3.16　在 K_x-K_y 平面插值得到矩形网格点的数据

2. 采用解线频调方法做相干检波时的波数域分析

在合成孔径雷达里，宽频带信号常采用线性调频脉冲，且脉冲宽度比观测场景幅宽所相应的时宽大很多，这时常用解线频调（Dechirping）方法做相干检波，其内容已在第 2 章里详细介绍过，这里仅讨论它与波数域分析横向距离分辨相联系的一些特点。

前面提到，用单频连续波发射时，距离 R_t 处的点目标的基频回波为 $\sigma e^{-jK_{Rc}R_t}$，其中 $K_{Rc} = \dfrac{4\pi f_c}{c}$，这里隐含了一个条件，即目标距离的度量是以雷达所在点作为基准的，当 $R_t = 0$ 时，回波相位 $\varphi = -K_R R_t = 0$。合成孔径雷达里，常采用另外的基准，如场景中心线与载机航线之间的距离为 R_s 时，常以该中心线为场景图像的纵向基准，这时相干检波采用的基准信号应为 $e^{-j2\pi f_c\left(t-\frac{2R_s}{c}\right)}$，而 R_t 处的基频回波为 $\sigma e^{-jK_{Rc}(R_t-R_s)}$，当 $R_t = R_s$ 时相位为 0。

用二维波数域做目标位置重建，最后要得到 K_x-K_y 平面的二维波数谱分布，前面提到，先得到的是 K_x-K_R 的波数谱，通过 $K_y^2 = K_R^2 - K_x^2$ 的关系，得到 K_x-K_y 平面的波数谱。在单频连续波发射下，得到的基频回波相当于 x-K_R 平面的分布，这时 K_R 只有一个数值 $\left(K_R = K_{Rc} = \dfrac{4\pi f_c}{c}\right)$，对 x 做傅里叶变换，得到 K_x-K_R 平面的波数谱。

上面也介绍了宽频带脉冲信号 $p(\hat{t})$ 发射的情况，由于 $p(\hat{t})$ 有较宽的频谱，可

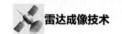

以先将基频回波对快时间 $\hat{t}$ 做傅里叶变换，得到基频分布 $P(f_b)e^{-j\frac{4\pi f_b}{c}R_t}$ 后，可知 $f(f = f_c + f_b)$ 的多频分量使 $x\text{-}K_R$ 平面的数据分布在 K_R 方向有一定的谱宽，接下来其余分析与单频时相同。

根据以上的思想，再来讨论对 LFM 发射脉冲，而用解线频调方法做相干检波时，应如何分析。

设发射的 LFM 脉冲为

$$s(\hat{t}, t_m) = \text{rect}\left(\frac{\hat{t}}{T_p}\right)e^{j2\pi\left(f_c t + \frac{1}{2}\gamma \hat{t}^2\right)} \tag{3.56}$$

式（3.56）即第 2 章里的式（2.6），符号意义与式（2.6）相同，这里不再解释。

上述发射脉冲中心频率为 f_c，频带宽度为 γT_p，即其频率范围为 $\left[f_c - \frac{1}{2}\gamma T_p, f_c + \frac{1}{2}\gamma T_p\right]$，发射的瞬时频率在快时间域线性变化。

用作相干检波的基准（参考）信号为

$$s_{\text{ref}}^*(\hat{t}, t_m) = \text{rect}\left(\frac{\hat{t} - 2R_s/c}{T_{\text{ref}}}\right)e^{-j2\pi\left[f_c\left(t - \frac{2R_c}{c}\right) + \frac{1}{2}\gamma\left(t - \frac{2R_c}{c}\right)^2\right]} \tag{3.57}$$

式中，用 R_s 作为基准距离，式（3.57）亦即第 2 章中的式（2.7）。

相干检波即将接收回波与参考信号相乘，这时的基频回波为

$$\begin{aligned}
s_b(\hat{t}, t_m) &= s_r(\hat{t}, t_m)s_{\text{ref}}^*(\hat{t}, t_m) \\
&= \sigma\text{rect}\left(\frac{\hat{t} - 2R_t/c}{T_p}\right)e^{-j\frac{4\pi\gamma}{c}\left(\frac{f_c}{\gamma} + \hat{t} - \frac{2R_s}{c}\right)R_\Delta} \times e^{j\frac{4\pi\gamma}{c^2}R_\Delta^2}
\end{aligned} \tag{3.58}$$

式（3.58）中，$R_\Delta = R_t - R_s$ 为目标距离 R_t 与基准距离 R_s 之差。

式（3.58）的第二个指数项称为剩余视频相位（RVP）项，它的产生、影响及消除方法已经在第 2 章里讨论过，这里不再重复。在下面的讨论中，可以认为 RVP 项已被消除，只考虑式中的第一个指数项，即基频回波可写成

$$s_b(\hat{t}, t_m) = \sigma\text{rect}\left(\frac{\hat{t} - 2R_t/c}{T_p}\right)e^{-j\frac{4\pi\gamma}{c}\left(\frac{f_c}{\gamma} + \hat{t} - \frac{2R_s}{c}\right)(R_t - R_s)} \tag{3.59}$$

第 2 章里还讲述了 RVP 项的消除是通过"去斜"处理完成的，图 2.4 所示的处理过程中以快时间 $\hat{t}$ 为横坐标，而以频率为纵坐标。图 2.4（a）表示发射脉冲和几个不同距离的回波脉冲，它们都是 LFM 信号。此外，该图中也画出了参考信号。图 2.4（b）所示是解线频调后，各回波的差频变为常数，因距离远近不同，各回波在快时间轴的位置也不同，是"斜"着排列的。"去斜"的结果如图 2.4（c）

所示, 这时所有回波在快时间轴对齐排列, 其表示式为式 (3.59), 距离不同表现在公式最后面的 R_t 上, 其余均相同。现在将图 2.4 (c) 重新画出, 并标上这里所需的符号, 如图 3.17 所示。

由于不同距离的回波已经在与以参考距离 R_s 所对应的时间 $(\hat{t}=2R_s/c)$ 处对齐, 因而在不同 $\hat{t}$ 处所对应的发射瞬时频率是已知的, 如 $\hat{t}=2R_s/c$ 对应于发射频率 f_c, 而 $\hat{t}=2R_s/c \pm T_p/2$ 时, 对应于发射频率 $f_c \pm \gamma T_p/2$, 即 $\hat{t}$ 与发射瞬时频率 f 的关系为 $f=f_c \pm \gamma(\hat{t}-2R_s/c)$。

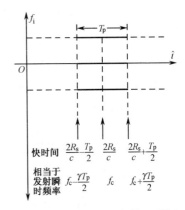

图 3.17　解线频调和 "去斜" 后的相干检波 (差频) 信号各点与发射瞬时频率的对应关系

注意式 (3.59) 中的因子 $\dfrac{4\pi\gamma}{c}\left(\dfrac{f_c}{\gamma}+\hat{t}-\dfrac{2R_s}{c}\right)$,

当 $\hat{t}=\dfrac{2R_s}{c}$ 时, 该因子为 $\dfrac{4\pi f_c}{c}$, 即单频 (f_c) 发射时的径向波数 K_{Rc}, 由于图 3.17 中各个 $\hat{t}$ 相应的瞬时频率 $f=f_c+\gamma(\hat{t}-2R_s/c)$, 于是可写出各种 f 值时径向波数 K_R 为

$$K_R=\frac{4\pi f}{c}=\frac{4\pi\gamma}{c}\left(\frac{f_c}{\gamma}+\hat{t}-\frac{2R_s}{c}\right) \tag{3.60}$$

据此可将式 (3.59) 改写成

$$s_{bx}(x,K_R)=\sigma e^{-jK_R(R_t-R_s)}$$

$$K_R\in\left[\frac{4\pi}{c}\left(f_c-\frac{\gamma T_p}{2}\right),\frac{4\pi}{c}\left(f_c+\frac{\gamma T_p}{2}\right)\right] \tag{3.61}$$

在式 (3.61) 中, 可以同时将慢时间 t_m 改为雷达的横向位置 x, 其实 t_m 和 x 都是隐含在 R_t 里, 对于图 3.9 (a) 的模型, $R_t=\sqrt{R_s^2+(X_n-x)^2}$。

将式 (3.61) 中 x-K_R 的二维分布变换到 K_x-K_R 的二维波数谱, 进而得到 K_x-K_y 的二维波数谱。这些都与上面的分析相同, 不再重复。

比较上面介绍的解线频调相干检波下的波数谱方法和宽频带信号的波数谱方法, 两者有明显区别。它们都是将宽频带信号的频率变换成对应的径向波数, 后一种方法是将快时间信号变换成频域信号, 在对应的频域里不再为单频, 因而得到与各个频率分量对应的径向波数。

用解线频调作相干检波则不相同, 它将相干检波后的基频回波通过 "去斜" 处理后, 时域信号就具有上述频域信号所具有的性质: 回波信号在快时间域里是对齐的, 而与距离无关, 且相应的瞬时发射频率与快时间成正比, 而目标距离则

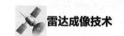

表现在以快时间为自变量的线性相位上，从而使径向波数与发射频率的关系在快时间域里表现出来，简化了运算。

本节的目的是介绍用波数域方法分析目标的横向分辨率，为了使读者对波数域分析方法能建立较为系统的概念，本节对目标的二维重建也做了一些讨论。实际的二维成像还有许多具体问题，这些都将在第 5 章里讨论。

3.3.4　聚束模式合成孔径雷达成像的波数域分析[6]

条带模式为合成孔径雷达的主要工作模式，有些场合为对某些较小的特定区域做更细致的观测，获得更高的横向分辨率，常用聚束模式（可简称聚束式）。

以聚束模式工作时，雷达天线波束的指向在载机运动过程中要加以调控，使之以较长时间照射指定的区域。由于驻留时间（即对目标回波的相干积累时间）加长，或者说对目标照射转角加大，可以得到更高的横向分辨率。

本节还有一个目的是通过对聚束模式成像的分析，进一步掌握波数域成像的概念和算法。

前面已经提到，成像的基准点是可以选择的。聚束模式是对一小块区域成像，实际工作时可在该区域的中点附近选择一特显点作为基准，在录取数据期间雷达对该基准点进行精确跟踪，即波束射线和距离基准波门始终对其跟踪，并在预处理中使该基准点的基频回波相位固定在 0。

在前面的讨论中已经多次提到，径向波数向量 K_R 与雷达到目标的径向距离向量 R 同向，阵元（雷达）在某一位置接收到的信号是波束覆盖空间所有目标的回波，它们的 K_R 具有不同的指向，因此要将回波数据由 x 域变换到 K_x 域才能确定回波径向波数向量 K_R 的指向。

聚束模式的情况有所不同，这是因为所需成像的区域很小，所以可以要很窄的波束[①]，举例来说，如要将 50km 处直径为 250m 的区域做聚束模式成像，则波束宽度仅需 5mrad。因此，此时阵元在某一位置接收到的所有目标回波的波数向量 K_R 的指向可以用波束指向 R 近似表示。

在上述近似条件下，聚束模式时的工作状态及回波信号在二维波束域的支撑区分别如图 3.18（a）和 3.18（b）所示。图 3.18（a）中载机的某一位置 A（θ 代表波束指向角）到场景基准点为 O 的距离向量用 R 向量表示，则在图 3.18（b）的波数平面里有相应的 K_R。载波 f_c 对应于图中弧线 A_l 上的 K_R（$K_R = 4\pi f_c/c = 4\pi/\lambda$），

---

① 这里强调窄波束的目的是将聚束模式波数域成像算法的概念说清楚，波束较宽带来的问题将在后面说明。

若信号频带为 Δf ，则 $\boldsymbol{K}_{\mathrm{R}}$ 维的支撑区为 $\left[\dfrac{4\pi(f_{\mathrm{c}}-\Delta f/2)}{c},\dfrac{4\pi(f_{\mathrm{c}}+\Delta f/2)}{c}\right]$ ，数字处理是在这一支撑区的若干个离散点上取值。载机在飞行过程中波束射线的指向不断改变，而场景的基准点不变，于是可得到基准点及其附近目标回波波数谱的支撑区，如图 3.18（b）所示。

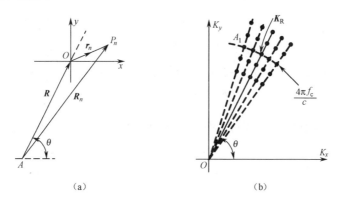

（a）　　　　　　　　　（b）

图 3.18　聚束模式的空间观测及其波数平面

上面提到，图 3.18（b）所得到的波数谱只对位于波束射线上的目标严格成立，而实际接收的是波束覆盖的所有目标回波。假设在此区域内有众多点目标，由于多目标回波是线性相加，所以只需讨论其中某一个（例如，第 n 个目标 P_n）的情况。如图 3.18（a）所示，雷达 A 到 O 的斜距向量 $\boldsymbol{R}$（将其单位向量写成 $\hat{\boldsymbol{R}}$），A 和 O 到 P_n 的距离向量分别为 $\boldsymbol{R}_n$ 和 $\boldsymbol{r}_n$。

现在来求点目标 P_n 的波数谱，由于聚束模式工作时的观测范围较小，因此可以用一个向量 $\hat{\boldsymbol{R}}$ 代表全波束目标的斜距向量，也就是假设照射该区域的雷达电波为平面波，因此各点目标的波数谱除强度和线性相位（取决于目标到雷达的斜距）外完全相同，可以暂不管其他因素，主要研究回波相位与雷达位置和工作频率的关系。

上面提到过，在聚束模式里场景中心点的相位保持为 0，因此 P_n 点的相位 $\varphi_n=4\pi(\boldsymbol{R}_n-\boldsymbol{R})/\lambda$。而

$$\begin{aligned}\boldsymbol{R}_n&=\left[(\boldsymbol{R}+\boldsymbol{r}_n)\cdot(\boldsymbol{R}+\boldsymbol{r}_n)\right]^{1/2}\\&=\left[R^2+2\boldsymbol{R}\cdot\boldsymbol{r}_n+r_n^2\right]^{1/2}\\&\approx R+\boldsymbol{R}\cdot\boldsymbol{r}_n/R\\&=R+\hat{\boldsymbol{R}}\cdot\boldsymbol{r}_n\end{aligned}\qquad(3.62)$$

式（3.62）中的近似基于 $r_n\ll R$ ，在做泰勒级数展开时忽略了 $\boldsymbol{R}\cdot\boldsymbol{r}_n/R$ 的高次项，这也相当于平面波近似。

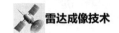

在平面波的近似条件下，$\hat{R}$ 为全波束目标的斜距向量，场景中所有散射点回波的波数向量均为 $K_R = \dfrac{4\pi f}{c}\hat{R}$（$f$ 是平面波的频率），所以点目标 P_n 雷达回波的相位为

$$\varphi_n = -\frac{4\pi f}{c}\hat{R}\cdot r_n = -K_R\cdot r_n \tag{3.63}$$

由此得相应的波数谱为

$$S_n(K_R) = \sigma_n \mathrm{e}^{\mathrm{j}\varphi_n} = \sigma_n \mathrm{e}^{-\mathrm{j}K_R\cdot r_n} \tag{3.64}$$

而场景内总的波数谱即各个点目标波数谱之和

$$S(K_R) = \sum_n \sigma_n \mathrm{e}^{-\mathrm{j}K_R\cdot r_n} \tag{3.65}$$

应当指出，式（3.65）的波数谱是空间向量 R（即雷达 A 到场景基准点 O 的向量）在一定条件下得到的，可以看出，它适用于雷达在不同位置录取到数据时的所有 R，因而式（3.65）实际是图 3.18（b）支撑区内的二维波数谱的表示式。将式（3.65）通过逆傅里叶变换由 K_R 域变换到 r 域，可以得到以向量 r（原点为 O）为自变量的目标空间分布

$$\begin{aligned} s(r) &= \frac{1}{2\pi}\int S(K_R)\mathrm{e}^{\mathrm{j}r\cdot K_R}\mathrm{d}K_R \\ &= \frac{1}{2\pi}\sum_n \sigma_n \int \mathrm{e}^{\mathrm{j}(r-r_n)\cdot K_R}\mathrm{d}K_R \\ &= \sum_n \sigma_n \delta(r - r_n) \end{aligned} \tag{3.66}$$

式（3.66）中，$\delta(\cdot)$ 为冲激函数，这是在 K_R 的支撑区为无限的情况下求得的。实际 K_R 在频率 f 和转角方面都有限制，若信号频带为 Δf，则纵向分辨率为 $c/(2\Delta f)$（c 为光速）；若相干积累角为 $\Delta\theta$，则横向分辨率为 $\lambda/(2\Delta\theta)$。

以上为了简化成像概念的说明，用了连续形式的傅里叶变换。实际数字信号处理用的是离散形式，只能通过采样点的值做离散处理。由于直角坐标的二维傅里叶变换的离散样点必须在矩形网格上，而如图 3.19 所示的实际录取的采样点是按极坐标格式排列的，必须通过插值得到矩形网络采样点上的波数谱。有关极坐标格式算法的实际问题和应用限制在后面具体成像算法（第 5 章）里还要详细介绍。

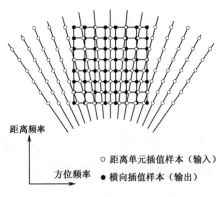

图 3.19　聚束模式波数平面的坐标变换

○ 距离单元插值样本（输入）
● 横向插值样本（输出）

在本节的最后，再来介绍一下波数谱相位谱的图形，使大家能对波数域的相位谱有较完整的概念。

在 3.3.1 节里，已经提到波数谱，并用式（3.42）表示空间点目标时的空间谱，同时说明了点目标的位置由线性相位的指数项表示，不过由单个观测点的单频是不能得到波数谱的全貌的，它只是一个点频。接着在 3.3.2 节和 3.3.3 节里对运动平台单频和宽带信号的情况进行了讨论。这时在波数平面的一定支撑区范围里建立起波数谱，由它可重建目标的空间分布，其中由波数谱的线性相位指数项确定各点目标的位置，非线性相位项可通过匹配滤波加以消除，而支撑区的大小及幅度分布则决定重建点目标散布函数的形状，这是条带模式合成孔径雷达的情况。

本节讨论了聚束模式合成孔径雷达的情况，以场景的基准点为原点，可以得到式（3.65）的波数谱公式，同样是以线性相位的指数项表示点目标的位置。

如上所述，相位谱分布的实际情况对图像的重建有重大影响，因为它涉及点目标的位置失真，而支撑区的大小及幅度谱分布主要影响点散布函数，即图像的分辨率。

因此以式（3.65）为例，来讨论波数谱的相位谱。

式（3.65）是以径向波数向量为坐标的多个点目标的波数谱之和，考虑到在一定角度范围进行观测，波数谱是二维的，其支撑区如图 3.15（b）和图 3.16 所示。

考虑式（3.65）中单个点目标（设为第 n 个）的波数域相位谱。如果二维坐标以直角坐标表示，空间向量可分解为 $\mathbf{r}_n = x_n + \mathrm{j}y_n = r_n\cos\theta_n + \mathrm{j}r_n\sin\theta_n$，其中 θ_n 为 $\mathbf{r}_n$ 与 x 轴的夹角。波数向量 $\mathbf{K}_R$ 可分解为 $\mathbf{K}_R = K_x + \mathrm{j}K_y$。于是式（3.65）中的相位 φ_n 可写成

$$-\varphi_n = \mathbf{K}_R \cdot \mathbf{r}_n = r_n\cos\theta_n K_x + r_n\sin\theta_n K_y \qquad (3.67)$$

完整画出 K_x-K_y 平面的相位图是三维的，一般都以相位的等值线画在 K_x-K_y 平面里，如取 $\varphi_n = m\dfrac{\pi}{2}$（$m$ 为整数）画 φ_n 的一组等值线。

第 n 个点目标的相位等值线为一组平行线 [见图 3.20（b）]，平行线的垂直方向为 θ_n，而等值平行线的间距与 r_n 的值成反比。图 3.20（c）是另一个点目标（第 l 个）的例子，相位等值线垂直于 θ_l，由于 $r_l < r_n$，等值线的间隔比前者宽。可以想象，当点目标位于 x 轴或 y 轴时，其 K_x-K_y 的相位等值线分别为一组垂直线或一组水平线。对于场景里基准点上的点目标，全波数平面的相位为 0 [见图 3.20（d）]。大家知道，点目标在空间的位置表现在波数域里为它的线性相位，沿 x 轴的位置取决于 K_x 维的线性相位，沿 y 轴的位置取决于 K_y 维的线性相位，也就是 K_x-K_y

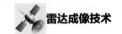
平面里的一组平行等间隔的相位等值线。

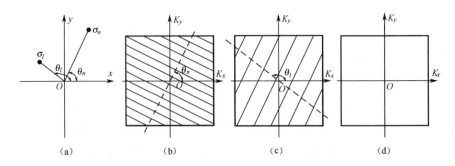

图 3.20   目标位置与波数平面的相位等值线

实际上，二维谱平面里的等间隔平行相位等值线，是一维信号分析里谱域线性相位的推广，即在空域（或时域）信号的平移，在其谱域里表现为线性相位，比例系数等于平移值，二维的线性相位如式（3.67）所示，在谱平面里表现为等间隔的平行相位等值线。应当指出，一维信号分析里，空（时）域的信号平移表现为谱域的线性相位基于平移不变的特性。因此，只有平移不变性在二维谱平面里也满足时，式（3.67）才适用。所以对图 3.16 所示的观测模型，式（3.67）及图 3.20（b）都是在理想平面波照射下才严格成立的。

如上所述，本节基于平面波的分析，只有在场景很小的情况下，才近似成立。实际球面波的波前弯曲，使平移不变性不再适用，其结果是使点目标回波相位在 K_x-K_y 平面不再是理想的等间隔平行线。如果仍按等间隔平行线处理，就不能良好聚焦，因而降低了分辨率，同时还会有位置的几何失真发生。可以想象，目标离点越远，失真也越严重。因此，本节介绍的聚束模式成像算法，适用的场景范围受到限制。不过，在实际应用中，聚束模式大多用于小的场景，这里介绍的方法具有广泛的应用价值。有关平面波条件不满足而产生散焦和失真的问题将在第 5 章里讨论。

这里还要做一些补充，前面提到，为满足阵元于某一位置时所有回波的径向波数向量均用波束至基准点的指向表示，因而要求波束很窄。实际波束要宽一些，所接收到的是更大范围点目标的线性和，在处理过程中彼此是独立的，远区回波重建的点目标会产生较严重的散焦和失真，而不会对所需区域场景图像造成影响。因此只要实际成像的场景较小，由于波束较宽而接收的远区回波不会对所需的小场景的图像起破坏作用，在实际处理中只是那些回波数据废弃不用，并注意不要产生混叠效应。因此以聚束模式工作时，并不一定要把波束缩得很窄。

参 考 文 献

[1] Van Trees H L. Optimum Array Processing[M]. New York: John Wiley & Sons, 2002.

[2] Johnson D H, Dudgeon D E. Array Signal Processing: Concepts and Techniques[J]. Upper Saddle River: PTR Prentice Hall, 1993.

[3] Loewenthal D, Lu L, Roberson R, et al. The Wave Equation Applied to Magration, Geophys[J]. Geophysical Prospecting. 1976, 24(2): 380-399.

[4] Milman A S. SAR Imaging by ω-k Migration[J]. International Journal of Remote Sensing, 1993, 14(10): 1965-1979.

[5] Prati C, Rocca F, Guarnieri A, et al. Seismic Migration for SAR Focusing: Interferometrical Applications[J]. IEEE Transactions on Geoscience and Remote Sensing, 1990, 28(4): 627-640.

[6] Munson D C, O'Brien J D, Jenkins W K. A Tomographic Formulation of Spotlight-Mode Synthetic Aperture Radar[J]. Proceedings of the IEEE, 1983, 71(8): 917-925.

第 4 章

合成孔径雷达

合成孔径雷达（SAR）是雷达成像的主体，应用范围最广，因而是本书讨论的重点。在前两章对雷达如何获得高的距离分辨率和高的横向分辨率的基础上，从本章开始用 4 章的篇幅对 SAR 做较详细的介绍。

在这一章里，主要介绍合成孔径成像的基本原理，以及工程技术方面的实际问题。实际上，本书的前几章已经对合成孔径雷达成像的问题有所涉及，主要是从提高二维分辨率方面加以描述的。本章的 4.1 节从雷达系统的角度，对合成孔径雷达的基本原理进行了讨论，并根据系统成像原理，介绍一种原理性的成像算法。从原理性的成像算法到各种工程上实用的成像算法将在第 5 章介绍，为了与本章要介绍的工程技术方面的实际问题相联系，在 4.1 节还介绍了一种应用于分辨率较低场合的简易算法——距离-多普勒算法。

合成孔径雷达是一种二维成像的探测设备，而实际空间是三维的。在此之前，为了原理上讨论方便，主要是在二维平面里讨论的，在本章的 4.2 节专门讨论合成孔径雷达二维成像与实际三维空间之间的关系，以及存在的问题，并在 4.3 节具体介绍由此引起的图像几何失真。

合成孔径雷达的具体硬件是一般的相干雷达，其具体构成与一般雷达没有区别，本书作为"雷达技术丛书"的一个分册，对一般雷达的结构不再介绍。但是，合成孔径雷达是以场景作为观测对象的，与以"点"目标为对象的一般雷达相比有共同性，也有不少特殊性。本章在 4.4 节讨论 SAR 有别于一般雷达的一些技术性能和参数方面的问题。

4.5 节简要介绍了合成孔径雷达的电子反对抗问题。

4.1　条带式模式合成孔径雷达成像的基本原理

前两章分别介绍了用宽频带信号获得高的距离分辨率，以及利用长的合成阵列获得高的横向分辨率，这些是雷达二维成像的基础。在这里将从系统的角度，对二维成像基本原理相关问题进行讨论，使读者能对二维成像有较系统的了解。

由于这里讨论的重点在基本原理，所以对所采用的模型尽量简化，仍采用第 3 章里的平面模型，即假设目标和雷达载机位于同一平面里，载机沿 x 轴以匀速 V 直线飞行。

4.1.1　合成孔径雷达的系统响应函数

如图 4.1 所示，场景里有许多点目标，雷达周期地发射脉冲信号。脉冲是宽频带的，通常为线性调频信号，其回波通过脉压处理，可以得到窄脉冲，这里只

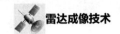

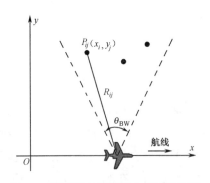

图 4.1　正侧视条带模式合成孔径雷达

做系统原理说明，可假设发射信号就是窄脉冲 [其包络以 $p(\hat{t})$ 表示]。场景里的点目标在发射脉冲作用下，后向散射的回波信号经过一定时延返回雷达。由于载机的运动，雷达到各目标的距离随之变化，因而各点目标的窄脉冲回波在快时间–慢时间 $(\hat{t}\text{-}t_m)$ 的二维平面上描绘为不同的曲线。如果将合成孔径雷达的发射和接收过程看成是一个系统，发射信号是系统的输入，而各点目标回波就是系统的输出。

　　上述系统是线性的，各点目标回波线性相加，因此只需讨论其中一个点目标，其结果容易推广到其他情况。在这里将单个点目标时的输出（即在 $\hat{t}\text{-}t_m$ 平面的轨线）称为该点目标的系统响应函数。

　　如图 4.2（a）所示，点目标 P_{ij} 在场景里的坐标为 (x_i, y_j)，或写成 $P_{ij}(x_i, y_j)$。图中还画出了载机横向位置 $(x_i, i=1,2,3)$ 为几个不同值时，雷达到 P_{ij} 的斜距为 $R_{ij}(x)$，R_{ij} 是 x 的函数，即

$$R_{ij} = \sqrt{(x - x_i)^2 + y_j^2} \tag{4.1}$$

　　当载机为不同位置 x 时，得到的斜距 R_{ij} 画成曲线如图 4.2（b）所示。由于回波的时延 $\hat{t}_{ij} = 2R_{ij}/c$，以及载机的慢时间 $t_m = x/V$，所以图 4.2（b）的平面 $\hat{t}\text{-}t_m$ 与 $x\text{-}R_{ij}$ 的坐标相当，只要加上相应的尺度因子即可。图 4.2（b）所示的脉冲信号是示意地表示在不同 x 处的发射脉冲，而在 $2R_{ij}(x)/c$ 的时延后收到回波。

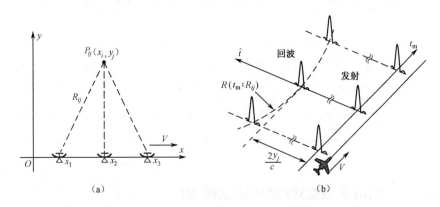

　　　　　（a）　　　　　　　　　　　　　　　　　（b）

图 4.2　点目标与雷达之间的距离变化

按式（4.1），写出点目标 P_{ij} 的基频回波，并将幅度取为 1，得

$$s_{ij}(\hat{t}, t_{\mathrm{m}}) = p\left(\hat{t} - \frac{2R_{ij}}{c}\right)\exp\left(-\mathrm{j}\frac{2R_{ij}}{c}\right)$$

$$= p\left(\hat{t} - \frac{2\sqrt{(Vt_{\mathrm{m}} - x_i)^2 + y_j^2}}{c}\right)\exp\left(-\mathrm{j}\frac{4\pi f_{\mathrm{c}}\sqrt{(Vt_{\mathrm{m}} - x_i)^2 + y_j^2}}{c}\right) \quad (4.2)$$

$$t_{\mathrm{m}} \in \left[\frac{x_i - y_j\theta_{\mathrm{BW}}/2}{V}, \frac{x_i + y_j\theta_{\mathrm{BW}}/2}{V}\right]$$

式（4.2）中，θ_{BW} 为雷达波束宽度，慢时间 t_{m} 只限在上述范围内，即波束可以照射到点目标 P_{ij}。

式（4.2）即合成孔径雷达收发系统对点目标 P_{ij} 的系统响应函数，对应于 $\hat{t}$-t_{m} 平面的一条轨线。式（4.2）中的第一项为包络时延项，已假设发射为窄脉冲，在离散时间系统里，$p(\cdot)$ 只占一个距离分辨单元，可以用冲激函数 $\delta(\cdot)$ 近似；第二项为球面调制相位项。

由式（4.2）所示的雷达基频回波表示的系统响应函数表明，由于载机飞行过程中雷达到点目标 P_{ij} 的斜距 R_{ij} 随之变化，其包络时延与相位调制也做同样的变化，在 $\hat{t}$-t_{m} 平面形成如图 4.2（b）所示的响应曲线，当点目标 P_{ij} 的位置 (x_i, y_j) 变化时，响应函数也随之变化。不过，两坐标的影响是不一样的，如将 x_i 增加某一常数 x_0，则将载机横向初始位置也加 x_0，就可使响应函数保持不变，也就是说响应函数在 x 维（或 t_{m} 维）具有平移不变性；而在 y 维（或 $\hat{t}$ 维）则不一样。y_j 的改变不仅使响应函数的顶点作垂直移动，响应函数的形状也随之改变，也就是说，响应函数在 y 维具有"空变"特性。

4.1.2　用时域相关法重建目标图像[1]

场景里的点目标通过合成孔径雷达发射信号的作用，其基频回波在 $\hat{t}$-t_{m} 平面里表现为式（4.2）所示的系统响应函数，这可以看作将点目标的位置 (x_i, y_j) 映射为 $\hat{t}$-t_{m} 平面的一条轨线；也可以看成滤波，点目标的位置函数相当于冲激函数通过滤波得到的系统响应函数。这一滤波是二维线性系统，且在 x 维具有平移不变性，而在 y 维是空变的，但空变特性已知 [见式（4.2）]。

如上所述，如果要从系统的输出（即雷达的一系列基频回波）重建场景目标分布就是一个逆滤波问题，且滤波特性是已知的。对于带限信号的逆滤波总是借助于匹配滤波来完成，由于带限信号在系统通频带以外的信号分量不可能恢复，因此通常用匹配滤波实现最佳逼近。

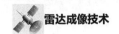

匹配滤波和相关处理是等价的。于是，可以将载机飞过场景所录取的基频回波 $s(\hat{t}, t_m)$ 与式（4.2）的系统响应函数做相关处理，就可以重建 (x_i, y_j) 点处的目标值 $f(x_i, y_j)$，即

$$
\begin{aligned}
f(x_i, y_j) &= \iint s(\hat{t}, t_m) s_{ij}^*(\hat{t}, t_m) \mathrm{d}\hat{t} \mathrm{d}t_m \\
&= \iint s(\hat{t}, t_m) p\left[\hat{t} - \frac{2\sqrt{(Vt_m - x_i)^2 + y_j^2}}{c} \right] \exp\left[-\mathrm{j}\frac{4\pi f_c \sqrt{(Vt_m - x_i)^2 + y_j^2}}{c} \right] \mathrm{d}\hat{t} \mathrm{d}t_m
\end{aligned}
$$

$$(4.3)$$

应当指出，场景的回波是许多点目标回波的线性和，但只有 $P_{ij}(x_i, y_j)$ 处的回波具有与系统函数 $s_{ij}(\hat{t}_i, t_m)$ 同样的轨线，在相关处理中该点目标回波在整个轨线上的相位被校正成一样，而实现相干相加。由于合成孔径雷达具有高的纵向和横向分辨率，所以式（4.3）的积分只有 (x_i, y_j) 点的回波值被重建出来。

如果将式（4.3）中的包络 $p(\cdot)$ 用冲激函数 $\delta(\cdot)$ 近似，则式（4.3）可写成

$$
\begin{aligned}
f(x_i, y_j) &= \iint s(\hat{t}, t_m) \delta\left[\hat{t} - \frac{2\sqrt{(Vt_m - x_i)^2 + y_j^2}}{c} \right] \exp\left[-\mathrm{j}\frac{4\pi f_c \sqrt{(Vt_m - x_i)^2 + y_j^2}}{c} \right] \mathrm{d}\hat{t} \mathrm{d}t_m \\
&= \int s[\hat{t}_{ij}(t_m), t_m] \exp[-\mathrm{j}2\pi f_c t_{ij}(t_m)] \mathrm{d}t_m
\end{aligned}
$$

$$(4.4)$$

式（4.4）中

$$
\hat{t}_{ij}(t_m) = \frac{2\sqrt{(Vt_m - x_i)^2 + y_j^2}}{c} \tag{4.5}
$$

式（4.4）可以通过数字积分来求解，其式中的 $\hat{t}_{ij}(t_m)$ 对于给定的 (x_i, y_j) 是 t_m 的函数，于是可对各个 t_m 值计算出式（4.4）积分中被积函数的值，因而求得 $f(x_i, y_j)$ 的值。

式（4.4）的数字积分运算量是很大的，不仅要将场景中的各个点 (x_i, y_j) $(i = 1, \cdots, N; j = 1, \cdots, M)$ 逐个算出，还要考虑到用式（4.5）计算得到的 $\hat{t}_{ij}$ 常常是分数。实际回波数据在快、慢时间均以离散值记录，分数值的 $\hat{t}_{ij}$ 相应的被积函数要通过插值才能得到。如果不用插值而取附近的 $\hat{t}_{ij}$ 值的被积函数代替，会使积分的相干性劣化，降低图像的分辨率。

应当指出，式（4.4）的计算还是可以做一些简化的，如在逐点计算 (x_i, y_j) 的各点时，可以先固定 y_j，而逐点变化 x_i，由于 $\hat{t}_{ij}(t_m)$ 沿 x 维具有平移不变性，改变 x_i 只是使 $\hat{t}_{ij}(t_m)$ 做相应的平移。

上面的时域相关法主要是为了说明成像的基本原理，明确其问题，实用的算

法是针对存在的问题而用简化的方法加以解决。这些将在第 5 章里专门讨论。为了和本章后面将要介绍的内容相联系，下面先选一种最简单的算法进行简单介绍。

4.1.3　距离-多普勒成像算法简介

由 4.1.1 节的分析可知，根据雷达载机的运动航线和速度，合成孔径雷达的系统响应函数是已知的，利用这一函数可以从载机运动过程中接收到的场景回波，重建场景的二维图像。重建运算中有一些困难，系统响应函数是空变的，处理时要加以调整，更主要是由于该函数是二维的［见图 4.2（b）］，即它不仅是横向维（x 维）的函数，而且还与纵向维（y 维）有关，通常把该函数在纵向的移动称为距离徙动，运算的复杂化主要是距离徙动造成的。

前面也多次提到，长的合成阵列使场景目标位于其近场范围里，距离徙动是一定存在的。但从式（4.2）的系统响应函数可知，距离徙动对函数的影响分为两部分：一部分是包络时延；另一部分是相位调制。两者虽然都是由于雷达到点目标的距离变化引起的，但相位调制是由于回波沿合成阵列的球面波效应，即近场效应；而包络时延则由于宽频带工作，使包络时延引起的阵列上的包络变化的影响不能忽略。在第 3 章通过主要部分采用单频连续波发射来提高对横向分辨率的分析。那里只有近场产生的相位调制，相对来说，还是比较容易分析的。

实际合成孔径雷达，为了获得二维高分辨率采用宽频带信号，距离徙动产生的包络时延总是存在的。但是，它的影响有多大是首先应加以讨论的问题。

从式（4.1）和图 4.2（b）可知，距离徙动主要取决于合成的有效长度和场景到载机航线的距离。后者一般是确定的，机载合成孔径雷达的场景垂直距离一般为几十千米至一二百千米；前者与对横向分辨率的要求有关，也与雷达的工作波长有关。在正侧视情况下，将合成阵列中心与有效阵列两侧到中间目标的距离差称为响应函数的距离弯曲（简称距离弯曲）。若对横向分辨率的要求为米级，且雷达工作在 X 波段，距离弯曲一般为厘米到几十厘米级，这样的距离弯曲已经长达几个到几十个波长，相位调制显然是必须考虑的；但如果它的长度小于纵向分辨率的 1/8～1/4，忽略距离弯曲对包络时延的影响是可行的。因此在分辨率较低、波长较短的合成孔径雷达里，常不考虑包络时延的影响。如果横向分辨率为亚米级，或雷达的工作波长较长，如工作在 L 波段，甚至 P 波段，这时所需的合成阵列有效长度要长得多，从而加大了距离弯曲，使之对包络时延的影响不能忽略。

有关各种情况下的成像算法将在第 5 章里详细说明，在这里只是就距离弯曲对包络时延影响可以忽略的算法——距离-多普勒算法做简要介绍，目的是有助于理解本章后面介绍的有关合成孔径雷达的具体实际问题。

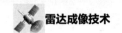

在距离弯曲对包络延时影响可忽略时，式（4.2）的系统响应函数可以简化，首先是包络项里的时延值可写成与慢时间 t_m 无关的常数，即其中的 $\sqrt{(Vt_m - x_i)^2 + y_j^2} \approx y_j$。上面提到，这一近似不能用于相位项。但这种情况下，合成阵列的有效长度还是较雷达到场景的距离短得多，满足条件 $(Vt_m - x_i) \ll y_j$，在相位项里可采用近似式 $\sqrt{(Vt_m - x_i)^2 + y_j^2} \approx y_j + \dfrac{1}{2} \times \dfrac{(Vt_m - x_i)^2}{y_j}$。将上述两项近似代入式（4.2），得

$$s_{ij}(\hat{t}, t_m) \approx p\left(\hat{t} - \frac{2y_j}{c}\right) e^{-j\frac{4\pi f_c}{c}y_j} e^{-j\frac{2\pi f_c}{cy_j}(Vt_m - x_i)^2} \tag{4.6}$$

通过式（4.6）的近似，将 $\hat{t}$-t_m 平面里的曲线形的系统响应函数简化为 $\hat{t} = \dfrac{2y_j}{c}$ 的一条平行于航线的函数，也就是将二维运算简化为对于不同 y_j 的一维问题，使运算大大简化。如果选用场景中心线作为讨论的对象，可令 $y_j = R_s$。式（4.6）中还有两个指数项，第一个指数项是与时间无关的常数，它代表的是垂直距离处点回波的常数相位。第二个指数项具有二次型相位，表明该函数为线性调频函数，且沿 x 维具有平移不变性。

如上所述，对式（4.6）的处理分成对各个纵向距离单元的线性调频函数做匹配滤波，其参考函数为

$$s_r(\hat{t}, t_m, R_s) = e^{-j\pi\frac{2f_c}{cR_s}V^2 t_m^2} \tag{4.7}$$

匹配函数为参考函数的共轭倒置，即

$$s_m(\hat{t}, t_m, R_s) = s_r^*(\hat{t}, -t_m, R_s) = e^{j\pi\frac{2f_c}{cR_s}V^2 t_m^2} = e^{j\pi\gamma_m t_m^2} \tag{4.8}$$

式（4.8）中，$\gamma_m = \dfrac{2f_c}{cR_s}V^2 = \dfrac{2V^2}{\lambda R_s}$ 称为多普勒调频率。

用式（4.8）的匹配函数对实测场景回波做匹配处理（即脉冲压缩），各个点目标沿横向成为窄脉冲。需要注意的是式（4.8）的多普勒调频率与垂直距离 R_s 有关，它应随所在垂直距离变化，也就是动态聚焦。

有关匹配滤波在第 3 章里已经讲过，不再重复，在这里只要将实测的场景基频回波与式（4.8）的匹配函数做卷积，或者将两者分别通过傅里叶变换变到多普勒域后做乘积，再通过逆傅里叶变换，便可实现场景图像的横向压缩。重建点目标的宽度和形状与回波的多普勒带宽、包络波形有关。若成像的有效孔径长度为 L，有效相干积累时间 $T_a = L/V$，即多普勒带宽

$$\Delta f_d = \gamma_a T_a = \frac{2f_c LV}{cR_s} = \frac{2LV}{\lambda R_s} \tag{4.9}$$

若雷达波束宽度为 θ_{BW}（$\theta_{BW} = \lambda / D$，$D$ 为雷达天线的横向孔径），且 $\theta_{BW} \approx L / R_s$。因而多普勒带宽又可写成 $\Delta f_d = \dfrac{2V}{D}$，这与式（3.24）相同。从 Δf_d 可以得到合成孔径雷达的横向分辨率 ρ_a，这在第 3 章里已计算过［见式（3.26）］，这里不再重复。

若将波束视为矩形，则慢时间域回波序列的包络也是矩形的，因而匹配滤波得到点目标回波输出为 sinc 函数形。

本节是在 4.1.2 节用时域相关法重建目标的基础上展开讨论的。在 4.1.2 节里为了叙述简明，假设发射信号为窄脉冲，本节也加以沿用。实际上，合成孔径雷达里多采用宽脉冲的宽频带发射信号，常用的是线性调频信号，包络是矩形的，其先在快时间域通过匹配滤波（脉冲压缩）得到窄脉冲，因此窄脉冲回波也是 sinc 函数形。

通过对点目标回波的快时间域（距离域）和慢时间域（多普勒域）的脉冲压缩，并将点目标所在地作为原点得到二维输出脉冲为

$$s_0(\hat{t}, t_m, R_s) = \mathrm{sinc}(\Delta f_r \hat{t})\,\mathrm{sinc}(\Delta f_d t_m) \tag{4.10}$$

式（4.10）中，Δf_r 和 Δf_d 分别为发射信号带宽和回波序列的多普勒带宽。

式（4.10）的二维输出脉冲如图 4.3 所示。输出脉冲有窄的主脉冲，这是需要的，正是依靠它得到高的二维分辨率。但是，除主瓣外，该二维 sinc 函数还有比较高的副瓣，特别是在 $\hat{t}$ 和 t_m 轴的主轴方向上。应当指出，主轴方向上副瓣特别高并不是所有二维脉冲的共性，只有其二维表达式是二维可分离的［即 $(\hat{t} - t_m)$ 的二维函数可写成 $\hat{t}$ 的一维函数与 t_m 的一维函数的乘积］，才具有这一特性。以式（4.10）为例，在 t_m 轴上，$\hat{t} = 0$，即 $\mathrm{sinc}(\Delta f_r \hat{t}) = 1$，在 t_m 轴上表现出的是 $\mathrm{sinc}(\Delta f_d t_m)$ 的副瓣；在 $\hat{t}$ 轴的情况也类似，表现出的是 $\mathrm{sinc}(\Delta f_r \hat{t})$ 的副瓣；而在 $\hat{t}$ 和 t_m 两主轴之外的中间地区，其值为两副瓣值相乘，当然会小得多。

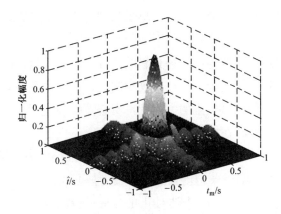

图 4.3　二维脉冲压缩的输出

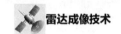

对场景做二维成像，相当于从回波重建点目标，而场景里的点目标是十分密集的，且数值的变化可能很大，必须对输出副瓣在低电平方面提出高的要求，sinc 函数形的输出脉冲是不合适的，它的副瓣太高，对快时间域的回波在做脉冲压缩时必须作加权以降低距离副瓣。至于慢时间序列的回波包络，它取决于雷达收发双程方向图，它本来就不是矩形的，有时为了进一步降低多普勒副瓣，还再对回波序列进一步加权。有关副瓣对图像的具体影响，本章的 4.4 节里还要讨论。

图 4.4 所示为一幅合成孔径雷达场景中特显点目标的副瓣示例图，该图中有特显点目标，其十字形副瓣清晰可见。应当指出，为了突出十字形副瓣的影响，该图对快、慢时间的回波均未作幅度加权。实际上，回波幅度做合适加权后副瓣会明显下降。

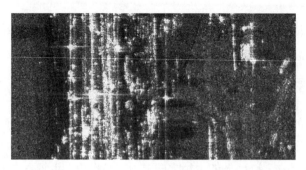

图 4.4　合成孔径雷达场景中特显点目标的副瓣示例

4.2　合成孔径雷达在三维空间里的二维成像[2-3]

从前面的讨论可知，合成孔径雷达具有高的二维分辨率——距离和瞬时多普勒频率（阵列的斜视角）。为了易于理解基本概念，在前面讨论分辨率以及成像原理时，都在二维平面里进行分析，即设场景为理想平面，且雷达载机的高度也不考虑，认为雷达的运动和场景目标位于同一平面内。

实际情况当然不会是这样的，场景里的高程通常有起伏，而载机的高度更是比较高的。合成孔径雷达实际工作在三维空间里，而合成孔径雷达又只具有高的二维分辨率，所成图像也是二维的。因此，有必要说清楚所成二维图像与实际三维空间之间的关系以及存在的问题。

以条带模式为例，合成孔径雷达通常将实际三维空间与二维成像通过图 4.5 所示的方式联系起来，即以条带场景的中心线为基准线（或称参考线），而将载机航线与该基准线构成一个平面，基准线上的目标成像就成为二维平面的问题。

很明显，场景中基准线以外的目标，以及虽然在基准上但高程不同的目标，

均不在上述二维平面之内，因此必须考虑
由此产生的问题和影响。

　　合成孔径雷达成像通常要经过下列
几个步骤：首先是数据录取，在载机飞行
过程中，将雷达收到的基频回波数据记录
下来；其次是距离维和方位维的匹配滤波
（即脉冲压缩）[①]，由于方位维的匹配函数
在距离维是空变的，要特别加以注意；最
后是二维场景成像。以上是在理想工作条
件下的几个主要步骤，如果考虑载机飞行

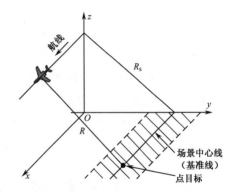

图 4.5　三维空间里的合成孔径雷达成像

中不可避免的颠簸和起伏，在匹配滤波前还要对数据进行运动补偿，它与这里讨
论的问题关系不大，将在第 7 章里讨论。

　　上面所说的几个主要步骤都是在二维平面进行的，讨论实际三维空间对它们
的影响基本上包括了本节所要讨论的主要问题。

4.2.1　三维空间数据录取、聚焦和成像的二维选择原则

　　雷达是基于距离测量的探测器，用宽频带的信号可以获得高的径向距离分辨
率和测量精度。一般雷达依靠自身天线的波束做方向分辨，其分辨率是比较差的。
合成孔径雷达利用长的合成阵列获得高的横向分辨率，不过，运动平台的合成阵
列是线阵，它只沿阵列方向有长的孔径，而在阵列的法平面里没有孔径，作为合
成阵列（不考虑作为阵元的雷达自身天线的方向性）在其法平面里是没有方向性
的。因此，合成孔径雷达在三维空间里只具有高的二维分辨率——径向距离及斜
视角（通过相干积累可得高分辨的横向距离）。至于作为阵元的雷达波束的作用主
要是确定观测（照射）的范围，在沿阵列方向，雷达波束宽度还决定有效合成阵列
长度，即确定最高的横向分辨率，而在阵列法平面的波束就只有确定观测范围的作
用，法平面里的目标分辨率只能由高的距离分辨率来担当。当然，如果法平面内目
标的分布十分复杂，只靠距离的高分辨率是无能为力的，但合成孔径雷达的对象
是地面场景，平面的地面距离与雷达径向距离虽然不同，但两者有单调关系，利
用斜距的高分辨率有可能对平面场景进行分辨。问题在于场景高程经常有起伏。

　　如上所述，作为阵元的雷达波束确定观测范围的作用是易于理解的，只有被
波束覆盖，目标才会被检测到，而能实现高分辨率的合成孔径雷达只是二维的——径

---

　　① 本章的例子是先做距离维匹配滤波，然后做横向匹配滤波的二维成像，而在第 5 章介绍
更复杂的情况，二维匹配滤波常相互结合，甚至是同时进行的。

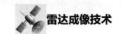

向距离和横向距离。合成孔径雷达实际工作在三维空间里，而又只有二维高分辨能力，根据它的特点，最好用圆柱坐标来加以描述，以 x 表示圆柱轴的方向，即合成阵列方向，其法平面为 y-z 平面，利用长的合成阵列在 x 方向可以获得高的分辨率，即横向高分辨率；而在法平面里就只具有高的径向距离分辨率，如果法平面用极坐标 (r, β) 表示，从高分辨率来看，可认为 β 方向没有分辨率，仅仅是由于作为阵元的雷达天线有一定的方向性，它对所观测的范围做出了限制。基于合成孔径雷达的上述特性，在数据录取、聚焦和成像平面等方面有必要加以说明。

4.2.2 合成孔径雷达的数据录取

合成孔径雷达的阵元实际就是天线孔径较小的一般相干雷达，以后为了简化称呼就直接称为雷达，而将用它构成合成阵列的系统称为合成孔径雷达（SAR）。

为了实现合成阵列的任务（这里以正侧视的条带模式为例），雷达沿直线航线飞行，并发射和接收周期的宽频带脉冲信号，以快时间 $\hat{t}$ 和慢时间 t_m 录取数据。由于雷达天线有一定的方向性，而合成孔径雷达的观测对象为地面场景，在任一 t_m 时刻会在地面上形成波束"足迹"，记录的就是这一"足迹"里的目标回波，其中快时间 $\hat{t}$ 记录的是各目标的斜距，慢时间 t_m 记录的是阵元的位置，通过位置的变化，可得知回波相位随慢时间的变化历程，也就是可记录下波束"足迹"扫过目标的距离和多普勒频率。实际上，目标回波的多普勒频率是通过慢时间的相位历程处理后得到的，其高分辨的多普勒频率需要长的相干积累时间。

如上所述，合成孔径雷达在实际的三维空间里所录取的二维数据用圆柱坐标来描述是合适的，即在航向轴的法平面里只有距离数据而没有方向数据。不过法平面里的方向范围还是有限制的，只有雷达高低角波束所覆盖的区域才能被观测到，而实际雷达高低角的波束宽度是不大的，通常只有几度。为了形象地描述录取的二维数据，可将该法平面的径向轴选择在雷达波束范围里，人们自然会想到以雷达到场景中心点的连线作为法平面的径向轴，连同航线轴构成数据录取平面（见图4.6）。

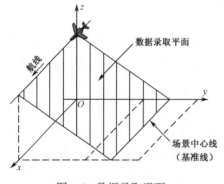

图 4.6 数据录取平面

场景中心线以外的场景目标，显然不在数据录取平面里，而实际录取的也只是这些目标到雷达的距离，可认为它们通过以雷达为中心的圆弧线投影到上述数据录取平面上。

顺便提一下，数据录取平面是理想化了的，它基于载机航线为理想直线，由于许多实际原因，载机在飞行过程中总会有颠簸和起伏，实际航线是"曲线"，以该曲线与场景中心构成的数据录取面也应当是"曲面"。数据录取曲面得到的数据和理想平面会有所不同。为此，当采用基于数据录取平面的理想模型做成像处理时，相当于曲面数据包含误差，它会对成像质量产生影响，实际成像处理应对非理想因素产生的误差加以校正和补偿，这将在第 7 章进行讨论。本章只讨论数据录取平面的理想情形。

4.2.3　聚焦和包络时延校正

合成孔径雷达用长的合成阵列对目标作高分辨率的横向处理，前面已多次提到，这时的阵列处理为近场问题，必须对目标聚焦处理，才能得到高分辨率的结果。

由于合成阵列是直线阵列，它在轴向的法平面里没有方向性，对聚焦有影响的是法平面里目标与雷达之间的距离，也就是目标与载机航线的垂直距离。从本章 4.1 节的讨论可知，它也是距离-多普勒域里多普勒频率为零处的目标距离。

目标到航线的垂直距离不同，其聚焦函数也不同，这在前面已交代过。实际上在数据录取时是按目标到雷达的实际距离录取的，与聚焦处理的要求相一致，因而可以在数据录取平面对目标按录取距离进行聚焦。如果在录取平面里距离徙动对包络时延的影响以及包络时延校正问题不能忽略，那么它在实际的三维空间与二维处理的关系方面与聚焦相类似，同样可以在数据录取平面处理。

4.2.4　成像平面

从上面的讨论可知，通过聚焦处理得到的目标距离为它们对雷达的距离，也就是目标在数据录取平面到雷达的距离，它与地面场景里的实际分布（即地面距离）是不同的，原则上应按图 4.7（a）的几何关系以圆弧方式将数据录取平面上聚焦成像后的目标投影到实际场景的成像平面，若目标在数据录取平面上到雷达的距离为 R，而成像平面以载机航线（即 x 轴）作为基准，实际地面目标到该基线的距离 $R_y = \sqrt{R^2 - H^2}$，其中 H 为载机高度。

实际条带场景的相对宽度（即场景宽度与观测距离之比）是比较窄的，将从实际场景到数据录取平面的圆弧投影近似为垂直投影不会带来大的误差。反过来也一样，可以用同样方式的反投影从数据录取平面恢复到实际成像平面[见图4.7（b）]，这时可以场景中心线作为基准，将数据录取平面到该基准线的距离除以 $\sin \beta$，其中 β 为图 4.7（b）所示的雷达在航线法平面里的侧偏角。

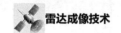

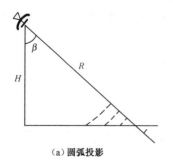

(a) 圆弧投影

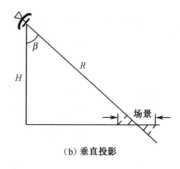

(b) 垂直投影

图 4.7　从数据录取平面到成像平面

如上所述，如果雷达的距离分辨率为 ρ_r，则对地面的纵向距离分辨率应为 $\rho_r / \sin\beta$。因此，合成孔径雷达的侧偏角不能太小，否则即使采用相当宽的信号频带，径向距离分辨率相当高，而实际得到的地面场景的纵向距离分辨率仍是不高的。图 4.8 为各种侧偏角 β 情况下，地面纵向距离分辨率 ρ_y 与雷达距离分辨率 ρ_r 之间的关系，侧偏角越小，则 ρ_y 也越差。举一个极端的例子，若侧偏角 $\beta = 0$，即雷达正下视，这时一个雷达脉冲宽度所相应的雷达距离分辨率 ρ_r 与地面纵向距离分辨率 ρ_y 的几何关系如图 4.9 所示，从图可得

$$\begin{aligned}\rho_y &= 2\sqrt{(H+\rho_r)^2 - H^2} \\ &\approx 2\sqrt{2H\rho_r}\end{aligned} \tag{4.11}$$

式（4.11）中 H 是雷达载机的高度，第二个等式用了 $H \gg \rho_r$ 的近似。

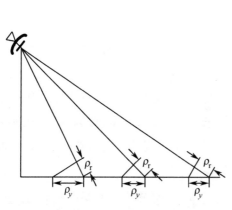

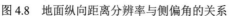

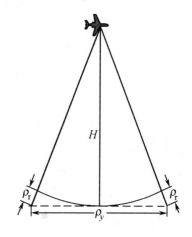

图 4.8　地面纵向距离分辨率与侧偏角的关系　　　图 4.9　机底盲区的说明

举一个数字例子，如 $\rho_r = 2\text{m}$，$H = 5000\text{m}$，则 $\rho_y \approx 280\text{m}$，这样差的纵向距离分辨率当然不可能用来对场景成像。因此，在合成孔径雷达里将机（星）底正下方及其附近称为机（星）底盲区。

4.3 场景高程起伏引起的几何失真[2,4]

前面多次提到合成孔径雷达是用二维平面来对实际的三维空间成像。其实，一般场景成像都是二维的，用其他手段也是如此，如用光学摄影。但光学摄影是基于测角的测量手段，仍以航线轴的法平面为例，它对观测区是以高的角度分辨率进行分辨的，在径向距离上没有分辨能力，这是它的局限性。但这一性质与人的视觉系统相同，人们观看光学摄影的场景图片不会有什么困难。合成孔径雷达则不一样，它是以距离进行分辨的，对理想平面的场景，由于地面距离与径向距离有单调变化的关系，因而也不会有什么问题，但当场景中有高程起伏，特别是地面倾角与雷达天线的侧偏角可以比拟时，会产生成像结果与实际情况的失真，下面分别加以介绍。

1. 迎坡缩短

如图 4.10 所示，在观测场景中有一块坡地 ADB，若为平面（ACB）时，A,C,B 三点在数据录取平面横截线上的投影分别为 A',C',B'。由于坡地的隆起，坡顶点 D 的投影为 D'。从该图中可见，录取的数据长度与原地面的长度的比例有明显不同，迎坡缩短，而背坡拉长。

如图 4.10 所示，以水平轴为准，当迎坡的倾角为 α_1，背坡的倾角为 α_2（负数）时，只要满足 $0 < \alpha_1 < \beta$ 和 $-\beta < \alpha_2 < 0$ 的条件，即 $-\beta < \alpha < \beta$，就会出现上述迎坡缩短、背坡拉长的现象。如果坡地倾角 $\alpha = \beta$，其情况更为特殊，如图 4.11 所示。倾斜的坡面与雷达射线垂直，这类似于地面为平面时机（星）底正下方的情况，相当长的一段坡面等效于斜距的一点，也就是在所成图像的纵坐标里整个迎坡缩短为一个像素，而呈现迎坡盲区。图 4.11 的情况也相当于将不同层次高程的目标叠加在同一个距离单元里，而称为层叠（layover）。

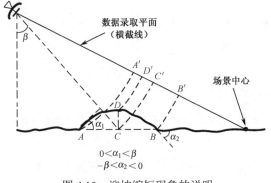

图 4.10 迎坡缩短现象的说明

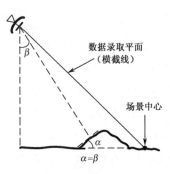

图 4.11 迎坡盲区

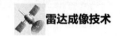

2. 顶底倒置

对一些陡峭的山岗或高的建筑物，如水塔等，其倾角很大，满足 $\alpha > \beta$（见图 4.12）的条件，当用光学设备斜视时应先看到底部再看到顶部。合成孔径雷达成像的结果则相反，如图 4.12 所示，因为顶部到雷达的距离短于底部的，因而在它的成像中顶部先于底部，形成顶底倒置。

3. 阴影

光学图像也有阴影，只要仪器的视线被遮挡，或光线遮挡的部分均会在图像里形成阴影。

合成孔径雷达是主动辐射的探测器，它不需要外辐射源，因而只有自身辐射受到阻挡才会形成阴影（见图 4.13）。

上述的一些失真使得合成孔径雷达图像和光学图像有差别，当对它做图像理解时应特别加以注意。

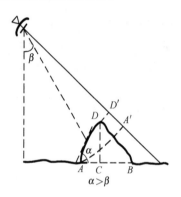

图 4.12　顶底倒置

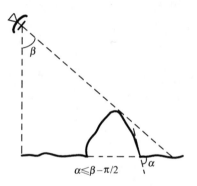

图 4.13　阴影的形成

4.4　合成孔径雷达的性能指标[5]

合成孔径雷达一般以场景观测为目的，在军事应用中还用它来检测和识别目标（至于动目标检测更是战场感知的重要方面，由于后面还要专门讨论，这里暂不涉及）。因此，合成孔径雷达的性能和一般雷达相比较，有许多共同性，但也有不少特殊性。这里只对它的特殊问题展开讨论。

合成孔径雷达以成像为目的，它所特有的性能指标主要与图像质量有关，如散射点的检测能力，散射点的空间分辨能力，散射点的相对定位精度，散射点雷达截面积的对比度，以及图像的清晰度等。下面围绕这一系列性能指标来讨论。

4.4.1　合成孔径雷达的信噪比方程

经典脉冲-相干雷达信噪比方程为

$$\mathrm{SNR} = \frac{P_t G_t G_r \lambda^2 \sigma}{(4\pi)^3 R^4 k T B_c L_s} \cdot D_{pc} \cdot N \tag{4.12}$$

式（4.12）中，P_t 为峰值发射功率，G_t 为发射天线增益，G_r 为接收天线增益，λ 为雷达工作波长，σ 为目标后向散射面积，R 为目标到雷达的距离，k 为玻尔兹曼常数，T 为系统噪声温度，B_c 为接收通道带宽，L_s 为系统损耗，N 为相干积累脉冲数，D_{pc} 为脉冲压缩增益，即

$$D_{pc} = B T_p \tag{4.13}$$

式中，B 为信号带宽，T_p 为信号脉冲宽度，通常情况下 $B \approx B_c$，相干积累脉冲数为

$$N = \mathrm{PRF} \cdot T_a \tag{4.14}$$

式（4.14）中，PRF 为脉冲重复频率，T_a 为相干积累时间。

将式（4.13）和式（4.14）代入式（4.12），得

$$\mathrm{SNR} = \frac{\bar{P} G_t G_r \lambda^2 \sigma T_a}{(4\pi)^3 R^4 k T L_s} \tag{4.15}$$

式（4.15）中，$\bar{P}$ 为雷达发射平均功率，由 $\bar{P} = P_t T_p \cdot \mathrm{PRF}$ 计算得到。

合成孔径雷达由于其对大带宽和相干处理的需求，早期作为独立功能的雷达存在，近年来随着硬件技术的进步，合成孔径雷达成像已不仅是针对专用的雷达，而且是作为一种功能应用于各类安装于运动载体上的雷达。若合成孔径雷达以观测场景为目的，雷达目标即场景的杂波，设合成孔径雷达的距离和方位分辨率分别为 ρ_r 和 ρ_a，则地面分辨单元（相当于目标）的雷达截面积为

$$\sigma = \sigma_0 \rho_a \rho_y = \sigma_0 \rho_a \frac{\rho_r}{\sin\beta} \tag{4.16}$$

式（4.16）中，σ_0 为地面后向散射系数，$\rho_y = \rho_r / \sin\beta$ 为地面纵向分辨率，β 为天线波束射线的侧偏角（见图 4.14）。合成孔径雷达的目标回波相干积累时间 T_a 与合成孔径长度 L 有关系。设载机速度为 V，则 $L = V T_a$，由式（3.27）可得

$$\rho_a = \frac{D}{2} = \frac{\lambda R}{2 T_a V} \tag{4.17}$$

天线发射增益 G_t 和接收增益 G_r 与天线

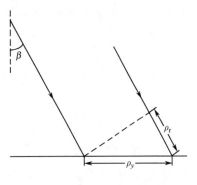

图 4.14　地面距离分辨率

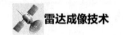

面积 A 有下列关系

$$G_t = \eta_t \frac{4\pi A}{\lambda^2} \qquad (4.18)$$

$$G_r = \eta_r \frac{4\pi A}{\lambda^2} \qquad (4.19)$$

式中，η_t 为天线辐射效率，η_r 为天线接收效率。将式（4.17）、式（4.18）、式（4.19）代入式（4.15），并考虑与式（4.16）的关系，雷达信噪比方程又可写成

$$\mathrm{SNR} = \frac{\eta_t \eta_r \overline{P} A^2 \rho_r \sigma_0}{8\pi V \lambda k T R^3 L_s \sin\beta} \qquad (4.20)$$

式（4.20）的特点之一是信噪比与横向分辨率 ρ_a 无关，这是很显然的，因为 ρ_a 值的减小会导致"目标"的后向散射面积降低，但它会使相干积累时间延长，两者的作用相抵消；特点之二是信噪比与载机速度 V 成反比，这是因为载机速度越快，目标驻留时间就越短，减小了能够利用的信号能量；特点之三是信噪比与距离 R 的 3 次方成反比，而不像一般目标搜索雷达是与距离 R 的 4 次方成反比。从式（4.20）导出合成孔径雷达功率孔径平方积，即有

$$\overline{P} A^2 = \frac{(8\pi) V \lambda k T R^3 L_s \sin\beta \cdot \mathrm{SNR}}{\eta_t \eta_r \rho_r \sigma_0} \qquad (4.21)$$

式（4.21）中，功率孔径平方积与距离 R 的 3 次方成正比，功率孔径平方积（而不是功率孔径积）这一参数说明为了减小所需的平均发射功率，加大天线孔径是很有效的。

天线孔径加大除了要考虑载机的承受能力外，雷达自身也有些因素需要考虑，因为天线孔径越大，它的波束就越窄。此外，水平方向波束窄，则有效合成孔径长度短，横向分辨率受到限制；垂直方向窄，则照射的场景幅度就比较短。这些都是必须注意的。

但是在有些场合，由于不允许发生方位模糊和（或）距离模糊（一般均不允许发生，除非有特殊措施，否则图像会因混叠而模糊），对天线孔径面积还有最小值的限制[6]。

众所周知，当载机以速度 V 飞行时，回波的多普勒带宽为 $4V\sin(\theta_{\mathrm{BW}}/2)/\lambda = 2V/D$。为了不发生方位模糊，最低脉冲重复频率 f_{rL} 至少等于上述多普勒带宽，即

$$f_{\mathrm{rL}} = 2V/D \qquad (4.22)$$

如果条带模式合成孔径雷达的最大斜距和最小斜距分别为 R_f 和 R_n，则 $R_f - R_n = R_l \sin\beta$，$R_l$ 为条带场景的幅度，β 为天线波束射线的侧偏角（见图 4.7）。由于天线仰角波束宽度为 λ/W，W 为天线高低向的孔径长度，因此条带幅宽 $R_l = R\lambda/(W\cos\beta)$。由此可得 $R_f - R_n = (R\lambda/W)\tan\beta$。如果发射脉宽比 $(R_f - R_n)$

所对应的时间值小得多，则不发生距离模糊的条件为 $T_R \geqslant 2(R_f - R_n)/c = (2R\lambda/Wc)\tan\beta$，即雷达的最高重复频率 f_{rH} 为

$$f_{rH} = \frac{Wc}{2R\lambda\tan\beta} \tag{4.23}$$

合并式（4.22）和式（4.23），得

$$\frac{f_{rL}}{f_{rH}} = \frac{4V\lambda R\tan\beta}{Ac} \tag{4.24}$$

式（4.24）中，$A = DW$ 为天线面积，即天线面积与其他参数有下列关系

$$A = \frac{f_{rH}}{f_{rL}} \cdot \frac{4V\lambda R}{c}\tan\beta \tag{4.25}$$

比值 f_{rH}/f_{rL} 一定大于 1，将 f_{rH}/f_{rL} 取为 1 时表示方位和距离模糊均不发生时所必须的天线最小面积 A_{min}，即

$$A_{min} = \frac{4V\lambda R}{c}\tan\beta \tag{4.26}$$

式（4.26）表明，当场景距离远，载体速度快时，天线最小面积将受到较大限制。因此，在机载合成孔径雷达里这一要求容易满足，讨论这一问题的目的是明确重复频率的选取原则。而天基合成孔径雷达就不一样了，卫星的速度快、距离远，以一般的低轨卫星为例，设 $V = 7000\,\text{m/s}$，$R = 1000\,\text{km}$，对 $\lambda = 0.2\,\text{m}$ 的雷达，若 $\beta = 45°$，则 $A_{min} = 18.7\text{m}^2$。因此，天基合成孔径雷达一般都采用孔径面积大的天线。还应当指出的是，在式（4.26）的推导过程中过于临界，实际上比值 f_{rH}/f_{rL} 十分接近 1 是不好的，应取大一些的数值。

4.4.2　地面后向散射系数 σ_0 [7-8]

合成孔径雷达以地面场景为观测对象，它是利用场景中不同物体具有不同的后向散射而构成图像的，因此对各种成片的地面具有多大的后向散射系数是必须研究的。

1. 地面后向散射系数 σ_0 与各种因素的关系

地面后向散射系数与雷达电磁波的特性（频率、极化）和波束射线的侧偏角有关，也与地面的粗糙度和介电常数及地面的植被状况有关。

由于环境的复杂性，难以进行严格的理论计算，因此通常都采用实验数据，即对规定的雷达工作频率、极化方式和波束射线侧偏角，以及地域的状况，给出后向散射系数的参考数值。

图 4.15 给出植被地面后向散射系数与雷达频率的关系曲线的例子。其中

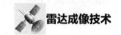

图 4.15（a）是侧偏角 $\beta = 0°$ 的例子，这时地面呈镜面反射（由于地面的粗糙度不是理想镜面），后向散射系数相当大。图 4.15（b）是 $\beta = 60°$ 的例子，与图 4.15（a）相比较，其后向散射系数要小得多。

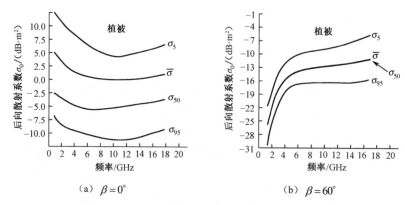

（a） $\beta = 0°$ （b） $\beta = 60°$

图 4.15　植被地面后向散射系数与雷达频率的关系曲线举例（摘自文献[7]）

以波束射线的侧偏角 β 为自变量，得到后向散射系数的曲线，如图 4.16 所示，图 4.16（a）和图 4.16（b）的雷达工作频率分别为 1.5GHz 和 8.6GHz。

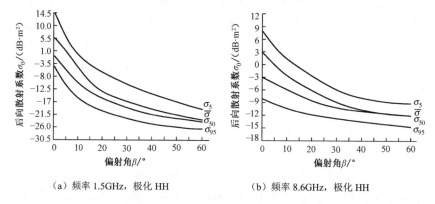

（a）频率 1.5GHz，极化 HH   （b）频率 8.6GHz，极化 HH

图 4.16　后向散射系数与侧偏角的关系曲线举例（摘自文献[7]）

图 4.16 中的 σ_0 以 $\bar{\sigma}$ 和 σ_{95}，σ_{50}，σ_5 等标出。由于后向散射系数即使在一大片同样的区域里，各散射单元的后向散射系数也是随机分布的，$\bar{\sigma}$ 为概率统计平均值，而 σ_{95}，σ_{50}，σ_5 分别为大于该数值的发生概率为 95%，50%，5%。

图 4.15 和图 4.16 都表示后向散射系数与波束射线侧偏角有很大关系，在理想条件下可以在理论上加以分析。有关理论分析本书不做介绍，只是做一些定性说明。

合成孔径雷达地面的分辨单元虽然较小，但它与波长相比还是很大的。由于地面粗糙，在一个平面的分辨单元内可认为包含有大量散射体，如图 4.17 所示。

各散射体的后向散射体的子回波向
量相加，由于子回波的相位随机分
布，其合成回波强度具有随机性。上
面提到后向散射系数为随机值，正是
这个原因造成的。

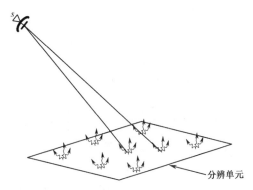

假设雷达以同样功率而以不同
的波束侧偏角 β 的平面波照射平坦
的地面，则单位地面面积接收到的功
率与 $\cos\beta$ 成正比，若垂直照射时的

图 4.17　分辨单元内作后向散射的示意图

地面后向散射系数为 $\sigma_0(0)$，则侧偏
角为 β 时的地面后向散射系数为

$$\sigma_0(\beta) = \sigma_0 \cos\beta \qquad (4.27)$$

式（4.27）设地面各散射点再辐射时具有各向相同的特性，即其再辐射的方向图是
无方向性的。实际上，其再辐射具有一定的方向性，若假设其对 β 角具有余弦律
的方向图，则 $\sigma_0(\beta)$ 成为

$$\sigma_0(\beta) = \sigma_0(0)\cos^2\beta \qquad (4.28)$$

其实，式（4.27）和式（4.28）都不是精确公式，只能用作定性说明。

上面讨论的是基于平面的散射模型，若平面的粗糙度更大一些，则须考虑布
拉格（Bragg）效应。布拉格效应发生于粗糙平面，但其高度起伏应小于 $\lambda/8$。对
于微波合成孔径雷达，波长为厘米级，整个分辨单元很难满足高度起伏小于 $\lambda/8$
的条件。由于分辨单元长度值远大于波长 λ，如果将分辨单元按高度起伏状况分
割成若干个子块，各子块的倾角不尽相同，但可以满足高度起伏的条件。

所谓布拉格效应，是将随机起伏的地面分量分解为一系列傅里叶谱分量，而
电波在地面的谱分布与照射的侧偏角 β 有关，其波长为 $\lambda/\sin\beta$。雷达是收发双程
工作的，若地面起伏谱分量中，其分量的波长 Λ 为 $\lambda/\sin\beta$ 的 1/2 的整数倍，即

$$\Lambda = \frac{n\lambda}{2\sin\beta} \qquad n = 1,2,\cdots \qquad (4.29)$$

时，产生谐振。

虽然地面起伏的谱分量中有许多特定的分量（即 $n=1,2,\cdots$）可与雷达电波产
生谐振，但最强的为 $n=1$ 的分量，通常只要考虑这一分量。上面提到一个平面分
辨单元实际上可分割成若干个满足布拉格效应条件、倾角各不相同的子块，这些
子块如同前面介绍的平面模型中的散射点一样，向来波方向生成合成的后向散
射回波。

布拉格谐振的后向散射强度与许多因素有关，其主要包括有雷达的波长、极化、波束射线的侧偏角，以及地面的高度起伏、介电常数等。其分析比较复杂，

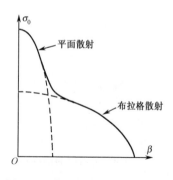

图 4.18　基于平面模型和布拉格
模型的后向散射系数曲线

这里从略，有兴趣的读者可参考文献[7]。基于平面模型和布拉格模型的后向散射系数曲线如图 4.18 所示，该图画出了布拉格散射系数与波束射线侧偏角的变化趋势。

图 4.18 中同时画出基于平面模型时后向散射系数与波束射线侧偏角的关系。在侧偏角很小时，平面反射分量是主要的，而在侧偏角增大到一定角度后，布拉格谐振分量成为主要的。当侧偏角很大，即电波射线的擦地角很小时，布拉格谐振分量也迅速减小。

2. 噪声等价后向散射系数 $\sigma_{0\,NE}$

噪声等价后向散射系数 $\sigma_{0\,NE}$ 对合成孔径雷达的实际应用是一个很有用的技术参数。根据上面介绍的后向散射系数 σ_0，以及雷达的技术参数和工作条件，可以用式（4.20）的雷达信噪比方程确定所得信噪比是否满足要求。噪声等价后向散射系数是在雷达技术参数和工作条件确定后，需要多大的后向散射系数 σ_0，才能使其一个分辨单元的回波强度与接收机噪声强度等价，即这时地面回波与噪声之和比噪声背景高 3dB，这时的 σ_0 称为噪声等价后向散射系数（$\sigma_{0\,NE}$）。有了 $\sigma_{0\,NE}$ 这一技术参数（它与侧偏角有关），便可以很直观地了解所设计的雷达在规定的技术参数和工作条件下运作，以及对不同的场景（即 σ_0 值为多大）可获得怎样的图像效果。

计算噪声等价后向散射系数 $\sigma_{0\,NE}$ 是不困难的，只要令式（4.20）的 SNR $=1$，则其中的 σ_0 即 $\sigma_{0\,NE}$，因而有

$$\sigma_{0\,NE} = \frac{8\pi V\lambda kTR^3 L_s \sin\beta}{\eta_t \eta_r \overline{P} A^2 \rho_r} \tag{4.30}$$

式（4.30）中所有符号的意义均同式（4.20）。

式（4.30）表明，$\sigma_{0\,NE}$ 的值随侧偏角 β 的加大而增加，如果考虑雷达载体的高度 H 一定，则 β 加大的同时，到场景的斜距 $R(=H/\cos\beta)$ 也会随 β 增加，特别是在 β 值较大时。图 4.18 表明，实际地面后向散射系数 σ_0 是随侧偏角的增大而减小的，而且在 β 值较大时迅速下降，这在应用中须加以注意。

4.4.3 点散布函数

根据散射点模型，雷达成像是从雷达回波重建场景的散射点分布。即使散射点是一个理想的几何点，由于系统带宽等实际因素限制，重建的点目标不可能是理想的冲激函数，通常用点散布函数来描述。点散布函数显然是确定成像质量的重要因素。

合成孔径雷达是一个二维成像系统，本质上它是二维可分离的，雷达数据通过一系列预处理后，可进行分离的匹配滤波（也就是脉冲压缩）即得到二维分布的输出（可参考第 3 章 3.3 节）。如以理想的点目标作为输入，则输出即为点散布函数。

对脉压系统来说，点散布函数的主要指标是主瓣宽度和副瓣结构。在不考虑误差等影响的理想情况下，主瓣宽度主要取决于信号频带，以及为降低副瓣电平所做的幅度加权。发射信号的频带 Δf_r 是系统预先确定的，对于幅度不加权的脉冲（矩形脉冲），经匹配滤波（脉压）后的输出脉冲为 sinc 函数，其宽度等于 $1/\Delta f_r$，但副瓣电平高达-13.6dB。为了降低副瓣电平必须做幅度加权，如 $n = 5$ 的-35dB 的泰勒加权，但主瓣宽度会展宽到原宽度的 1.34 倍。

横向距离（方位）压缩的主瓣宽度主要取决于回波慢时间的多普勒带宽。慢时间回波的包络不是矩形的，它受实际天线双程波束调制，一般将 3dB 带宽外的信号由于信噪比不高而加以截除，同时对留下的主要部分做幅度加权，以降低副瓣，它的主瓣宽度也要相应展宽。

造成主瓣展宽的原因不仅是幅度加权，系统响应的特性误差也有影响，特别是决定横向分辨的慢时间回波是很难做到十分稳定的，载机的扰动和颠簸使系统特性失真。对系统的响应特性来说，低频响应影响主瓣宽度，而高频响应影响副瓣结构。实际上，对主瓣影响最大的是低次项的相位误差，其中一次线性相位误差主要影响成像点的位置，造成几何失真；二次相位误差对主瓣形状的影响最大，它会使主瓣展宽。计算表明[9]，若信号时间两端因二次相位畸变造成的相位差达 $\pi/2$，则主瓣增宽到原宽度的 1.09 倍，峰值损失为 0.5dB；若该相位差达 π，则主瓣增宽到原宽度的 1.5 倍，峰值损失为 2dB。因此，实际脉压宽度主要考虑这两方面的影响，总的增宽为两个倍数相乘。

前面已经提到，副瓣的影响是二维的，应在二维平面考虑。不过 SAR 系统经预处理后是二维可分离的［见式（4.9）和图 4.3］，副瓣的主要部分呈现在 $\hat{t}$ 和 t_m 两个主轴上，而在主轴外的中间部分副瓣要低得多。

脉冲响应的二维可分离不仅是对系统为理想时的情况，当系统有误差时也如此。合成孔径雷达有它的特点，距离副瓣结构受实际雷达接收系统特性的影响，

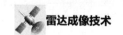

它和载机运动的慢时间基本上没有关系；而横向多普勒副瓣结构受载机运动扰动的影响，它对雷达接收特性也基本没有影响。也就是说，由于系统误差影响生成的副瓣结构也基本上是二维可分离的，它们会使两主轴上的副瓣电平有所提高，但在脉冲响应二维平面里，主轴副瓣电平远高于中间区这一事实是不会改变的。

系统不稳产生的副瓣结构，一般是无规律的杂乱副瓣。实际上，有规律的误差，如载机机身作正弦摆动，从而使慢时间回波相位或振幅出现附加的尖峰副瓣。这时应找到误差根源加以补偿。

另一问题需做一些补充，对回波信号作快时间或慢时间采样，其采样率均基于不发生频谱混叠的情况。例如，在一个距离单元长度应采样 1～1.5 次。图 4.19（a）是对一脉冲响应函数采样，所得离散值的形状与原包络相比，有些部分相去甚远，这会影响图像的质量。为了使采样离散值的形状接近于原包络，应做插值处理。简单的插值方法是对匹配输出的数据在谱域加零以增长谱域数据，再变换到像域得到间隔较密的离散值，图 4.19（b）是补 1 倍零的例子。

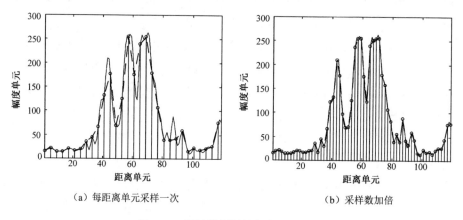

（a）每距离单元采样一次 　　　　　　（b）采样数加倍

图 4.19　通过数据插值提高图像质量

副瓣电平过高的影响在一般雷达里主要是产生虚假目标，因强点目标的副瓣电平可能与弱目标相比拟，这在合成孔径雷达里同样存在，因此主要考虑峰值副瓣。由于在一般雷达里已经讨论过，这里不再重复。

副瓣对合成孔径雷达的影响还另有特殊之处，因为它是以获取场景的清晰图像为主要目的，它不像一般雷达那样通过动目标检测处理滤除固定杂波，集中精力观测少数动目标（也可能包含虚警），而是将所有杂波作为需要的"目标"全部显示出来。这时考虑附近目标副瓣的影响就不仅是孤立的点目标，而是周围一定区域里的所有散布的回波。因此，这时应考虑积分副瓣。积分副瓣的定义是所有能够混叠过来的副瓣能量和与主瓣能量之比。前面提到，在二维系统响应平面里，主轴副瓣的电平比中间区副瓣高得多，因此只要考虑两个主轴副瓣就可以了。这里，积分副瓣可以将距离维和多普勒维分开来分析。

从上述内容可知，对某观测点有影响的主要是两个主轴方向一定区域内所有点目标的副瓣，即统计意义上的积分副瓣。积分副瓣主要影响图像中回波特弱的区域，图 4.20（a）为不考虑积分副瓣时的情况，设中间一段为无回波区只有接收机噪声；图 4.20（b）表示周围区域积分副瓣渗入的情况。积分副瓣为许多因素的叠加，呈现为随机起伏，通常称为积分副瓣噪声。积分副瓣噪声是乘性噪声，它随主瓣强度增加而加大，当无回波区周围杂波很强时，所渗透过来的积分副瓣噪声常强于接收机噪声，而产生背景干扰。有关乘性噪声问题在 4.4.4 节还要讨论。

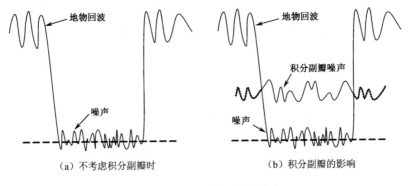

（a）不考虑积分副瓣时　　　　　　（b）积分副瓣的影响

图 4.20　说明积分副瓣的影响

4.4.4　噪声

合成孔径雷达的噪声会影响图像的清晰度，需要考虑的噪声有加性噪声和乘性噪声，加性噪声主要是接收机内部噪声，它与一般雷达相同，这里不再重复。乘性噪声除 4.4.3 节讨论过的积分副瓣外，还有因方位和（或）距离模糊混叠效应产生的噪声，信号数字化过程中 A/D 变换器截尾、饱和以及运算器截尾产生的量化噪声，下面分别加以说明。

前面已经提到，雷达重复频率应适当，以免出现方位或距离模糊，但那里是针对波束主瓣 3dB 波束宽度而言的，如果考虑波束主瓣边沿以及副瓣，它几乎覆盖整个方位，即回波信号在慢时间域有宽得多的多普勒带宽。同样原因，仰角副瓣也会使接收的杂波距离延伸很多，以致与下一周期的主回波相混叠。当然，这些混叠过来的副瓣分量的回波要比主瓣回波弱很多，但它们还是可能形成对图像质量有影响的噪声。这种噪声的强度随主杂波电平而改变，也属于乘性噪声。

信号处理器的采样率也有类似问题，奈奎斯特采样常依据信号的主频带，其边沿部分，特别对高频拖尾的信号采样会有混叠。滤波特性通带不理想和副瓣过

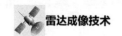

高也会由于混叠而引入相邻杂波分量。

另一类乘性噪声是数字化和运算过程中产生的量化噪声[10]。例如，数字运算器有一定的字长，在运算过程中会产生截尾噪声，由于它一般采用浮点运算，因此截尾噪声为乘性噪声。A/D 变换器有量化噪声和饱和噪声，雷达接收机的自动增益控制将输入 A/D 变换的杂波调整到最佳电平，使量化噪声与饱和噪声之和最小，这两项噪声与输入接收机的杂波之比值保持为常数，因此它也属于乘性噪声。当杂波为高斯分布且接收增益调整到最佳电平时，量化噪声与量化的数字位数有关，为每一位-5dB[8]。例如，A/D 变换取 6 位时，则量化噪声比为-30dB。

乘性噪声的大小都以噪声和信号强度的比值来表示，称为乘性噪声比（Multiplicative Noise Ratio，MNR），如积分副瓣比（Integral SideLobe Ratio，ISLR）、模糊噪声比（AMBiguity Ratio，AMBR）和量化噪声比（Quantization Noise Ratio，QNR）。总的乘性噪声比等于

$$MNR=ISLR+AMBR+QNR \tag{4.31}$$

对图像中的某一区域来说，量化噪声是当地杂波产生的，积分副瓣是邻域杂波产生的，而模糊噪声是远处杂波混叠过来的。不管这些噪声来自何处，它们混合成一个与原图像完全不同的图像而成为干扰，影响图像的清晰度，还可能在原图像回波特弱的区域（如湖面、空阔广场）里产生虚假目标。为此，应对合成孔径雷达的各部分提出要求，使总的乘性噪声比低于一定电平。表 4.1 是一个系统的乘性噪声比典型实例。

表 4.1　系统的乘性噪声比典型实例

噪声来源		工作状况	局部乘性噪声比/dB
距离向孔径效应		−35dB；$\bar{n}$=5 泰勒权	−27.4
方位向孔径效应		−35dB；$\bar{n}$=5 泰勒权	−27.4
距离向宽带相位误差		0.03 rad（RMS）	−30.4
方位向宽带相位误差		0.07 rad（RMS）	−23.1
距离向宽带相对幅度误差		5%（RMS）	−26.0
方位向宽带相对幅度误差		4%（RMS）	−28.0
量化噪声	A/D 变换器	6 bit	−30.0
	数字运算器	32 bit 浮点	−60.0
距离模糊		PRF 按仰角方向图正确选择	−50.0
方位模糊		PRF 按方位方向图正确选择	−30.0
处理模糊		滤波和采样	−40.0
总乘性噪声比			−18.2

此表取自 W. G. Carrara 等著的 *Spotlight Synthetic Aperture Radar*，Artech House.1995 年。

　　表 4.1 表明，乘性噪声比中的一些主要分量除滤波的副瓣特性外，系统误差的影响不可忽视，而后者在实际中是更难控制的。

　　此外，合成孔径雷达里还有一种乘性噪声，称为"相干斑"噪声。这种噪声是分布目标所固有的，它的形成原理与一般雷达里的复杂目标"闪烁"现象相类似。合成孔径雷达的一个分辨单元用一个强度值表示，4.4.2 节已经介绍过，虽然分辨单元不大，它里面还是存在许多散射点，单元的回波为各个散射点子回波的向量和。因此，单元总的回波强度与雷达的视角有关，视角改变会使子回波间的相位关系发生变化，从而使总的幅度改变。在少数场合，使多数子回波基本同相相加，从而出现了特大尖峰。即使是平坦的农田或沙滩，在合成孔径雷达图像里，也会出现一些点状亮斑，通称相干斑。相干斑是由于相干合成产生的，在光学图像里就不存在这种斑点。抑制相干斑最直接的方法是采取多视处理，即将波束分成几个子波束，对每个子波束录取的数据单独成像，利用各子波束视角的微小差别（这些差别对场景基本没有影响，但改变了分辨单元内各散射点子回波之间的相位关系。因为雷达波长通常比分辨单元小得多，小的视角变化可使子回波间的相位差发生大的变化），使同一分辨单元的回波强度值发生变化。将各子波束所得图像作非相干相加，会对强度起伏的背景起到平均作用，使相干斑得到一定程度的抑制。一般情况下，用"四视"平均可使相干斑明显减弱。需要指出的是，这种抑制相干斑的方法是以牺牲横向分辨率为代价的，"四视"工作将使横向分辨率值降低到原来的 1/4。

　　实际上，子波束是在慢时间域变换到多普勒域后进行的，在多普勒域完成各种补偿和校正后，通过逆傅里叶变换就可得到场景图像。如果取部分多普勒谱（即沿多普勒轴截取一段）作逆傅里叶变换，对应的仍为原来的场景，只是分辨率按比例下降。例如，将原多普勒谱沿多普勒轴分成 4 段，将 4 个数据各自转换到图像域，则可得 4 幅基本相同、分辨率为原图 1/4 的图像。由此可能会产生一个问题，4 幅图像在多普勒域里虽然谱宽相同，但其中心多普勒是不同的。由于中心多普勒相当将谱作平移，它会使复图像增添线性相位，而对将复图像值取模所得的实图像是没有影响的。何况，将多普勒谱切成几段后，都是把各段移到同样的低频位置上进行处理的。

　　这 4 幅图像确实又是有些差别的。在第 3 章里多次提到，在多普勒域里，多普勒频率对应一定的视角，在正侧视的情况下，零多普勒频率为波束正方向，而多普勒带宽与天线的波束宽度相对应。将多普勒谱切成 4 段，相当于将原来较宽的波束分解成 4 个相连接的窄波束。4 幅图像相当于这 4 个窄波束所得数据的图像，其横向分辨率为原来的 1/4。另外，4 个窄波束的指向有一些差别，也就是上

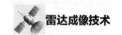

面所说的有小的视角变化。将 4 幅图像数据作非相干相加（即将实图像相加），可以起到抑制相干斑的作用。图 4.21 为用"多视"抑制场景的相干斑，它是同一场景"单视"和"多视"的实例，可以明显看出"多视"对相干斑的抑制作用。

针对相干斑噪声的特点，在图像后处理也有一些有效的去噪方法。这已经不属于本书范围，这里不再讨论。

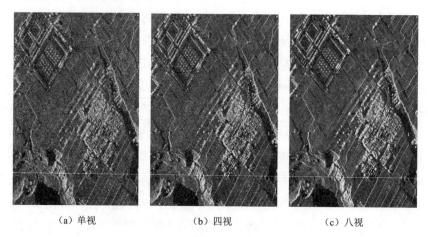

（a）单视 　　　　　　　（b）四视 　　　　　　　（c）八视

图 4.21　用"多视"抑制场景的相干斑

4.5　合成孔径雷达的电子反对抗

作为军用雷达，电子对抗与反对抗是永恒的主题。合成孔径雷达作为战场感知的有效手段，设法对它进行干扰是必然的，这里简单介绍它的电子反对抗。

合成孔径雷达具有较强的抗干扰潜力。以噪声压制式干扰为例，对抗双方，干扰方占优的是雷达为双程工作，即电波从雷达到目标，再经目标后向散射返回雷达；而干扰方为单程工作，直接将干扰波从干扰机射向雷达。雷达方占优的是匹配接收方式，它相对于干扰波具有相干积累增益。

合成孔径雷达具有很高的相干积累增益，它来自两个方面：其一是对大时宽、大带宽信号进行的脉冲压缩，合成孔径雷达信号的时宽频带积以千计，可得到约 30dB 的相干积累增益；其二是横向的多普勒压缩，也可得约 30dB 的相干积累增益。合成孔径雷达 60～70dB 的相干积累增益是十分可观的，这使合成孔径雷达在功率对抗方面具有较高的潜力。

当然，一般的合成孔径雷达，由于相干增益很高，用较小的发射功率就能得到所需的信噪比，实现正常的成像。压制性的噪声干扰，等效于加大雷达的接收噪声，合成孔径雷达同样会因信噪比过低而不能正常工作。因此，为了能在与对方的压制性噪声干扰的功率对抗中占据优势，军用合成孔径雷达应具有大幅度提高发射功率的能力。由于合成孔径雷达在无干扰时需要的发射功率很小，所以使其在必要时提高发射功率是可以做到的。何况有些机载雷达本来就具有多种发射任务，发射功率常常由于其他任务而取得较大，当它作为合成孔径雷达工作时，发射功率会有较多的富余。

为了抑制噪声干扰从雷达天线副瓣进入，军用合成孔径雷达也必须采用低副瓣天线，以及天线自适应副瓣相消技术。

缩小干扰频带，以增强干扰在该频带内的功率密度，即所谓"瞄准式"干扰。这对合成孔径雷达不一定有效，因为它的信号频带很宽，如果干扰频带只占其中一小部分，则通过带阻滤波器就能将干扰抑制，而对成像结果影响不大。

欺骗式干扰可用小的干扰功率，在合成孔径雷达所成图像上生成若干假目标，这时干扰波可从雷达天线的副瓣进入，因为依靠干扰方电波单程传播的优势，干扰方并不需要太大功率。问题在于假目标的生成，在快时间域仿制宽频带的雷达信号，通过信号分析和复制是有可能的，困难在于本章 4.1 节里所介绍的，由于载机运动而生成的复杂系统响应函数。雷达安装在载机上，依靠惯性导航系统和回波的处理，可以测量和估计载机的运动参数，因而可相当精确地计算出系统的响应函数，对目标进行聚焦处理。干扰方要精确估计出载机的运动是有困难的。

另外，雷达方为了防止干扰方对信号的检测和复制，还可以采用调制信号捷变的工作模式。本章前面一直用全时间 t、快时间 $\hat{t}$ 和慢时间 t_m 来表示信号，关系信号相干性的是全时间 t，在工作的全过程中，载波 $e^{j2\pi f_c t}$ 必须十分稳定。至于调制复包络是可以变化的，如在第 3 章里假设调整复包络与其基频谱为 $p(\hat{t})$ 和 $P(f_b)$ [见式（3.50）和式（3.52）]，通过对复包络匹配滤波，其输出基频谱为 $\left|P(f_d)\right|^2$。如果令每个周期的复包络均不相同，而写成 $p(\hat{t}, t_m)$，其相应的基频谱为 $P(f_b, t_m)$，而各周期匹配滤波输出的基频谱为 $\left|P(f_b, t_m)\right|^2$。原来的 $\left|P(f)\right|^2$ 不随 t_m 变化，而 $\left|P(f_b, t_m)\right|^2$ 可以每个周期（即对不同的 t_m）均不相同，但每一个 $P(f_b, t_m)$ 都是已知的。只要 $P(f_b, t_m)$ 在规定的宽频带里没有零点（最好幅度起伏较小），则对实际回波复包络在基频域的匹配滤波输出作除以 $\left|P(f_b, t_m)\right|^2$ 的归一化处理，就可使后续处理与 $P(f_b, t_m)$ 的变化无关，实现二维成像。

$P(f_b, t_m)$ 的周期捷变，干扰方是无法预测的，这会给干扰的侦测和复制带来较大的困难。

$P(f_b, t_m)$ 的一种简易的跨周期捷变方案是在每一周期仍采用原来的线性调频信号，只是对每一周期复包络的初相做伪随机变化，随机初相（雷达方预设，当

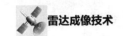

然是已知的）在匹配滤波时可加以补偿，这时$\left|P(f_\mathrm{b},t_\mathrm{m})\right|^2 = \left|P(f_\mathrm{d})\right|^2$，对后续处理与原来的完全相同。在雷达发射的复包络里加伪随机相位，并在匹配滤波时加以补偿是不困难的。但会给干扰方造成很多麻烦。

以上说的是一般性的欺骗性干扰，假目标可按需要设置在离干扰机较远的任何位置时，在实现上确有较大的困难。如果是自卫式的欺骗性干扰，如在自身后面近距离处生成假目标，这还是容易做到的，因为干扰方用回答式干扰机，不难将接收到的信号延迟一小段时间。众所周知，合成孔径雷达的系统响应函数虽有空变特性，但对径向距离的变化不十分敏感，不会在处理过程中对相距不远的假目标产生大的影响。

合成孔径雷达更有效的抗干扰方法可能是双站工作模式，可用两架载机或多架载机，一架只装备发射装置，起到辐射源的作用；而起主要作用的接收和处理部分则装在另外的载机上，后者只是被动接收，工作较隐蔽，对方难以察觉和有效干扰。当然，双站工作的合成孔径雷达要比单站工作的合成孔径雷达在成像处理方面复杂得多。

以上只是就一般原理讲述合成孔径雷达的电子对抗和反对抗，绝对有效的干扰或反干扰大概是不存在的。在一般原理的基础上，还应强调出奇制胜。

参 考 文 献

[1] Soumekh M. Synthetic Aperture Radar Signal Processing[M]. New York: John Wiley & Sons, 1999.

[2] Kropatsch W D, Strobl D. The Generation of SAR Layover and Shadow Maps from Digtal Elevation Models[J]. IEEE Transactions on Geoscience and Remote Sensing, 1990, 28(1): 98-107.

[3] John C C, Robert N M. Synthetic Aperture Radar-System and Signal Processing[M]. New York: John Wiley & Sons, 1991.

[4] Kwok R J, Curlander J C, Pang S S. Rectification of Terrain Induced Distortion in Radar Imagery[J]. Photogrammetric Engineering and Remote Sensing, 1987, 5: 507-513.

[5] Mitchel R H, Marder S. Synthetic Aperture Radar (SAR) Image Quality Consideration[J]. Image Quality, Proceedings of the SPIE, 1981, 310(8): 58-68.

[6] Li F K, Johnson W T K. Ambiguities in Spaceborne Synthetic Aperture Radar Systems[J]. IEEE Transactions on Aerospace and Electronic Systems, 1983, 19(3): 389-396.

[7]　Ulaby F T. Vegetation Clutter Moder[J]. IEEE Transactions on Antennas and Propagation, 1980, 28(4): 538-545.

[8]　Durden S L, Van Zyl J J, Zebker H A. Modeling and Observation of the Radar Polarization Signature of Forested Area[J]. IEEE Transactions on Geoscience and Remote Sensing, 1989, 27(3): 290-301.

[9]　Carrara W G, Goodman R S, Majewski R M. Spotlight Synthetic Aperture Radar-Signal Processing Algorithms[M]. Norwood: Artech House, 1995.

[10]　Gray G A, Zeoli G W. Quantization and Saturation Noise Due to Analog-to-Digtal Convertion[J]. IEEE Transactions on Aerospace and Electronic Systems, 1971, 7(1): 222-223.

第 5 章
合成孔径雷达成像算法

第 4 章对合成孔径雷达（SAR）的原理和实际问题进行了比较系统的讨论。SAR 与一般雷达在工作原理和系统结构上基本相同，关键性的问题是如何从实测数据实现场景的成像，而 SAR 的成像算法及其有关问题一直是 SAR 研究的热点。

SAR 的成像算法是一个理论问题，更是一个工程实现问题。为了能使 SAR 得到广泛应用，应探索能满足应用需要，而又便于实现的成像算法。为了满足 SAR 在发展中提出的成像质量更高和应用范围更广的要求，又需要新的成像算法。为此，有必要对 SAR 成像算法做系统讨论。

SAR 的成像基于实测数据，而实测数据与雷达载体的运动情况有关，运动的稳定性对数据质量有很大的影响。有关运动补偿的问题将在下一章讨论。在这一章里，暂假设运动是理想的，即载体做与地面相平行的直线飞行，并周期性地发射和接收宽频带信号。

在理想运动条件下，成像原理是比较简单的。设在场景中的某处有一点目标，其回波可记录在快时间 $\hat{t}$ 和慢时间 t_m 的二维平面，通过快时间的脉冲压缩，记录的数据在 $\hat{t}\text{-}t_m$ 平面里是一条复数曲线，称为该点目标的系统响应。系统响应沿平行于航线上的目标有平移不变性，但对垂直航线距离不同的目标具有空变性。不过空变响应通过载机运动及与目标位置的关系可以写出它的表达式，于是通过匹配滤波就可以求得各点目标的位置，从而重建场景的图像。

SAR 成像在原理上虽然简单，但要精确实现空变的二维匹配滤波是比较复杂的。因此在工程上研究成像算法主要有两个方面：一是根据成像质量（主要是对分辨率）的要求讨论是否可加以近似简化；二是在不能近似简化的条件下探索易于实现的算法。此外，研究更高质量的成像算法以满足进一步的高要求也是重要方面。

考虑到实际应用，SAR 成像算法还有所不同。用作场景雷达成像的专用 SAR，雷达总是做正侧视工作。但是，现在 SAR 成像已广泛应用于各种机载对地（海）雷达，在某些应用中，要求做斜视工作，甚至是大角度的斜视工作。此外，有时为了更细致地观测局部场景，要用聚束模式提高横向分辨率。

基于以上考虑，本章的内容做如下安排：在 5.1 节里讨论二维平面的系统响应，它主要表现在响应曲线的距离徙动上，以距离徙动的情况为基础，针对实际工作方式和成像分辨率的要求，在后面的各节里分别讨论各种具体的成像算法；在 5.2 节里讨论距离-多普勒（Range-Doppler，R-D）算法及其改进算法；在 5.3 节里讨论线频调变标（Chirp Scaling，CS）算法，主要利用 CS 来校正空变弯曲；在 5.4 节里讨论距离徙动算法（Range Migration Algorithm，RMA）；在 5.5 节里讨论极坐标格式算法（Polar Format Algorithm，PFA）；在 5.6 节里讨论后向投影（Back Projection，BP）算法。

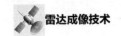

5.1 距离徙动

距离徙动对 SAR 成像是一个重要的问题,虽然在前面已多次提及,这里还要对它做比较系统的介绍。

本书讨论距离徙动主要是在许多成像算法里须对距离徙动直接或间接地进行补偿。前面提到过,由于 SAR 为宽频带、近场工作的大阵列,距离徙动使点目标的系统响应在快时间 $\hat{t}$ 和慢时间 t_{m} 的二维平面(相当于距离 $R = \frac{1}{2}c\hat{t}$ 和阵元横向位置 $X = Vt_{\mathrm{m}}$ 二维平面)里呈现为曲线,即二维间存在耦合,使基于匹配滤波的成像的实际计算复杂化。简化该计算的直接方法是距离徙动补偿,即根据已知的系统响应关系,设法对录取的数据进行距离徙动补偿,相当于将二维平面的系统响应曲线补偿成直线,或者说将系统响应的二维耦合进行解耦,从而使二维匹配滤波可分解成相互独立的两个一维匹配滤波,而一维匹配滤波的计算是容易实现的。

下面讨论各种情况下距离徙动与雷达和目标之间位置参数和运动参数之间的关系。

距离徙动的情况对不同的波束指向会有所不同,首先讨论正侧视的情况,这时距离徙动可用图 5.1 来说明。所谓距离徙动是雷达直线飞行对某一点目标(如图中的 P)观测时的距离变化,即相对于慢时间系统响应曲线沿快时间的时延变化。如图 5.1 所示,天线的波束宽度为 θ_{BW},当载机飞到 A 点时波束前沿触及点目标 P,而当载机飞到 B 点时,波束后沿离开 P 点,A 到 B 的长度即为有效合成孔径 L,P 点对 A,B 的转角即为相干积累角,它等于波束宽度 θ_{BW}。P 点到航线的垂直距离(或称最近距离)为 R_{B}。这种情况下的距离徙动通常以合成孔径边缘的斜距 R_{e} 与最近距离 R_{B} 之差表示,即

$$R_{\mathrm{q}} = R_{\mathrm{e}} - R_{\mathrm{B}} = R_{\mathrm{B}} \sec \frac{\theta_{\mathrm{BW}}}{2} - R_{\mathrm{B}} \tag{5.1}$$

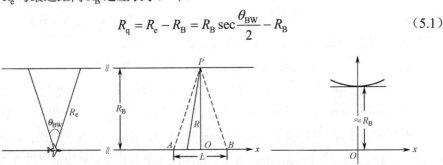

图 5.1 正侧视时距离徙动的示意图

在 SAR 里，波束宽度 θ_{BW} 一般较小，$\sec\theta_{BW} \approx 1 + \frac{1}{2}\theta_{BW}^2$，而相干积累角 θ_{BW} 与横向距离分辨率 ρ_a 有以下关系：$\rho_a = \frac{\lambda}{2\theta_{BW}}$。利用这些关系，式（5.1）可近似写成

$$R_q \approx \frac{1}{8} R_B \theta_{BW}^2 = \frac{\lambda^2 R_B}{32\rho_a^2} \qquad (5.2)$$

假设条带场景的幅宽为 W_r，则场景近、远边缘与航线的垂直距离分别为 $R_s - \frac{W_r}{2}$ 和 $R_s + \frac{W_r}{2}$，其中 R_s 为场景中心线与航线的垂直距离，由此得场景内外侧的距离徙动差为

$$\Delta R_q = \frac{\lambda^2 W_r}{32\rho_a^2} \qquad (5.3)$$

距离徙动 R_q 和距离徙动差 ΔR_q 的影响表现在它们与距离分辨率 ρ_r 的相对值，如果 R_q 比 ρ_r 小得多，则可将二维的系统响应曲线近似看作与航线平行的直线，做匹配滤波时，就无须对二维回波做包络移动补偿，这是最简单的情况。如果 R_q 可以与 ρ_r 相比拟，甚至更大，但 ΔR_q 比 ρ_r 小得多，则对二维响应曲线（因而对二维回波）必须作包络移动补偿，但不必考虑场景中因垂直距离而导致的响应曲线的空变性，这也要简单一些。为此，定义相对距离徙动（R_q/ρ_r）和相对距离徙动差（$\Delta R_q/\rho_r$），作为衡量距离徙动的指标。

通过上面的讨论，距离徙动与 SAR 诸因素的关系是明显的，从图5.1 和式（5.2）可知，对距离徙动直接有影响的是相干积累角 θ_{BW}，θ_{BW} 值越大则距离徙动也越大。需要大相干积累角的因素主要有两点：一点是要求高的横向分辨率（即 ρ_a 要小），另一点是雷达波长较长。在这些场合要特别关注距离徙动问题。此外，场景与航线的垂直距离 R_B 值越大，距离徙动也越大。这里要特别关注场景条带较宽时的相对距离徙动差，它决定对场景是否要考虑响应曲线的空变性，而要将场景沿垂直距离做动态的距离徙动补偿。

为了使大家对一般 SAR 的距离徙动有一个数量上的概念，本章在表 5.1 中列出几种典型 SAR 参数情况下的距离徙动量的例子。从该表中可见，机载 SAR，若采用 X 波段，在对分辨率要求不高（如 $\rho_r = 3\,\text{m}$）时，距离徙动补偿可以不考虑。若波长较长，或分辨率要求高，或场景距离远，都要考虑对距离徙动的补偿。

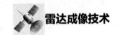

表 5.1　几种典型 SAR 参数情况下的距离徙动量（正侧视情况）

波段	机载 SAR			星载 SAR		
	X 波段	X 波段	P 波段	L 波段	C 波段	X 波段
波长 λ /m	0.03	0.03	0.4	0.1	0.06	0.03
距离分辨率 ρ_r /m	3	1	3	5	3	3
方位分辨率 ρ_a /m	3	1	3	5	3	3
最近距离 R_B /km	20	20	20	1000	1000	1000
条带宽度 W_r /km	3	3	3	15	15	15
距离徙动 R_q /m	0.0625	0.5625	11.1111	12.5000	4.5000	3.1250
相对距离徙动 R_q / ρ_r	0.0208	0.5625	3.7037	2.5000	0.9000	1.0417
距离徙动差 ΔR_q /m	0.0094	0.0844	1.6667	0.1875	0.0675	0.0469
相对距离徙动差 $\Delta R_q / \rho_r$	0.0031	0.0844	0.5556	0.0375	0.0135	0.0156

当距离徙动需要补偿时，SAR 点目标回波在快时间（$\hat{t}$）和慢时间（t_m）的二维平面里的响应为曲线，设发射信号包络为 $a_r(\hat{t})$（不考虑幅度值），如图 5.1 所示，雷达沿载机航线运动，速度为 V。设点目标 P 距航线的最近距离为 R_B，其横坐标为 0，并以原点作为慢时间 t_m 的起点，则在某一慢时间 t_m 时刻雷达到点目标 P 的斜距为

$$R(t_m; R_B) = \sqrt{R_B^2 + V^2 t_m^2} \tag{5.4}$$

式（5.4）中，$R(t_m; R_B)$ 中的 R_B 在 t_m 变化过程中为常数，因斜距 R 会随 R_B 改变，对不同 R_B 的目标，R 有不同的结果。

SAR 的波束通常较窄，在波束扫过点目标的合成阵列的长度比 R_B 小得多，即 $V t_m \ll R_B$。因而式（5.4）可近似写成

$$R(t_m; R_B) \approx R_B + \frac{1}{2} \frac{V^2}{R_B} t_m^2 \tag{5.5}$$

回波响应的包络为 $a_r(\hat{t}, t_m) = a_r\left[\hat{t} - \dfrac{2R(t_m; R_B)}{c}\right]$，若 a_r 为脉压处理后的窄脉冲，则包络响应在 $\hat{t}$-t_m 平面里的响应曲线如图 5.2（a）所示。该图中画了 R_B 为某一些常数时的几条响应曲线。从式（5.5）可见，若 R_B 加大，则曲线向上移动，且在同一 t_m 时刻的距离徙动 $\left(\dfrac{1}{2} \times \dfrac{V^2}{R_B} t_m^2\right)$ 会随 R_B 的增大而减小，即距离远的目标，其响应曲线的曲率较小。

顺便提一下，若点目标的最近距离 R_B 不变，而横坐标为 X_n（$X_n = V t_{mn}$），则图 5.2（a）响应曲线的形状保持不变，而横向移动 t_{mn}（$t_{mn} = X_n / V$），这就是回波响应的横向平移不变性。

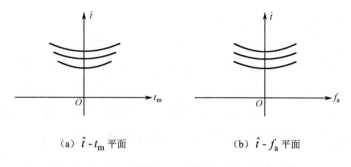

(a) $\hat{t}$ - t_{m} 平面　　　　　　　(b) $\hat{t}$ - f_{a} 平面

图 5.2　$\hat{t}$ - t_{m} 平面和 $\hat{t}$ - f_{a} 平面的点目标回波响应曲线

在后面的分析中，常将慢时间域（t_{m}）通过傅里叶变换将响应函数变到多普勒域（f_{a}），为此有必要讨论 $\hat{t}$ - f_{a} 平面里的回波曲线的情况。

这时将斜距 R 写成多普勒 f_{a} 的函数，即 $R(f_{\mathrm{a}};R_{\mathrm{B}})$，而将回波包络写成 $a_{\mathrm{r}}[\hat{t}-2R(f_{\mathrm{a}};R_{\mathrm{B}})/c]$。众所周知，对最近距离为 R_{B} 的点目标 P，回波多普勒 f_{a} 是斜视角 θ 的函数，即 $f_{\mathrm{a}}=\dfrac{2V}{\lambda}\sin\theta$，$\theta$ 为天线相位中心在天线波束宽度 θ_{BW} 内与点目标 P 的连线与航线垂距之间的夹角，而斜视角为 θ 时，斜距 $R=R_{\mathrm{B}}/\cos\theta$，于是

$$R\left(f_{\mathrm{a}};R_{\mathrm{B}}\right)=R_{\mathrm{B}}/\cos\theta=R_{\mathrm{B}}\Big/\sqrt{1-\sin^2\theta}$$

$$=R_{\mathrm{B}}\Big/\sqrt{1-\left(\dfrac{f_{\mathrm{a}}\lambda}{2V}\right)^2} \tag{5.6}$$

$$\approx R_{\mathrm{B}}+\dfrac{1}{8}\left(\dfrac{\lambda}{V}\right)^2 R_{\mathrm{B}}f_{\mathrm{a}}^2$$

式（5.6）中，最后一个近似式采用了 $\sin^2\theta\ll 1$ 的条件，这在正侧视 SAR 里总是满足的。其回波响应曲线如图 5.2（b）所示。

式（5.6）表示，在多普勒域里，响应曲线随 R_{B} 上升，其曲率也随之上升。但点目标横坐标的平移对包络曲线的位置和形状都没有影响，只是其回波值加上与平移成正比的线性相位项。

在二维平面里点目标回波响应成为曲线，即二维之间有耦合；当需要对该点目标回波做相干积累处理时，需要沿响应曲线积分，这样的直接运作是相当困难的。常用的方法是设法将二维之间的耦合解耦，通俗地说，通过沿横轴不同的距离（等效于时延）补偿将曲线"扳平"。二维解耦后，二维处理等价于两个一维分维处理，因而后续处理要容易得多。

响应曲线的曲率还随点目标的垂直距离而变化。类似于前面所说的相对距离徙动 ΔR_{q} 的概念，如果 ΔR_{q} 比距离分辨单元长度 ρ_{r} 小得多，则场景里远近点目标响

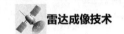

应曲线的曲率可视为相同，从而距离补偿可统一进行，这样做相对简单些。否则要对远近不同的点目标做不同的校正，会带来更多的困难。正是由于有各类不同情况，才提出了与它们相适应的各类算法。这也就是本章要讨论多种算法的原因所在。

在后面的分析中，还常将回波信号变换到二维频率 f_r - f_a 平面，也就是将回波信号 $a_r[\hat{t} - 2R(f_a; R_B)/c]$ 的快时间 $\hat{t}$ 通过傅里叶变换变换到 f_r 域。若 $a_r(\hat{t})$ 的傅里叶变换为 $A_r(f_r)$，则 $a_r[\hat{t} - 2R(f_a; R_B)/c]$ 的傅里叶变换为 $A_r(f_r) \times \exp\left[-j\dfrac{4\pi R(f_a; R_B)}{c}f_r\right]$。即在 f_r - f_a 平面里，对不同的斜距 R，包络 $A_r(f_r)$ 的位置不会随之变化，只是增加了相位因子 $\exp\left[-j\dfrac{4\pi R(f_a; R_B)}{c}f_r\right]$，在相干积累处理时必须加以考虑。实际上，在快时间域时延 $2R(f_a; R_B)/c$ 和在距离时域乘以线性相位因子 $\exp\left[-j\dfrac{4\pi R(f_a; R_B)}{c}f_r\right]$ 是等价的。通常在时域作距离补偿的时延是比较麻烦的，因为数字信号的时间均为离散值，若时延不为整数，还需作插值处理。而在 f_r 域里乘以线性相位因子，则分数时延不会带来问题。

以上讨论的是正侧视的情况。斜视的情况可以用图 5.3 来说明。对比图 5.3 和图 5.1，这时波束射线指向的斜视角为 θ_0，图中 A 点为合成孔径中心，它在 X 轴的位置为 $X_0(= R_B \tan\theta_0)$，距点目标 P 的距离为 R_0（$R_0 = R_B \sec\theta_0$），有效合成孔径长度为 L。众所周知，这时斜距 R 与 X 的关系曲线（近似为抛物线）为天线相位中心和目标间的距离，它与波束指向无关，因而该曲线与图 5.1 的完全相同，但实际用到的只是该关系曲线中的一段，当波束斜视时，所用到的是如图 5.3 中的

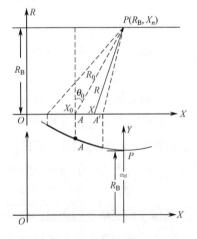

图 5.3　斜视时距离徙动的示意图

粗实线所示的一段，即这时合成孔径中点不在最近距离点 P，而是移到图中的 A 点。

为了便于得到斜视时 R 的近似式，以天线相位中心线指向目标时雷达的位置（$X = X_0$）为基准，根据图 5.3 的几何关系，可以得到载机沿航线飞行位于某一坐标 X（图中的 A' 点）时的瞬时斜距为

$$R = \sqrt{R_0^2 + (X - X_0)^2 - 2R_0(X - X_0)\sin\theta_0} \quad (5.7)$$

由于 $L \ll R_0$，对式（5.7）在 $X = X_0$ 附近做泰勒级数展开，省略 $(X - X_0)$ 的三次项以上的高次项，得式（5.7）的近似式为

$$R \approx R_0 - \sin\theta_0 (X - X_0) + \frac{\cos^2\theta_0}{2R_0}(X - X_0)^2$$

即

$$\Delta R = R - R_0 \approx -(X - X_0)\sin\theta_0 + \frac{\cos^2\theta_0}{2R_0}(X - X_0)^2 \qquad (5.8)$$

式（5.8）表明，在合成阵列某处（X）到目标的距离与阵列中心 A（$X = X_0$）到该目标的距离差由（$X - X_0$）的一次项和二次项所组成，通常把一次项（即线性项）称为距离走动，而将二次项称为距离弯曲。

如果将正侧视的条件（即 $\theta_0 = 0$，$R_0 = R_B$）代入式（5.8），式中的线性项（距离走动）不再存在，而只有二次项表示的距离弯曲。

考虑到 $R_0 = R_B/\cos\theta_0$，从式（5.8）可知，斜视时的距离弯曲，较正侧视时的小。若 $\theta = 60°$，则同样的横向偏离时距离弯曲值只有正侧视时的 1/8。从式（5.8）还可看出，场景中任一点目标的距离走动与偏离值 $-(X_0 - X)$ 成正比，其比例系数为 $\sin\theta_0$，而与离航线的垂直距离 R_B 无关，也就是说，录取数据的点目标的系统响应的走动分量虽然造成距离（R）和横向位置（X）的耦合，但耦合关系在条带场景的不同纵深处均相同，而与距航线的距离远近无关，这给距离走动补偿带来方便。

如上所述，距离徙动的影响原则上须在匹配滤波处理中加以补偿。但实际操作中是否需要补偿，或补偿时是否考虑距离徙动的空变性，取决于距离徙动及其差值对距离分辨率 ρ_r 的相对值，而 ρ_r 的值一般为米级或亚米级，如果包络位移比 ρ_r 小得多，为简化运算，可以不加补偿。

应当补充说明一下，距离徙动同时影响阵列信号的包络时延和相位分布，这里讨论的距离补偿是针对包络时延的。至于距离徙动使相位呈相同函数的调制分布，此时徙动值是与波长相比较，通常必须考虑（不能忽略），这在距离匹配滤波中容易解决，无须另外补偿（在第 3 章里已经讨论过）。

根据实际雷达参数和分辨率要求，对距离徙动影响包络时延的考虑可分 4 种情况：① 距离徙动不考虑，距离和方位可分维处理；② 考虑距离走动，距离弯曲不考虑，在观测的场景里距离走动率对不同的纵向距离是相同的；③ 距离走动和距离弯曲都考虑，但场景内各处的距离弯曲近似相同；④ 距离走动和距离弯曲都考虑，且场景内的距离弯曲差不能忽略。

对于第①种情况，采用分维处理即先对距离压缩后对方位压缩（要考虑方位向的相位聚焦）的常规 R-D 算法，早期的分辨率低（约为 10m×10m 量级）的机载和星载 X 波段 SAR，基本属于这种情况。

对于第②种情况，一般在一定斜视角情况下发生，中等分辨率（约为 3m×3m）

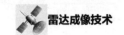

的机载 X 波段 SAR 属于这种情况。只需考虑距离走动，而不考虑距离弯曲，距离走动会发生距离和方位的耦合，但场景内各处的距离走动率是相同的，一般采用时域解耦合方法。通过时域解耦合后，也可采用分维处理的常规 R-D 算法。

对于第③种情况，较高分辨率（约为 1m×1m）的机载 X 波段 SAR 属于这种情况。这时距离和方位也存在耦合，一般采用多普勒域解耦合方法，最常用的仍是 R-D 算法。

对于第④种情况，一般发生在波长较长或分辨率要求很高时，机载 P 波段 SAR 属于这种情况。这时距离和方位同样存在耦合，且距离徙动是空变的，即由距离弯曲引起的耦合部分在条带场景内是变化的，这时的多普勒域解耦合算法要具有位移修正量随纵向距离而改变的功能，常用的主要有线频调变标（CS）类算法和距离徙动算法（RMA）。

在下面的各节里将对上述算法分别进行较详细的讨论。

5.2 距离-多普勒（R-D）算法及其改进算法[1-3]

上面已经提到，根据距离徙动影响的不同，有多种成像算法，下面先从距离徙动对包络位移影响可以忽略的最简单情况开始。

5.2.1 原始的正侧视距离-多普勒算法

下面仍对场景中的点目标 P 的回波进行分析。设此点目标到飞行航线的垂直距离（或称最近距离）为 R_B，并以此垂直距离线和航线的交点的慢时间 t_m 为零时刻（原点），而在任一时刻 t_m 雷达天线相位中心至目标 P 的斜距为 $R(t_m; R_B)$，函数里的 R_B 为常数，但它对距离徙动有影响，故在函数里注明。设雷达发射信号的复包络为 $s_t(\hat{t}) = a_r(\hat{t}) \exp(j\pi\gamma\hat{t}^2)$，$\gamma$ 是发射的线性调频（Linear Frequency Modulated，LFM）信号的调频率，其接收的上述点目标回波的基频信号在距离快时间-方位慢时间域（$\hat{t} - t_m$ 域）可写为

$$s(\hat{t}, t_m; R_B) = a_r\left(\hat{t} - \frac{2R(t_m; R_B)}{c}\right) a_a(t_m) \times \exp\left[j\pi\gamma\left(\hat{t} - \frac{2R(t_m; R_B)}{c}\right)^2\right] \exp\left[-j\frac{4\pi}{\lambda}R(t_m; R_B)\right]$$

（5.9）

式（5.9）中，$a_r(\cdot)$ 和 $a_a(\cdot)$ 分别为 LFM 信号的窗函数和方位窗函数，前者在未加权时为矩形窗，后者除滤波加权外，还与天线波束形状有关，$\lambda = c/f_c$ 为中心频率对应的波长。

对距离进行匹配滤波（即脉压）的系统匹配函数为

$$s_r(\hat{t}) = s_t^*(-\hat{t}) = a_r(\hat{t})\exp(-j\pi\gamma\hat{t}^2) \tag{5.10}$$

由于匹配滤波在频域为输入信号和系统函数的乘积，为便于计算，快时间域的匹配滤波一般在频域进行，在时域与频域之间的变换采用快速傅里叶变换（FFT）和逆变换（IFFT），从而得出匹配输出为

$$s(\hat{t}, t_m; R_B) = \mathrm{IFFT}_{f_r}\{\mathrm{FFT}_{\hat{t}}[s(\hat{t}, t_m; R_B)]\cdot\mathrm{FFT}_{\hat{t}}[s_r(\hat{t})]\} \tag{5.11}$$

由于 FFT 运算有很好的高效性，这样比在时域做卷积运算来得方便。

若距离向为矩形窗，式（5.9）的接收信号通过上述处理后，得

$$s(\hat{t}, t_m; R_B) = \sigma_n\mathrm{sinc}\left[\Delta f_r\left(\hat{t} - \frac{2R(t_m; R_B)}{c}\right)\right]a_a(t_m)\exp\left[-j\frac{4\pi}{\lambda}R(t_m; R_B)\right] \tag{5.12}$$

式中，σ_n 为距离压缩后点目标信号的幅度，Δf_r 为线性调频信号的频带，而 sinc 函数为 $\mathrm{sinc}(a) = \dfrac{\sin(\pi a)}{\pi a}$。

距离压缩完成后，下一步要进行方位处理，首先要检验距离徙动的影响，如为正侧视工作，只需检验距离弯曲。

前面已经提到，在合成孔径期间，距离弯曲 $R_q = \dfrac{\lambda^2 R_B}{32\rho_a^2} < \dfrac{\rho_r}{M}$（其中 M 通常取 4 或 8[①]，即距离徙动 R_q 小于 ρ_r 的 1/8 或 1/4）时距离弯曲可忽略。在这节，假设上述条件满足。

对最近距离为 R_B 的点目标 P，其斜距与 t_m 的关系为

$$R(t_m; R_B) = \sqrt{R_B^2 + (Vt_m)^2} \approx R_B + \frac{(Vt_m)^2}{2R_B} \tag{5.13}$$

式（5.13）中，V 为载机速度，第二项为距离弯曲，在本节的例子中，它对合成孔径期间的回波包络移动可以忽略，即 $R(t_m; R_B) \approx R_B$，但对回波相位的影响必须考虑。

基于上述情况，将式（5.13）代入式（5.12），距离快时间-方位慢时间域信号可写成

$$s(\hat{t}, t_m; R_B) = \sigma_n\mathrm{sinc}\left[\Delta f\left(\hat{t} - \frac{2R_B}{c}\right)\right]a_a(t_m)\exp\left[-j\frac{4\pi}{\lambda}\left(R_B + \frac{(Vt_m)^2}{2R_B}\right)\right] \tag{5.14}$$

即回波包络在二维平面里为一直线，不存在距离与方位向的耦合，从而使方位向的匹配滤波处理简化。

---

① 距离弯曲差是相干期间脉冲回波序列最大的包络时延，M 取 4 或 8 是较严格的，有时可适当放宽。

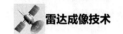

这时方位向匹配滤波的系统匹配函数为

$$s_a(t_m; R_B) = a_a(t_m)\exp[-j\pi\gamma_m(R_B)t_m^2] \tag{5.15}$$

式（5.15）中，多普勒调频率为

$$\gamma_m(R_B) = -\frac{2V^2}{\lambda R_B} \tag{5.16}$$

与距离脉压一样，方位向脉压也可在多普勒域进行，脉压后的输出为

$$s(\hat{t}, t_m; R_B) = \text{IFFT}_{f_a}\{\text{FFT}_{t_m}[s(\hat{t}, t_m; R_B)] \cdot \text{FFT}_{t_m}[s_a(t_m; R_B)]\} \tag{5.17}$$

式（5.17）还可以用合成阵列的概念加以解释，该式中的 $\text{FFT}_{t_m}[s(\hat{t}, t_m; R_B)]$ 相对于阵列录取的数据做波束形成，每一路多普勒输出代表相应指向的波束输出。这里是按远场方式形成波束的，在第 3 章的 3.1.3 节里已经提到过，对某一个点目标，用远场方式处理时，整个阵列中只有一小段起作用，其方位分辨率是不高的。如果把整个阵列分成许多小段，由于阵列实际为近场工作，一定的点目标各小段对它的指向是不同的，因而会在各段的不同多普勒单元有输出。将各小段拼接起来，并将同一目标的各段输出（相对于多方向或宽多普勒）做聚焦处理。这在式（5.17）中相当于乘以 $\text{FFT}_{t_m}[s_a(t_m; R_B)]$ 的匹配滤波处理。

若方位窗函数也是矩形，则式（5.17）可写成

$$s(\hat{t}, t_m; R_B) = C\text{sinc}\left\{\Delta f_r\left[\left(\hat{t} - \frac{2R_B}{c}\right)\right]\right\}\text{sinc}(\Delta f_a t_m) \tag{5.18}$$

式（5.18）中，Δf_a 为多普勒带宽。

可见，对距离徙动不考虑的情况，接收的二维信号成为二维可分离的，通过简单的在距离和方位向分别进行线性调频信号的匹配滤波，就可实现对场景的二维成像。

应当指出，在推导式（5.9）和式（5.15）时都假设信号为矩形窗，这只是为了使结果形式简洁。实际上，应加合适的窗函数，以降低脉压的副瓣。

还要补充说明一点，上面为了说明成像算法原理，举了一个点目标 P 的简单例子，这时只是在图 5.1 的有效合成孔径 L 内录取回波数据。实际总是对一定的条带场景成像，且录取的数据远比 L 所相当的时间长得多。对位于场景参考线上的其他一些点目标，由于系统具有平移不变性，它们的回波的系统响应与 P 点相同，只是在慢时间上有不同的时间。如果在慢时间对所有点目标的回波用系统匹配函数做卷积，则其输出为各点目标的线性和。上面是通过 FFT 在多普勒域做脉压的，由于各点目标回波的系统响应相同，它们的多普勒谱也相同，只是时延在多普勒域多了一个线性相位因子。在多普勒域做方位压缩的匹配滤波后，再变换到慢时间域，则该线性相位因子会使各点目标的像位于相应的位置。至于场景纵

向距离不同的目标，由于到航线的最近距离与 R_B 不同，多普勒调频率［见式（5.16）］应有区别，即沿不同的 R_B 做动态聚焦。

要注意的是这时匹配滤波函数长度较短，而所处理的数据长度要长得多。当在谱域用 FFT 处理时，一般用系统匹配函数长度将数据分段处理后，再拼接成输出数据。这在《数字信号处理》教材里均有讨论，这里不再介绍。

5.2.2　校正线性距离走动的距离-多普勒算法

5.2.1 节讨论的是正侧视情况，且距离弯曲对包络位移的影响可以忽略，属于5.1 节里所说的情况①。本节主要讨论情况②，即波束射线有一定的中心斜视角（θ_0），距离弯曲的影响仍可忽略，但距离走动的影响必须加考虑。

天线斜视时距离走动的情况已在 5.1 节里讨论过，这里不再重复。为了推导回波信号的关系，设图 5.3 中的一合成孔径中心 A 作为慢时间 t_m 的原点，则相干积累区间为 $\left[-\dfrac{T_a}{2}, \dfrac{T_a}{2}\right]$，其中 T_a 为合成相干积累时间。若载机速度为 V，则式（5.7）中的 $(X - X_0)$ 为合成孔径内任一点（坐标为 X）到中心 A 的距离，它等于 Vt_m，将式（5.7）写成慢时间 t_m 的表示式为

$$R(t_m; R_0) \approx R_0 - (V\sin\theta_0)t_m + \frac{V^2\cos^2\theta_0}{2R_0}t_m^2 \qquad (5.19)$$

从式（5.19）及其对慢时间的一阶和二阶导数可以得到描述点目标回波距离和相位变化的一系列参数，它们有：

（1）距离走动率（Range Walk Ratio，RWR），即单位时间点回波的距离走动增量

$$\text{RWR} = \frac{d[(-V\sin\theta_0)t_m]}{dt_m} = -V\sin\theta_0 \qquad (5.20)$$

（2）点目标回波的多普勒中心，即波束射线指向点目标时的回波的多普勒频率（如图 5.3 所示，载机位于 A 点时的瞬时多普勒频率）

$$f_{dc} = -\frac{2}{\lambda} \times \left.\frac{dR}{dt_m}\right|_{t_m=0} = \frac{2V\sin\theta_0}{\lambda} \qquad (5.21)$$

（3）多普勒调频率（$t_m = 0$ 时刻）

$$\gamma_m(R_0) = -\frac{2}{\lambda} \times \frac{d^2R}{dt_m^2} = -\frac{2V^2\cos^2\theta_0}{\lambda R_0} \qquad (5.22)$$

式（5.22）的多普勒调频率不仅与载机速度 V、斜视角 θ_0 有关，而且还与 R_0（$R_0 = R_B\sec\theta_0$）有关。

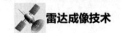

从式（5.21）和式（5.22），可以由几何和运动参数 V,θ_0 和 R_0 求得回波参数 f_{dc} 和 γ_m。反过来，也可从 f_{dc}，γ_m 和 R_0 求得 V 和 θ_0。在实际应用中常根据后一个关系，利用回波参数估计运动和几何参数（载机速度 V 和中心斜视角 θ_0）

$$V = \sqrt{\left(\frac{f_{dc}\lambda}{2}\right)^2 - \gamma_m \frac{R_0\lambda}{2}} \qquad (5.23)$$

$$\theta_0 = \arcsin\left(\frac{f_{dc}\lambda}{2V}\right) \qquad (5.24)$$

以上是对单个点目标回波，而对整个场景的情况可用图 5.4 来说明。图 5.4（a）表示场景中分布有多个点目标，在雷达运动过程中接收到的回波如图 5.4（b）所示，该图中假设在快时间域已作脉压处理，由于存在距离走动，每一个目标的回波序列在二维平面里表现为斜直线。根据上面的假设和说明，距离弯曲可忽略，且所有直线的斜率均相同，而与距离 R_0 无关。

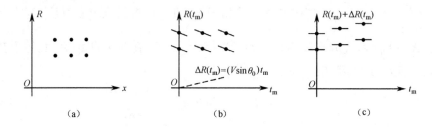

图 5.4　距离走动校正示意图

为了便于在方位向做匹配滤波处理，应设法将二维平面里的回波序列斜线"扳平"。在上述情况下，最简单的方法是将接收到的慢回波序列在快时间域（即相当于图 5.4 中的 R 轴）做时延变换，如图 5.4（b）所示。若将各个 t_m 时回波的斜距 [即 $R(t_m)$] 加上图中虚线所示的距离 $\Delta R(t_m) = (V\sin\theta_0)t_m$，从而得到如图 5.4（c）所示的回波序列，这时的回波序列被"扳平"，而解除了距离和方位的耦合，对"扳平"后的回波序列的方位向匹配滤波是容易实现的。

不过需要指出的是，虽然距离徙动中的一次项（距离走动）与目标距离无关，但其二次项（距离弯曲）还是与距离有关的。前面已经提到，这里讨论的是二次项对包络影响可以忽略的情况，但二次项对相位的影响是必须要考虑的，即应按其产生的多普勒调频率做匹配滤波处理。应当指出，将斜距作 $R + \Delta R(t_m)$ 处理后，同一纵坐标，不同慢时间 t_m 对应于不同的 R_0，其多普勒调频率也会有所不同 [见式（5.33）]，这会影响横向匹配滤波（特别是将其转换到多普勒域处理）。不过，当中心斜视角 θ_0 值不大时，$\Delta R(t_m)$ 值较小，它对多普勒调频率的影响可以不加考虑，这里将其省略。至于更复杂的情况，在后面还要讨论。

在对斜视特点有了较系统的了解后，再转到对录取的回波数据进行成像算法的讨论。

对距离做匹配滤波（脉压）与 5.2.1 节基本相同，即其系统匹配函数为

$$s_r(\hat{t}) = a_r(\hat{t})\exp(-\mathrm{j}\pi\gamma\hat{t}^2) \tag{5.25}$$

做脉压的距离匹配滤波也可在频域借助 FFT 进行，这样做比较简单，也易于做 IFFT 时同时进行距离走动的补偿，使得各次回波的包络对齐（即将回波包络序列"扳平"），这时只要在频域做匹配滤波的同时，乘以需做补偿距离的线性频率相位因子 $\exp\left[-\mathrm{j}4\pi\dfrac{\Delta R(t_m)}{c}f_r\right]$（对应距离移动量随方位时间变化）。即补偿距离走动的脉压信号为

$$s(\hat{t},t_m;R_0) = \mathrm{IFFT}_{f_r}\left\{\mathrm{FFT}_{\hat{t}}[s(\hat{t},t_m;R_0)]\mathrm{FFT}_{\hat{t}}[s_r(\hat{t},t_m;R_0)]\cdot\exp\left(-\mathrm{j}4\pi\dfrac{\Delta R(t_m)}{c}f_r\right)\right\} \tag{5.26}$$

式（5.26）中，将随方位时间变化的斜距 $R(t_m;r)$ 分解成两部分，一是零时刻距离 R_0，二是走动距离 $\Delta R(t_m)$，其值为

$$\Delta R(t_m) = (V\sin\theta_0)t_m \tag{5.27}$$

距离走动校正、距离压缩后，距离向处理已经完成，下面要进行的是方位向处理，此时将式（5.9）的方位响应函数写为

$$s(\hat{t},t_m;R_0) = \sigma_n\mathrm{sinc}\left[\Delta f_r\left(\hat{t}-\dfrac{2R_0}{c}\right)\right]a_a(t_m)\exp\left[-\mathrm{j}\dfrac{4\pi}{\lambda}R(t_m;R_0)\right] \tag{5.28}$$

将式（5.19）、式（5.21）和式（5.22）代入式（5.28），并取式（5.28）中方位向相位历程的前三项，得

$$s(\hat{t},t_m;R_0) = \sigma_n\mathrm{sinc}\left[\Delta f_r\left(\hat{t}-\dfrac{2R_0}{c}\right)\right]a_a(t_m)\exp\left[-\mathrm{j}\dfrac{4\pi}{\lambda}R_0+\mathrm{j}2\pi f_{dc}t_m+\mathrm{j}\pi\gamma_m(R_0)t_m^2\right] \tag{5.29}$$

方位匹配滤波函数为

$$s_a(t_m;R_0) = a_a(t_m)\exp\left[\mathrm{j}2\pi f_{dc}t_m+\mathrm{j}\pi\gamma_m(R_0)t_m^2\right] \tag{5.30}$$

同样，方位匹配滤波也在频域进行，即

$$s(\hat{t},t_m) = \mathrm{IFFT}_{f_a}\left\{\mathrm{FFT}_{t_m}[s(\hat{t},t_m;R_0)]\cdot\mathrm{FFT}_{t_m}[s_a^*(t_m;R_0)]\right\} \tag{5.31}$$

对所有距离单元方位压缩后，就可获得 SAR 图像 $s(\hat{t},t_m)$。

利用驻相点方法[①]，式（5.31）中的 $\mathrm{FFT}_{t_m}[s_a^*(t_m;R_0)]$ 可直接写成

---

① 参见第 3 章 3.3.2 节。

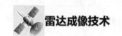

$$\text{FFT}_{t_m}[s_a^*(t_m;R_0)] = s_a^*(f_a;R_0) = \exp\left[j\pi\frac{1}{\gamma_m(R_0)}(f-f_{dc})^2\right] \quad (5.32)$$

这种时域校正线性距离走动的 R-D 成像算法的整个流程如图 5.5 所示。

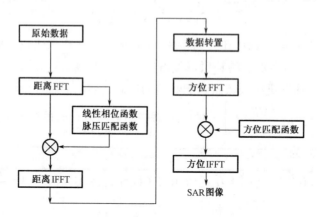

图 5.5 校正线性距离走动的 R-D 成像算法流程

这里要说明一点，如果没有距离走动，或不校正距离走动，距离压缩后，相同距离单元里点目标的斜距 R_0 是相同的。采用时域校正距离走动后，同一距离单元的点目标在 R_0 时刻斜距为 $R_0+\Delta R(t_m)$，从而使多普勒调频率 γ_m 不再是一个固定的常数，这在前面已提到过，它会给慢时间回波信号引入一个三次相位项，使 $\gamma_m(R_0)$ 为 t_m 的函数，即

$$\begin{aligned}\gamma_m(t_m;R_0) &= -\frac{2V^2\cos^2\theta_0}{\lambda[R_0+\Delta R(t_m)]} = -\frac{2V^2\cos^2\theta_0}{\lambda(R_0+V\sin\theta_0 t_m)}\\ &= -\frac{2V^2\cos^2\theta_0}{\lambda R_0} + \frac{2V^3\cos^2\theta_0\sin\theta_0 t_m}{\lambda R_0^2}\end{aligned} \quad (5.33)$$

在这里，认为这项由距离走动校正引入的三次相位项比较小，可以忽略。更复杂的情况将在后面讨论。

下面介绍一组 SAR 实测数据的成像结果，该雷达工作在 X 波段，波长为 0.03m，天线安装于载机的正侧面，天线方位孔径为 $D=1.2$m，对应方位波束宽度约为 1.5°，俯仰波束宽度 θ_L 为 6.7°，波束中心下视角 ψ 为 11.7°。雷达发射 LFM 信号，频带宽度 Δf_r 为 70MHz，脉宽 T_p 为 20μs，即调频率 3.5MHz/μs，脉冲重复频率为 700Hz，载机飞行高度约为 4300m，载机飞行速度约为 110m/s。

采用录取的一段数据作条带模式成像，载机飞行时间共为 45s，约飞行 5.1km，并选用 21.2km 的距离作为条带的中心线，场景中心线的入射角为 11.7°。场景斜距幅宽 $W_r=R_s\sin(\theta_L)/\tan\psi$ 为 12.28km。考虑到距离和方位加权的展宽效应，雷达的距离分辨率为$1.47c/(2\Delta f_r)=3.15\mathrm{m}$（加海明窗），方位分辨率 $\rho_a=1.47D/2=0.882\mathrm{m}$。根据式（5.2）和式（5.3）分别可计算出距离弯曲 $R_q=0.77\mathrm{m}$，场景两端的距离弯曲差 $\Delta R_q=0.44\mathrm{m}$。可见距离弯曲为距离分辨率的 1/4，因此可以忽略。

本数据单视处理能获得比纵向高得多的横向分辨率，为了抑制相干斑，提高成像质量，采用四视处理，即利用 4 个部分波束获得纵向与横向分辨率相当的图像，非相干相加，抑制相干斑。对此段数据采用校正线性距离走动的 R-D 算法，并采用下一章将介绍的运动补偿算法，获得的成像结果如图 5.6 所示。

图 5.6　3m×3m 分辨率 SAR 数据 R-D 算法的成像结果举例（截取部分）

5.2.3　频域校正距离走动和弯曲的距离−多普勒算法

距离徙动主要包括距离走动和距离弯曲，本节主要介绍在多普勒域同时校正距离走动和距离弯曲的算法。

通过讨论可知，对雷达录取的快时间-慢时间（$\hat{t}\text{-}t_m$）正侧视（或小斜视）二维数据做二维匹配滤波，关键之处在于将二维平面里的曲线响应"扳平"（补偿）成平的直线，同时能处理好它的空变性。5.2.2 节里已经通过一个特殊的例子在慢时间域进行了上述处理。

其实，将录取数据从慢时间（t_m）域变换到多普勒（f_a）域，更有利于作上述处理，因为平行于航线上的点目标，其回波响应沿航线具有平移不变性，即在多普勒域里具有相同的响应曲线，只是在多普勒谱里用不同的线性相位标识各自的横向位置。通常对不同垂直距离（R_B）的点目标，其响应具有空变性，这通常也可以用 R_B 作为参数在响应关系式里表示出来。

本节的目的一方面是要将简单的距离多普勒算法推广到距离徙动，虽然不大，

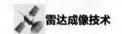

但还是应加以考虑的场合；另一方面是向读者介绍在多普勒域做上述处理时的有关问题。

1. 距离徙动与多普勒的关系

前面讨论雷达至点目标的斜距 R 时均以横距（或慢时间）为自变量，如 $R(t_{\mathrm{m}};R_{\mathrm{B}})=\sqrt{R_{\mathrm{B}}^2+(X_n-X)^2}=\sqrt{R_{\mathrm{B}}^2+(X_n-Vt_{\mathrm{m}})^2}$，式中 R_{B} 和 X_n 为点目标的垂直距离和横坐标，V 和 X 为雷达载机速度和 t_{m} 时刻的横向位置。

回波的多普勒 $f_{\mathrm{a}}=\dfrac{2V}{\lambda}\sin\theta$，其中 θ 为斜视角。令 $f_{\mathrm{aM}}\overset{\Delta}{=}\dfrac{2V}{\lambda}$，即位于载机正前方点目标的回波的多普勒频率（最大多普勒频率），于是斜视角可写成

$$\sin\theta=f_{\mathrm{a}}/f_{\mathrm{aM}} \tag{5.34}$$

$$\cos\theta=\sqrt{1-\left(\frac{f_{\mathrm{a}}\lambda}{2V}\right)^2}=\sqrt{1-\left(\frac{f_{\mathrm{a}}}{f_{\mathrm{aM}}}\right)^2} \tag{5.35}$$

而以 f_{a} 为自变量的斜距 $R(f_{\mathrm{a}},R_{\mathrm{B}})$ 为

$$R(f_{\mathrm{a}},R_{\mathrm{B}})=R_{\mathrm{B}}/\cos\theta=R_{\mathrm{B}}\Big/\sqrt{1-(f_{\mathrm{a}}/f_{\mathrm{aM}})^2}\approx R_{\mathrm{B}}\left[1+\frac{1}{2}(f_{\mathrm{a}}/f_{\mathrm{aM}})^2\right] \tag{5.36}$$

最后一个等式应用了 $f_{\mathrm{a}}/f_{\mathrm{aM}}$ 远小于 1 的近似条件，在斜视角 θ 较小时，这一近似条件总是满足的。

可见在多普勒域里，$R(f_{\mathrm{a}};R_{\mathrm{B}})$ 在垂直距离方向同样具有空变性。

2. 回波信号的多普勒谱

将录取于 $\hat{t}$-t_{m} 二维平面的 P 点回波数据 $s(\hat{t},t_{\mathrm{m}};R_{\mathrm{B}})$ 做 $t_{\mathrm{m}}\to f_{\mathrm{a}}$ 的傅里叶变换，得

$$S_n(\hat{t},f_{\mathrm{a}};R_{\mathrm{B}})=\sigma_n a_{\mathrm{r}}\left[\hat{t}-\frac{2R(f_{\mathrm{a}};R_{\mathrm{B}})}{c}\right]a_{\mathrm{a}}\left[\frac{R_{\mathrm{B}}\lambda f_{\mathrm{a}}}{2V^2\sqrt{1-(f_{\mathrm{a}}/f_{\mathrm{aM}})^2}}\right]\times$$

$$\exp\left[-\mathrm{j}\frac{2\pi}{V}R_{\mathrm{B}}\sqrt{f_{\mathrm{aM}}^2-f_{\mathrm{a}}^2}\right]\exp\left(-\mathrm{j}2\pi f_{\mathrm{a}}\frac{X_n}{V}\right)\times \tag{5.37}$$

$$\exp\left[\mathrm{j}\pi\gamma_{\mathrm{e}}(f_{\mathrm{a}};R_{\mathrm{B}})\left(\hat{t}-\frac{2R(f_{\mathrm{a}};R_{\mathrm{B}})}{c}\right)^2\right]$$

式（5.37）中

$$\frac{1}{\gamma_{\mathrm{e}}(f_{\mathrm{a}},R_{\mathrm{B}})}=\frac{1}{\gamma}-R_{\mathrm{B}}\frac{2\lambda}{c^2}\frac{\sin^2\theta}{\cos^3\theta} \tag{5.38}$$

而 $\sin\theta$ 和 $\cos\theta$ 的值如式（5.34）和式（5.35）所示。

式（5.37）和式（5.38）的结果是从二维时域回波用驻相点法通过傅里叶变

换得到的，有关驻相点法已在第 3 章里 3.2.2 节介绍过，在那里从式（3.30）至式（3.34）对驻相点法的分析过程做了详细推导。第 3 章里讨论的发射信号是单频连续波，而这里是线性调频脉冲，基本方法相同，这里不再详细推导，读者可自己练习。

在 3.2.2 节里也已经指出，用驻相点法计算信号频谱基于信号为缓变的调频波，而在这种情况下，可以用瞬时频率的概念直接计算信号的相位谱。将式（5.37）与第 3 章的式（3.34）相比较，式（5.37）的相位谱里主要是多了第三个指数项，这一项表示回波沿快时间 $\hat{t}$ 做线性调频变化，其线性调频率为 $\gamma_e(f_a; R_B)$ ［见式（5.38）］，它与发射信号的 γ 不同，而且随多普勒 f_a 改变。下面仍用瞬时频率的概念，对式（5.38）的结果直接加以推导。

发射线性调频（LFM）的脉冲为 $a_r(\hat{t})\exp\left[j2\pi\left(f_c t + \frac{1}{2}\gamma\hat{t}^2\right)\right]$，其瞬时频率为 $f = f_c + \gamma\hat{t}$。如果将 LFM 信号视为在不同的快时间 $\hat{t}$ 处有不同的点频，各点频可按单频连续波的方式加以分析，只是要考虑点频到达的时间。然后将各点频的结果加以综合，便可得到 LFM 信号在 $\hat{t}$-f_a 平面里的表示。

将 LFM 脉冲回波的响应，由 $\hat{t}$-t_m 域变换到 $\hat{t}$-f_a 域，在响应曲线的形式上会有明显不同。

图 5.7 所示为单个点目标回波在上述两种不同域的二维平面的响应，图 5.7（a）以慢时间 t_m 为横坐标，设 $t_m = 0$ 时雷达距点目标最近，而在 $t_m \neq 0$ 时斜距增加，于是形成图中的响应曲线。

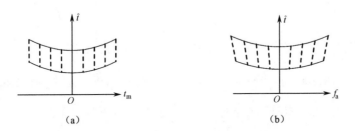

图 5.7　点目标回波在 $\hat{t}$-t_m 域和 $\hat{t}$-f_a 域的二维平面的响应图

在多普勒域里，当 $f_a = 0$ 时，回波情况与上面的相同，因为雷达与点目标最近时，斜视角 $\theta = 0$，因而 $f_a = 0$。但当 $f_a \neq 0$ 时，情况就不一样了，根据瞬时多普勒频率 f_a 与慢时间 t_m 的对应关系，如 t_m 为负时，雷达接近目标，其多普勒频率 f_a 为正。但由于 $f_a = \frac{2Vf}{c}\sin\theta$，对一定的斜视角，信号频率 f 改变时，f_a 随之改变，因此每次发射的 LFM 脉冲回波如图 5.7（b）所示，除 $f_a = 0$ 外，两侧的单

次回波在 $\hat{t}$ - f_a 平面都呈现为斜直线。又由于发射的是相干脉冲，虽然在 $\hat{t}$ - f_a 平面，除 $f_a = 0$ 外，给定的某个 f_a 对应的回波沿快时间变化的数据，并不来自一次回波，但它们仍然呈现为沿快时间变化的 LFM 脉冲，只是线性调频率有所不同，而且是 f_a 的函数。这一现象在式（5.37）里表现为在其中第三个指数项（即快时间信号项）的调频率不再是原来的 γ，而是 f_a 和 R_B 的函数 $\gamma_e(f_a, R_B)$，而

$$\frac{1}{\gamma_e(f_a, R_B)} = \frac{1}{\gamma} - R_B \frac{2\lambda \sin^2\theta}{c^2 \cos^3\theta}$$，即前面的式（5.38）。对这一关系式可加以直接证明如下。

如果 $f_a = 0$，即斜视角为 0，这时 $\gamma_e(f_a, R_B)$ 与原信号的 γ 相同；而当 θ 不为 0 时，$\gamma_e(f_a, R_B)$ 的值会有所减小。当斜视角 θ 不为 0 时，对于某一点目标的单次发射脉冲的回波，它在 t_m 和 f_a 域的表现是不同的。如图 5.8（a）所示，在 t_m 域单次脉冲回波当然应位于同一时刻，但在 f_a 域则不一样，由于 $f_a = \dfrac{2Vf}{c}\sin\theta$，雷达到该点目标回波的斜视角为 θ，而不同的信号频率 f 对应于不同的 f_a，如图 5.8（a）所示。同一点目标的单次脉冲回波，由于信号频率 f 随快时间 $\hat{t}$ 改变，它在 $\hat{t}$ - f_a 平面应为斜直线。也就是说，在 $\hat{t}$ - f_a 平面中表现在同一 f_a 沿 $\hat{t}$ 分布的回波实际并不是来自同一发射脉冲（只有 $f_a = 0$，即 $\theta = 0$ 时例外）。因此，有必要分析在 $\hat{t}$ - f_a 域里某一 f_a 值所对应的沿 $\hat{t}$ 变化的数据是怎样的。

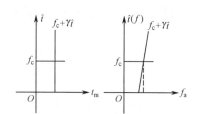 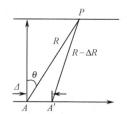

（a）单次 LFM 信号回波在两个不同平面　　（b）计算同一 f_a 而 f 不同时的时延

图 5.8　说明 $\hat{t}$ - f_a 平面 LFM 信号线性调频率 $\gamma_e(f_a, R_s)$ 的成因

如图 5.8（b）所示，对信号频率 f_c，当雷达位于图中 A 点时，斜视角为 θ，则其多普勒频率 $f_a = \dfrac{2V}{\lambda}\sin\theta = \dfrac{2Vf_c}{c}\sin\theta$。若信号为线性调频波，当频率 f 变换到 $f_c + \Delta f$（设 $\Delta f = \gamma\Delta t$）时，其多普勒频率会变到 $\dfrac{2Vf}{c}\sin\theta$。因此，对频率 $f(= f_c + \Delta f)$ 的点频，其 f_a 会相应加大，于是在上述 f_a 点上，点频为 $f_c + \Delta f$ 的信号不是发自图中的 A 点，而是 A' 点［见图 5.8（b）］，即斜视角为 $\theta - \Delta\theta$，$\Delta\theta$ 为斜视角变化量，而 $\Delta\theta$ 与 Δf 应满足下列关系，即

$$f_{a} = \frac{2Vf_{c}}{c}\sin\theta = \frac{2V(f_{c}+\Delta f)}{c}\sin(\theta-\Delta\theta) \tag{5.39}$$

式（5.39）中，$\Delta f = \gamma\Delta t$。如图 5.8（b）所示，设 A' 和 A 点至点目标的斜距差为 $-\Delta R$，将对应于同一 f_a 的 A' 时点频 $f_c + \Delta f$ 回波数据与 A 点时的点频 f_c 回波数据相比较，其时延为 $\Delta t - \dfrac{2\Delta R}{c}$。

为计算上述时延，从式（5.39）忽略微小量的二次项，可得

$$\sin(\theta-\Delta\theta) = \left(1-\frac{\Delta f}{f_{c}}\right)\sin\theta \tag{5.40}$$

$$\sin\Delta\theta = \frac{\Delta f}{f_{c}}\tan\theta \tag{5.41}$$

由图 5.8（b）的几何关系，得

$$\Delta = R\sin\theta - (R-\Delta R)\sin(\theta-\Delta\theta) \tag{5.42}$$

$$\frac{\Delta}{\sin\Delta\theta} = \frac{R-\Delta R}{\cos\theta} \tag{5.43}$$

同样忽略微小量的二次项，上两式可写成

$$\Delta = R\frac{\Delta f}{f_{c}}\sin\theta + \Delta R\sin\theta \tag{5.44}$$

$$\Delta\cos\theta = R\sin\Delta\theta \tag{5.45}$$

由式（5.40）、式（5.43）、式（5.44）和式（5.45），可解得

$$\Delta R = R_{B}\frac{\Delta f}{f_{c}}\frac{\sin^{2}\theta}{\cos^{3}\theta} \tag{5.46}$$

因此，为了得到同样的 f_a 而在 A' 点发射 $f = f_c + \Delta f$（$\Delta f = \gamma\Delta t$）的点频信号，其回波与发射点频 f_c（在 A 点）相比较，在快时间上的时延为 $\Delta t' = \Delta t - \dfrac{2\Delta R}{c}$，设在 f_a 域里沿快时间的调频率为 $\gamma_{e}(f_{a};R_{B})$，则从上述关系可得

$$\frac{\Delta f}{\gamma_{e}(f_{a};R_{B})} = \frac{\Delta f}{\gamma} - \frac{2R_{B}\Delta f}{cf_{c}}\times\frac{\sin^{2}\theta}{\cos^{3}\theta} = \frac{\Delta f}{\gamma} - 2R_{B}\Delta f\frac{\lambda\sin^{2}\theta}{c^{2}\cos^{3}\theta} \tag{5.47}$$

其中 γ_e 的结果与式（5.38）相同。

3. 匹配滤波

匹配滤波通常在频域进行，因为在频域只需要乘以系统匹配频率函数即可，在二维可分离的情况下，再通过逆傅里叶变换，便可得到重建的场景图形。为此，可先将式（5.37）的点目标回波基频信号 $S_{n}(\hat{t},f_{a};R_{B})$ 从 $\hat{t}$-f_{a} 域变换到 f_{r}-f_{a} 域，即作 $\hat{t}\to f_{r}$ 的傅里叶变换。这是 LFM 信号的傅里叶变换，其结果为

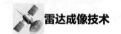

$$S_n(f_r, f_a; R_B) = \sigma_n a_r \left[-\frac{f_r}{\gamma_e(f_a; R_B)} \right] a_a \left[\frac{R_B \lambda f_a}{2V^2 \sqrt{1 - (f_a/f_{aM})^2}} \right] \times$$

$$\exp\left(-j\frac{2\pi}{V} R_B \sqrt{f_{aM}^2 - f_a^2} \right) \exp\left(-j2\pi f_a \frac{X_n}{V} \right) \times \qquad (5.48)$$

$$\exp\left[-j\pi \frac{f_r^2}{\gamma_e(f_a; R_B)} \right] \exp\left\{ -j\frac{4\pi}{c} \left[R_B + \frac{1}{2} R_s (f_a/f_{aM})^2 \right] f_r \right\}$$

式（5.48）中的第四个指数项是由于信号在 $\hat{t}$ 域有 $\dfrac{2R(f_a; R_B)}{c}$ 的时延而产生的，只是做了一些近似，这将在下面说明。

匹配滤波在二维可分离的情况下，只要用匹配频率函数抵消信号中的非线性相位项即可，这是比较容易实现的，但此前还需要将二维信号变换成二维可分离的，即设法解除二维之间的耦合；形象地说，也就是将回波的二维响应曲线"扳平"。

响应曲线的弯曲表现在公式在 $\hat{t}$ 的时延 $\dfrac{2R(f_a; R_B)}{c}$ 上，$R(f_a; R_B)$ 在 $f_a = 0$ 时等于 R_B，而在 $|f_a|$ 加大时随之增大，且弯曲程度与 R_B 有关。

本节所讨论的范围是指，距离徙动的影响要加以考虑，但场景内的相对距离徙动差可以忽略，即近似认为场景中响应曲线的弯曲相同，而与点目标到航线的最近距离 R_B 的远近无关。为此，将 $R(f_a; R_B)$ 做如下近似

$$R(f_a; R_B) \approx R_B \left[1 + \frac{1}{2} (f_a/f_{aM})^2 \right] \approx R_B + \frac{1}{2} R_s (f_a/f_{aM})^2 \qquad (5.49)$$

式（5.49）中后一个近似等式，是将距离徙动项的 R_B 用场景中心线的最近距离 R_s 代替，即距离徙动统一用 $\dfrac{1}{2} R_s (f_a/f_{aM})^2$ 表示，忽略了相对距离徙动差。在式（5.48）中的第四个指数项已经采用了这一近似。

为了在 $\hat{t}$ - f_a 域将弯曲的响应曲线扳平，即以 $f_a = 0$ 为准〔这时 $R(f_a; R_B) = R_B$〕，将其他 f_a 值时的回波数据沿 $\hat{t}$ 轴前移 $\dfrac{R_s}{c} (f_a/f_{aM})^2$。这在 f_r 域里是容易实现的，只要乘以指数 $\exp\left[j(2\pi/c) R_s (f_a/f_{aM})^2 f_r \right]$ 即可。

为此，对式（5.48）进行二维去耦合脉压匹配滤波，分别乘以下列频率函数：

（1）二维去耦

$$H_{21}(f_r, f_a; R_s) = \exp\left[j\frac{2\pi R_s}{c} (f_a/f_{aM})^2 f_r \right] \qquad (5.50)$$

（2）距离脉压

$$H_{22}(f_r, f_a; R_s) = \exp\left[j\pi \frac{1}{\gamma_e(f_a; R_s)} f_r^2 \right] \qquad (5.51)$$

式（5.51）中，将原 $\gamma_{\mathrm{e}}(f_{\mathrm{a}};R_{\mathrm{B}})$ 中的 R_{B} 用 R_{s} 代替，即忽略场景内回波等效线性调频率的空变性。

将上两频率函数乘以式（5.48）的回波信号，使信号完成二维去耦合距离脉压，并用逆傅里叶变换，将信号从 f_{r} - f_{a} 域变换到 $\hat{t}$ - f_{a} 域，然后再进行方位脉压，在作方位脉压时可作动态聚焦处理。

（3）方位脉压

$$H_3(\hat{t},f_{\mathrm{a}};R_{\mathrm{B}}) = \exp\left(\mathrm{j}\frac{2\pi}{V}R_{\mathrm{B}}\sqrt{f_{\mathrm{aM}}^2 - f_{\mathrm{a}}^2} \right) \tag{5.52}$$

将此函数与式（5.51）信号相乘，并进行方位逆傅里叶变换，将信号变换到 $\hat{t} - t_{\mathrm{m}}$ 域，即完成了方位压缩，压缩后场景图像为

$$s(\hat{t},t_{\mathrm{m}};R_{\mathrm{B}}) = \sigma_n\mathrm{sinc}\left[\Delta f_{\mathrm{r}}\left(\hat{t} - \frac{2R_{\mathrm{B}}}{c} \right) \right]\mathrm{sinc}\left[\Delta f_{\mathrm{a}}\left(t_{\mathrm{m}} - \frac{X_n}{V} \right) \right] \tag{5.53}$$

这样就完成了整个频域校正距离走动和距离弯曲的距离-多普勒成像处理，此算法流程如图 5.9 所示。

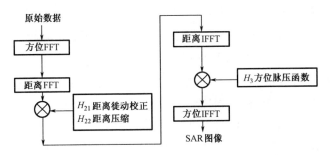

图 5.9　频域校正距离走动和距离弯曲的算法流程

下面用一组 SAR 实测数据进行成像，该雷达工作在 X 波段，天线安装于载机的正侧面，天线方位孔径 $D=0.4\mathrm{m}$，相应的方位波束宽度约为 4.5°，波束中心下视角 ψ 为 23°。雷达发射 LFM 信号，频带宽度 Δf_{r} 为 180MHz，采样频率为 200MHz，脉宽 T_{p} 为 $10\mu\mathrm{s}$，脉冲重复频率 PRF 为 1666.7Hz，载机飞行高度约为 5000m，载机飞行速度约为 110m/s。

这里选用 12.8km 的距离作为条带的中心线，对应的入射角为 23°。场景斜距宽带 W_{r} 为 1.5km。考虑距离和方位加权展宽效应，雷达的距离分辨率为 $1.47c/(2\Delta f_{\mathrm{r}})=1.23\mathrm{m}$（加海明窗），方位分辨率为 $\rho_{\mathrm{a}}=1.47D/2=0.294\mathrm{m}$。根据式（5.2）和式（5.3）可分别计算出距离弯曲 $R_{\mathrm{q}}=4.16\mathrm{m}$，它是不能忽略的，而场景两端的距离弯曲差 $\Delta R_{\mathrm{q}}=0.49\mathrm{m}$，相对距离弯曲差为距离分辨率的 2/5，因此基本可以忽略。

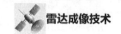

对某段数据采用频域校正距离走动和弯曲的 R-D 算法，并在运动补偿和四视处理后，获得的成像结果如图 5.10 所示。

图 5.10   X 波段 1m×1m 分辨率 SAR 数据成像结果举例（截取部分）

5.2.4   时域校正距离走动并频域校正距离弯曲的距离–多普勒算法

5.2.3 节讨论了距离徙动需要考虑而相对距离徙动差可以忽略的情况，这种情况主要是在频域校正距离徙动，它适用于正侧视或小斜视的场合。这一节将算法推广到距离徙动的情况相同，而斜视角较大的情况。这时对距离徙动的校正分两步进行：首先在时域校正距离走动的主要部分，然后转到距离频率–方位频率（多普勒）域进行剩余的距离走动和距离弯曲的校正。

图 5.11 是斜视工作时载机与点目标的几何关系，以及斜距 R 与慢时间 t_m 的关系。在图 5.11 中，载机沿航线直线匀速（速度为 V）运动，点目标 P 的最近距离为 R_B。设以载机位于 A 点时的时刻作为慢时间的起点，这时波束射线与通过 P 点而与航线的平行线相交于 B 点，即 $t_m = 0$ 时射线指向 B 点，故将 B 点作为该平行线上慢时间的起点。

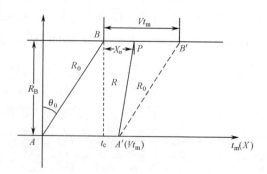

图 5.11   斜视工作时载机与点目标的几何关系

经过 t_m 后，载机移动到 A' 点，其横坐标为 Vt_m，设点目标 P 与 B 点之间的横距为 X_n，则从 $\triangle\, A'PB'$ 可得斜距 $R(t_m;R_B)$ 与 t_m 的关系式为

$$R(t_m, R_0) = \sqrt{(Vt_m - X_n)^2 + R_0^2 - 2R_0(Vt_m - X_n)\sin\theta_0} \tag{5.54}$$

式（5.54）中，R_0 和 θ_0 的定义与图 5.3 相同，由于 $|Vt_m - X_n| \ll R_0$，将式（5.54）在 $X = X_n$ 处作泰勒级数展开，只保留 $(Vt_m - X_n)$ 二次以下的项，得

$$R(t_m, R_0) = R_0 - (t_m - X_n/V)V\sin\theta_0 + \frac{V^2\cos^2\theta_0}{2R_0}(t_m - X_n/V)^2 \tag{5.55}$$

$$= \sqrt{R_0^2 + V^2\cos^2\theta_0(t_m - X_n/V)^2} - (t_m - X_n/V)V\sin\theta_0$$

式（5.55）中的第一个等式已在 5.1 节里应用过［见式（5.8）］。

线性距离走动校正曾在 5.2.2 节里讨论过，这里也采用类似的方法，首先将式（5.9）的回波基频信号从 $\hat{t}$-t_m 域变换到 f_r-t_m 域，得

$$S_1(f_r, t_m; R_0) = a_r\left(f_r/\gamma\right)a_a(t_m - t_c)\exp\left(-\mathrm{j}\pi\frac{f_r^2}{\gamma}\right)\times$$

$$\exp\left[-\mathrm{j}\frac{4\pi}{c}R(t_m; R_0)f_r\right]\exp\left[-\mathrm{j}\frac{4\pi}{\lambda}R(t_m; R_0)\right] \tag{5.56}$$

$$= a_r\left(f_r\right)a_a(t_m)\exp\left(-\mathrm{j}\pi\frac{f_r^2}{\gamma}\right)\exp\left[-\mathrm{j}\frac{4\pi}{c}R(t_m; R_0)(f_r + f_c)\right]$$

式（5.56）中的后一个指数中包含线性距离走动项。

先将其中的线性距离走动分量加以校正，即在距离频域乘以相反的线性走动分量项

$$H_1(f_r, t_m; R_0) = \exp\left[\mathrm{j}4\pi\frac{\Delta R(t_m)}{c}(f_r + f_c)\right] \tag{5.57}$$

式（5.57）中，$\Delta R(t_m) = -(V\sin\theta_0)t_m$。补偿后目标的距离与 t_m 的关系为

$$R_1(t_m) = R(t_m) - \Delta R(t_m) = \sqrt{R_0^2 + V^2\cos^2\theta_0(t_m - X_n/V)^2} + X_n\sin\theta_0 \tag{5.58}$$

$$= \sqrt{R_0^2 + V^2\cos^2\theta_0(t_m - X_n/V)^2} + X_n\sin\theta_0$$

从式（5.58）可以看出，通过上述补偿后，相当于速度变为 $V\cos\theta_0$，多普勒中心频率也从原来的 $f_{dc} = \dfrac{2V\sin\theta_0}{\lambda}$ 补偿为零。这时式（5.56）可化为

$$S_2(f_r, t_m; R_0) = a_r\left(f_r\right)a_a(t_m)\exp\left(-\mathrm{j}\pi\frac{f_r^2}{\gamma}\right)\exp\left[-\mathrm{j}\frac{4\pi}{c}R_1(t_m; R_0)(f_r + f_c)\right] \tag{5.59}$$

然后对方位向也求傅里叶变换，转到距离频率-方位频域，得

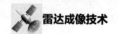

$$S_n(f_r, f_a; R_0) = \sigma_n a_r \left[\frac{f_r}{\gamma_e(f_a; R_0)} \right] a_a \left[\frac{R_0 \lambda f_a}{2V^2 \cos^2\theta_0 \sqrt{1-(f_a/f_{aM})^2}} \right] \times$$

$$\exp\left[-j\frac{4\pi}{c} X_n \sin\theta_0 (f_r + f_c) \right] \times$$

$$\exp\left[-j\frac{2\pi}{V\cos\theta_0} R_0 \sqrt{f_{aM}^2 - f_a^2} \right] \exp\left(-j2\pi f_a \frac{X_n}{V} \right) \times \qquad (5.60)$$

$$\exp\left[-j\pi \frac{f_r^2}{\gamma_e(f_a; R_0)} \right] \exp\left\{ -j\frac{4\pi}{c} \left[R_0 + \frac{1}{2} R_{s0} (f_a/f_{aM})^2 \right] f_r \right\}$$

式（5.60）中，$f_a = \dfrac{2V\cos\theta_0 \sin\theta}{\lambda}$，$f_{aM} = \dfrac{2V\cos\theta_0}{\lambda}$，$R_{s0}$ 为场景中心线处的射线

斜距，且 $\sin\theta = \dfrac{f_a}{f_{aM}} = \dfrac{\lambda f_a}{2V\cos\theta_0}$，$\cos\theta = \sqrt{1 - \left(\dfrac{\lambda f_a}{2V\cos\theta_0} \right)^2}$，等效调频率为

$$\frac{1}{\gamma_e(f_a, R_0)} = \frac{1}{\gamma} - R_0 \frac{2\lambda \sin^2\theta}{c^2 \cos^3\theta} \approx \frac{1}{\gamma} - \frac{2\lambda R_{s0} \left(\dfrac{\lambda f_a}{2V\cos\theta_0} \right)^2}{c^2 \left[\sqrt{1 - \left(\dfrac{\lambda f_a}{2V\cos\theta_0} \right)^2} \right]^3}$$。其中，最后一个指数项

中的距离弯曲部分采用了 $R_0 = R_{s0}$ 的近似，即设场景中各处的距离弯曲可用场景中心点处的值近似。

为了对线性调频率的 $\gamma_e(f_a, R_B)$ 进行距离脉冲压缩，同时进行距离徙动校正，应设立频率函数

$$H_2(f_r, f_a; R_{s0}) = \exp\left\{ j\pi \frac{1}{\gamma} f_r^2 - j\pi \frac{2\lambda R_{s0} \left(\dfrac{\lambda f_a}{2V\cos\theta_0} \right)^2}{c^2 \left[\sqrt{1 - \left(\dfrac{\lambda f_a}{2V\cos\theta_0} \right)^2} \right]^3} f_r^2 \right\} \times$$

$$\exp\left[\frac{2\pi R_{s0}}{c} \left(\frac{\lambda f_a}{2V\cos\theta_0} \right)^2 f_r \right] \qquad (5.61)$$

将此函数与式（5.60）在 f_r-f_a 域的回波信号相乘，并进行距离逆傅里叶变换，将信号变换到 $\hat{t}$-f_a 域，即完成了距离脉冲压缩，距离徙动校正。信号在 $\hat{t}$-f_a 域为

$$S_n(\hat{t}, f_a; R_0) = \sigma_n \operatorname{sinc}\left[\Delta f_r\left(\hat{t} - \frac{2(R_0 + X_n \sin\theta_0)}{c}\right)\right] a_a\left[\frac{R_0 \lambda f_a}{2V^2\sqrt{1 - (f_a/f_{aM})^2}}\right] \times$$

$$\exp\left(-\mathrm{j}\frac{4\pi}{c} X_n \sin\theta_0 f_c\right)\exp\left(-\mathrm{j}\frac{2\pi}{V\cos\theta_0} R_0\sqrt{f_{aM}^2 - f_a^2}\right) \times \qquad (5.62)$$

$$\exp\left(-\mathrm{j}2\pi f_a \frac{X_n}{V}\right)$$

下面，对式（5.62）第二个指数项，即方位调制项做方位脉冲压缩处理，此方位频域匹配函数为

$$H_3(\hat{t}, f_a; R_0) = \exp\left(\mathrm{j}\frac{2\pi}{V\cos\theta_0} R_0\sqrt{f_{aM}^2 - f_a^2}\right) \qquad (5.63)$$

将此函数与式（5.62）的信号相乘，并进行 f_a - t_m 的逆傅里叶变换，将信号变换到 $\hat{t}$ - t_m 域，即完成了方位向的压缩，压缩后的信号为

$$s(\hat{t}, t_m; R_0) = \sigma_0 \operatorname{sinc}\left\{\Delta f_r\left[\hat{t} - \frac{2(R_0 + X_n \sin\theta_0)}{c}\right]\right\}\exp\left(-\mathrm{j}\frac{4\pi}{c} X_n \sin\theta_0 f_c\right) \times$$

$$\operatorname{sinc}\left[\Delta f_a\left(t_m - \frac{X_n}{V}\right)\right] \qquad (5.64)$$

式（5.64）中，Δf_r 和 Δf_a 分别为信号的频带宽度和多普勒带宽。

从式（5.64）看出，所获得的图像如 5.2.2 节中校正线性距离走动 R-D 算法一样具有几何形变，在距离方向有 $X_n \sin\theta_0$ 的移动和方位方向 $(R_0 - R_{s0})\sin\theta_0$ 的移动。因此需要对它作几何校正。

图 5.12 给出了本方法校正距离走动和距离弯曲的过程，经过第一步的时域距离走动校正后，距离徙动就剩下了以参考斜距为中心的距离弯曲了，然后通过第二步来校正距离弯曲。之所以没有完全采用前一节的全都在频域进行全部距离徙动的校正和压缩的方法，是因为在成像处理中通常采用方位分段（分孔径）处理，分段校正的成像方法。由于斜视时存在大的多普勒中心频率值，若采用前一节的方法，会在各段的交界处出现跳跃现象。这种现象源于前一节通过距离频率-方位频率域进行距离走动和距离弯曲校正的过程，它与式（5.35）视角的余弦有关，对相同的多普勒频率 f_a 单元，由于速度 V 的误差，导致距离走动量校正误差大，而通过改进的方法在距离频率-方位时间域校正，可以避免分段跳跃的产生。图 5.13 所示为校正线性距离走动和距离弯曲的 R-D 成像算法的整个流程。

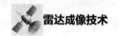
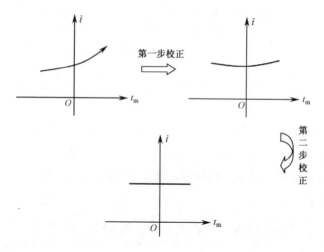

图 5.12　校正距离走动和距离弯曲过程示意图

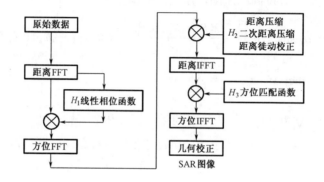

图 5.13　校正线性距离走动和距离弯曲的 R-D 成像算法流程

下面采用实际录取分辨率为 1m×1m 的机载条带 SAR 数据来进行成像，该雷达参数和图 5.10 相同，只不过天线由正侧安装改为斜视，斜视角 θ_0 为 13.4°，因而在成像处理时要改用这里的算法。

同样条带中心线距离 R_{s0} 为 12.8km，场景斜距宽带 W_r 为 1.5km，距离分辨率为 $1.47c/(2\Delta f_r)=1.23$m（加海明窗），方位分辨率为 $\rho_a=1.47D/2=0.294$ m。

由式（5.8）知距离的二次项 $\cos^2\theta_0(X-X_0)^2/(2R_0)$，而由图 5.3 可知，其相干处理长度的最大横偏移量较正侧视大（波束宽度不变），其值为 $R_{s0}\theta_{BW}/(2\cos\theta)$，这时的距离弯曲为 $R_q=\dfrac{1}{8}R_B\theta_{BW}^2=4.16$m，必须考虑，距离弯曲差为 $\Delta R_q=\dfrac{1}{8}W_r\theta_{BW}^2=0.49$m，基本可以忽略。

对这段数据采用校正线性距离走动和距离弯曲的 R-D 成像算法，并做运动补偿和四视处理后，获得的成像结果如图 5.14 所示。

图 5.14　X 波段 1m×1m 分辨率斜视 SAR 的数据成像结果举例（截取部分）

5.3　线性调频变标（CS）算法

5.3.1　正侧视时的线性调频变标算法[4-9]

SAR 正侧视工作时，距离徙动主要是距离弯曲，考虑距离弯曲的影响，而忽略场景中距离弯曲差的算法已经在 5.2.3 节里介绍过。在这一节里，主要讨论距离弯曲差不能忽略，即必须考虑场景纵深沿距离弯曲的空变性情况。

距离弯曲的补偿通常在多普勒域进行，其斜距与 f_a 的关系为：$R(f_a, R_B) = R_B + \dfrac{1}{8}\left(\dfrac{\lambda}{V}\right)^2 \cdot f_a^2 R_B$ ［见式（5.6）］，式中 R_B 为点目标至航线的垂直距离。为了书写方便，令 $\dfrac{1}{8}\left(\dfrac{\lambda}{V}\right)^2 \cdot f_a^2 = A_{f_a}$，对一定的 f_a，A_{f_a} 为常数，当 f_a 为某一 f_{a1} 时，该常数写成 $A_{f_{a1}}$，当 f_a 为 0 时，$A_0 = 0$。

以 f_a 为参变数，R 和 R_B 的关系如图 5.15 所示，当 $f_a = 0$ 时，$R(0, R_B) = R_B$，而当 $f_a = f_{a1}$ 时，$R(f_{a1}, R_B) = (1 + A_{f_{a1}})R_B$。后者由于有变标因子（也称尺度因子）$(1 + A_{f_{a1}})$，所以具有较大的斜率，而两直线的纵坐标之差，即 f_{a1} 处的距离弯曲值随 R_B 增加而加大，表现了距离弯曲的空变性。

为了便于操作，这时距离弯曲补偿可分两步进行，第一步是以场景中心线（$R_B = R_s$）上的点目标为基准，将其他不同 R_B 时的距离弯曲校正得和它一样，即先消除距离弯曲的空变性；第二步再对整个场景的距离弯曲做统一的平移补偿。后一步骤在 5.2.3 节里已经研究过了，这里主要讨论前一个步骤。

为了以 $R_B = R_s$ 为基准，相当将图 5.15 中的 B 点作为基准点，这时通过 B 点的直线可写成 $R(f_{a1}, R_B) - R(f_{a1}, R_s) = (1 + A_{f_{a1}})(R_B - R_s)$，即

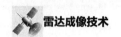

$$\Delta_s R(f_{a1}, R_B) = (1 + A_{f_{a1}})\Delta_s R_B \qquad (5.65)$$

式（5.65）中，$\Delta_s R(f_{a1}, R_B) = R(f_{a1}, R_B) - R(f_{a1}, R_s)$，$\Delta_s R_B = R_B - R_s$。即距离徙动差（以 B 点为基准）的关系也有变标因子 $(1 + A_{f_{a1}})$。

为了将不同 R_B 的距离徙动校正成一样，应将通过 B 点的直线校正成与 $f_a = 0$ 直线相平行的直线，如图 5.15 中过 B 点的虚线所示。也就是要把原直线的变标因子由 $(1 + A_{f_{a1}})$ 变成 1，这称为变标（也称变尺度）处理。

如图 5.15 所示，上述变标处理相当于 B 点处不动，而改变直线的斜率，即 B 点的右边部分下移，而 B 点的左边部分上移，且离 B 点越远，移动值也越大。

实现上述变标处理可以有多种方法，常用的方法之一是线频调变标（CS）算法。

采用这种方法时，点目标回波应保持为线性调频（LFM）信号，它基于大时间带宽积的 LFM 信号（SAR 里总是采用这样的信号）容易实现小的时移原理，这时只需将 LFM 信号的中心频率做小的频移即可。如图 5.16 所示，图上面的实线表示原始的 LFM 信号，而下面的实曲线表示它脉压后的波形。该图上的点线和虚线分别表示原始 LFM 信号的中心频率分别上移和下移 δf 的 LFM 波形，而图下的点线和虚线的脉冲分别表示两者脉压后的波形，其脉冲波形与原始的基本相同，只有 $+\delta f/\gamma$ 和 $-\delta f/\gamma$ 的时移，其中 γ 为 LFM 信号的调频率。这可以做如下证明。

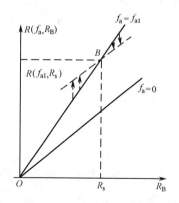

图 5.15　在多普勒域 $R(f_a, R_B)$ 和 R_B 的关系图　　　图 5.16　中心频率偏移和脉压位置关系

设原始 LFM 信号为 $\mathrm{rect}\left(\dfrac{\hat{t}}{T_p}\right)\exp(\mathrm{j}\pi\gamma\hat{t}^2)$，将中心频率做 $\pm\delta f$ 的频移后，LFM

信号为 $\mathrm{rect}\left(\dfrac{\hat{t}}{T_p}\right)\exp[\mathrm{j}(\pi\gamma\hat{t}^2 \pm 2\pi\delta f\hat{t})] = \mathrm{rect}\left(\dfrac{\hat{t}}{T_p}\right)\exp\left\{\mathrm{j}\left[\pi\gamma\left(\hat{t} \pm \dfrac{\delta f}{\gamma}\right)^2 - \pi\dfrac{\delta f^2}{\gamma}\right]\right\}$，该

式中的 $\pi\dfrac{(\delta f)^2}{\gamma}$ 为常数相位项，对脉冲波形没有影响，且 $\dfrac{\delta f}{\gamma} \ll T_p$，它的包络位置

影响很小，所以脉压后的脉冲波形基本不变，只是产生了 $\pm\dfrac{\delta f}{\gamma}$ 的时移。因此，改变频移 δf 的值，便可调控 LFM 信号脉压后的脉冲时移。

上述原理可应用到基于线性调频（LFM）的变标处理中。图 5.17（a）所示为场景条带中心和两侧点目标的 LFM 回波信号，以场景中心作为快时间的原点。变标处理要求中心 LFM 信号保持不动，两侧的信号分别向中心靠拢，且时移量与该信号至中心的时间差成正比。为此，可将两侧 LFM 信号做频移，中心左侧的增加，右侧的减少，且移动量也应与到中心的时间差成正比。这时可在原时间信号上乘以图 5.17（b）所示的缓变 LFM 信号（设其调频率为 $\delta\gamma$），其结果如图 5.17（c）所示。这时所有 LFM 信号的调频率均由 γ 变为 $\gamma+\delta\gamma$，同时中心频率产生 $\delta\gamma\hat{t}_1$ 的频移，$\hat{t}_1$ 为 LFM 信号至中心的时间差，右侧为正，左侧为负。然后对用缓变线频调处理后的 LFM 信号，用调频率 $\gamma+\delta\gamma$ 进行脉压处理，得到如图 5.17（d）所示的脉冲波形，它以场景中心为基准，两侧向中心时移，其时移量为 $\delta\gamma\hat{t}_1/(\gamma+\delta\gamma)$，其中 $\hat{t}_1$ 为 LFM 信号中心频率处相对于场景中心的时间差，这样就完成了 $f_a=f_{a1}$ 时沿快时间 $\hat{t}$ 的变标处理，对所有 f_a 均作同样操作（$\delta\gamma$ 值各不相同）后，便完成了将场景中所有不同 R_B 的距离弯曲均补偿成与场景中心（$R_B=R_s$）处相同的操作。

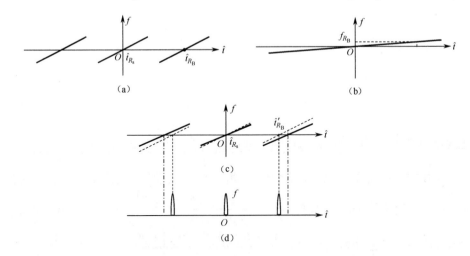

图 5.17　通过线频调变标操作改变点目标回波相位中心示意图

在具体讨论 CS 算法实现中，对 $R(f_a;R_B)$ 的表示式可不用式（5.6）近似，为了更加严格，而直接用式（5.36）中的准确式，即令 $R(f_a;R_B)=R_B a(f_a)+R_B$，其中定义 $a(f_a)=1\big/\sqrt{1-(f_a/f_{aM})^2}-1$ 为 CS 因子。

采用 CS 算法，先在 $\hat{t}$ - f_a 域里将不同 R_B 的曲线的弯曲调整成一样，即将距离 R_B 的空变调整为非空变，然后其后续工作就和 5.2.3 节所述相同，即先对快时间

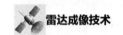

$\hat{t}$ 做傅里叶变换，变到距离频率-方位频率域（f_r-f_a 域），对不同距离 R_B 的回波做统一的时延和脉冲压缩处理。

该算法中，用于改变线性调频率的尺度的线频调变标二次相位函数为

$$H_1(\hat{t}, f_a; R_s) = \exp\left[j\pi\gamma_e(f_a; R_B)a(f_a)\left(\hat{t} - \frac{2R(f_a; R_s)}{c} \right)^2 \right] \qquad (5.66)$$

式（5.66）在 f_a 偏离 0 值时也是 Chirp 函数，因其调频率是很小的，从而对不同距离 R_B 的回波起到 CS 的作用。实际上，式（5.66）中的 $\gamma_e(f_a; R_B)$ 随 R_B 变化较小，为简化计算，$\gamma_e(f_a; R_B)$ 中的 R_B 可用场景中心处的 R_s 代替，下面令所有 $\gamma_e(f_a; R_B)$ 等于 $\gamma_e(f_a; R_s)$。

式（5.37）中的第三个指数项表征了点目标在方位多普勒域的距离信息，将此单独写为

$$P(\hat{t}, f_a; R_B) = \exp\left\{ j\pi\gamma_e(f_a; R_B)\left[\hat{t} - \frac{2R(f_a; R_B)}{c} \right]^2 \right\} \qquad (5.67)$$

将式（5.66）和式（5.67）的线频调变标二次相位函数相乘后，化简为

$$P \cdot H_1 = \exp\left\{ j\pi\gamma_e(f_a; R_B)[1 + a(f_a)]\left[\hat{t} - \frac{2R_B + 2R_s a(f_a)}{c} \right]^2 \right\} \times \exp[j\Theta_\Delta(f_a; R_B)]$$

$$(5.68)$$

式（5.68）中，$\Theta_\Delta(f_a; R_B) = \dfrac{4\pi}{c^2}\gamma_e(f_a; R_B)a(f_a)[1 + a(f_a)](R_B - R_s)^2$ 为由于线频调变标二次相位函数操作引起的剩余相位。

比较式（5.67）和式（5.68），可见线性调频信号的相位中心时刻由 $\dfrac{2R(f_a; R_B)}{c}$ 变换为 $\dfrac{2R_B + 2R_s a(f_a)}{c}$，即由随距离的弯曲 $R_B a(f_a)$ 变换为相同弯曲量 $R_s a(f_a)$。

此相位中心时刻的变化可利用图 5.17 直接计算，假设最近距离为 R_B 的点目标回波信号在多普勒域的相位中心时刻为 $\hat{t}_{R_B} = \dfrac{2R(f_a; R_B)}{c} = \dfrac{2R_B[1 + a(f_a)]}{c}$，场景中心线 R_s 处点目标信号的相位中心时刻为 $\hat{t}_{R_s} = \dfrac{2R(f_a; R_s)}{c} = \dfrac{2R_s[1 + a(f_a)]}{c}$，则式（5.66）中线频调变标二次相位函数的相位中心也为 $\hat{t}_{R_s}$，此二次相位函数在 $\hat{t}_{R_B}$ 时刻的频率为

$$\begin{aligned} \Delta f(f_a; R_B) &= \gamma_e(f_a; R_B)a(f_a)(\hat{t}_{R_B} - \hat{t}_{R_s}) \\ &= \gamma_e(f_a; R_B)a(f_a)\frac{2(R_B - R_s)[1 + a(f_a)]}{c} \end{aligned} \qquad (5.69)$$

因此最近距离为 R_B 的点目标回波信号与线频调变标二次相位函数相乘后，$\hat{t}_{R_B}$ 时刻频率增加 δf，其信号的调频率也增加了 $\gamma_e(f_a; R_B)a(f_a)$，即由原来的等效调频

率 $\gamma_e(f_a; R_B)$ 变为 $\gamma_e(f_a; R_B)[1 + a(f_a)]$，它和式（5.68）第一个指数项调频率相对应。根据图 5.17（c）的关系，零频处的时刻为 $\hat{t}'_{R_B} = \hat{t}_{R_B} - \dfrac{\Delta f(f_a; R_B)}{\gamma_e(f_a; R_B)[1 + a(f_a)]} = \dfrac{2[R_B + a(f_a)R_s]}{c}$，可见通过线频调变标二次相位函数操作，最近距离为 R_B 的点目标信号的相位中心时刻由 $\hat{t}_{R_B}$ 变为 $\hat{t}'_{R_B}$，此结果和式（5.68）第一个指数项的相位中心相同。

对 $\hat{t}\text{-}f_a$ 域信号用此 H_1 的线频调变标二次相位函数相乘后，进行距离傅里叶变换，将信号变换到 $f_r\text{-}f_a$ 域，即

$$
\begin{aligned}
s(f_r, f_a; R_B) = {} & \sigma_n a_r\left\{-\frac{f_r}{\gamma_e(f_a; R_B)[1 + a(f_a)]}\right\} a_a\left[\frac{R_B \lambda f_a}{2V^2\sqrt{1 - (f_a/f_{aM})^2}}\right] \times \\
& \exp\left\{-\mathrm{j}\pi\frac{f_r^2}{\gamma_e(f_a; R_B)[1 + a(f_a)]}\right\}\exp\left\{-\mathrm{j}\frac{4\pi}{c}[R_B + R_s a(f_a)]f_r\right\} \times \\
& \exp\left(-\mathrm{j}\frac{2\pi}{V}R_B\sqrt{f_{aM}^2 - f_a^2}\right)\exp[-j\Theta_\Delta(f_a; R_B)]\exp\left(-\mathrm{j}2\pi f_a\frac{X_n}{V}\right)
\end{aligned}
$$

$$（5.70）$$

式（5.70）中的第一个指数项为距离频域调制相位函数，第二个指数项中 $R_s a(f_a)$ 为 CS 操作后所有点所具有的相同的距离徙动量。

将用于距离压缩、距离徙动校正的相位函数写为

$$
H_2(f_r, f_a; R_s) = \exp\left[\mathrm{j}\pi\frac{1}{\gamma_e(f_a, R_s)[1 + a(f_a)]}f_r^2\right]\exp\left[\frac{\mathrm{j}4\pi R_s a(f_a)}{c}f_r\right] \quad （5.71）
$$

再将此函数与 $f_r\text{-}f_a$ 域信号相乘，并进行距离逆傅里叶变换，然后将信号变换到 $\hat{t}\text{-}f_a$ 域，至此，完成了距离压缩和距离徙动校正。信号在 $\hat{t}\text{-}f_a$ 域为

$$
\begin{aligned}
s(\hat{t}, f_a; R_B) = {} & \sigma_n \mathrm{sinc}\left[B\left(\hat{t} - \frac{2R_B}{c}\right)\right]a_a\left[\frac{R_B \lambda f_a}{2V^2\sqrt{1 - (f_a/f_{aM})^2}}\right]\exp\left(-\mathrm{j}2\pi f_a\frac{X_n}{V}\right) \times \\
& \exp\left(-\mathrm{j}\frac{2\pi}{V}R_B\sqrt{f_{aM}^2 - f_a^2}\right)\exp[-j\Theta_\Delta(f_a; R_B)]
\end{aligned}
$$

$$（5.72）$$

下面进行方位压缩处理，并补偿由线频调变标二次相位函数引起的剩余相位函数，即

$$
H_3(\hat{t}, f_a; R_B) = \exp\left(+\mathrm{j}\frac{2\pi}{V}R_B\sqrt{f_{aM}^2 - f_a^2}\right)\exp[j\Theta_\Delta(f_a; R_B)] \quad （5.73）
$$

补偿剩余相位函数，其信号形式与式（5.48）相同，因此后续的方位压缩处理和上一节相同。

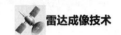

这样就完成了整个线频调变标算法成像处理，此算法流程如图 5.18 所示。

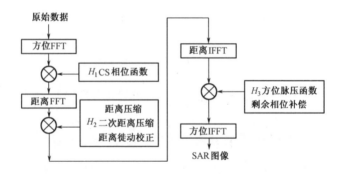

图 5.18　CS 成像算法流程

作为 CS 算法的举例，再选择一段机载 SAR P 波段的数据。该段数据的主要参数如下：SAR 成像方式为正侧视条带模式，雷达工作在 P 波段，电磁波波长 $\lambda = 0.4\text{m}$，天线方位向的孔径长度 $D_a = 1.2\text{m}$，脉冲重复频率 PRF $= 1000\text{Hz}$，脉冲宽度 $T_p = 10\mu\text{s}$，飞机速度 $V = 120\text{m/s}$，发射信号带宽 $\Delta f = 50\text{MHz}$，采样频率 $F_s = 64\text{MHz}$，场景中心距离 $R = 15\text{km}$，条带宽带为 $W = 9.0\text{km}$。

考虑到加权的展宽效应，雷达的距离分辨率为 $1.47 c/(2\Delta f_r) = 4.46\text{m}$。方位分辨率 $\rho_a = 1.47 D/2 = 0.882\text{m}$。但雷达波长较长，且天线横向孔径小，因而天线波束很宽，根据式（5.2）和式（5.3）分别可计算出距离弯曲 $R_q = 96.41\text{m}$，场景两端的距离弯曲差 $\Delta R_q = 57.8\text{m}$。可见距离弯曲和距离弯曲差都不可忽略。因此需要采用 CS 算法。

对此段数据采用 CS 算法，并做运动补偿和四视处理后，获得的成像结果如图 5.19 所示。

图 5.19　机载 P 波段 3m×3m 分辨率采用 CS 算法的成像结果（截取部分）

5.3.2　大斜视情况下的非线性调频的变标算法[10,11]

在原始的 CS 算法中，假设在成像区域内所有回波信号的距离谱调频率 $\gamma_e(f_a; R_B)$ 与垂直距离 R_B 无关，都等于 $\gamma_e(f_a; R_s)$，即对式（5.35）的距离压缩的处理是，采用参考距离 R_s 上的距离压缩等效调频率进行处理。这样处理只是对参考距离上的点目标的距离压缩进行精确补偿，而对其他距离上的点目标只是近似补偿。这样对距离压缩的处理只考虑了等效调频率随多普勒频率的变化，而忽略了其随距离变化的空变特性。这在斜视角较小、小场景成像时能满足聚焦的要求，但在大斜视角、大场景成像时将引起很大的散焦。后来有学者提出一种非线性 CS 算法，它对距离压缩处理，既考虑了距离压缩的调频率随多普勒频率的变化，也考虑了其随距离的线性变化，从而使非线性 CS 算法处理的斜视角数据的性能大大提高。

在斜视情况下，雷达也是以快时间 $\hat{t}$（相当于斜距）和慢时间 t_m（相当于方位）来录取数据的，对条带式成像应以航线为方位轴（X_n），而以其垂直轴为距离轴（R_B），并用条带场景中心线为参考线，参考线与航线平行，其距离为 R_s。随着载机运动，场景上任一点目标 $P(R_B, X_n)$ 的斜距变化方程为

$$R(t_m; r) = \sqrt{R_B^2 + (X_n + Vt_c - Vt_m)^2} \tag{5.74}$$

式（5.74）中，图 5.11 中 B 点的横向时间 t_c 与多普勒中心 f_{dc}，以及与斜视角 θ_0 及垂直距离 R_B 的关系为

$$t_c = \frac{\lambda R_B f_{dc}}{2V^2 \sqrt{1 - (f_a/f_{aM})^2}} = \frac{R_B \tan \theta_0}{V} \tag{5.75}$$

雷达在 $\hat{t}$-t_m 域对点目标接收的回波基频信号为

$$s(\hat{t}, t_m; R_B) = a_r\left[\hat{t} - \frac{2R(t_m; R_B)}{c}\right] a_a(t_m - t_c) \times$$
$$\exp\left[j\pi\gamma\left(\hat{t} - \frac{2R(t_m; R_B)}{c}\right)^2\right] \exp\left[-j\frac{4\pi}{\lambda} R(t_m; R_B)\right] \tag{5.76}$$

对式（5.76）中的快时间 $\hat{t}$ 进行傅里叶变换为

$$S_1(f_r, t_m; R_B) = a_r(f_r) a_a(t_m) \exp\left(-j\pi\frac{f_r^2}{\gamma}\right) \exp\left[-j\frac{4\pi}{c} R(t_m; R_B)(f_r + f_c)\right] \tag{5.77}$$

根据驻相点法对方位慢时间 t_m 进行傅里叶变换为

$$S_2(f_r, f_a; R_B) = a_r(-f_r/\gamma) a_a \left[\frac{-\lambda R_B f_a}{2V^2 \sqrt{(1+f_r/f_c)^2 - (f_a/f_{aM})^2}} - t_c \right] \times$$

$$\exp\left(-j\pi \frac{f_r^2}{\gamma}\right) \exp\left[-j2\pi f_a\left(t_c + \frac{X_n}{V}\right)\right] \exp\left[-j4\pi R_B \sqrt{\left(\frac{f_c+f_r}{c}\right)^2 - \left(\frac{f_a}{2V}\right)^2}\right]$$

$$(5.78)$$

对于窗函数来说，$(1+f_r/f_c)^2 \approx 1$。

定义

$$\Phi(f_r, f_a; R_B) = -4\pi R_B \sqrt{\left(\frac{f_c+f_r}{c}\right)^2 - \left(\frac{f_a}{2V}\right)^2}$$

$$= -\frac{4\pi R_B \cos\theta}{\lambda} \sqrt{1 + \frac{2f_r}{f_c \cos^2\theta} + \frac{f_r^2}{f_c^2 \cos^2\theta}}$$

$$(5.79)$$

式（5.79）中，$\cos\theta = \sqrt{1-(f_a/f_{aM})^2}$ ［见式（5.35）］，$\lambda = c/f_c$。

方位和距离有耦合且相位 $\Phi(f_r, f_a; R_B)$ 随距离变化，只有对它的精确匹配才能得到完全聚焦的图像。各种成像算法都是在不同条件下对它的近似。

下面将它对 f_r 进行泰勒级数展开有

$$\Phi(f_r, f_a; R_B) = \phi_0(f_a; R_B) + \phi_1(f_a; R_B) f_r + \phi_2(f_a; R_B) f_r^2 + \phi_3(f_a; R_B) f_r^3 + \cdots$$

$$(5.80)$$

式（5.80）中

$$\phi_0(f_a; R_B) = -\frac{4\pi R_B \cos\theta}{\lambda} = -\frac{2\pi R_B}{V} \sqrt{f_{aM}^2 - f_a^2}$$

$$(5.81)$$

$$\phi_1(f_a; R_B) = -\frac{4\pi}{c} \times \frac{R_B}{\cos\theta} = -\frac{4\pi}{c} \frac{R_B}{\sqrt{1-(f_a/f_{aM})^2}}$$

$$(5.82)$$

$$\phi_2(f_a; R_B) = \pi R_B \frac{2\lambda \sin^2\theta}{c^2 \cos^3\theta}$$

$$(5.83)$$

$$\phi_3(f_a; R_B) = -\frac{2\pi R_B \lambda^2 \sin^2\theta}{c^3 \cos^5\theta}$$

$$(5.84)$$

在频域，点目标相对于参考距离 R_s 的距离徙动引起的时差 $\Delta\tau(f_a, R_B)$ 为

$$\Delta\tau(f_a, R_B) = \tau_d(f_a, R_B) - \tau_d(f_a, R_s)$$

$$(5.85)$$

假设 $\tau_s(f_a, R_B)$ 是距离为 R_B、多普勒频率为 f_a 的信号，经线频调变标二次相位函数处理后，与 R_s 处的信号时延轨迹一样延时，且 $\tau_s(f_a, R_B)$ 与 $\tau_d(f_a, R_B)$ 交会处的多普勒频率为 f_{dc}，如图 5.20 所示，那么在 f_{dc} 处的 $\Delta\tau(f_{dc}, R_B)$ 为

$$\Delta\tau(f_{dc}, R_B) = \tau_d(f_{dc}, R_B) - \tau_d(f_{dc}, R_s)$$

$$(5.86)$$

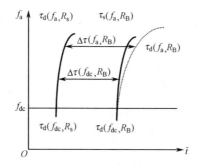

图 5.20　经非线性线频调变标二次相位函数处理的距离移动的示意图

因此经处理后的 $\tau_s(f_a, R_B)$ 也可表示为

$$\begin{aligned}\tau_s(f_a, R_B) &= \tau_d(f_a, R_s) + \Delta\tau(f_{dc}, R_B)\\&= \tau_d(f_a, R_s) + \Delta\tau(f_a, R_B)/\alpha(f_a)\end{aligned}\tag{5.87}$$

$\alpha(f_a)$ 就是需要的用于校正的系数。比较式（5.85）和式（5.86），可得

$$\begin{aligned}\alpha(f_a) &= \frac{\Delta\tau(f_a, R_B)}{\Delta\tau(f_{dc}, R_B)} = \frac{\cos\theta_0}{\cos\theta}\\&= \sqrt{1 - (f_{dc}/f_{aM})^2}\bigg/\sqrt{1 - (f_a/f_{aM})^2}\end{aligned}\tag{5.88}$$

通常的 R-D 算法和原始的 CS 算法只考虑二次相位项。对于适度的斜视角，近似到二次相位项就能满足聚焦精度的要求。但对于大斜视情况，需要考虑三次相位项。另外在距离频域信号的调频率为

$$\begin{aligned}-\frac{1}{\gamma_e(f_a, R)} &= -\frac{1}{\gamma} + \frac{\phi_2(f_r; R_B)}{\pi} = -\frac{1}{\gamma} + R_B \frac{2\lambda\sin^2\theta}{c^2\cos^3\theta}\\&= -\frac{1}{\gamma} + R_B \frac{2\lambda(f_a/f_{aM})^2}{c^2\left[\sqrt{1 - (f_a/f_{aM})^2}\right]^3}\end{aligned}$$

即

$$\frac{1}{\gamma_e(f_a, R_B)} = \frac{1}{\gamma} - R_B \frac{2\lambda(f_a/f_{aM})^2}{c^2\left[\sqrt{1 - (f_a/f_{aM})^2}\right]^3}\tag{5.89}$$

等效调频率 $\gamma_e(f_a, R_B)$ 依存于多普勒频率和点目标的距离，对信号在距离方向的压缩必须满足调频率的这种变化，不同的成像算法对 $\gamma_e(f_a, R_B)$ 进行不同的近似。原始的 R-D 算法用多普勒中心频率和场景中心距离 R_s（参考距离）处的调频率来近似，即用 $\gamma_e(f_{dc}, R_s)$ 来近似。这种近似忽略了等效调频率随多普勒频率和距离变化的空变特性。前面讲过的频域校正距离走动和弯曲的 R-D 算法和原始的 CS 算法虽然考虑等效调频率随多普勒频率的变化，但未考虑它随距离的变化，即用 $\gamma_e(f_a, R_s)$ 来近似。而非线性 CS 算法不仅考虑调频率随多普勒频率的变化，而且

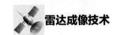

考虑了调频率随距离的线性变化。因此非线性 CS 算法具有原始 CS 算法的思想，且能适应更大的斜视角。

下面来讨论非线性 CS 算法。

在进行非线性 CS 算法处理前，首先将接收到的回波信号变换到 f_r - f_a 域，然后与一调频率为 $Y(f_a)$ 的非线性调频函数 $H_1(f_r)$ 相乘，即有

$$S_{2Y}(f_r, f_a, R_B) = S_2(f_r, f_a, R_B) H_1(f_r) \tag{5.90}$$

$$H_1(f_r) = \exp\left[j\frac{2\pi}{3} Y(f_a) f_r^3 \right] \tag{5.91}$$

式中，$Y(f_a)$ 为待求量。将 $H_1(f_r)$ 与 $S_2(f_r, f_a, R_B)$ 的三次非线性调频量合并，得到一个总的非线性调频率

$$Y_m(f_a) = -\left[Y(f_a) + \frac{3}{2\pi}\phi_3(f_a, R_s) \right] \tag{5.92}$$

这里做了近似处理，可以认为在成像区域内，$\phi_3(f_a, R_B)$ 随距离的变化可以忽略，因此用 $\phi_3(f_a, R_s)$ 替代 $\phi_3(f_a, R_B)$。为方便，将 $Y_m(f_a)$ 记为 Y_m。

三次相位滤波后信号转换到多普勒频率-距离时域为

$$
\begin{aligned}
S_Y(\hat{t}, f_a; R_B) = \frac{1}{2\pi} a_r &\left\{ \frac{\gamma_e(f_a, R_B)}{\gamma}\left[\hat{t} - \tau_d(f_a, R_B) \right] \right\} a_a\left[\frac{-\lambda R_B f_a}{2V^2\sqrt{1-(f_a/f_{aM})^2}} - t_c \right] \times \\
&\exp\left[-j2\pi f_a\left(t_c + \frac{X_n}{V} \right) \right]\exp\left(-j\frac{2\pi}{V} R_B \sqrt{f_{aM}^2 - f_a^2} \right) \times \\
&\exp\left\{ j\pi\gamma_e(f_a, R_B)\left[\hat{t} - \tau_d(f_a, R_B) \right]^2 \right\} \times \\
&\exp\left\{ j\frac{2\pi}{3} Y_m\gamma_e^3(f_a, R_B)\left[\hat{t} - \tau_d(f_a, R_B) \right]^3 \right\}
\end{aligned}
\tag{5.93}
$$

式（5.93）中，$\tau_d(f_a, R_B)$ 是垂直距离为 R_B 的点目标在频域的位置，其对应的时间为

$$\tau_d(f_a, R_B) = \frac{2}{c} \times \frac{R_B}{\cos\theta} = \frac{2}{c} \times \frac{R_B}{\sqrt{1-(f_a/f_{aM})^2}} \tag{5.94}$$

等效调频率 $\gamma_e(f_a; R_B)$ 随多普勒频率和点目标的距离变化，在原始 CS 算法用 $\gamma_e(f_a; R_s)$ 来近似。非线性 CS 算法考虑了调频率随距离的线性变化特性，即

$$\gamma_e(f_a; R_B) \approx \gamma_e(f_a; R_s) + k_s\Delta\tau(f_a, R_B) \tag{5.95}$$

由此进行近似替代。这里 k_s 为等效调频率 $\gamma_e(f_a; R_B)$ 在参考距离 R_s 处随距离的变化率，利用 $R_B = c\tau_d(f_a, R_B)\cos\theta/2$，可以计算出其值为

$$k_s(f_a) = \frac{\mathrm{d}\gamma_e(f_a, R_B)}{\mathrm{d}\tau}\bigg|_{R_0=R_s} = \frac{\mathrm{d}\gamma_e(f_a, R_B)}{\mathrm{d}R_B}\frac{\mathrm{d}R_B}{\mathrm{d}\tau}\bigg|_{R_0=R_s} = \frac{\gamma_e^2(f_a, R_s)}{f_c} \times \frac{\sin^2\theta}{\cos^2\theta} \tag{5.96}$$

下一步在多普勒频率–距离时域进行非线性 CS 操作，CS 操作函数为

$$H_2\left(\hat{t},f_a,R_B\right) = \exp\left\{ j\pi q_2(f_a)\left[\hat{t}-\tau_d(f_a,R_s)\right]^2 - j\frac{2\pi}{3}q_3(f_a)\left[\hat{t}-\tau_d(f_a,R_s)\right]^3 \right\} \quad (5.97)$$

式（5.97）中，$q_2(f_a)$ 和 $q_3(f_a)$ 为待求参数，它们可在 f_r - f_a 域中求得。

CS 操作处理后的信号为

$$S_{Y\alpha}\left(\hat{t},f_a,R_B\right) = S_Y\left(\hat{t},f_a,R_B\right)H_2\left(\hat{t},f_a,R_B\right) \quad (5.98)$$

CS 操作处理后利用驻相点法积分把信号沿距离进行傅里叶变换，即

$$S_{2Y\alpha}\left(f_r,f_a;R_B\right) = a_r\left(\frac{f_r-\delta f_r}{\gamma\alpha}\right)a_a\left[\frac{-\lambda R_B f_a}{2V^2\sqrt{1-(f_a/f_{aM})^2}}-t_c\right] \times$$

$$\exp\left[-j2\pi f_a\left(t_c+\frac{X_n}{V}\right)\right]\exp\left(-j\frac{2\pi}{V}R_B\sqrt{f_{aM}^2-f_a^2}\right) \times \quad (5.99)$$

$$\exp\left[j\Phi\left(f_r,f_a,\Delta\tau\right)\right]$$

式（5.99）中，$\Delta\tau$ 为 $\Delta\tau(f_a,R_B)$ 的缩写。前两个指数项与纵向距离处理无关，$\Phi\left(f_r,f_a,\Delta\tau\right)$ 与纵向距离处理密切相关，它可写为

$$\Phi\left(f_r,f_a,\Delta\tau\right) = A\left(Y_m,q_2,q_3,f_a,f_r,f_r^2,f_r^3\right) + B\left(Y_m,q_2,q_3,f_a\right)\Delta\tau f_r +$$

$$C\left(Y_m,q_2,q_3,f_a\right)\Delta\tau^2 f_r + D\left(Y_m,q_2,q_3,f_a\right)\Delta\tau f_r^2 + \quad (5.100)$$

$$E\left(Y_m,q_2,q_3,f_a,\Delta\tau^2,\Delta\tau^3\right)$$

式（5.100）中，第一项与距离变化无关；第二项为随距离线性变化的距离徙动；第三项为随距离非线性变化的距离徙动，它由于三次相位滤波和式（5.97）的 CS 操作引起；第四项为随距离线性变化的二次距离压缩项；第五项为上述处理产生的残余相位。其他项由于其值相对小得多，这里不予考虑。

通过选择合适的 q_2,q_3,Y_m，可以消除随距离变化的移动项和二次距离压缩项，也就是

$$\begin{cases} B\left(Y_m,q_2,q_3,f_a\right) = 1/\alpha \\ C\left(Y_m,q_2,q_3,f_a\right) = 0 \\ D\left(Y_m,q_2,q_3,f_a\right) = 0 \end{cases} \quad (5.101)$$

当式（5.101）成立时，所有经上述处理后的回波信号的距离徙动和二次距离压缩项已经一致了，由式（5.101）可解得

$$Y_m = \frac{k_s(f_a)\left(\alpha-0.5\right)}{\gamma_e^3(f_a,R_s)\left(\alpha-1\right)} \quad (5.102)$$

$$q_2 = \gamma_e(f_a,R_s)\left(\alpha-1\right) \quad (5.103)$$

$$q_3 = \frac{k_s(f_a)\left(\alpha-1\right)}{2} \quad (5.104)$$

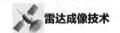

式中，α 为 $\alpha(f_a)$ 的简写，将式（5.102）、式（5.103）和式（5.104）代入式（5.99）可得

$$
\begin{aligned}
S_{2Y\alpha}(f_r, f_a; R_B) = {} & a_r\left(\frac{f_r - \delta f_r}{\gamma\alpha}\right) a_a\left[\frac{-\lambda R_B f_a}{2V^2\sqrt{1-(f_a/f_{aM})^2}} - t_c\right] \times \\
& \exp\left[-j2\pi\tau_d(f_{dc}; R_B)f_r\right] \times \\
& \exp\left\{-j2\pi\left[\tau_d(f_a; R_s) - \tau_d(f_{dc}; R_s)\right]f_r\right\} \times \\
& \exp\left\{-j\frac{\pi f_r^2}{\alpha\gamma_e(f_a; R_s)} + j\frac{2\pi\left[q_3 + Y_m\gamma_e^3(f_a; R_s)\right]f_r^3}{3\alpha^3\gamma_e^3(f_a; R_s)}\right\} \times \\
& \exp\left[-j2\pi f_a\left(t_c + \frac{X_n}{V}\right)\right]\exp\left(-j\frac{2\pi}{V}R_B\sqrt{f_{aM}^2 - f_a^2}\right) \times \\
& \exp\left[j\Delta\phi(f_a; R_B)\right]
\end{aligned}
\tag{5.105}
$$

式中

$$
\delta f_r = (\alpha - 1)\gamma_e(f_a; R_s)\Delta\tau(f_a; R_B)
\tag{5.106}
$$

$$
\Delta\phi(f_a; R_s) = \pi\gamma_e(f_a; R_s)\left(1 - \frac{1}{\alpha}\right)\Delta\tau^2(f_a; R_s) - \frac{\pi k_s(f_a)}{3}\left(1 - \frac{1}{\alpha}\right)\Delta\tau^3(f_a; R_s)
\tag{5.107}
$$

式（5.105）中，第一项为信号距离谱包络；第二项为信号方位谱包络；第三项对应点目标距离，与 CS 算法不同，其距离不是对应横向多普勒频率为零时的距离，而是参考多普勒频率对应处的斜距，相当于存在斜视时的情况；第四项对应参考距离上的距离徙动；第五项对应点目标距离压缩信号；第六项对应点目标方位；第七项对应点目标方位压缩信号；第八项对应剩余相位。

根据式（5.105），可以进行两维的距离压缩和方位压缩处理，首先对 $S_{2Y\alpha}(f_r, f_a; R_B)$ 乘以参考函数 $H_3(f_r, f_a; R_B)$ 有

$$
\begin{aligned}
H_3(f_r, f_a; R_B) = {} & \exp\left\{j2\pi\left[\tau_d(f_a; R_s) - \tau_d(f_{dc}; R_s)\right]f_r\right\} \times \\
& \exp\left\{j\frac{\pi f_r^2}{\alpha\gamma_e(f_a; R_s)} + j\frac{2\pi\left[q_3 + Y_m\gamma_e^3(f_a; R_s)\right]f_r^3}{3\alpha^3\gamma_e^3(f_a; R_s)}\right\}
\end{aligned}
\tag{5.108}
$$

这样就完成了距离压缩和距离的走动。将回到距离多普勒域的信号乘以参考函数，即

$$
H_4(f_a, \tau, R_0) = \exp(j2\pi f_a t_c)\exp\left(j\frac{2\pi}{V}R_B\sqrt{f_{aM}^2 - f_a^2}\right)\exp\left[-j\Delta\phi(f_a; R_B)\right]
\tag{5.109}
$$

从而完成了横向距离压缩和残余相位的补偿，最后做横向 IFFT，就完成了成像的处理。

非线性 CS 算法的具体流程如图 5.21 所示。

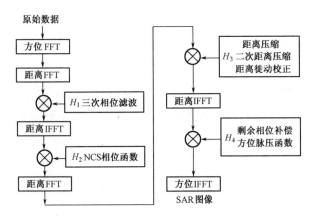

图 5.21　非线性 CS 算法的流程图

滤除三次相位项后，接下来把信号转换到多普勒频率-距离时域以便进行 CS 操作。利用驻相点法进行距离傅里叶逆变换时必须满足以下条件

$$|Y_m| \ll \frac{1}{|2\gamma_e(f_a;R_B)\gamma T_p|} \tag{5.110}$$

式中，$T_p = B/\gamma$，B 为发射信号的带宽。

Y_m 依赖于 α 和 γ，它们都由参考频率 f_{dc} 决定；由式（5.81）可以推算出参考频率 f_{dc} 的限制条件即 $|f_a - f_{dc}| \gg \left|\frac{Bf_{dc}}{f_c}\right|$。也就是说在非线性 CS 算法中为了使剩余三次项系数更小，参考频率的选择必须满足上述条件，即 $|f_a - f_{dc}|$ 越大越好。

另外，可以从式（5.99）看出，CS 操作的副作用是引起距离带宽的变化和频率的移动，即 $\delta f_r = (\alpha - 1)\gamma_e(f_a;R_s)\Delta\tau(f_a;R_B)$，且 $(\alpha - 1) \approx \frac{c^2 f_{dc}}{4f_c^2 B}(f_a - f_{dc})$。这种变化会引起距离压缩和距离徙动校正的困难。而 CS 操作的副作用引起距离带宽的变化和频率移动的变化随 $|f_a - f_{dc}|$ 的增大而变大，为了减小这种副作用，必须使 $|f_a - f_{dc}|$ 越小越好。

与 CSA 算法一样，在对信号进行非线性尺度变换的处理过程中，距离频谱产生了漂移，移动量为 δf_r，它随着 α 的增大，在偏离参考距离较远处，也就是 $\Delta\tau$ 较大时，会使距离向的处理产生失配。因此希望 α 接近于 1，但是当它接近于 1 时，会产生另一个问题，此时 Y_m 值变得很大，这样 $S_{2Y}(f_r, f_a, R_B)$ 中的 f_r^3 项就会变得很大，后面处理结果的前提条件不成立了，这是人们所不希望看到的。

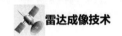

5.4 距离徙动算法（RMA）[4,12,13]

RMA 是在波数域实现场景图像的重建，有关原理和算法已经在第 3 章里介绍过。无论雷达斜视角如何，也不管场景的大小，RMA 都能对整个区域基于散射点模型而不加其他近似条件实现无几何形变的完全聚焦。原理上，它是 SAR 成像的最优实现。

下面再对 RMA 的原理做进一步的讨论，由于有了本章前几节其他算法的介绍，在这里可以将 RMA 和它们做一些对比，从而能对该算法理解得深刻一些。

雷达沿航线运动时，场景中某点目标 $P_n(R_B, X_n)$ 的基频回波 $s_n(\hat{t}, t_m)$ 为

$$s_n(\hat{t}, t_m) = \sigma_n a_a(t_m) a_r\left[\hat{t} - \frac{2R(t_m; R_B)}{c}\right] \exp\left[-j\frac{4\pi}{\lambda}R(t_m; R_B)\right] \quad (5.111)$$

为了与前几节的符号取得一致，这里的 $a_a(\cdot)$ 和 $a_r(\cdot)$ 分别表示回波在方位向和距离向的包络，$R(t_m; R_B)$ 为 t_m 时刻雷达到 P_n 点的斜距，其值为 $R(t_m; R_B) = \sqrt{R_B^2 + (X_n - Vt_m)^2}$。

将式（5.111）的回波信号从快时间域（$\hat{t}$）变换到基频的距离频率域（f_b）。考虑频率 f_c 相应的波数 $K_{Rc} = \dfrac{4\pi f_c}{c}$，其射频 f 和相应基频 f_b（$f_b = f - f_c$）所对应的波数分别为 K_R 和 K_b 表示，则 $K_R = \dfrac{4\pi f}{c}$，$K_b = \dfrac{4\pi f_b}{c}$，即 $K_R = K_{Rc} + K_b$。于是可将式（5.111）变到波数域的变换式，写成

$$\begin{aligned}
S_n(K_R, t_m) &= \sigma_n A_r(K_b) a_a(t_m) \exp\left[-j(K_{Rc} + K_b)\sqrt{R_B^2 + (X_n - Vt_m)^2}\right] \\
&= \sigma_n A_r(K_b) a_a(t_m) \exp\left[-jK_R\sqrt{R_B^2 + (X_n - Vt_m)^2}\right]
\end{aligned} \quad (5.112)$$

将式（5.112）从慢时间域（t_m）变换到多普勒域（f_a），考虑沿航向的波数 K_x 与 f_a 有下列关系，即 $K_x = \dfrac{2\pi f_a}{V}$，于是得基频回波在波数 K_R-K_x 二维平面的表示式（即波数谱）为

$$S_n(K_R, K_x) = \sigma_n A_r(K_b) A_a(K_x) \exp\left[-j\sqrt{K_R^2 - K_x^2}R_B - jK_x X_n\right] \quad (5.113)$$

式（5.113）在积分变换中应用了驻相点法，也忽略了幅度的缓变部分。

在本节的 RMA 的讨论中，并没有提及因距离徙动而引起的响应曲线弯曲等问题。其实，在式（5.113）里，上述所有问题都存在。在本章的 5.1 节里提到过，在二维频率域里，响应曲线的弯曲表现在指数相位项上，式（5.113）的指数相位

项中的 $\exp\left(-\mathrm{j}\sqrt{K_{\mathrm{R}}^{2}-K_{x}^{2}}\,R_{\mathrm{B}}\right) \approx \exp\left\{-\mathrm{j}K_{\mathrm{R}}\left[1-\dfrac{1}{2}\left(\dfrac{K_{x}}{K_{\mathrm{R}}}\right)^{2}\right]R_{\mathrm{B}}\right\}$，它表示在以 K_{x} 为横坐标、K_{R} 为纵坐标的二维空间频率平面里存在距离徙动，其徙动量随 K_{x} 改变，而且与点目标至航线的垂直距离 R_{B} 有关。只是在这里不采用距离补偿将响应曲线"扳平"的办法，而是利用另外一种方式，即在以 K_{x} 为横坐标的平面里，与以 t_{m} 为横坐标的平面不同的是，K_{x} 所对应的 K_{R} 是以一定斜视角指向特定点目标的径向波数向量（在 t_{m} 为各种值时），因此有 $K_{\mathrm{R}}^{2}=K_{x}^{2}+K_{y}^{2}$ 的关系。将 $\sqrt{K_{\mathrm{R}}^{2}-K_{x}^{2}}=K_{y}$ 代入式（5.113），得

$$S_{n}(K_{y},K_{x})=\sigma_{n}A_{\mathrm{t}}(K_{\mathrm{b}})A_{\mathrm{a}}(K_{x})\exp\left(-\mathrm{j}K_{y}R_{\mathrm{B}}-\mathrm{j}K_{x}X_{n}\right) \qquad (5.114)$$

从而得到回波在 K_{y}-K_{x} 平面里的波数谱，通过二维逆傅里叶变换（可分成两个一维分别进行），可以重建点目标 $P_{n}(R_{\mathrm{B}},X_{n})$ 的位置。当场景有众多点目标时，总的波数谱为各点目标波数谱的线性组合。通过逆傅里叶变换可重建众多点目标的位置。

SAR 是以离散的 $\hat{t}$ 和 t_{m} 录取数据的，录取的雷达基频回波数据点位于 $\hat{t}$-t_{m} 平面的矩形网格上；变换到 K_{R}-K_{x} 平面，相应的数据点仍在矩形网格点上。但通过 $K_{y}=\sqrt{K_{\mathrm{R}}^{2}-K_{x}^{2}}$ 将 K_{R} 点变换到 K_{y} 为纵坐标后，数据点不再在矩形网格。通过 Stolt 插值得到与式（5.114）相应的矩形网格点的数据值，相当于将原来的距离弯曲做了补偿。式（5.114）的重建公式是严格的，没有加任何近似，所以从原理上说，距离徙动法是最优的。

距离徙动法公式的推导很简捷，但实际实现要用 Stolt 插值，运算量相当大，甚至比其他算法的运算量都大，而且若插值不精确，会对场景的质量有明显影响。这也是有了这一原理上最优成像算法后还要去研究其他算法的原因，而距离徙动法一般只用于波长较长、分辨率要求较高，从而合成孔径较大，使距离徙动影响大的场合，因为这时采用其他带有近似条件的算法，近似程度往往不够精确。

以上讨论的是正侧视的情况，当 SAR 有一定的斜视角时，RMA 也可以应用。前面推导算法公式（5.111）至式（5.114）时，只是利用了雷达横坐标位置变化与到点目标斜距的关系，对天线波束的指向和宽度并未做任何限制。当 SAR 斜视工作时，雷达与点目标的几何关系如图 5.22（a）所示，其天线中心斜视角为 θ_{0}，该图中的时刻为雷达射线指向点目标 P_{n} 的时刻，亦即雷达位于合成孔径中心。图 5.22（b）表示目标斜距与雷达位置的关系曲线，该图中的粗黑线表示利用到的一段，由于是斜视工作，线段的线性部分表示回波多普勒中心频率的偏移。图 5.22（c）表示点目标 P_{n} 基频回波在 K_{R}-K_{x} 平面里的位置，它在波数域 K_{y}-K_{x} 的支撑区如图 5.22（d）所示。

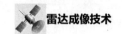

从 K_y - K_x 平面通过逆傅里叶变换可以重建目标位置，这取决于波数谱结构和支撑区宽度，而与波数中心的位置无关。为了便于计算，可将方位的中心频率移到零。该步骤既可采用平移的方法，也可采用坐标旋转的方法。从图 5.22（d）可见，这时的支撑区不是矩形的，当通过逆傅里叶变换做成像处理时，为了数据齐全，只能从该支撑区中取出一块矩形，因此利用率有损失。据此来比较两种将方位中心频率移到零的方法，可知坐标旋转法的利用率较高，但它的插值运算会更麻烦一些。

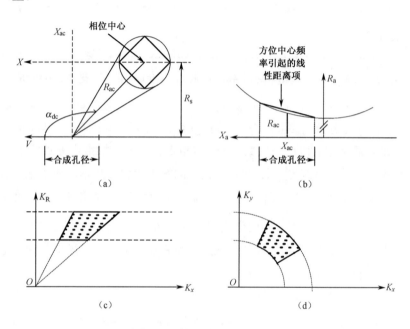

图 5.22　斜视情况的波数关系

在一定条件下 Stolt 插值可加以简化，如果 $K_x \ll K_R$（正侧视工作，且波束宽度不太宽时属于这种情况），则 Stolt 插值可加以近似，即

$$K_y = \sqrt{K_R^2 - K_x^2} = K_R - \frac{1}{2} \times \frac{K_x^2}{K_R} \tag{5.115}$$

式（5.115）表明，K_y 相当于将原 K_R 下移 $\frac{1}{2} \times \frac{K_x^2}{K_R}$，该偏移值不仅与 K_x 有关，而且还与 K_R 有关，不同波数点要有不同的偏移值，运算量大。如果信号的相对频带不太宽时，式（5.115）中近似等式右边第二项里的 K_R 可用中心波数 K_{Rc} 代替，即

$$K_y = \sqrt{K_R^2 - K_x^2} \approx K_R - \frac{1}{2} \times \frac{K_x^2}{K_{Rc}} \tag{5.116}$$

用式（5.116）的近似，偏移量 $\dfrac{1}{2} \times \dfrac{K_x^2}{K_{Rc}}$ 与 K_R 无关，即对同一 K_x，偏移量均相同，因而可使运算简化。这相当于场景中距离徙动差可以忽略的场合。

5.5　极坐标格式算法（PFA）[4, 14, 15]

前面介绍的几种算法主要用于条带模式的 SAR，下面介绍一种用于聚束模式的成像算法。聚束模式用于对场景中特定的小范围区域做详细观测，工作时需调控雷达天线的波束指向，使波束能以较长的时间覆盖指定的区域，增大相干积累角，从而提高横向分辨率。

在这一节里先介绍 PFA。其实这一算法已经在 3.3.4 节里被作为波数域成像的例子介绍过，因此这里不做过多的重复，对其原理和算法只是简单说明，而着重讨论实际问题。

这一算法之所以称为极坐标格式算法，是由于它以极坐标格式录取数据，而不是像条带模式那样以直角坐标（$\hat{t}\text{-}t_m$）录取数据。如图 5.23（a）所示，以 $x\text{-}y$ 表示所需观测的场景，在实际应用中常选择场景中心附近的某特显点作为基准，在录取数据过程中雷达对该基准点精确跟踪，即波束射线和距离基准波门始终对其进行跟踪，并在数据预处理中使该基准点基频回波相位固定在零。将该基准点作为场景坐标的原点，即图 5.23（a）的原点 O。

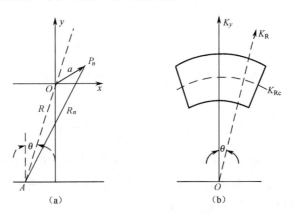

图 5.23　极坐标格式算法

PFA 由于观测的场景小，采用了平面波近似，于是在任一瞬间接收到的有效回波（即所需场景里的目标回波）可用同一指向的波束向量表示，如图 5.23（a）的雷达位于 A 点时，雷达到场景基准点 O 的距离向量为 $\boldsymbol{R}$，则将这时场景中所有点目标回波的波数向量 $\boldsymbol{K}_R$ 均近似为与 $\boldsymbol{R}$ 同向。于是，在 A 点录取的回波数据，

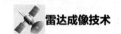

以 $\boldsymbol{K}_R$ 的指向记录在波数平面里。随着载机的运动，波束斜视角 θ 随之改变，即波束向量 $\boldsymbol{K}_R$ 的指向改变，从而可在所需的相干积累角范围内，在波数域里以极坐标格式录取所需的数据。

在 3.3.4 节里曾经提到，原来是以从目标到雷达作为波数向量的指向，但在极坐标格式成像算法里，为了与习惯用法相适用，而改用从雷达到目标作为波数向量的指向。

在平面波近似条件下，计算场景中点目标基频回波的相位，及其波数谱，以及从原始录取的极坐标格式数据通过插值得到直角坐标网格的数据，继而重建点目标在场景的位置等，在 3.3.4 节里都已经详细讨论过，可参阅从式（3.62）至式（3.67）的推导。这里不再重复。

3.3.4 节的分析结果表明，在近似条件完全满足时，场景图像可按一定的分辨率理想地重建，即完全聚焦，且不存在几何形变。实际上，近似条件当然不可能完全满足要求，下面讨论近似条件不满足要求时会发生什么问题，以及为满足近似条件对场景的大小有什么限制。

PFA 的平面波近似主要表现在两个方面，其一是雷达位于某一点［例如图 5.23（a）中的 A 点］时，场景中所需各点目标回波的波数向量指向用雷达到基准点的指向统一表示，这与实际情况有出入；其二是雷达到场景中点目标的距离是用实际距离在波数射线上的投影代替。这里主要讨论第二点产生的影响。

如图 5.23（a）所示，从雷达所在的 A 点到点目标的距离

$$R_n = \sqrt{R^2 + a^2 + 2Ra\sin(\theta + \alpha)} \tag{5.117}$$

式（5.117）中，a 和 α 为点目标 P_n 在以基准点为原点的坐标系的径向距离和幅角[①]。

考虑到 $a \ll R$，将式（5.117）的右边做二项式展开，并忽略 3 次以上的微小量，得

$$R_n \approx R + a\sin(\theta + \alpha) + \frac{a^2}{2R}\cos^2(\theta + \alpha) \tag{5.118}$$

前面的平面波近似只取了式（5.118）中的前两项，为了分析近似条件产生的问题，主要应考虑式（5.118）中的第三项（即 a 的二次项）对回波相位的影响。众所周知，目标的回波相位 φ_n 与其距离的关系为 $\varphi_n = -K_R R_n$，由于要考虑式（5.118）的第三项，会有一相位增量

$$\Delta\varphi_n = -K_R \frac{a^2}{2R}\cos^2(\theta + \alpha) \tag{5.119}$$

---

① 在图 3.18（a）里将点目标的极坐标用 (r_n, θ_n) 表示，意义与这里的 (a, α) 相同。

因为波数域的相位谱对图像的重建有决定性的影响，波数的线性项将确定重建点目标的位置，而其高次项会产生散焦。为此，有必要对平面波近似忽略了的主要相位增量项在实际所起的作用加以讨论。

将式（5.119）的极坐标转换为直角坐标，即 $a\cos\alpha = x$，$a\sin\alpha = y$ 和 $K_R\sin(\theta) = K_x$，$K_R\cos(\theta) = K_y$。为此，可先将式（5.119）中的 $\cos^2(\theta+\gamma)$ 展开成

$$\cos^2(\theta+\alpha) = \cos^2\theta\cos^2\alpha - 2\cos\theta\cos\alpha\sin\theta\sin\alpha + \sin^2\theta\sin^2\gamma \quad (5.120)$$

由于相干积累角只有很小的几度，θ 限制在较小的范围里，因而可采用下列近似：$\cos\theta \approx 1 - \dfrac{\theta^2}{2} \approx 1$，$\cos^2\theta \approx \cos\theta - \dfrac{1}{2}\sin^2\theta$。于是可将式（5.119）改写成

$$\Delta\varphi_n = -\frac{1}{2R}\left[x^2 K_y - 2xy K_x + \left(\frac{x^2}{2} - y^2\right)K_R\sin^2\theta\right] \quad (5.121)$$

设发射脉冲的频宽远小于其中心频率，式（5.121）右边第三项可近似写成 $\left(\dfrac{x^2}{2} - y^2\right)\dfrac{K_R}{K_{Rc}}\sin^2\theta = \left(\dfrac{x^2}{2} - y^2\right)\dfrac{K_x^2}{K_{Rc}}$，而式（5.121）则近似为

$$\Delta\varphi_n = -\frac{1}{2R}\left[x^2 K_y - 2xy K_x + \left(\frac{x^2}{2} - y^2\right)\frac{K_x^2}{K_{Rc}}\right] \quad (5.122)$$

式（5.122）中，右边的前两项为波数域的线性项，它将使重建的点目标的位置产生小的平移，第一项是使点目标按其所在的坐标沿距离向产生 $\dfrac{x^2}{2R}$ 的偏移，而第二项是沿方位项产生 $-\dfrac{xy}{R}$ 的偏移，从而使重建的雷达图像发生几何形变。不过形变量是已知的，这种几何形变可以在图像域加以校正，只是增大了成像处理的工作量。

式（5.122）右边的第三项为波数的二次项，它会使重建的点目标沿方位向散焦。由于二次项的系数与点目标的坐标 (x,y) 有关，补偿是比较麻烦的[①]。在实际应用中，为了不发生严重的散焦，常对可用的场景范围加以限制，要求上述第三项引起的相位变化不超过 $\dfrac{\pi}{4}$，即

$$\left|\frac{\dfrac{x^2}{2} - y^2}{2R K_{Rc}}K_x^2\right| \leqslant \frac{\pi}{4} \quad (5.123)$$

设 K_x 的支撑区为 $\left(-\dfrac{\Delta K_{xM}}{2}, +\dfrac{\Delta K_{xM}}{2}\right)$，则图像的方位分辨率为 $\rho_x = 2\pi/\Delta K_{xM}$。

---

① 为了对该二次项进行补偿，只能将场景分成许多小块，使每一小块里的二次项系数变化很小，然后对每个小块分别补偿成像，再将小块拼接成整个图像。

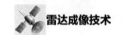

同时设场景范围为 $\left(-\dfrac{x_M}{2}, +\dfrac{x_M}{2}\right)$ 和 $\left(-\dfrac{y_M}{2}, +\dfrac{y_M}{2}\right)$ 并考虑到 $K_{Rc} = \dfrac{4\pi}{\lambda}$，则从式（5.123）

可得允许的场景范围为

$$x_M \leqslant 4\rho_x \sqrt{\frac{R}{\lambda}} \tag{5.124}$$

$$y_M \leqslant 2\rho_x \sqrt{\frac{2R}{\lambda}} \tag{5.125}$$

式（5.124）和式（5.125）是为满足成像质量要求决定 PFA 的成像景物大小的条件。

从上面分析可以看出，在满足远场条件（成像场景的尺寸远小于景物与雷达的距离）的情况下，有以下关系：

（1）雷达波长和景物中心到孔径中心的距离都一定的情况下，方位分辨率越高则能聚焦的景物越小。这是因为要方位分辨率高则合成孔径时间要长，从而距离弯曲增加，引入的高次相位也增大。

（2）在方位分辨率和景物中心到孔径中心的距离都一定的情况下，波长越长（即工作频率越低），则能良好聚焦的景物范围就越小；反之波长越短（或频率越高），则聚焦欠佳的景物范围就越大。

（3）在方位分辨率和波长都一定的情况下，成像景物距离雷达越远，则能聚焦良好的景物越大；反之成像景物距离雷达越近，则聚焦良好的景物的范围就越小。

因此实际算法的应用中，系统参数的设计必须考虑这 3 个因素对算法的影响。另外，PFA 与 PMA 一样都能处理斜视数据，雷达斜视与否并不影响算法的性能。

前面介绍了 RD、CS、RMA 和 PFA 等主要成像算法。RMA 是严格的匹配算法，但需要插值来实现，插值精度对成像质量的影响较大。RD 和 CS 都是可避免插值的算法，并能减少运算量，但这些方法都在一定的近似条件下才适用。CS 成像算法，相对于 RD 算法来说，成像要精确一些，因而获得广泛应用。

5.6 后向投影（BP）算法[16-22]

前面介绍的 RD 算法和 CS 算法属于距离多普勒域算法，RMA 和 PFA 属于两维频域算法，这两类算法都基于方位平移不变性。现代的 SAR 成像正向着超高分辨率、超宽测绘带等方向发展，且 SAR 模式已不再局限于直线轨道。BP 算法可应用于任意运行轨迹的任意成像模式的 SAR 系统，是一种无近似成像算法。

下面详细介绍一下 BP 算法，在这里可以将后向投影算法与本章前几节介绍的两类算法相比较，以便加深对算法的理解。

假设雷达工作模式为聚束模式。图 5.24 给出了聚束 SAR 成像几何，图中假设 SAR 平台沿着任意三维航迹运行，$X(t_{\mathrm{m}})$ 表示平台的横向位置，$Y(t_{\mathrm{m}})$ 表示平台的纵向位置，$Z(t_{\mathrm{m}})$ 表示平台的高度向位置。假设场景中有点目标 P，P 的坐标为 $(x, y, 0)$，那么 P 点到雷达的瞬时斜距 $R(t_{\mathrm{m}})$ 可表示为

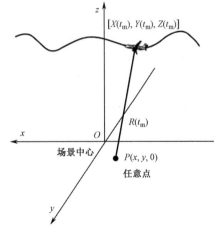

图 5.24　聚束 SAR 成像几何

$$R(t_{\mathrm{m}}) = \sqrt{\left[X(t_{\mathrm{m}}) - x \right]^2 + \left[Y(t_{\mathrm{m}}) - y \right]^2 + Z(t_{\mathrm{m}})^2} \qquad (5.126)$$

与 4.1.2 节提到的时域相关法类似，BP 算法也是针对距离压缩-方位时域的信号进行处理。为此，需要对回波信号进行距离逆傅里叶变换，得到距离压缩后的基带信号，即

$$s(\hat{t}, t_{\mathrm{m}}) = \mathrm{sinc}\left\{ B\left[\hat{t} - \frac{2R(t_{\mathrm{m}})}{c} \right] \right\} \cdot \exp\left[-\mathrm{j} K_{\mathrm{Rc}} R(t_{\mathrm{m}}) \right] \qquad (5.127)$$

式（5.127）中，$\mathrm{sinc}(t) = \sin(\pi t)/(\pi t)$，并忽略了传播衰减因子 $1/R^2(t_{\mathrm{m}})$ 对信号幅度的影响。

在 BP 算法成像处理之前，首先要在适当的成像平面（如地平面或斜平面）上设计合理的成像网格（如极坐标或直角坐标网格），而 BP 算法的一个非常显著的优势是它可以在任意成像网格上进行图像重建。建立 (x, y) 直角坐标网格，坐标原点位于场景中心点 S，$A \sim G$ 代表天线相位中心的位置，如图 5.25 所示。在重建像素点 P 的过程中，BP 算法根据天线相位中心到 P 点的距离获得当前脉冲对 P 点的贡献。对于 A 孔径位置，雷达到 P 点的斜距为 $\overline{AP}$。因此，当前脉冲对 P 点的贡献为 $s\left(2\overline{AI}/c, t_{\mathrm{m}}^{A} \right)$，其中 $\overline{AI} = \overline{AP}$，$t_{\mathrm{m}}^{A}$ 为天线相位中心位于 A 位置的方位时刻。类似地，可以得到其他孔径位置处的脉冲对 P 点产生贡献的位置，分别为 $J \sim O$，且 $\overline{BJ} = \overline{BP} \sim \overline{GO} = \overline{GP}$。

将每个方位时刻的脉冲对 P 点贡献进行相干积累，得到 P 点的重建结果，即

$$I(x, y) = \int_{t_{\mathrm{m}}} s(\hat{t}, t_{\mathrm{m}}) \exp\left[\mathrm{j} K_{\mathrm{Rc}} R_p(t_{\mathrm{m}}) \right] \mathrm{d}t_{\mathrm{m}} \qquad (5.128)$$

式（5.128）中，R_P 为雷达到 P 点的斜距。

　　式（5.128）是一个广义的 BP 积分表达，采用逐脉冲的处理便于 BP 算法结合真实的天线相位中心位置对成像网格上各像素点进行精确的斜距计算、投影与能量分配。因此，精确的斜距计算是 BP 算法的重要环节，关乎图像质量的好坏。在具体实施时，BP 算法每次只需读取一列脉冲回波进行距离插值，这个过程可以通过距离升采样实现。除了距离插值之外，在距离压缩后的脉冲数据和最终聚焦图像之间再也没有其他操作。

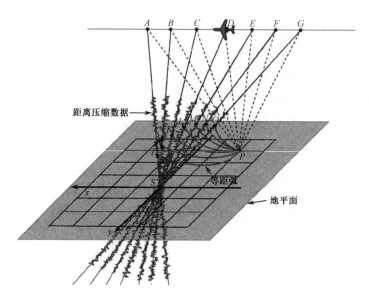

图 5.25　P 点在距离压缩数据中的位置

　　对于任意航迹 SAR，BP 算法需要精确地获知雷达在每个方位时刻的位置。对于一个特定的方位时刻，需要根据数据录取几何、天线方向图及波门前沿，计算当前脉冲对应的波束所覆盖的场景范围，并以此作为选取局部成像网格的依据。当完成子数据块的后向投影之后，重复以上步骤便可以得到任意航迹下 SAR 图像的精确聚焦。

　　由上述推导可知，BP 算法与距离多普勒域算法和两维频域算法具有明显的区别。距离多普勒域算法统一进行距离徙动校正后，在距离多普勒域进行方位匹配滤波；两维频域算法在两维频域利用插值来完成二维匹配滤波。而 BP 算法在时域对信号进行逐点匹配，通过对成像网格中的每一点进行相干积累实现成像。

　　BP 算法被认为是一种高精度 SAR 成像的理想方法，但由于算法的运算量大，不适合在实际中使用。为了减少计算复杂度，提出了一些快速 BP 算法。目前常见的快速 BP 算法有极坐标系快速 BP 算法和直角坐标系快速 BP 算法两种。快速分级后向投影（FFBP）算法是应用最广的极坐标系快速 BP 算法，它通过多级低分辨率子孔径图像的相干融合，实现对 BP 算法的加速。近几年该领域提出了一些直角坐标系快速 BP 算法，主要有直角坐标系分级后向投影（CFBP）算法、地平面直角坐标系后向投影（G-CFBP）算法、快速直角坐标系后向投影（GC-CFBP）算法。这类算法在同一直角坐标系中通过对粗子孔径图像升采样和相干合成实现 BP 算法的加速。区别在于 CFBP 算法在斜距平面建立直角坐标系成像网格；G-CFBP 算法考虑三维成像模型能够在曲线轨迹下实现精确成像；GC-CFBP 算法在曲线地表面建立成像网格，通过多级粗图像相干融合实现对地球同步轨道 SAR 的精确聚焦。

参 考 文 献

[1] Curlander J C, McDonough R N. Synthetic aperture radar: system and signal processing[M]. New York: Jone Wiley & Sons, 1991.

[2] Franceschetti G, Lanari R. Synthetic Aperture Radar Processing[M]. New York: CRC Press Boca Raton London, 1999.

[3] Soumekh M. Synthetic Aperture Radar Signal Processing with MATLAB Algorithms[M]. New York: John Wiley & Sons, 1999.

[4] Carrara W G, Goodman R S, Majewski R M. Spotlight Synthetic Aperture Radar: Signal Processing Algorithms[M]. Boston: Artech House, 1995.

[5] Bamler R. A comparison of range-doppler and wavenumber domain SAR focusing algorithms[J]. IEEE Transactions on Geoscience and Remote Sensing, 1992, 30(4): 706-713.

[6] Raney R K, Runge H, Bamler R, et al. Precision SAR processing Using Chirp Scaling[J]. IEEE Transactions on Geoscience and Remote Sensing, 1994, 32(4): 786-799.

[7] Moreira A, Mittermayer J, Scheiber R. Extended chirp scaling algorithm for air- and spaceborne SAR data processing in stripmap and scanSAR imaging modes[J]. IEEE Transactions on Geoscience and Remote Sensing, 1996, 34(5): 1123-1139.

[8] Lanari R. A New Method for the Compensation of the SAR Range Cell Migration Based on the Chirp-Z Transform[J]. IEEE Transactions on Geoscience and Remote Sensing, 1995, 33(9): 1296-1299.

[9] 邢孟道, 保铮. 基于运动参数估计的 SAR 成像[J]. 电子学报, 2001, 29(12A): 1824-1828.

[10] Davidson G W, Cumming I G, Ito M R. A chirp scaling approach for processing

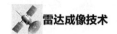

squint model SAR data[J]. IEEE Transactions on Aerospace and Electronic Systems, 1996, 32(1): 121-133.

[11] 程玉平. 一种改进的非线性 CS 成像算法[J]. 西安电子科技大学学报，2000, 27(3): 273-277.

[12] Rocca F, Cafforio C, Prati C. Synthetic aperture radar: a new application for wave equation techniques[J]. Geophysical Prospecting, 1989, 37: 809-830.

[13] Gazdag J, Sguazzero P. Migration of seismic data[J]. Proceedings of the IEEE, 1984, 72(10): 1302-1315.

[14] Jakowatz C V, Wahl P H, Eichel D C, et al. Spotlight-Mode Synthetic Aperture Radar: A Signal Processing Approach[M]. Boston: Kluwer Academic Publishers, 1996.

[15] Munson D C, Obrian J D, Jenkins W K. A tomographic formulation of spotlight mode synthetic aperture radar[J]. Proceedings of the IEEE, 1983, 71(8): 917-925.

[16] Andersson L-E. On the determination of a function from spherical averages[J]. SIAM Journal of Mathematical Analysis, 1988, 19(1): 214-232.

[17] Fawcett J A. Inversion of N-dimensional spherical means[J]. SIAM Journal of Applied Mathematics, 1985, 45: 336-341.

[18] Albuquerque M, Prats P, Scheiber R. Applications of time-domain back-projection SAR processing in the airborne case[C]// 7th European Conference on Synthetic Aperture Radar, Friedrichshafen, Germany, 2008, 1-4.

[19] Ulander L M H, Hellsten H, Stenstrom G. Synthetic-aperture radar processing using fast factorized back-projection[J]. IEEE Transactions on Aerospace and Electronic Systems, 2003, 39(3): 760-776.

[20] Dong Q, Sun G C, Yang Z, et al. Cartesian Factorized Backprojection Algorithm for High-Resolution Spotlight SAR Imaging[J]. IEEE Sensors Journal, 2018, 18(3): 1160-1168.

[21] Chen X, Sun G C, Xing M D, et al. Ground Cartesian Back-Projection Algorithm for High Squint Diving TOPS SAR Imaging[J]. IEEE Transactions on Geoscience and Remote Sensing, 2021, 59(7): 5812-5827.

[22] Chen Q, Liu W, Sun G C, et al. A Fast Cartesian Back-Projection Algorithm Based on Ground Surface Grid for GEO SAR Focusing[J]. IEEE Transactions on Geoscience and Remote Sensing, 2022, 60: 1-14.

第 6 章
多模式 SAR 成像方法

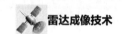

在本书的第 5 章里扼要介绍了 SAR 条带模式的基本原理和算法。由于 SAR 性能优越，应用广泛，自 20 世纪 50 年代问世以来，受到了广泛的关注，它不断向深度和广度发展，其成像指标（如分辨率和场景幅宽等）不断提高，并提出了不少新的工作模式，在这些发展过程中，成像算法的改进和革新是必不可少的。本章将讨论 SAR 各种新工作模式的成像算法。

由于雷达模式中数据的录取方式与传统的条带模式的录取方式有较大差异，导致在对这些模式的数据进行处理的过程中出现了不同于条带模式的新问题。如图 6.1 所示是各种工作模式的成像几何。条带式模式最为简单，雷达运动过程中波束指向没有发生变化，如图 6.1（a）所示。聚束模式是波束始终指向一个固定场景中的点，如图 6.1（b）所示。在聚束 SAR 中，随着分辨率的提高，照射场景的增大，常规的聚束式极坐标格式算法不够严格，没有考虑波前弯曲，也没有考虑场景中各散射点的波数支撑区差异。另外常规波数域算法要求重复频率大于总的方位带宽，实际中为满足测绘带要求，重复频率往往不能取得很高，只能满足重复频率值略大于瞬时带宽值，而宽场景极坐标格式算法（WPFA）、Stolt 极坐标算法（SPA）和微分多普勒算法（DDA）解决了这一问题。由于条带模式 SAR 合成孔径长度等于波束照射宽带，方位分辨率无法突破天线方位孔径长度的一半，聚束模式 SAR 通过对场景的定点照射，大大增加了合成孔径，从而提高了方位分辨率，但是其方位区域受制于波束宽度，为此滑动聚束模式 SAR 应运而生。滑动聚束模式 SAR 的天线波束指向随平台运动而反向转动，如图 6.1（c）所示，但波束射线并不指向场景中的某固定点，而是使波束较慢地扫过所需的条带区域，因而加长了场景的观测时间，也就是加长了观测的有效合成孔径，可以对比聚束模式 SAR 合成孔径长的场景进行观测，获得较条带模式高的分辨率，这种模式是条带模式和聚束模式的折中。虽然滑动聚束模式 SAR 与聚束模式、条带模式 SAR 均有相似之处，然而直接采用条带模式 SAR 算法和聚束模式 SAR 算法都可能导致方位模糊，为此方位子孔径算法是常用的选择。但是该算法要求 PRF 有一定冗余，且算法分块操作，效率不高。为此本章不仅介绍了基于子孔径的成像算法，还介绍了基于全孔径的成像算法。方位扫描 SAR 或 TOPS 模式 SAR 的波束扫描方向与滑动聚束模式相反，扫描方向与平台运动方向相同，因而具有在短时间内对方位宽场景成像的能力（方位分辨率相应降低），如图 6.1（d）和图 6.1（e）所示，其中前者称为 TOPS 模式，后者称为逆 TOPS 模式，这里统称为方位扫描或 TOPS 模式 SAR。对于这种低方位分辨的工作模式，传统基于多普勒波束锐化（DBS）技术的成像方法，对方位向信号采用重叠分块的处理方式，且需要结合相关技术进行图像拼接及通过坐标变换完成形变校正，整个算法冗余计算量较大。针对这个问题，本章将介绍一种全孔径的方位扫描 SAR 成像方法。Scan 模式是雷达波束在短时间内照射一个测绘带，下一个时间照射另一个测绘带，如图 6.1（f）所示。从对单个点的合成孔径长短考虑，可以得出结论：在同等条件下，聚束模式的分辨率最高，其次是滑动聚束模式，再者是条带式模式，最后是 TOPS 模式和 Scan 模式。但是它们对场景的覆盖能力的顺序与分辨率高低顺序相反，因此这几种模式都是测绘带和分辨率折中的结果。

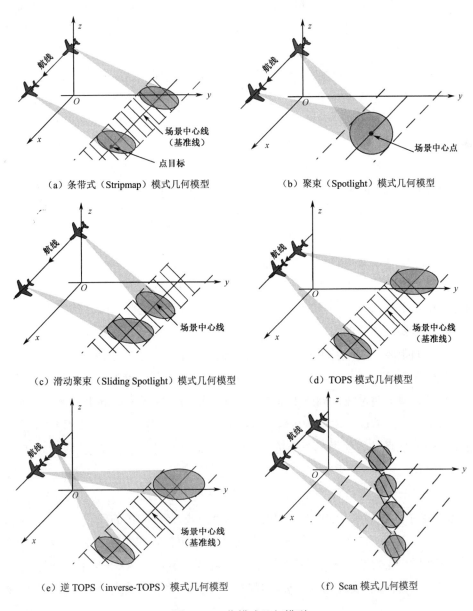

（a）条带式（Stripmap）模式几何模型　　　（b）聚束（Spotlight）模式几何模型

（c）滑动聚束（Sliding Spotlight）模式几何模型　　　（d）TOPS 模式几何模型

（e）逆 TOPS（inverse-TOPS）模式几何模型　　　（f）Scan 模式几何模型

图 6.1　工作模式几何模型

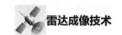

早期 SAR 应用在场景测绘领域，通常是正侧视的，随着 SAR 应用的发展，军用火控雷达等对地攻击往往需要前斜视，而且往往要求偏离正侧视方向的斜视角相当大，如 60° 以上，分辨率要求达到 0.3m，甚至达 0.1m，场景幅宽要大，作用距离也要远，这给成像处理带来很大的挑战。常规的非线性 CS（Nonlinear Chirp Scaling，NCS）算法和波数域距离徙动算法（RMA），以及基于斜视走动校正后进行弯曲校正的方法都不适用。

相对于机载 SAR 来说，星载 SAR 要提供广阔、清晰的观测区域，对地面进行大场景高分辨成像显得尤为重要。现在广泛应用的模式，如条带式、聚束、滑动聚束和方位扫描模式 SAR 都存在测绘带和分辨率的矛盾，为此多通道、宽场景、高分辨率 SAR 系统的概念被提了出来。多通道接收 SAR 系统是将传统 SAR 的接收天线分割成了多个具有独立接收通道的子天线（单平台多通道体制），或是将各接收孔径分置于多个接收平台，构成多站工作模式（多平台多通道体制）。采用低重复频率各自的信号在多普勒域会有混叠，但通过多通道空间采样的综合，可以弥补合成孔径空间采样的不足，解决高分辨率宽测绘带问题。此时将多通道增加的空间采样和合成孔径采样综合起来，如果通道间距满足相位中心配置（Displaced Phase Center，DPC）条件①，可以直接对数据进行重排，采用常规的条带式 SAR 算法就可以成像。但实际整个数据常常是周期性非均匀采样（总的周期长度为原周期乘以通道数），此时需要相应的处理算法。

雷达成像处理是用收集的信号数据重建目标的后向散射强度分布信息。重建的过程相当于从二维谱到点冲激函数的二维滤波过程，因此二维谱的分析对成像处理十分重要。二维滤波过程如果是二维可分离的，将使计算大大简化。因此，传统的诸如距离-多普勒（R-D）算法，CS 算法都采用一定的近似，将二维滤波的过程简化为距离-方位二维可分的滤波过程。此外，在二维滤波的过程当中，频谱不混叠对处理至关重要，因此本章将重点从二维谱出发提出并解决问题。

基于以上的考虑，本章的内容做如下的安排：6.1 节对条带式模式 SAR 和广域 ScanSAR 成像的方法做了一个总结性的归纳；6.2 节讨论了宽场景聚束模式 SAR 成像的问题，主要包括聚束模式 SAR 回波模型、基于子孔径划分的聚束模式 SAR 算法以及基于频谱分析（SPECtral ANalysis，SPECAN）的宽场景聚束模式算法；6.3 节讨论了大观测域 TOPS-SAR 和滑动聚束模式 SAR 成像的问题，主要包括滑动聚束模式 SAR 信号模型、基于子孔径的滑动聚束模式成像算法，以及基于全孔径的滑动聚束模式成像算法，并简要介绍了大观测域 TOPS-SAR 的全孔径成像方法；6.4 节对论了斜视多模式 SAR 成像的问题，主要包括斜视模式的信号模型与等效

---

① 此条件将在 6.5 节介绍。

正侧视处理，基于正交谱的成像处理算法，大斜视 SAR 成像算法，以及基于方位重采样的斜视多模式处理方法；6.5 节主要讨论了利用多通道体制实现高分辨率宽测绘带的 SAR 成像算法。

6.1 条带式模式 SAR 和广域 ScanSAR 成像[1-3]

条带式模式是应用最多的 SAR 成像模式，这种模式数据的成像处理算法在第 5 章中已经介绍或总结，在国外很多书籍中均有介绍[1]。这里不再做更多的说明。

由于条带式模式 SAR 要求雷达在观测地面的过程中一直处在开机状态，这就意味着雷达系统需要消耗大量的能量。对于星载系统而言，由于能源有限，雷达系统不可能一直工作。为了克服星载系统中条带式模式实现上的问题，人们提出了 burst 模式。所谓 burst 模式是指星载雷达系统在数据录取过程中并不一直开机，而是呈一定周期间断的方式工作，相对于条带式模式 SAR，burst 模式的方位数据是周期性"缺损"的。由于雷达并不连续工作，因此雷达系统的能量问题得到解决。在雷达采用 burst 模式的空闲期间，系统可以获取其他信息。例如，可以将间隙用于对其他测绘区进行照射，以形成同样的低分辨率图像。通过数据拼接得到具有较宽测绘带的图像，其距离测绘带宽度是传统条带式模式 SAR 难以企及的。这种典型的工作模式就是扫描模式 SAR（或称 ScanSAR 模式）。（当然雷达系统也可以利用 burst 模式空闲期间获取其他信息。）对于 ScanSAR 模式的一个测绘带而言，雷达仍然工作于 burst 模式。因此，ScanSAR 模式的数据处理就可以归结为 burst 模式处理。

burst 模式处理方法有很多种，但总体上可以分为两类：一类是全孔径处理方法，另一类是单 burst（子孔径）处理算法。全孔径处理方法就是将同一个测绘带不同 burst 之间的间隙补零，再利用已有的 R-D 算法或 CS 算法进行成像。由于 burst 模式方位信号是周期缺损的，成像处理的点目标在方位向上会存在周期性的栅瓣，这些栅瓣可以通过低通滤波的方法消除掉，具体可参看文献[2]，这里不多说明。单 burst（子孔径）处理算法，就是对单个 burst 的短数据进行成像处理，然后对多个 burst 的成像结果进行图像拼接。单 burst 的成像方法有 SPECAN 算法、改进的 SPECAN 算法、CS-Dechirp 算法等[3]。

6.2 聚束模式 SAR 成像[4-13]

SAR 应用初期均采用正侧视条带式模式，后来为了对某些特定的小区域做高分辨观察，提出了聚束模式，即在载机飞行过程中，调整波束指向，使之较长时

间驻留于特定的区域。由于观测转角加大，相当于增加了合成孔径长度，因而可获得更高的方位向分辨率。

早期的聚束模式通常用于对特定小区域进行观测，近似认为满足远场条件，将电波近似为平面波，由于在观测平面里波前近似为直线，可以用极坐标算法（PFA）做成像处理。后来由于实际需要，将聚束模式的应用推广到较大的区域，平面波近似的假设不再成立，"应当采用什么算法"的问题被提出来。

由于条带式模式的各种算法已经成熟，为此，首先应该考虑聚束和条带式两种模式在载机飞行过程中录取的信号有何区别。在载机飞行过程中，条带式模式的天线波束指向是不变的，因而对平行于航线上不同横向位置上的点目标回波形式相同，只是沿慢时间轴有一定的延时。如果以方位频率（即多普勒频率）为横坐标，上述点目标回波会重合在一起，只是因横向距离不同，各点频谱存在一个线性相位的差异。聚束模式的波束指向随载机的运动而转动，因而平行于航线上不同横向位置的点目标回波的平移不变性不再成立，需要另作考虑。

其实如果仔细分析，会发现两种模式的回波形式有很多相同之处。点目标复回波的回波延时取决于天线相位中心与点目标的几何关系，而幅度项则取决于雷达波束的照射。不过在做成像处理时为降低点目标响应的旁瓣，对回波串的幅度还要做加权处理，通常对波束的形状并不重视，而以波束宽度为界，认为只在波束照射范围支撑区内能收到回波。

在上述假设下，对同样的场景和飞行航线，聚束和条带式模式 SAR 回波的相位变化表达式并无区别，只是观测的支撑区有所不同。可以暂不考虑波束影响（也可以说设天线是全向的），写出回波响应。对条带式模式来说，由于天线指向固定，在方位频率（多普勒频率）域为固定的一段，如正侧视的方位频率是以零为中心的一段，而斜视的中心频率为波束中心线所对应的多普勒频率。但聚束模式的支撑区是随载机沿航线的运动而改变的，可以认为开始时是前向斜视，而后变为近似正侧视，再变成后向斜视。因此，聚束模式的合成孔径可以近似看作由多段不同斜视角的条带式所组成，即可近似将其合成孔径分成若干段子孔径，每段为不同视角的条带式。将各子孔径分别建立方位分辨率较低的场景图像，然后将子孔径的图像加以相干综合，得到方位分辨率高的场景图像。早期对大区域场景的聚束模式 SAR 成像正是采用这种子孔径综合法。

基于上述子孔径原理，对聚束模式 SAR 的成像不一定要对各子孔径成像后再加以综合，也可以在中间加以综合后再进行成像。

顺便提一下，当聚束模式 SAR 具有同样的飞行长度时，成像场景的长度较短，波束射线有一定的转角，相当于合成孔径较长，即具有较宽的多普勒带宽，为了不产生多普勒域的混叠，要求信号的脉冲重复频率（Pulse Repetition Frequency，PRF）必须大于多普勒带宽。但是采用高的 PRF 有两个问题需要考虑，一是 PRF 高则信号周期短，它是否能满足场景幅宽的要求；二是 PRF 高对同样的场景，数据率提高，增加了成像的运算量。根据前面介绍的子孔径概念，当对子孔径分别处理时，子孔径的多普勒带宽较全孔径带宽要窄得多，可根据子孔径带宽的要求来选取信号的 PRF。

基于子孔径处理的方法，如比较经典的频率变标（Frequency Scaling，FS）算法，都需要对信号进行子孔径的划分，且具体的子孔径划分操作与系统参数有很大的关系，处理不够灵活。而根据信号采样的概念，在每个方位时刻 PRF 值都要大于瞬时带宽，因此对回波信号进行预处理可以恢复整块数据的多普勒谱，这类方法就是全孔径处理方法。全孔径处理方法有 Two-Step 处理方法，宽场景的处理方法 WPFA、SPA 和 DDA。本节将对子孔径和全孔径的方法加以讨论。

6.2.1　聚束模式 SAR 回波信号分析

如图 6.2 所示为聚束模式 SAR 成像的几何模型。载机以速度 V 沿 x 轴作匀速直线运动，飞行过程中，雷达天线波束始终照射地面的同一区域。系统在信号录取端可以采用两种方式记录数据：第一种就是场景中心对齐方式，或称为方位的 Dechirp 方式。由于接收端选取中心参考点作为数据的录取波门，而聚束模式 SAR 对观测区域没有变化，因此参考点的距离徙动为零。第二种方式就是场景参考线对齐方式，也就是接收端始终采用固定的波门录取数据。这种方式与条带式模式 SAR 的数据录取相似，由于聚束模式 SAR 具有较大的观测角度，因此场景点信号具有较大的距离徙动量。当然这两种记录方式得到的数据是可以通过数字信号处理的方法相互转换的。

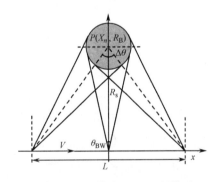

图 6.2　聚束模式 SAR 几何模型

对于前一种方位的 Dechirp 方式接收的数据一般采用 PFA 格式对信号进行成像，这适用于场景较小的场合；而对于固定录取波门的记录数据，通常适用于大场景的类条带模式处理算法。如无特殊说明，本节将针对大场景的聚束模式 SAR 成像问题进行分析，与条带式模式 SAR 相同，采用固定录取波门记录的数据进行分析。

由于聚束模式 SAR 数据录取与条带式模式 SAR 相同，且场景中单个点的斜

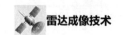

距历程在两种模式中也是相同的,这意味着采用条带式模式 SAR 处理的算法做聚束信号处理具有可能性;然而由于其各段信号支撑区不同,这就说明聚束模式 SAR 处理相对于条带式模式 SAR 处理也具有特殊性。根据采样信号定理,时域分辨单元的长度与多普勒带宽成反比,可以得到方位信号时域分辨单元长度为

$$\Delta t_{\mathrm{m}} = \frac{1}{\Delta f_{\mathrm{a}}} = \frac{1}{\dfrac{2V^2}{\lambda R_{\mathrm{s}}} \dfrac{L}{V}} = \frac{\lambda}{2VL} R_{\mathrm{s}} \tag{6.1}$$

式 (6.1) 中,L 表示合成孔径长度,Δf_{a} 表示方位向带宽,λ 为雷达波长,R_{s} 为参考点的最近斜距。进一步推导可以得到方位向分辨单元长度 $\rho_{\mathrm{a}} = v\Delta t_{\mathrm{m}} = \lambda R_{\mathrm{s}}/(2L) \approx \lambda/(2\Delta\theta)$,这与传统 SAR 对分辨率的理解相同。由于聚束模式 SAR 情况下波束指向发生变化,它的场景观测的角度变化或合成孔径要大于条带式模式,因此与条带式模式 SAR 相比分辨率可以有很大提高。

从上面的叙述可知,聚束模式 SAR 与条带式模式 SAR 的回波信号在形式上是相同的,而不同的是回波信号的支撑区,也就是波束变化的范围。波束的转动是预知的,聚束多普勒支撑区约为相同配置下条带式模式 SAR 的 $\Delta\theta/\theta_{\mathrm{BW}}$ 倍,θ_{BW} 为天线波束宽度,总的多普勒带宽也大同样的倍数。而对于任意瞬时而言,回波信号的多普勒带宽要窄得多,它只由 θ_{BW} 和瞬时斜视角决定。由于这两种模式信号表达式相似,因此这里省去了对聚束二维频率谱的推导。

6.2.2 基于子孔径划分的聚束模式 SAR 算法

根据 6.2.1 节的叙述,聚束模式 SAR 的方位总的信号带宽较大,如果全程直接统一处理,就要求有大的 PRF 值,而大的 PRF 值会带来数据量和测绘带的问题;采用小的 PRF 值又会带来方位频谱混叠。然而从任意瞬时来看,回波信号方位带宽由波束宽度和瞬时斜视角决定,如果将方位时刻进行细分,那么每个小时间区间的信号都满足采样定理。对每个时刻的信号分别作粗的成像处理,然后将它们进行相干合成就可以得到完整的高分辨率成像结果了。下面将对这种子孔径处理用 FS 算法进行分析。FS 算法是 CS 算法的变形改进,可以直接处理距离向去斜后的回波信号,实现聚束模式 SAR 的大场景成像处理。当然对于距离直采的聚束模式 SAR 数据,同样可以采用子孔径的 CS 算法进行处理。

子孔径处理需要子块数据内方位频谱不混叠,方位子孔径的大小需要受到限制,即

$$T_{\mathrm{sub}} \leqslant (\mathrm{PRF} - B_{\mathrm{inst}})/K_{\mathrm{a}} \tag{6.2}$$

式 (6.2) 中,$K_{\mathrm{a}} = -2V^2/(\lambda R_{\mathrm{s}})$ 表示参考距离处的方位调频率(由于本章存在多个不同含义的调频率,所以用 K 加下角标来区分这些量),$B_{\mathrm{inst}} = 2V/D_{\mathrm{a}}$ 为瞬时带宽,

PRF 为脉冲重复频率。完成分块操作后，对子块数据采用 FS 算法①完成徙动校正。FS 算法主要由三部分组成：第一部分为方位子孔径数据的 FS 算法处理，分别在不同的域乘以四个 Chirp 函数；第二部分进行二次距离压缩和距离徙动校正；第三部分为方位子孔径拼接以及对全孔径聚焦处理。下面将对整个算法的流程进行详细分析。

聚束模式 SAR 回波信号做 Dechirp 后为

$$S(\hat{t}, t_{\mathrm{m}}; R_{\mathrm{B}}) = \mathrm{rect}\left[\frac{\hat{t} - 2R(t_{\mathrm{m}}; R_{\mathrm{B}})/c}{T_{\mathrm{p}}}\right]\mathrm{rect}\left[\frac{t_{\mathrm{m}}}{T_{\mathrm{a}}}\right]\exp\left[-\mathrm{j}\frac{4\pi}{\lambda}R(t_{\mathrm{m}}; R_{\mathrm{B}})\right] \times$$

$$\exp\left\{-\mathrm{j}\frac{4\pi\gamma}{c}\left[R(t_{\mathrm{m}}; R_{\mathrm{B}}) - R_{\mathrm{s}}\right]\left(\hat{t} - \frac{2R_{\mathrm{s}}}{c}\right)\right\}\exp\left\{\mathrm{j}\frac{4\pi\gamma}{c^2}\left[R(t_{\mathrm{m}}; R_{\mathrm{B}}) - R_{\mathrm{s}}\right]^2\right\}$$

$$(6.3)$$

式（6.3）中，$R(t_{\mathrm{m}}; R_{\mathrm{B}}) = \sqrt{R_{\mathrm{B}}^2 + (Vt_{\mathrm{m}})^2}$ 为点目标的瞬时斜距；T_{a} 为方位合成时间；R_{s} 为 Dechirp 的参考距离，一般为场景参考点的最近距离。式（6.3）中第一个指数项为方位向多普勒调制，第二项为与点目标对应的单频正弦信号，最后一项为剩余视频相位项（RVP）。将式（6.3）表示的信号进行方位子孔径划分，然后对每个子孔径进行徙动校正处理。对于单个子孔径信号而言，可以将其视为宽波束条带式模式 SAR 录取的数据，因此可以利用基于方位平移不变性的多普勒域成像方法完成距离单元徙动校正（Range Cell Migration Correction，RCMC）。由于子孔径方法利用了方位平移不变性，因此斜距公式 $R(t_{\mathrm{m}}; R_{\mathrm{B}}) = \sqrt{R_{\mathrm{B}}^2 + (Vt_{\mathrm{m}})^2}$ 对任意点都是通用的，不同的是方位点在多普勒域具有一个线性相位。为了分析方便，将式（6.3）变化为另一种形式，即

$$S(\hat{t}, t_{\mathrm{m}}; R_{\mathrm{B}}) = \left\{\mathrm{rect}\left(\frac{\hat{t} - 2R_{\mathrm{s}}/c}{T_{\mathrm{p}}}\right)\mathrm{rect}\left(\frac{t_{\mathrm{m}}}{T_{\mathrm{a}}}\right)\exp\left[-\mathrm{j}\frac{4\pi}{c}\left[f_{\mathrm{c}} + \gamma\left(\hat{t} - \frac{2R_{\mathrm{s}}}{c}\right)\right]\left[R(t_{\mathrm{m}}; R_{\mathrm{B}}) - R_{\mathrm{s}}\right]\right]\right\} \otimes$$

$$\exp\left[\mathrm{j}\pi\gamma\left(\hat{t} - 2R_{\mathrm{s}}/c\right)^2\right]$$

$$(6.4)$$

式（6.4）中，$\otimes$ 表示卷积。式（6.4）中仅花括号内部的相位项与方位信息相关。如果使用 f_{r} 来替代 $\gamma\hat{t}$，那么式（6.4）花括号中的项与传统条带式模式信号的距离频域-方位时域表达式一致。利用驻相点原理将其变换到频域，可以得到多普勒域的表达式，具体的推导过程与条带式模式 SAR 的推导过程相似，这里不再重复。回波信号的多普勒域表达式可以写为

① 有关 FS 算法的介绍可参考文献[8]。

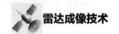

$$S\left(\hat{t}, f_{a}; R_{B}\right) = \exp\left[-j\frac{4\pi R_{B}\beta\left(f_{a}\right)}{\lambda}\right]\left\{\text{rect}\left[\frac{\hat{t}-2R_{s}/c}{T_{p}}\right]\text{src}\left[f_{a},\left(\hat{t}-\frac{2R_{s}}{c}\right), R_{B}\right]\times\right.$$

$$\left.\exp\left[-j\frac{4\pi\gamma}{c}\left[\frac{R_{B}}{\beta\left(f_{a}\right)}-R_{s}\right]\left(\hat{t}-\frac{2R_{s}}{c}\right)\right]\right\}\otimes\exp\left[-j\pi\gamma\left(\hat{t}-\frac{2R_{s}}{c}\right)^{2}\right] \quad (6.5)$$

式（6.5）中，方位频率 f_{a} 的变化范围为 $-\text{PRF}/2+f_{dc}\leqslant f_{a}\leqslant\text{PRF}/2+f_{dc}$；$\text{src}[f_{a},(\hat{t}-2R_{s}/c);R_{B}]$ 为二次距离压缩项，形式与条带式模式 SAR 情况下的对应项相似，只不过用 $\gamma(\hat{t}-2R_{s}/c)$ 表示距离频域；因子 $\beta=\sqrt{1-f_{a}^{2}\lambda^{2}/(4v^{2})}=\cos\theta$，$\theta$ 为瞬时斜视角。

聚束模式 SAR 信号的频率变标操作是在不同的域分别乘以四个 Chirp 信号，如图 6.3 所示。由于频率变标处理中所引起的幅度变化不大，在下面的分析中将忽略幅度的微小变化。

由图 6.3 可知，频率变标函数由两个独立的变量 a 和 d 描述，其中变量 d 定义为 $d=\beta(f_{a})$，而 a 使得第一个 Chirp 函数的调频率与 RVP 相同，即

$$\exp\left(-j\pi^{2}f_{r}^{2}/a\right)=\exp\left(j\pi f_{r}^{2}/\gamma\right)\Rightarrow a=-\pi\gamma \quad (6.6)$$

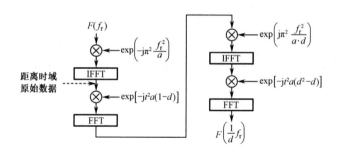

图 6.3 频率变标流程

由于频率变标操作的第一个 Chirp 函数为 RVP 信号，且原始 SAR 数据在距离时域，所以图 6.3 中第一步卷积乘法和第一个 IFFT 操作并不是必需的，实际应用中通常从第一个 IFFT 之后开始。

图 6.3 中的第二个函数在距离多普勒域实现，为频率变标函数，即

$$H_{FS}\left(\hat{t}, f_{a}\right) = \exp\left[-j\hat{t}^{2}\cdot a\cdot(1-d)\right] = \exp\left[j\pi\gamma\hat{t}^{2}\cdot(1-\beta)\right] \quad (6.7)$$

完成这步后，做距离向 FFT，将信号转换到二维频域，再乘以 RVP 校正函数

$$H_{RVPC}\left(f_{r}, f_{a}\right) = \exp\left[j\pi^{2}f_{r}^{2}/(a\cdot d)\right] = \exp\left[-j\pi f_{r}^{2}/(\gamma\cdot\beta)\right] \quad (6.8)$$

图 6.3 中，最后一个 Chirp 函数为逆变标函数，校正由频率变标处理引入的线性调频误差相位

$$H_{\mathrm{IFS}}(\hat{t},f_{\mathrm{a}}) = \exp\left[-j\hat{t}^2 a(d^2-d)\right] = \exp\left[j\pi\gamma\hat{t}^2(\beta^2-\beta)\right] \tag{6.9}$$

经过上述四步后，就完成了频率变标操作，不同距离处的解调频信号已在时间上对齐。图 6.4 所示为整个频率变标过程的示意图。

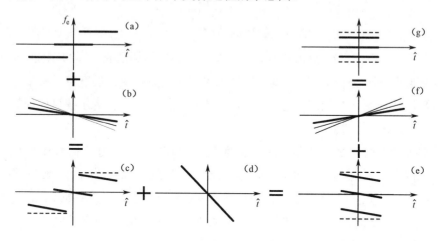

图 6.4　频率变标过程的示意图

通过频率变标处理之后，距离脉压后的信号可以表示为

$$S\left(\frac{f_{\mathrm{r}}}{\beta},f_{\mathrm{a}};R_{\mathrm{B}}\right) = T_{\mathrm{p}}\exp\left(-j\frac{4\pi R_{\mathrm{s}}}{c}\frac{f_{\mathrm{r}}}{\beta}\right)\exp\left(-j\frac{4\pi R_{\mathrm{B}}\beta}{\lambda}\right)\times$$
$$\left\{\mathrm{sinc}\left[\pi\frac{T_{\mathrm{p}}}{\beta}\left[f_{\mathrm{r}}+\frac{2\gamma}{c}\left(R_{\mathrm{B}}-R_{\mathrm{s}}\beta\right)\right]\right]\times\mathrm{SRC}\left(\frac{f_{\mathrm{r}}}{\beta}\right)\right\} \tag{6.10}$$

式（6.10）中，距离单元徙动（RCM）不再与点目标的距离 R_{B} 有关，而仅与场景中心距离 R_{s} 有关，这就意味着经过距离频率 $1/\beta$ 变换，所有距离单元的 RCM 都与场景中心点的 RCM 相等，不再随点目标位置的不同而变化。将信号变换到距离时域后，就可以进行二次距离压缩和块移。二次距离压缩在距离多普勒域进行，其参考函数 $H_{\mathrm{SRC}}(\hat{t},f_{\mathrm{a}};R_{\mathrm{s}})$ 与 β 有关，可以表示为

$$H_{\mathrm{SRC}}(\hat{t};f_{\mathrm{a}},R_{\mathrm{s}}) = \mathrm{SRC}\left(f_{\mathrm{a}},\beta\hat{t}-2R_{\mathrm{s}}/c;R_{\mathrm{s}}\right)^* \tag{6.11}$$

式（6.11）中，符号*表示取共轭。而块移函数为

$$H_{\mathrm{BV}}(\hat{t},f_{\mathrm{a}}) = \exp\left[j\frac{4\pi\gamma}{c}R_{\mathrm{s}}\left(\frac{1}{\beta}-1\right)\left(\beta\hat{t}-\frac{2R_{\mathrm{s}}}{c}\right)\right] \tag{6.12}$$

二次距离压缩和块移完成之后，在距离向进行 FFT 变换，再与距离相位校正项 $H_{\mathrm{RPC}}(f_{\mathrm{r}},f_{\mathrm{a}};R_{\mathrm{s}})$ 相乘，距离相位校正项可以表示为

$$H_{\mathrm{RPC}}(f_{\mathrm{r}},f_{\mathrm{a}};R_{\mathrm{s}}) = \exp\left(j\frac{4\pi R_{\mathrm{s}}}{c}\frac{f_{\mathrm{r}}}{\beta}\right)\exp(-2\pi\tau_0 f_{\mathrm{r}}) \tag{6.13}$$

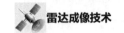

式（6.13）中，τ_0 为第一个距离单元的时延。

至此，完成了距离向的处理，得到的信号在距离-多普勒域可表示为

$$S\left(\frac{f_r}{\beta}, f_a; R_B\right) = c \cdot \exp\left(-j\frac{4\pi R_B}{\lambda}\beta\right)\mathrm{sinc}\left\{\pi\frac{T_p}{\beta}\left[f_r + \frac{2\gamma}{c}(R_B - R_s)\right]\right\} \quad (6.14)$$

值得注意的是当前子孔径的方位频率的范围为 $-\mathrm{PRF}/2 + f_{dc} \leq f_a \leq \mathrm{PRF}/2 + f_{dc}$。

由于子块数据进行 RCMC 后，方位全孔径信号仍然是低采样的，因此直接采用匹配滤波进行成像将会有数据量增加的可能。而方位场景的宽度是有限的，因此可以采用类似于 Dechirp 处理的方法对方位点进行聚焦。为了信号处理的方便将 Dechirp 处理放到子块的处理过程中。

子孔径数据分块处理和拼接的示意图如图 6.5 所示。方位信号在没有进行采样时的时频分布区如图 6.5（a）所示，经过方位采样后信号发生了频域混叠［见图 6.5（b）］，但是任一方位瞬时的信号是不混叠的。通过方位分块处理保证块内信号没有混叠，从而可以采用 FS 算法进行 RCMC［见图 6.5（c）和图 6.5（d）］。经 RCMC 后，方位子块信号可以拼接为完整的全孔径信号［见图 6.5（e）和图 6.5（f）］。

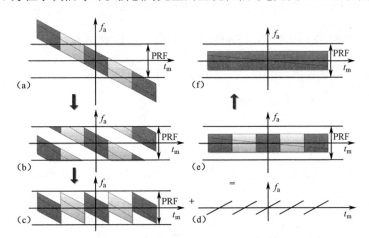

图 6.5　子孔径数据分块处理和拼接的示意图

在不同距离处，方位信号的调频率是不同的，通过方位变标操作可使不同距离处的方位调频率近似相等。经过距离向处理的信号先在距离多普勒域与方位变标函数相乘，方位变标函数为

$$H_{AS}(f_a, R_B; R_s) = \exp\left\{j\frac{4\pi}{\lambda}R_B\left[\beta(f_a) - 1\right]\right\}\exp\left(-j\frac{\pi}{K_a}f_a^2\right) \quad (6.15)$$

式（6.15）中，K_a 为变标处理时所选的参考点的调频率，一般选择场景中心为参考点，则参考线性调频率为 $K_a = -2v^2/(\lambda R_s)$。方位变标函数将依赖于距离的双曲相位历程转化成二次相位，由 K_a 描述。方位变标函数是精确进行 SPECAN 处理

的关键，也避免了方位向的几何形变校正。然而，变标操作会引起方位几何变标和信号方位时移，因此方位时间的延伸是必须的，为了使方位延伸最小，可以通过下面的线性相位函数引入一个方位时移，即

$$H_{AZV}\left(f_{a}, R_{B}; R_{s}\right) = \exp\left[j2\pi t_{v}\left(R_{B}; R_{s}\right) f_{a}\right] \tag{6.16}$$

式（6.16）中，$t_{v}\left(R_{B}; R_{s}\right)$ 为方位时移量，方位变标操作之后，进行方位向 IFFT 变换，再通过 SPECAN 算法的去斜处理进行方位压缩，根据方位向的参考线性调频率，可得方位压缩去斜参考函数为

$$H_{DER}\left(t_{m}; R_{s}\right) = \exp(-j\pi K_{a} f_{a}^{2}) \tag{6.17}$$

利用 SPECAN 算法，经方位向去斜处理后，只需在方位向进行一次 FFT 运算即可完成方位压缩，得到成像结果。考虑到算法的保相特性需要用一个二次相位函数进行相位校正，可表示为

$$H_{QU}(f_{a}) = \exp(-j\pi f_{a}^{2} / K_{a}) \tag{6.18}$$

图 6.6 所示为基于子孔径的聚束模式 SAR 的 FS 算法的整个流程。

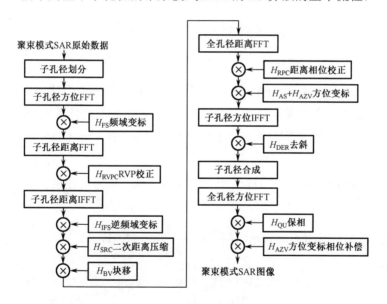

图 6.6　FS 算法流程

6.2.3　基于 SPECAN 的宽场景聚束模式 SAR 算法

　　子孔径处理方法固然可以很好解决 PRF 与方位带宽之间的矛盾，从而对大场景进行良好聚焦。然而子孔径分块处理操作与 PRF、瞬时带宽和调频率有很大关系，当 PRF 较小时常常需要大量地分块。为了解决分块的问题，本节介绍全孔径的成像方法。

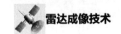

对全孔径成像处理的思路可以这样理解：由于每个瞬时方位信号频域支撑区是不同的，但是各自的频谱较窄只存在重复排列而不存在混叠，且排列的规律是已知的。混叠发生在不同瞬时的信号之间，因此对各个瞬时谱取一个周期统一地进行多普勒中心频率校正，将信号校正到统一的多普勒中心频率，那么整个信号的频谱就可以实现正确聚集，从而实现去混叠。下面对具体过程进行分析。

假设场景点目标坐标为 (X_n, R_B)，则雷达至该点的斜距约为 $R(t_m; R_B) \approx R_B + (X - X_n)^2 / (2R_B)$，其中 $X = vt_m$。方位 SPECAN 处理通过信号和参考相位函数的卷积实现，可以认为 SPECAN 算法实现方位上的变标，等效地提高了方位采样频率。

WPFA 和 SPA 对应的 SPECAN 操作参考函数为

$$\varphi_{ref} = \exp\left(j\frac{2\pi X^2}{\tilde{\lambda} R_{ref}}\right) = \exp\left[j\frac{2\pi(f_r + f_c)X^2}{cR_{ref}}\right] \tag{6.19}$$

DDA 对应的 SPECAN 操作参考函数为

$$\varphi_{ref} = \exp\left(j\frac{2\pi X^2}{\lambda R_{ref}}\right) = \exp\left(j\frac{2\pi f_c X^2}{cR_{ref}}\right) \tag{6.20}$$

式中，R_{ref} 为选择的参考距离。

可以看到，WPFA 和 SPA 对应的参考函数是随距离频率变化的，而 DDA 对应的参考函数不随距离频率变化，通过对 SPECAN 算法的分析可知，WPFA 和 SPA 相当于对每个距离频率单元做不同的方位尺度变换，而 DDA 则是统一的方位尺度变换。

下面以 WPFA 为例进行分析。SPECAN 操作通过信号与相位参考函数的卷积实现，即

$$\begin{aligned}
S_1(f_r, X') &= \int S(f_r, X) \exp\left[j\frac{2\pi(f_r + f_c)(X - X')^2}{c \cdot R_{ref}}\right] dX \\
&= \exp\left[j\frac{2\pi(f_r + f_c)_r X'^2}{c \cdot R_{ref}}\right] \int S(f_r, X) \exp\left[j\frac{2\pi(f_r + f_c)X^2}{c \cdot R_{ref}}\right] \\
&\quad \exp\left[-j\frac{4\pi(f_r + f_c)X'}{c \cdot R_{ref}}X\right] dX
\end{aligned} \tag{6.21}$$

SPECAN 算法实际上是信号与参考函数的卷积，可以通过信号和相位参考函数相乘（Deramp 操作）然后做 FFT，再补偿一个二次相位实现。从以上公式分析可以认为，SPECAN 操作将信号方位标度从 X 变到 X'，相当于将脉冲重复频率从 PRF 变到 PRF'。

进一步对 SPECAN 操作分析可知，SPECAN 后信号的变标实际上是 Deramp

操作后由一个 FFT 和 FFT 后的二次相位补偿操作完成的,可以将这个过程理解为一个时频变换过程,SPECAN 前后的时频标度有如下对应关系

$$X' = \frac{f_a \tilde{\lambda} R_{ref}}{2V} \quad , \quad X = \frac{f_a' \tilde{\lambda} R_{ref}}{2V} \tag{6.22}$$

通过分析可得 $X' = \varepsilon \cdot X$,$\mathrm{PRF}' = \mathrm{PRF}/\varepsilon$,$\tilde{\lambda}$ 为不同距离频率对应的波长。f_a' 为 SPECAN 后的多普勒频率,且变换系数 ε 可以由 R_{ref} 和方位采样点数确定,有

$$\varepsilon = \left(\frac{\mathrm{PRF}}{V}\right)^2 \cdot \frac{R_{ref} \tilde{\lambda}}{2Q} = \frac{1}{\Delta X} \cdot \frac{R_{ref}}{2L} \cdot \tilde{\lambda} \approx \frac{1}{\Delta X} \cdot \frac{\tilde{\lambda}}{2\Delta\theta} = \frac{\rho_{ref}}{\Delta X} \tag{6.23}$$

式(6.23)中,$\Delta X = V/\mathrm{PRF}$ 为 SPECAN 操作前的方位采样间隔,L 为录取数据的合成孔径长度,Q 为方位采样点数,$\Delta\theta$ 为参考距离处对应目标的照射转角,ρ_{ref} 为参考距离处方位分辨率。

条带式模式 SAR 雷达波束指向固定不变,场景接受照射的时间长度对应于雷达波束宽度,回波方位总带宽和瞬时带宽一样。而聚束模式 SAR 雷达波束指向不断改变,场景接受照射时间要比条带式模式 SAR 长得多。如图 6.7 所示,在高分辨率聚束模式下,一般参考距离处对应的单个点带宽 B_a 要比场景对应的带宽 B_{inst}(即瞬时带宽)大很多。由式(6.23)可知,ε 与选取的参考距离 R_{ref} 成正比关系,与方位采样点数 Q 成反比关系。SPECAN 操作后方位采样频率为 $\mathrm{PRF}' = \frac{1}{\varepsilon}\mathrm{PRF}$。可见,通过选取合适的参考距离 R_{ref} 和采样点数 Q,等效增大了方位采样频率,FFT 到二维波数域,将没有方位频谱混叠,而在此基础上补偿一个二次相位,就可以得到理想的信号支撑区。

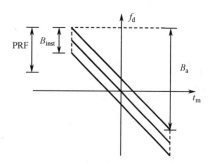

图 6.7 聚束模式 SAR 方位时频关系

下面分析 PRF 选取的限制条件。令 L' 为 SPECAN 操作后成像平面的方位宽度,可以由式(6.23)取 $L' = \varepsilon L$。进一步有

$$L' = \frac{1}{\Delta X} \cdot \frac{R_{ref}}{2} \cdot \tilde{\lambda} = \frac{\mathrm{PRF}}{V} \cdot \frac{R_{ref}}{2} \cdot \tilde{\lambda} \tag{6.24}$$

考虑成像不模糊的条件是成像平面宽度不小于场景方位宽度,令场景方位宽度为 W_a,即 $L' \geqslant W_a$ 成立。为便于分析,忽略场景距离的空变性,取 R_{ref} 作为参考距离,则场景方位宽度 $W_a = \frac{B_{inst}}{V} \cdot \frac{R_{ref}}{2} \cdot \tilde{\lambda}$,聚束模式 SAR 中 B_{inst} 由波束宽度(也即方位场景)决定。则 SPECAN 操作不混叠的条件为 $\mathrm{PRF} \geqslant B_{inst}$。实际上,SPECAN 操作是一个时频变换的过程,成像平面是在方位频域,换言之,SPECAN

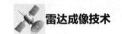

操作后成像平面大小由 PRF 大小决定，为保证成像不模糊，必须满足 $\text{PRF} \geqslant B_{\text{inst}}$ 的条件。

SPA 的 SPECAN 操作与 WPFA 的一样。对于 DDA，式（6.21）所表示的 SPECAN 操作可以表示为

$$
\begin{aligned}
S_2(f_{\text{r}}, X') &= \int S(f_{\text{r}}, X) \exp\left[\text{j} \frac{2\pi f_{\text{c}}(X - X')^2}{c \cdot R_{\text{ref}}} \right] \text{d}X \\
&= \exp\left(\text{j} \frac{2\pi f_{\text{c}} X'^2}{c \cdot R_{\text{ref}}} \right) \int S(f_{\text{r}}, X) \exp\left(\text{j} \frac{2\pi f_{\text{c}} X^2}{c \cdot R_{\text{ref}}} \right) \exp\left(-\text{j} \frac{4\pi f_{\text{c}} X'}{c \cdot R_{\text{ref}}} X \right) \text{d}X
\end{aligned}
\tag{6.25}
$$

注意到 WPFA 的变标系数是随距离频率变化的，也就是说不同的距离频率方位标度 X 到 X' 的变化是不一样的。而 DDA 由于在不同距离频率上采用相同的 SPECAN 参考函数，方位标度变化是一致的，所以 DDA 操作仅仅将信号支撑区方位尺度拉伸，而并不改变信号支撑区形状。

由上述分析可知，将 SPECAN 操作后的信号做方位 FFT 变换到二维频域，只要满足原脉冲重复频率 PRF 大于瞬时带宽的条件，就可以得到不混叠的二维频谱。根据前面的转换关系，SPECAN 操作对信号时频性质的影响可以用图 6.8 表示。

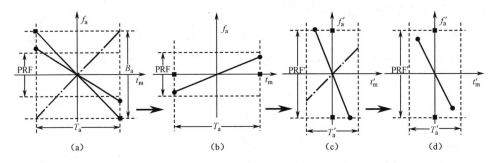

图 6.8　不同距离单元目标信号 SPECAN 操作的时频变化示意图

方位 SPECAN 处理是通过信号和参考相位函数卷积实现的，时域卷积相当于频域乘积，二次相位补偿实际上是在频域（f_{a}' 域）将 SPECAN 操作消除的二次相位补偿回去。二次相位补偿函数表示为

$$
\varphi_{\text{s}} = \exp\left[\text{j} \frac{\pi c f_{\text{a}}'^2 R_{\text{ref}}}{2V^2 (f_{\text{r}} + f_{\text{c}})} \right]
\tag{6.26}
$$

经过二次相位补偿的信号即为聚束模式信号的二维频谱，它与条带式模式信号的不同点在于方位多普勒支撑区长短不同，其余的都一致。DDA 对应的信号经过 SPECAN 操作后，二次相位补偿函数为 $\exp\left(\text{j} \dfrac{\pi c f_{\text{a}}'^2 R_{\text{ref}}}{2V^2 f_{\text{c}}} \right)$，经过补偿后也能得到二

维频谱，这与传统频谱有一点差异，在于方位频域的尺度发生了变化。但 SPECAN 操作时 DDA 使用的方位参考函数不随距离波数变化，可以得到尺度一致的方位标度。而 WPFA 和 SPA 在 SPECAN 操作时采用的方位参考函数随距离波数变化，实现的方位尺度变化是不一致的。

经过二次相位补偿后的信号表达式与 RMA 匹配滤波前的形式相似。借鉴 RMA 算法，乘以一匹配滤波函数，即 $\exp\left[j2\pi\left(\sqrt{\left[2(f_r+f_c)/c\right]^2 - (f_a'/V)^2} - 2(f_r+f_c)/c \right) R_s \right]$，匹配滤波函数的相位在方位频率域 f_a' 上近似为二次函数，在距离频域 f_r 上近似为线性函数。通过匹配滤波函数，在方位频域去除了信号的方位二次相位，并且距雷达航线最短距离为 R_s 的所有点的距离弯曲得到了正确的校正，而距雷达航线最短距离与 R_s 不同的点还有剩余的距离弯曲，距雷达航线最短距离比 R_s 近的点距离弯曲校正不足，距雷达航线最短距离比 R_s 远的点距离弯曲校正过度。

DDA 经过匹配滤波函数相乘后，采用 RMA 成像的步骤进行处理。对二维频谱乘以匹配滤波函数后得

$$S_3(f_r,f_a') = \text{rect}\left(\frac{f_r}{B}\right)\text{rect}\left[\frac{R_B f_a'}{VL\sqrt{\left(2(f_r+f_c)/c\right)^2-(f_a'/V)^2}}\right]\times$$
$$\exp\left\{-j2\pi\sqrt{\left[2(f_r+f_c)/c\right]^2-(f_a'/V)^2}\cdot(R_B-R_s)\right\}\exp\left(-j2\pi f_a' X_n/V\right) \tag{6.27}$$

插值实现了 $4\pi\sqrt{\left[(f_r+f_c)/c\right]^2-(f_a'/2V)^2}\to 4\pi f_y/c$，通过插值处理，在 f_y-f_a' 域所有点的距离弯曲全部得到校正，而且恢复了信号的理想支撑域。最后通过二维 IFFT 成像。这就是 DDA。

WPFA 和 SPA 对应的经过二次相位补偿的信号中 $f_a'=\dfrac{2v^2(f_r+f_c)}{cR_{\text{ref}}}t_m$，对二维频谱乘以匹配滤波相位后改写为

$$S_4(f_r,f_a') = \text{rect}\left(\frac{f_r}{B}\right)\text{rect}\left\{\frac{R_B f_a'}{vL\sqrt{\left[2(f_r+f_c)/c\right]^2-(f_a'/V)^2}}\right\}\times$$
$$\exp\left[-j\frac{4\pi(f_r+f_c)}{c}\cos\theta\cdot(R_B-R_s)\right]\exp\left[-j\frac{4\pi(f_r+f_c)}{c}\sin\theta\cdot X_n\right] \tag{6.28}$$

式（6.28）中，$\sin\theta=X/R_{\text{ref}}$，$\cos\theta=\sqrt{1-\left(X/R_{\text{ref}}\right)^2}$。

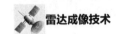

对式 （6.28） 进行 二 维 极 坐 标 插 值 实 现 $\dfrac{4\pi(f_r+f_c)}{c}\cos\theta\to\dfrac{4\pi f_y}{c}$ ，

$4\pi(f_r+f_c)\sin\theta/c\to2\pi f_a/v$ ，此处的插值操作和传统PFA的极坐标插值操作类似。接着进行二维IFFT就可得到图像。这就是WPFA。

SPA 实际上是对 WPFA 模式中式（6.28）通过插值先实现 $\dfrac{4\pi(f_r+f_c)X}{cR_{ref}}\to$

$\dfrac{4\pi f_c X}{cR_{ref}}$ 的变换，亦即对方位尺度统一化，然后按 DDA 步骤成像。

可见，经过 SPECAN 操作，实现信号标度 X 到 X' 的变换，实际上是一个时频变换，然后在变换后的二维频域 f_r-f_a' 进行相位补偿，接着进行极坐标插值或类似 RMA 的插值。最后，通过二维 IFFT 就可实现聚焦成像。

作为算法的实例，这里选择了一段机载 SAR 的数据。该段数据的主要参数如下：雷达工作在 X 波段，波长为 0.03m，波束宽度为 1.78°，载机速度为 122.7m/s，发射信号带宽为 600MHz，采样频率为 800MHz，脉冲宽度为 12μs，数据获取时长为 26s，场景参考线最近距离为 40km，方位信号瞬时带宽为 260Hz，PRF 为 300Hz。经过计算方位信号的总带宽为 890Hz，约为信号 PRF 的 3 倍，采用本方法处理后，其结果如图 6.9 所示。

图 6.9　聚束式 SAR 成像结果（分辨率 0.3m×0.3m，截取部分）

当载机直线飞行时，采用聚束模式 SAR 对特定区域做聚束式的高分辨率观测，这是有代价的。因为所观测的区域短于飞行长度。有所得，必有所失，必须对有些地段放弃观测。这常常给实际应用带来难以接受的限制。如果在雷达参数和航线等已经确定的条件下要适当加长观测带，只放弃对较少部分的观测，可采用下面介绍的滑动聚束模式，不过方位分辨率有所降低。

6.3　大观测域 TOPS-SAR 和滑动聚束模式 SAR 成像[14–17]

滑动聚束模式 SAR 是一种在聚束模式基础上发展的工作模式,这种模式介于聚束模式和条带式模式 SAR 之间,该模式下的天线波束随平台运动而方向转动,不过不是使波束长期停留在一个固定区域,而是使波束以比条带式模式慢的速度扫过所需的条带区域。与条带式模式相比较,它加长了特定场景的观测时间,加长了观测的有效合成孔径,可对较长的场景获得较高的分辨率。这种模式在平台飞行过程中可观测的部分比聚束模式 SAR 多(但不能像条带式模式 SAR 那样做全航线观测),而其分辨率要高于相同尺寸天线的条带式模式 SAR 的分辨率。由于滑动聚束模式 SAR 中天线波束指向也存在变化,因此这种体制中同样存在总的方位频谱展宽的问题。

6.3.1　滑动聚束模式 SAR 信号模型

图 6.10 所示为滑动聚束模式 SAR 雷达运动的几何关系示意图。以数据录取的中心时刻为原点 O,雷达运动的方向为 x 轴,垂直于 x 方位为 y 轴来建立坐标系。雷达工作时波束射线在方位上也像聚束模式 SAR 一样指向某一固定点,不过这一固定点不是场景中心,而是在场景外的远处(该图中称为旋转中心),于是,在雷达平台运动过程中,波束较慢地扫过观测带。

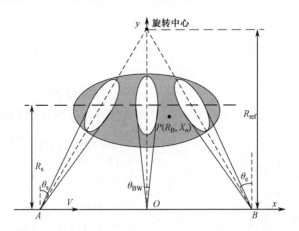

图 6.10　滑动聚束模式 SAR 运行的几何关系示意图

图 6.10 中,雷达平台以速度 V 作直线运动。设天线波束的旋转中心距离航线的最近距离为 R_{ref},场景中心线到雷达航线的最近距离为 R_{s}。因此根据图 6.10 的几何关系可以得到地面波束中心的移动速度为 $v_{\text{B}} = V(R_{\text{ref}} - R_{\text{s}})/R_{\text{ref}}$。雷达波

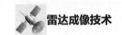

束宽度为 θ_{BW}，平台从 A 点飞至 B 点，数据录取过程中波束指向从 θ_{s} 变化到 θ_{e}。设照射场景中存在一点目标，其坐标为 $P\left(R_{\mathrm{B}}, X_n\right)$，则瞬时斜距为 $R\left(t_{\mathrm{m}} ; R_{\mathrm{B}}\right)=\sqrt{R_{\mathrm{B}}^2+\left(X_n-v t_{\mathrm{m}}\right)^2}$，其中 t_{m} 表示方位慢时间。

　　根据在 6.2 节中的说明进行理解，滑动聚束模式 SAR 回波信号的斜距变化与条带式模式相同，只是回波信号的支撑区不同罢了。为此这里着重分析信号的支撑区，由于信号的相位形式与条带式模式相同，这里不再叙述。若令 $\alpha=R_{\mathrm{ref}} /\left(R_{\mathrm{ref}}-R_{\mathrm{B}}\right)$，根据几何关系，图中点目标的波束中心时间为 $t_{\mathrm{c}}=\alpha X_n / V=\alpha t_0$，合成时间约为 $T_{\mathrm{a}} \approx \alpha R_{\mathrm{B}} \theta_{\mathrm{BW}} / V$。这里对线性调频信号进行分析，并采用驻相点原理对表达式做傅里叶变换，得到信号的二维频谱表达式为

$$S\left(f_{\mathrm{r}}, f_{\mathrm{a}} ; R_{\mathrm{B}}\right)=p\left(f_{\mathrm{r}}\right) a_{\mathrm{a}}\left(f_{\mathrm{a}}\right) \exp \left(-\mathrm{j} 4 \pi R_{\mathrm{B}} \sqrt{\left(\frac{f_{\mathrm{c}}+f_{\mathrm{r}}}{c}\right)^2-\left(\frac{f_{\mathrm{a}}}{2 V}\right)^2}-\mathrm{j} 2 \pi \frac{X_n}{V} f_{\mathrm{a}}\right) \quad (6.29)$$

式（6.29）中，方位窗函数为

$$A_{\mathrm{a}}\left(f_{\mathrm{a}}\right)=a_{\mathrm{a}}\left[\left(f_{\mathrm{a}}+t_{\mathrm{c}} \frac{V \sqrt{f_{\mathrm{aM}}^2-f_{\mathrm{a}}^2}}{R_{\mathrm{ref}}}\right) \middle/ \left(T_{\mathrm{a}} \frac{V \sqrt{f_{\mathrm{aM}}^2-f_{\mathrm{a}}^2}}{R_{\mathrm{B}}}\right)\right]$$

从式（6.29）可看出，滑动聚束模式 SAR 的相位表达式与传统条带式模式 SAR 二维频谱的相位表达式一样，不一样的地方在于方位的窗函数。方位窗函数表明滑动聚束模式 SAR 二维谱与传统谱的差异就是信号谱所处的区间是不同的。同时也说明了成像处理前后方位的位置也发生了变化。图 6.11 所示为场景点目标回波的时频分布图，严格讲时频分布不是直线而是一包含奇数次项的曲线，为了分析方便，还是近似取直线。它的影响可以通过相位双曲线转二次曲线的方法来消除。

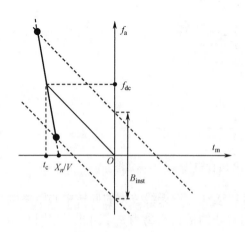

图 6.11　场景点目标回波的时频分布图

　　图 6.11 中两虚线的中间地带为场景点目标回波的时频谱分布，粗实线为某个场景点目标的时频线。从图 6.11 可以看出，目标回波时频曲线的中心时间不在 X_n / V 处，而是在 t_{c} 处，因此对应的频率范围也不再以零频对称，它的多普勒中心为 f_{dc}，场景的瞬时带宽为 B_{inst}。从图 6.11 中可以看出，方位点的多普勒中心随方位位置变化，这样导致整个场景的方位带宽增加。有时方位信号带宽会达到 PRF 的好几倍。

从图 6.11 还可以知道，如果要实现对方位大的场景进行成像，那么场景边沿目标信号的多普勒中心将是非常大的，它会远远超过 PRF 的范围。这与聚束模式 SAR 的信号特性极为相似。与 6.2 节一样，下面将对子孔径的处理方法和全孔径的方法进行分析。

6.3.2 滑动聚束模式子孔径成像算法

从 6.3.1 节的分析可知，滑动聚束模式 SAR 由于天线波束的转动，整个场景的方位带宽较宽，如果还采用较小的 PRF，那么全孔径信号在方位上是混叠的。如果设计较大的 PRF，那么系统的数据量会急剧增加，处理所消耗的时间也就越长，而且会造成场景宽度变小。一种有效克服频谱混叠的算法为方位分块处理。通过方位分块，这时的 PRF 只要大于子块内的信号带宽。子块的大小可以进行选择，即

$$T_{sub} = \frac{PRF - B_{inst}}{|K_{rot}|} \tag{6.30}$$

式（6.30）中，$K_{rot} = -2V^2/(\lambda R_{ref})$ 为天线旋转引入的旋转调频率，B_{inst} 为瞬时带宽。

下面主要介绍滑动聚束 SAR 的子孔径成像算法。按照式（6.30）划分完子孔径后，对每个子块数据距离向的处理可以使用传统的 RD、CS 等算法实现。这里采用扩展的 CS（ECS）算法完成距离压缩及 RCM 校正，其包括变标函数 H_1、距离压缩及 RCM 校正函数 H_2 和剩余相位补偿函数 H_3，函数的具体形式可以参考文献[18,19]。由于这里在于方位向聚焦过程，距离向的处理过程与前面的聚束式相同，这里不再详细叙述。

方位聚焦过程中，图 6.12 所示为滑动聚束模式 SAR 子孔径算法信号在时频平面的变化。完成距离压缩及 RCM 校正后，点目标的方位向回波信号在方位频域可以表示为

$$S(f_a; R_B) = a_a(f_a) \exp\left(-j\frac{2\pi R_B}{V}\sqrt{f_{aM}^2 - f_a^2} - j2\pi\frac{X_n}{V}f_a\right) \tag{6.31}$$

此时的相位为双曲函数，如图 6.12（a）所示。这不利于后续的处理，因此构造参考函数将双曲相位转换为二次相位，即

$$H_4(f_a, R_B) = \exp\left(j\frac{2\pi R_B}{V}\sqrt{f_{aM}^2 - f_a^2} + j2\pi\frac{\lambda R_s}{4V^2}f_a^2\right) \tag{6.32}$$

将 $s(t_m, R_B)$ 和 $H_4(f_a, R_B)$ 相乘并且作方位 IFFT 到二维时域，可得

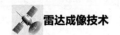

$$s(t_{\mathrm{m}};R_{\mathrm{B}}) = \mathrm{rect}\left(\frac{t_{\mathrm{m}}-t_{\mathrm{c}}}{R_{\mathrm{s}}T_{\mathrm{a}}}R_{\mathrm{B}}\right)\exp\left[\mathrm{j}\pi K_{\mathrm{scl}}(t_{\mathrm{m}}-t_0)^2\right]\exp\left[-\mathrm{j}\frac{4\pi}{\lambda}R_{\mathrm{B}}\right] \quad (6.33)$$

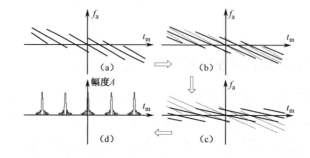

图 6.12　滑动聚束模式子孔径算法信号在时频转换的变化示意图

式（6.33）中，$t_0 = X_n/V$ 和 $K_{\mathrm{scl}} = 2V^2/(\lambda R_{\mathrm{s}})$。可以看出，信号窗中心发生了移动，且其长度也有所改变。然而，方位总的带宽还是大于 PRF，需要通过下面的反旋函数解调，即

$$H_5(t_{\mathrm{m}};R_{\mathrm{B}}) = \exp\left(-\mathrm{j}\pi K_{\mathrm{rot}}t_{\mathrm{m}}^2\right) \quad (6.34)$$

对每个子孔径数据进行上述操作后，再进行子孔径拼接获得不混叠的全孔径信号。对信号进行方位 FFT 后得

$$\begin{aligned}S(f_{\mathrm{a}};R_{\mathrm{B}}) = {}&\mathrm{rect}\left(\frac{f_{\mathrm{a}}R_{\mathrm{B}}}{K_{\mathrm{eff}}T_{\mathrm{a}}R_{\mathrm{s}}}\right)\exp\left(-\mathrm{j}2\pi f_{\mathrm{a}}t_0\right)\exp\left(-\mathrm{j}\frac{4\pi}{\lambda}R_{\mathrm{B}}\right)\times\\&\exp\left[-\mathrm{j}\pi(f_{\mathrm{a}}+K_{\mathrm{rot}}t_0)^2/K_{\mathrm{eff}}\right]\exp\left(-\mathrm{j}\pi K_{\mathrm{rot}}t_0^2\right)\end{aligned} \quad (6.35)$$

式（6.35）中，$K_{\mathrm{eff}} = K_{\mathrm{scl}} - K_{\mathrm{rot}}$。匹配函数为

$$H_6(f_{\mathrm{a}}) = \exp\left(-\mathrm{j}\pi f_{\mathrm{a}}^2/K_{\mathrm{eff}}\right) \quad (6.36)$$

式（6.35）与式（6.36）相乘，并进行方位 IFFT 后得到

$$s(t_{\mathrm{m}};R_{\mathrm{B}}) = \mathrm{sinc}\left[K_{\mathrm{eff}}\frac{R_{\mathrm{s}}}{R_{\mathrm{B}}}T_{\mathrm{obs}}\left(t_{\mathrm{m}}-\frac{R_{\mathrm{ref}}}{R_{\mathrm{ref}}-R_{\mathrm{s}}}t_0\right)\right]\exp\left[-\mathrm{j}\frac{4\pi}{\lambda}R_{\mathrm{B}}\right]\exp\left[-\mathrm{j}\pi K_{\mathrm{t}}t_0^2\right]$$

$$(6.37)$$

式（6.37）中，$K_{\mathrm{t}} = -2V^2/\left[\lambda(R_{\mathrm{ref}}-R_{\mathrm{s}})\right]$。由此，方位压缩完成，考虑到算法的保相特性，需要对式（6.37）中的常数相位项进行补偿。构造补偿函数为

$$H_7(t_{\mathrm{m}}) = \exp\left[-\mathrm{j}\pi K_{\mathrm{t}}\frac{(R_{\mathrm{ref}}-R_{\mathrm{s}})^2}{R_{\mathrm{ref}}^2}t_{\mathrm{m}}^2\right] \quad (6.38)$$

其算法流程如图 6.13 所示。

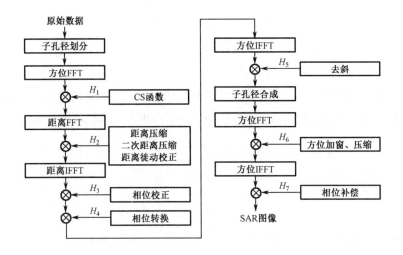

图 6.13 滑动聚束模式 SAR 子孔径算法流程

6.3.3 滑动聚束模式全孔径成像算法

由于子孔径处理存在分块的问题，因此操作相对比较麻烦。本节着重介绍全孔径处理方法。滑动聚束模式 SAR 的全孔径成像方法，主要包括两步，第一步是在 PRF 稍大于瞬时带宽 B_{inst} 的情况下对方位信号的无混叠恢复过程，第二步为利用 SPECAN 技术的方位点聚焦过程。

图 6.14 给出了二维频谱无混叠恢复原理示意图。图 6.14（a）为原始方位信号的时频图，从图中可以看出，信号在总的频域存在混叠，但是从另外一个角度看，信号在时域是不混叠的。从该图中还可以看出，如果将时频平面的信号带补偿为水平带，然后在频域补零就可以无混叠地恢复信号。但是这样做会相应带来

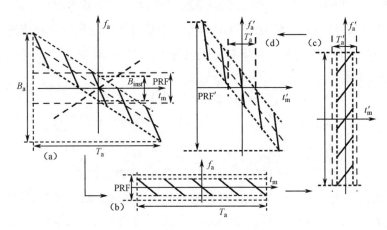

图 6.14 二维频谱无混叠恢复原理示意图

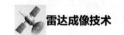

一个问题，就是会使数据量增加 B_a/PRF 倍，不利于 RCMC 的处理。为了克服数据量倍增的问题，可以结合 SPECAN 技术的思想，在不增加数据量的情况下，得到信号无混叠的二维频谱表达式。

为了得到无混叠的二维频谱表达式，对脉压后的信号相位进行分析。由于在正侧视情况下，信号带宽主要由二次项构成，为了分析方便可以将相位表达式近似为

$$S_1\left(f_r,t_m;R_B\right)\approx\exp\left[-\mathrm{j}\frac{4\pi}{c}\left(f_c+f_r\right)\left(R_B+\frac{V^2t_m^2}{2R_B}\right)\right] \tag{6.39}$$

构造参考函数为

$$S_{\mathrm{ref}}\left(t_m\right)=\exp\left(\mathrm{j}2\pi V^2t_m^2/\left(\lambda R_{\mathrm{ref}}\right)\right) \tag{6.40}$$

当然参考函数中的距离项是可以选择的[16]，这里只介绍这种简单的形式。由上一节的分析可知，SPECAN 操作为信号和参考相位函数的卷积，可以通过信号和参考函数相乘（Deramp 操作）然后做 FFT，再补偿一个二次相位实现。此时信号虽然还是时域信号，但是从 SPECAN 操作中傅里叶变换的意义来看，此时的信号已经可以认为是在频域了。用新的变量 t_m' 替代 t_m，则 SPECAN 处理后信号变为

$$S_2\left(f_r,t_m';R_B\right)=\exp\left(\mathrm{j}\pi\frac{2V^2}{\lambda R_{\mathrm{ref}}}t_m'^2\right)\int\limits_x S\left(f_r,x\right)\exp\left(\mathrm{j}\pi\frac{2V^2x^2}{\lambda R_{\mathrm{ref}}}\right)\exp\left(-\mathrm{j}2\pi\frac{2V^2t_m'}{\lambda R_{\mathrm{ref}}}x\right)\mathrm{d}x$$

$$\tag{6.41}$$

式（6.41）可以被看为信号从一种尺度的坐标 t_m，变换到另一种尺度的坐标 t_m'，而 t_m' 实际上与原频率坐标是一致的，只是尺度不同罢了。新坐标的时域尺度和原坐标的频率满足如下关系

$$f_a=2V^2t_m'/\left(\lambda R_{\mathrm{ref}}\right) \tag{6.42}$$

与 t_m' 对应存在新的频率坐标 f_a'。在坐标变换的过程当中，信号支撑区始终集中于参数对 $\left(T_a,\mathrm{PRF}\right)$ 内。为了进行 RCMC 操作，需要分析信号在方位频域的表达式。由于信号式（6.41）在时域和频域都是无混叠的，可以将其变换到频域，利用卷积的 FFT 性质得到式（6.41）的频域表达为

$$S_2\left(f_r,f_a';R_B\right)=S\left(f_r,f_a';R_B\right)S_{\mathrm{ref}}\left(f_a'\right) \tag{6.43}$$

为了获得 $S\left(f_r,f_a';R_B\right)$，对式（6.43）中的第二个项进行补偿即可，补偿函数为

$$S_{\mathrm{com}}\left(f_a'\right)=\mathrm{conj}\left[S_{\mathrm{ref}}\left(f_a'\right)\right]=\exp\left[\mathrm{j}\pi\lambda R_{\mathrm{ref}}f_a'^2/\left(2V^2\right)\right] \tag{6.44}$$

将式（6.44）与式（6.43）相乘就可以得到方位频域表达式了。

回波信号经过上述操作得到二维无混叠的频域表达式后，可以采用传统的信号处理算法如 CS 和 R-D 等校正 RCM，然后进行方位成像。应当指出，这一处理过程的数据量是不大的，可以近似用 $\mathrm{PRF}\times T_a$ 表示，也就是说这种处理没有明显增加运算量。

从图 6.14（d）可以看出，虽然得到了无混叠的二维频域表达，但是它在 $t'_{\rm m}$ 域仍然是混叠的。如果直接采用匹配滤波函数进行方位脉压，仍会造成方位图像的混叠。因此这里须采用方位变标的方法进行方位聚焦。

校正 RCM 后，方位信号可以表示为

$$S_3(f'_{\rm a}; R_{\rm B}) = a_{\rm a}(f'_{\rm a}) \exp\left(-{\rm j}2\pi R_{\rm B}\sqrt{f_{\rm aM}^2 - f_{\rm a}'^2}\Big/V - {\rm j}2\pi f'_{\rm a} X_n/v\right) \qquad (6.45)$$

其时频曲线如图 6.15（a）所示，可以看出信号在 $f'_{\rm a}$ 域是不混叠的，而在 $t'_{\rm m}$ 域是混叠的，如果要消除混叠，还需要进行一个类似于上述讨论的操作，这样相应会产生额外的计算，增加信号处理的复杂度。为了对场景进行快速成像（当然不应影响场景的图像质量），可以结合 SPECAN 处理的思想，采用方位变标的方法，将点目标直接聚焦在 $f'_{\rm a}$ 域。上述相位函数为已知的双曲线函数，不利于 SPECAN 成像处理。构造如下函数可将式（6.45）的双曲线相位转换为二次项相位，并将信号旋转为竖直的区域

$$H_4(f'_{\rm a}) = \exp\left({\rm j}2\pi \frac{R_{\rm B}}{V}\sqrt{f_{\rm aM}^2 - f_{\rm a}'^2} + {\rm j}2\pi\frac{\lambda R_{\rm s}}{4V^2}f_{\rm a}'^2 - {\rm j}2\pi\frac{\lambda R_{\rm ref}}{4V^2}f_{\rm a}'^2\right) \qquad (6.46)$$

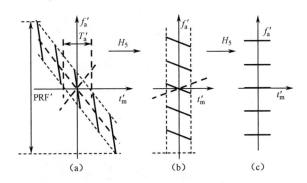

图 6.15　方位变标的时频图

如图 6.15（b）所示，将式（6.46）与式（6.45）相乘，信号在时域不再混叠。此时方位信号可以表示为

$$S_4(f'_{\rm a}) = a_{\rm a}(f'_{\rm a})\exp\left[{\rm j}\pi\frac{\lambda(R_{\rm s} - R_{\rm ref})}{2V^2}f_{\rm a}'^2 - {\rm j}2\pi\frac{X_n}{V}f'_{\rm a}\right] \qquad (6.47)$$

如图 6.15（b）所示，将上面信号变换到方位时域得到

$$s_4(t'_{\rm m}) = a_{\rm a}(t'_{\rm m})\exp\left[{\rm j}\pi\frac{2V^2}{\lambda(R_{\rm ref} - R_{\rm s})}\left(t'_{\rm m} - \frac{X_n}{V}\right)^2\right] \qquad (6.48)$$

利用 SPECAN 思想在时域对二次相位函数进行补偿，然后进行 FFT 处理，补偿函数为

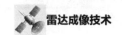

$$H_5\left(t_{\mathrm{m}}'\right)=\exp\left\{-\mathrm{j}2\pi V^2 t_{\mathrm{m}}'^2\Big/\left[\lambda\left(R_{\mathrm{ref}}-R_{\mathrm{s}}\right)\right]\right\} \tag{6.49}$$

将式（6.49）乘以式（6.48）并变换到频域，得

$$S_5\left(f_{\mathrm{a}}'\right)=\frac{T_{\mathrm{a}}}{\alpha}\,\mathrm{sinc}\left(\frac{T_{\mathrm{a}}}{\alpha}\left(f_{\mathrm{a}}'+\frac{2V^2}{\lambda\left(R_{\mathrm{ref}}-R_{\mathrm{s}}\right)}\frac{X_n}{V}\right)\right)\exp\left(\mathrm{j}\pi\frac{2X_n^{\,2}}{\lambda\left(R_{\mathrm{ref}}-R_{\mathrm{s}}\right)}\right) \tag{6.50}$$

为了使算法具有相位保持特性，需要对式（6.50）中的常数相位项进行补偿。

利用关系 $f_{\mathrm{a}}'=-\dfrac{2V^2}{\lambda\left(R_{\mathrm{ref}}-R_{\mathrm{s}}\right)}\dfrac{X_n}{V}$，构造补偿函数为

$$H_6\left(f_{\mathrm{a}}'\right)=\exp\left[-\mathrm{j}\pi f_{\mathrm{a}}'^2\lambda\left(R_{\mathrm{ref}}-R_{\mathrm{B}}\right)/(2V^2)\right] \tag{6.51}$$

完成方位聚焦和相位补偿后，信号的时频曲线如图 6.15（c）所示。

滑动聚束模式 SAR 全孔径算法流程图如图 6.16 所示。

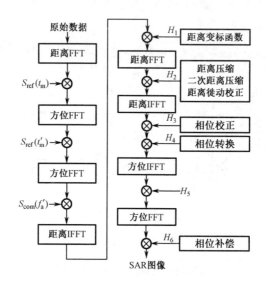

图 6.16　滑动聚束模式 SAR 全孔径算法流程

作为本算法的实例，这里选择了一段 X 波段机载 SAR 的数据。该段数据的主要参数如下：雷达工作在 X 波段，波长为 0.03m，波束宽度为 1.8°，载机速度为 103m/s，发射信号带宽为 600MHz，采样率为 800MHz，脉冲宽度为 12μs，数据获取时间为 13s，采用滑动聚束模式，旋转中心距离为 80km，场景参考线最近距离为 34km，方位信号瞬时带宽为 260Hz，PRF 为 300Hz。经过计算方位信号的总带宽为 520Hz，超过 PRF 约 73%，经如图 6.16 所示的算法处理后，结果如图 6.17 所示，从该图中可以看出，采用本算法可以得到无混叠的图像。

图 6.17　滑动聚束模式 SAR 实测数据成像结果（分辨率为 0.3m×0.3m）

6.3.4　大观测域 TOPS-SAR 全孔径成像方法

条带式模式 SAR 在载机直线飞行过程中，雷达波束的指向是固定的，而聚束模式 SAR 波束指向某固定区域，雷达波束先指向前方，随载机前进向后方的反向扫描。滑动聚束模式 SAR 的波束也做同样的反向扫描，只是扫描得慢一些。前面已经指出，聚束模式 SAR 和滑动聚束模式 SAR 天线波束扫描的结果是使等效合成孔径加长，方位分辨率提高。由于对一定场景成像需要的合成孔径长度值大于场景长度，在载机飞行过程中，有些区段只能舍弃而不能观测。

这里讨论的 TOPS-SAR，天线波束扫描的方向与它们相反，它是由后向前扫描，与条带式模式 SAR 相比较，它会使等效合成孔径缩短，降低方位分辨率。由于观测时间的缩短，因此在雷达平台飞行过程中，可以有多余的时间移作他用，如改变波束仰角对平行于原观测带更远或更近的条带进行观测。也就是在原雷达参数条件下，以降低方位分辨率来展宽观测带。也可以对原观测带做重复观测，这正是地面动目标检测（GMTI）所需要的。

前面用图 6.10 说明了滑动聚束模式 SAR 的工作情况，它相当于将聚束模式 SAR 波束的焦点（旋转中心）置于观测带外的远方，而 TOPS-SAR 则相当于将该旋转中心置于载机航线的另一侧，如图 6.18 所示。由于旋转中心在航线的另一侧，且通常较近，载机飞行 AB 段已可对所需的长观测段做一次扫描。后面留下的时间可移作他用——或观测另外的条带，或对原观测条带做重复观测。尽管单个点的有效波束宽度小于天线波束宽度，但是波束通过扫描照射的区域对应的角度却远大于波束宽度。从图 6.18 还可以看出，天线波束照射的区域近似为扇形。

图 6.18 为 TOPS-SAR 模式几何关系示意图，数据录取过程中波束指向从 θ_s 变化到 θ_e。照射场景中存在任意点目标 $P(R_B, X_n)$，若令 $\alpha = \dfrac{R_{ref}}{R_{ref} + R_B}$，则波束中心

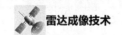

时间 $t_c = \alpha \dfrac{X_n}{V}$，合成时间 $T_a \approx \dfrac{\alpha R_B \cdot \theta_{BW}}{V} \dfrac{\left(R_B + R_{ref}\right)^2 + X_n^2}{\left(R_B + R_{ref}\right)^2}$。将这些参数直接应用到

滑动聚束模式 SAR 的表达式中，那么扫描 SAR 信号方位窗函数（支撑区）变为

$$A_a\left(f_a\right) = a_a\left[\frac{1}{\alpha\theta_{BW}}\left(\frac{X_n}{R_{ref} + R_B} - \frac{f_a}{\sqrt{f_{aM}^2 - f_a^2}}\right)\frac{\left(R_B + R_{ref}\right)^2}{\left(R_B + R_{ref}\right)^2 + X_n^2}\right] \qquad (6.52)$$

而其相位表达式与传统的条带式模式 SAR 也没有区别。方位窗函数表明扫描模式
SAR 二维频谱所处的区间与条带式模式是不同的。

图 6.19 所示为 TOPS-SAR 场景中点目标的时频关系图。该图中两条右斜虚线
的中间地带为场景信号的时频谱分布区，粗实线为场景中多处点目标的时频线。从
图 6.19 中可以看出，单个点目标的多普勒带宽较瞬时带宽窄，这是因为天线波束方
位扫描驻留时间较短，单个点目标的有效波束较波束宽度窄，因此其方位分辨率达
不到瞬时带宽对应的分辨率。但不同方位点的多普勒中心随波束指向变化，由于
TOPS 模式通常用较大的扫描角，这样导致整个场景的方位带宽增加较多，通常会
达到 PRF 的好几倍，这与聚束模式 SAR 的信号特性有相似之处。可以将 6.3.3 节
滑动聚束模式 SAR 的解混叠的处理思想引入扫描模式 SAR 的处理中以解决方位
频谱的混叠问题。

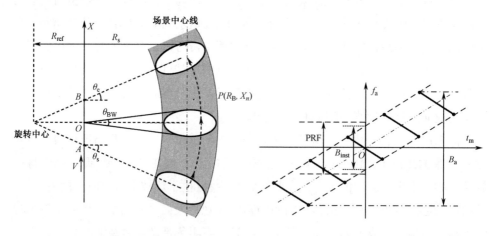

图 6.18　TOPS-SAR 模式几何关系示意图　　图 6.19　TOPS-SAR 场景中点目标的时频关系

参照 6.3.3 节内容，可以构造参考函数 $S_{ref}(t_m)$ 与信号进行方位卷积，再补偿
$S_{com}(f_a')$，就可以得到回波信号无混叠的在二维频域表达 $S(f_r, f_a')$。接着采用多
普勒域方法进行 RCMC。对于星载 SAR 而言，扫描角度范围较小，一般可以直接
采用 CS 算法进行 RCMC；但是对于机载 SAR 而言，扫描角度范围较大，如果也
需要进行全孔径成像，那么需要考虑边缘扫描角度情况下的距离脉压、二次距离

以及脉压的距离空变等问题。这里针对扫描角度比较大时进行成像考虑，采用 NCS 算法进行 RCMC，NCS 算法包括距离频域三次相位扰动函数 H_1、变标函数 H_2、距离压缩及 RCM 校正函数 H_3 和剩余相位补偿函数 H_4，其具体形式可以参考文献[20]。

采用 NCS 算法完成距离压缩及 RCMC 后，方位信号可以表示为

$$S_2(f_a') = A_a(f_a') \exp\left(-\mathrm{j}2\pi \frac{R_B}{V} \sqrt{f_{aM}^2 - f_a'^2} - \mathrm{j}2\pi \frac{X_n}{V} f_a' \right) \tag{6.53}$$

对于旋转角度较小（相对值）的 TOPS-SAR，采用与 6.3.3 节相同的方法，进行直线替代曲线是可取的。但是当旋转角度较大时，参考单元的直线替代任意单元的曲线会带来频谱的移动，有可能出现频谱的混叠。这里利用单点信号方位支撑区相对较小的情况，对场景采用近似处理。

构造函数 $H_5(f_a')$ 将式（6.53）的信号旋转到竖直的区域，即

$$H_5(f_a') = \exp\left(\mathrm{j}\pi \frac{\lambda R_{ref}}{2V^2} f_a'^2 \right) \tag{6.54}$$

将式（6.54）与式（6.53）相乘，经方位 IFFT 变换到时域，再乘以参考函数

$$H_6(t_m') = \exp\left[\mathrm{j}\pi \frac{2V^2}{\lambda(R_B + R_{ref})} t_m'^2 \right] \tag{6.55}$$

最后方位经 FFT 变换到频域即完成成像过程，完成压缩后的方位信号为

$$S_3(f_a') = \sigma_n \cdot \mathrm{sinc}\left[T_a\left(f_a' - \frac{2V^2}{\lambda(R_B + R_{ref})} \frac{X_n}{V} \right) \right] \exp\left[-\mathrm{j}\pi \frac{2X_n^2}{\lambda(R_B + R_{ref})} \right] \tag{6.56}$$

为了使算法具有保相性，必须对式（6.56）的常数相位进行补偿，根据关系 $f_a' = 2VX_n/\left[\lambda(R_B + R_{ref}) \right]$ 可得补偿函数为

$$H_7(f_a') = \exp\left[\mathrm{j}\pi \frac{\lambda(R_B + R_{ref})}{2V^2} f_a'^2 \right] \tag{6.57}$$

需要说明的是，之所以未像 6.3.2 节那样将式（6.53）中的双曲相位函数转化为二次函数，是因为方位预滤波处理等效于扩展了方位采样率而压缩了时间窗，当扫描范围较大时，扩展后的方位频率参量 f_a' 项不再远小于参量 f_{aM}，使高次相位项构成的方位信号带宽必须加以考虑；而在构造时域参考函数时又忽略高次相位项，则是由于时间窗被压得很窄，使方位时间参量 t_m' 变得很小，且通过级数反演法计算可知，高次相位系数与 R_B 的 $n-1$ 次方成反比（n 为高次项次数），从而导致高次相位项值很小，可以忽略。

分析式（6.56）可知，聚焦后场景点目标方位位置与 R_B 有关，即存在方位向

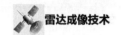

几何形变。因此需要对它作形变校正，其实质上是一种尺度变换，可以通过 Chirp-Z 变换实现，具体过程如图 6.20 所示。该图中 $x(m,n)$ 代表成像完成后任一距离单元的数据，$x(m,n')$ 代表形变校正后的数据。以场景中心为参考，则可以定义尺度因子 $\varepsilon = \left(R_\mathrm{B} + R_\mathrm{ref}\right)\big/\left(R_\mathrm{s} + R_\mathrm{ref}\right)$，从而得到 Chirp-Z 变换中使用的两个复数为

$$A = \exp\left[\mathrm{j}\pi\left(1-\varepsilon\right)\right] \tag{6.58}$$

$$W = \exp\left(-\mathrm{j}\pi\varepsilon/Q\right) \tag{6.59}$$

式中，Q 为方位向点数，其线性相位函数为

$$H = \exp\left(\mathrm{j}\pi\varepsilon k\right), \quad k = 1,2,\cdots,Q \tag{6.60}$$

用以保证 Chirp-Z 变换后场景中心不会发生偏移，最后的尺度因子则是为了使变换前后目标的幅度基本不变。

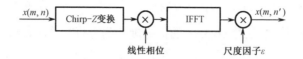

图 6.20　Chrip-Z 变换实现形变校正

大观测域 TOPS-SAR 全孔径成像方法的流程如图 6.21 所示。其算法由四部分组成：方位预滤波、距离 NCS、方位 Dechirp 成像及形变校正。方位预滤波主要完成二维频谱的无混叠恢复，可等效认为是提高了方位采样率，避免了大幅度扩展频谱或是方位信号分子块，从而简化了信号处理的难度；第二部分为典型的 NCS 算法，用于完成距离压缩及 RCM 校正，无须插值，保证了算法的高效性；第三部分为结合 Dechirp 的方位聚焦，由于方位预处理后的信号时域是混叠的，因此将其聚焦在频率域；最后部分为基于 Chirp-Z 变换的几何形变校正。

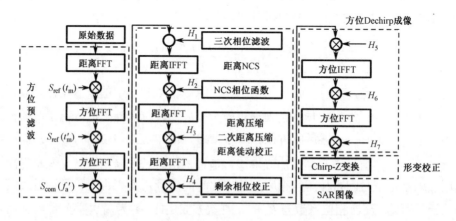

图 6.21　大观测域 TOPS-SAR 全孔径成像方法流程

　　这里选取了 TOPS-SAR 原始数据，运用本节介绍的成像算法进行成像处理。其系统主要参数如下：雷达工作在 Ku 波段；天线波束宽度为 3.5°；发射信号脉冲宽度为 40μs；带宽为 80MHz；采样率为 100MHz；PRF 为 2000Hz；场景中心距离为 14.5km；载机速度约为 110m/s；扫描速度为 18°/s；扫描范围为-18°～18°，相当于扫描旋转中心距离约为 338m；数据获取时间为 2s。通过计算，方位向总带宽为 7660Hz，远大于 PRF。图 6.22 所示为采用本节方法避免方位混叠并形变校正后的成像结果。可以看出，该图中主要目标清晰，且成像场景已是扇形区域，符合扫描 SAR 大观测域 TOPS-SAR 全孔径成像几何模式，该图无须坐标转换操作，因此说明本节方法能有效应用于 TOPS-SAR，从而实现高效的全孔径成像。

图 6.22　机载 TOPS-SAR 实测数据成像结果

6.4　斜视多模式 SAR 成像方法 [1,18-22]

　　SAR 的斜视工作模式是指雷达观测方向不与飞行方向垂直，而是成一定角度的工作模式。由于存在斜视角度，加大了应用的灵活性。它具有许多正侧视 SAR 无法实现的功能，如在一次飞行中对重点地区的多次重访，军事上对斜前方的实时侦察和打击等。

　　较为经典的算法，如 CS 算法仅具有处理较小斜视角（如 5°或以下）的能力（当然这与分辨率有关系）；扩展的 CS（ECS）算法通过引入新的变标因子，可解决较大斜视角（如 10°）情况下，由于距离变标出现的距离频谱混叠等问题，从而提高了可处理的斜视角。但是由于在斜视角较大的情况下，二次项的空变性非常严重，采用 ECS 算法会带来距离的散焦；非线性 CS（NCS）算法通过在频域引入扰动项来消除二次距离脉压项的空变性，大大提高了可处理的斜视角（如 C 波段的 40°和 L 波段的 30°）。上述这些方法都是基于倾斜谱（波数谱的支撑区是倾斜的）的成像处理方法。这些方法对方位点具有良好的聚焦效果，然而在斜视角比较大时对距离点不能得到良好的聚焦效果。为此，本节给出了基于正交谱的成

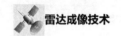

像方法，即从正交谱出发，分析了采用 NCS 的原理、消除距离空变性和方位空变性的方法，从而实现大距离场景的良好聚焦。

6.4.1 斜视模式的信号模型与等效正侧视处理

图 6.23 所示为斜视工作时载机与场景中 $\overline{BB'}$ 线上点目标的几何关系，以及斜距 R 与慢时间 t_m 的关系。在图 6.23 中，载机沿横坐标 t_m 的方向匀速（速度为 V）

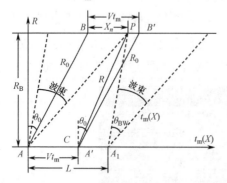

直线运动，场景中点目标 P 至航线的最近距离为 R_B。设以载机位于 A 点时的时刻为慢时间的起点，这时波束射线（斜视角为 θ_0）与通过点目标 P 且与航线平行的直线相交于点 B，即 $t_m = 0$ 时波束中心射线指向 B 点，故将 B 点作为该平行线上慢时间的起点。

经过 t_m 后，载机移动到 A' 点，其横坐标为 Vt_m，此时雷达波束中心射线

图 6.23　斜视工作时载机与点目标的几何关系

指向 B' 点，设点目标 P 与 B 点之间的距离为 X_n，则从 $\triangle A'B'P$ 可得 t_m 时刻雷达至 P 点的斜距 $R(t_m; R_0)$ 与 t_m 的关系式为

$$R(t_m; R_0) = \sqrt{(Vt_m - X_n)^2 + R_0^2 - 2R_0(Vt_m - X_n)\sin\theta_0} \tag{6.61}$$

由于在波束照射范围内 $|Vt_m - X_n| \ll R_0$，故将式（6.61）在 $X = X_n$ 附近做泰勒级数展开，并忽略三次及以上的高次项，经过简单整理得

$$R(t_m; R_0) \approx R_0 - (Vt_m - X_n)\sin\theta_0 + \frac{\cos^2\theta_0}{2R_0}(Vt_m - X_n)^2$$

$$\approx \sqrt{R_0^2 + V^2\cos^2\theta_0(t_m - X_n/V)^2} - Vt_m\sin\theta_0 + X_n\sin\theta_0 \tag{6.62}$$

式（6.62）的斜距由三部分组成：第一项为距离弯曲的非线性项，第二项为距离走动的线性项，第三项为常数项。将式（6.62）加上 $Vt_m\sin\theta_0$，即消除距离走动后，并令 $\hat{V} = V\cos\theta_0$，瞬时斜距表达式变为

$$R_l(t_m; R_0) = \sqrt{R_0^2 + \hat{V}^2(t_m - X_n/V)^2} + X_n\sin\theta_0 \tag{6.63}$$

式（6.63）中，$(t_m - X_n/V)$ 表示雷达平台移动 $\overline{PB'}$ 长度所需的时间，$X_n\sin\theta_0$ 表示走动校正后非中心线点目标存在的纵向距离平移。由于 $\overline{BB'}$ 线上不同的点具有不同的方位位置，因此它们存在的纵向距离偏移是不等的。

经过走动校正后，称雷达工作在"等效正侧视模式"（见图 6.24）。在该模式下可以被认为雷达以速度 $\hat{V}$ 运动，相当于工作在正侧视，方位波束宽度为

$\theta_{\mathrm{BW}} = \lambda/(D\cos\theta_0)$（$\lambda$ 为波长，D 为天线方位向孔径），点目标到雷达运动轨迹的最近距离是 $R_0 = R_{\mathrm{B}}/\cos\theta_0$。"等效正侧视模式"并不是说与正侧视完全等效，式（6.63）最后的常数项表示，等效处理后存在纵向距离偏移。图 6.25 所示为走动校正示意图，即表示等效前后不同横坐标的点目标信号包络在信号平面的示意图。从该图中可以看出，方位位置不为零的点在等效处理后存在纵向距离偏移。

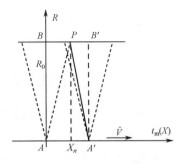

图 6.24　"等效正侧视模式"成像几何图

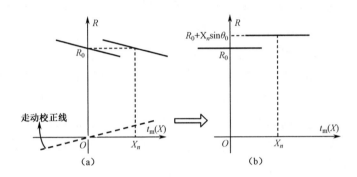

图 6.25　走动校正示意图

在等效正侧视模式下，方位向的多普勒特性为

$$f_{\mathrm{a}} = -\frac{2}{\lambda}\frac{\mathrm{d}R_l(t_{\mathrm{m}};R_0)}{\mathrm{d}t_{\mathrm{m}}} = -\frac{2}{\lambda}\frac{\hat{V}^2(t_{\mathrm{m}}-X_n/V)}{\sqrt{R_0^2+\hat{V}^2(t_{\mathrm{m}}-X_n/V)^2}} = \frac{2\hat{V}\sin\theta}{\lambda} \in \left[-\frac{B_{\mathrm{a}}}{2}, \frac{B_{\mathrm{a}}}{2}\right] \quad (6.64)$$

和

$$\gamma_{\mathrm{a}} = 2\hat{V}^2/(\lambda R_0) \quad (6.65)$$

式中，$B_{\mathrm{a}} = 2\hat{V}/D_{\mathrm{a}} = 2V\cos\theta_0/D_{\mathrm{a}}$ 为方位多普勒带宽，与斜视分析所得结果相同。这表明引入等效正侧视的概念是合理的。在等效正侧视的模式下，可以运用 CS 方法校正空变的距离弯曲。

然而必须注意的是，"等效正侧视模式"并不是说其完全与正侧视模式等效。从信号的幅度来看，校正后场景中同一水平线上的点目标信号分属于原不同的纵向距离位置，因此信号包络的长短是不同的，如近距离点的信号包络短，远距离点的信号包络长，即点回波序列具有不同的弯曲量；从信号的相位来看，校正后同一个距离单元的信号不具有相同的调频率，采用统一的参考函数难以对其进行统一压缩。尽管进行"等效正侧视模式"等价后，包络的长短和信号调频率特性发生了变换，但是仍然保持了不同点的方位带宽相同的特点，它们在多普勒域的

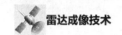

宽度是相同的，由于成像处理总是在多普勒域处理，因此有可能改进多普勒域成像算法用于斜视成像。

6.4.2　走动校正引入的问题

前面说到走动校正使雷达工作在等效正侧视模式，但是这种等效并不是完全精确的等效。走动校正引入了新的问题，那就是场景中同一水平线上对不同方位坐标 X_n 点目标会增加一个不同纵向距离向的平移 $X_n \sin \theta_0$，如图 6.25（b）所示。这不仅使场景图像产生几何形变，而且给成像处理造成困难，因为它使得校正后目标回波信号包络所在的纵向距离 $R_0 + X_n \sin \theta_0$ 与方位向调频率或弯曲对应的 R_0 相差 $X_n \sin \theta_0$。此时距离-多普勒域成像算法的基础，即方位平移不变性，不再成立了。

首先分析包络的问题。走动校正后，方位平移不变性不再成立，处在同一距离单元的点具有不同的距离弯曲量。如果场景左右边沿的点目标的弯曲差相对于距离分辨率而言很小，如弯曲差与距离分辨率比值小于 1/4，那么可以将信号变换到多普勒域，进行统一的弯曲校正；如果左右边沿的点目标弯曲差相对距离分辨率较大，统一的弯曲校正不能校正所有点的距离徙动，此时可以通过在方位时域增加一个包络的扰动项，将它们的距离弯曲程度变成一样，然后再统一校正。如图 6.26 所示，变标前不同方位点的距离徙动曲线曲率不同 [见图 6.26（a）]，增加扰动 [见图 6.26（b）] 后各点距离徙动曲线的曲率变为一致 [见图 6.26（c）]，此时将信号变换到方位多普勒域，可以采用统一的函数校直各方位点的徙动曲线 [见图 6.26（d）]。对于纵向的点，仍然可以采用 CS 的方法校正距离弯曲的空变性。对于分辨率为 0.5m，斜视角为 50° 的 X 波段成像雷达而言，若斜距距离为 40km，那么一个孔径时间内场景左右边沿的点目标弯曲差为 0.11m，小于距离分辨率的 1/4，徙动差可以忽略。本节的算法将主要考虑弯曲的距离空变，而忽略其方位空变。

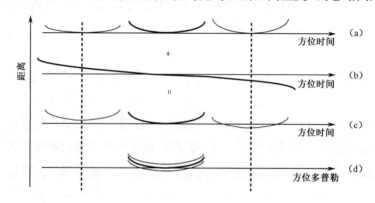

图 6.26　距离徙动方位空变变标原理

对于相位而言，如果按照包络所在距离 $R_0 + X_n \sin\theta_0$ 进行统一的方位向匹配滤波，必然会使得方位向不能完全聚焦。如果对上述问题不做另外的处理，而要进行正确的方位压缩，则距离偏移必须很小，即 $|X_n \sin\theta_0|$ 应小于距离向聚焦深度 $\lambda R_s^2 / \left[2 \left(L\cos\theta_0 \right)^2 \right]$，其中 R_s 为参考斜距。由此有 $|X_n| \leqslant \dfrac{\lambda R_s^2}{2\left(L\cos\theta_0\right)^2 |\sin\theta_0|} = \delta X$，称 δX 为方位聚焦深度。因此，由于方位聚焦深度的限制，方位向正确进行压缩要求方位场景宽度必须小于 2 倍方位聚焦深度。

为了解决距离走动校正引起的方位调频率变化的问题，可以采用方位非线性 CS 的处理算法。如前所述，按照包络所在距离 $R_0 + X_n \sin\theta_0$ 进行方位向匹配滤波，相当于对位于 (X_n, R_0) 的目标点回波使用如式（6.66）所示的方位调频率进行方位处理，即

$$\gamma_a(t_m; R_0) = -\frac{2V^2 \cos^2\theta_0}{\lambda(R_0 + V\sin\theta_0 t_m)} \approx -\frac{2V^2 \cos^2\theta_0}{\lambda R_0} + \frac{2V^3 \cos^2\theta_0 \sin\theta_0 t_m}{\lambda R_0^2} \quad (6.66)$$

而正确进行方位压缩所需的调频率应为 $\gamma(t_m; R_0) = -2V^2 \cos^2\theta_0 / (\lambda R_0)$，从而使得方位失配。

6.4.3　大斜视 SAR 成像算法

基于上面的讨论，将大斜视 SAR 成像的算法总结如下：

首先在距离频域完成线性距离走动校正，校正函数为

$$H_1(f_r, t_m; R_0) = \exp\left[j\frac{4\pi}{c} \Delta R(t_m)(f_r + f_c) \right] \quad (6.67)$$

式（6.67）中，$\Delta R(t_m) = -Vt_m \sin\theta_0$。

进行线性走动校正后，利用驻相点原理，通过傅里叶变换将信号变换到方位频域，即

$$S(f_r, f_a; R_0) = a_r(-f_r/\gamma) a_a\left(\frac{-\lambda R_0 f_a}{2\hat{V}^2 \sqrt{(1 + f_r/f_c)^2 - (f_a/f_{aM})^2}} \right) \exp\left(-j\pi \frac{f_r^2}{\gamma} \right) \times$$

$$\exp\left[-j\frac{4\pi}{c} X_n \sin\theta_0 (f_r + f_c) \right] \exp\left(-j2\pi f_a \frac{X_n}{V} \right) \times \quad (6.68)$$

$$\exp\left[-j4\pi R_0 \sqrt{\left(\frac{f_c + f_r}{c} \right)^2 - \left(\frac{f_a}{2\hat{V}} \right)^2} \right]$$

式（6.68）中，$f_{aM} = 2\hat{V}/\lambda$；多普勒频率 $f_a = 2\hat{V}\sin\theta/\lambda$，取值范围为 $-\dfrac{B_a}{2} \leqslant f_a \leqslant \dfrac{B_a}{2}$，$B_a = \dfrac{2\hat{V}}{D_a}$ 为方位带宽。如前所述，此时对距离向的处理进入等效正侧视模式。等效

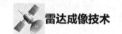

后距离包络可以采用常规的 CS 或 ECS 算法对距离徙动进行校正。经过 CS 处理后，弯曲响应基本被校直。完成徙动校正后方位信号可以表示为

$$S(\hat{t}, f_a; R_0) = \mathrm{sinc}\left(\hat{t} - 2\frac{R_0 + X_n \sin\theta_0}{c}\right) a_a \left[\frac{-\lambda R_0 f_a}{2\hat{V}^2 \sqrt{1 - (f_a/f_{aM})^2}}\right] \times$$

$$\exp\left[-\mathrm{j}2\pi f_a \frac{X_n}{V} - \mathrm{j}4\pi \frac{R_0}{\lambda}\sqrt{1 - \left(\frac{f_a}{f_{aM}}\right)^2}\right] \tag{6.69}$$

由于推导均可以采用驻相点原理进行，因此具体的过程这里不做赘述。从式（6.69）可以看出，同一个距离单元的信号具有不同的中心斜距 R_0 [也可参见图 6.25（b）]，这就意味着同一个距离单元的信号具有不同的多普勒特性，如果采用统一的中心斜距对方位信号进行压缩，那么就得不到良好的结果，通常只有部分点聚焦良好，而其他点出现散焦。因此要对方位位置不同的点都能进行正确的脉压，就必须分析和校正方位信号的空变性。由于信号已经完成距离脉压和距离徙动校正，因此下面只分析方位信号。方位信号可近似写为

$$S(f_a; R_0) = \exp\left(-\mathrm{j}\frac{2\pi^2}{b_m}f_a^2 + \mathrm{j}\frac{8\pi^3 d_m}{b_m^3}f_a^3\right)\exp\left(-\mathrm{j}2\pi f_a \frac{X_n}{V}\right) \tag{6.70}$$

式（6.70）中

$$b_m = -\frac{4\pi V^2 \cos^2\theta_0}{\lambda R_0}; \quad d_m = -\frac{4\pi V^3 \sin\theta_0 \cos^2\theta_0}{\lambda R_0^2} \tag{6.71}$$

从式（6.71）可以看出，方位频率多项式系数与方位点的位置有关，因此采用中心点的参数构造匹配滤波器会导致信号失配，边沿点出现严重散焦。这里将要介绍的方位非线性 CS 算法，实际上就是用频域和时域的两个三次相位滤波函数的差拍，处理产生调频率变化的二次相位来补偿原信号的调频率变化。构造频域三次滤波函数为

$$H_6(f_a, R_0) = \exp\left(\mathrm{j}8\pi^3 d_m' f_a^3\right)\exp\left(-\mathrm{j}8\pi^3 d_m f_a^3/b_m^3\right) \tag{6.72}$$

式（6.72）中，d_m' 为待定系数。将 H_6 与式（6.70）相乘并变回方位慢时间域，有

$$s(t_m; R_0) = \exp\left[\mathrm{j}\frac{b_m}{2}\left(t_m - \frac{X_n}{V}\right)^2 + \mathrm{j}d_m' b_m^3\left(t_m - \frac{X_n}{V}\right)^3\right] \tag{6.73}$$

构造时域三次相位调频变标函数为

$$H_7(t_m, R_0) = \exp\left(\mathrm{j}q_2 t_m^2/2\right)\exp\left(\mathrm{j}q_3 t_m^3\right) \tag{6.74}$$

将 H_7 与式（6.73）相乘进行方位非线性变标，再变到方位频域，并将距离坐标用 R 表示，则有

$$S\left(f_\mathrm{a}; R_0\right) = \exp\left[\mathrm{j}\Phi\left(f_\mathrm{a}\right)\right] \tag{6.75}$$

式（6.75）中

$$
\begin{aligned}
\Phi(f_\mathrm{a}) = &-2\pi\frac{2\pi f_\mathrm{a} + b_\mathrm{m}\dfrac{X_n}{V}}{b_\mathrm{m} + q_2}f_\mathrm{a} + \\
&\frac{1}{2\left(b_\mathrm{m} + q_2\right)^2}\left[b_\mathrm{m}\left(2\pi f_\mathrm{a} - q_2\frac{X_n}{V}\right)^2 + q_2\left(2\pi f_\mathrm{a} + b_\mathrm{m}\frac{X_n}{V}\right)^2\right] + \\
&\frac{1}{\left(b_\mathrm{m} + q_2\right)^3}\left[d_\mathrm{m}'b_\mathrm{m}^3\left(2\pi f_\mathrm{a} - q_2\frac{X_n}{V}\right)^3 + q_3\left(2\pi f_\mathrm{a} + b_\mathrm{m}\frac{X_n}{V}\right)^3\right]
\end{aligned}
\tag{6.76}
$$

将方位向调频率近似为线性变化

$$b_\mathrm{m} = -\frac{4\pi V^2\cos^2\theta_0}{\lambda\left(R - X_n\sin\theta_0\right)} \approx b_0 + b_1 X_n/V \tag{6.77}$$

式（6.77）中

$$b_0 = -4\pi V^2\cos^2\theta_0/(\lambda R); \quad b_1 = V\sin\theta_0 b_0/R \tag{6.78}$$

结合式（6.78）做如下近似

$$\frac{1}{b_\mathrm{m} + q_2} \approx \frac{1}{b_0 + q_2} - \frac{b_1 X_n}{V\left(b_0 + q_2\right)^2}; \quad \frac{1}{\left(b_\mathrm{m} + q_2\right)^3} \approx \frac{1}{\left(b_0 + q_2\right)^3} \tag{6.79}$$

将式（6.79）代入式（6.76）并化简，可得

$$\Phi(f_\mathrm{a}) \approx A + BX_n f_\mathrm{a} + CX_n^2 f_\mathrm{a} + DX_n f_\mathrm{a}^2 + E \tag{6.80}$$

式（6.80）中

$$
\begin{cases}
A = -\dfrac{2\pi^2}{b_0 + q_2}f_\mathrm{a}^2 + \dfrac{8\pi^3\left(d_\mathrm{m}'b_0^3 + q_3\right)}{\left(b_0 + q_2\right)^3}f_\mathrm{a}^3; \quad B = -\dfrac{2\pi b_0}{V\left(b_0 + q_2\right)} \\[3mm]
C = -\dfrac{2\pi b_1 q_2}{V^2\left(b_0 + q_2\right)^2} + \dfrac{6\pi\left(q_3 b_0^2 + d_\mathrm{m}'b_0^3 q_2^2\right)}{V^2\left(b_0 + q_2\right)^3} \\[3mm]
D = \dfrac{2\pi^2 b_1}{V\left(b_0 + q_2\right)^2} + \dfrac{12\pi^2\left(q_3 b_0 - d_\mathrm{m}'q_2 b_0^3\right)}{V\left(b_0 + q_2\right)^3} \\[3mm]
E = \dfrac{b_0 q_2}{2V^2\left(b_0 + q_2\right)}X_n^2 + \left[\dfrac{q_3 b_0^3 - d_\mathrm{m}'b_0^3 q_2^3}{V^3\left(b_0 + q_2\right)^3} + \dfrac{b_1 q_2^2}{2V^3\left(b_0 + q_2\right)^2}\right]X_n^3
\end{cases}
\tag{6.81}
$$

令

$$B = -2\pi/(V\beta); \quad C = 0; \quad D = 0 \tag{6.82}$$

式（6.82）中，β 为一个给定的标度因子。根据式（6.81）和式（6.82）解得

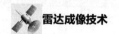

$$d'_m = \frac{(\beta - 0.5)b_1}{3(\beta - 1)b_0^3}; \quad q_2 = b_0(\beta - 1); \quad q_3 = \frac{(\beta - 1)b_1}{6} \tag{6.83}$$

忽略与方位频率无关的项，此时式（6.75）变为

$$S(f_a; R) = \exp\left(-j2\pi \frac{X_n}{V\beta} f_a - j\frac{2\pi^2}{\beta b_0} f_a^2 + j\frac{4\pi^3 b_1}{3\beta(\beta - 1)b_0^3} f_a^3\right) \tag{6.84}$$

式（6.84）中，第一项为线性相位项代表目标点的位置。关于 f_a^2 和 f_a^3 的项与 X_n 无关，这说明方位向相位调制已与横距无关，可以用同一匹配函数进行压缩，其方位向匹配函数为

$$H_8(f_a, R) = \exp\left(j\frac{2\pi^2}{\beta b_0} f_a^2 - j\frac{4\pi^3 b_1}{3\beta(\beta - 1)b_0^3} f_a^3\right) \tag{6.85}$$

将式（6.85）与式（6.84）相乘后变回慢时间域即可完成方位向压缩，压缩后的信号为

$$S(\hat{t}, t_m; R_0) = \sigma_n \mathrm{sinc}\left[\Delta f_r\left(\hat{t} - \frac{2(R_0 + X_n \sin\theta_0)}{c}\right)\right] \mathrm{sinc}\left[\Delta f_a\left(t_m - \frac{X_n}{V\beta}\right)\right] \tag{6.86}$$

式（6.86）中，Δf_r 和 Δf_a 分别为信号的频带宽度和多普勒带宽。

从式（6.86）可以看出，目标点的成像位置在 $(X_n/\beta, R_0 + X_n \sin\theta_0)$，而目标点的实际坐标为 $(R_0 \sin\theta_0 + X_n, R_B)$，故成像是有几何形变的，需要进行几何形变校正。根据成像处理对点目标位置关系的影响，利用点目标原始位置和成像后位置间的关系，先进行距离形变校正然后进行方位形变校正。其几何形变校正示意图如图 6.27 所示。

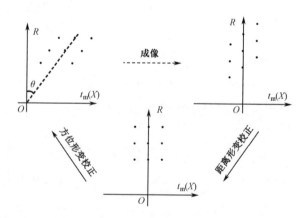

图 6.27　几何形变校正示意图

整个成像算法流程如图 6.28 所示。

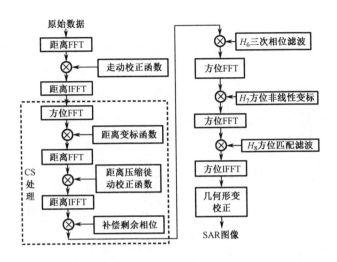

图 6.28　成像算法流程图

作为算法的举例，这里选择了一段 X 波段机载 SAR 的数据。该段数据的主要参数如下：雷达工作在 X 波段，波长为 0.03m，波束宽度约为 2°，载机速度为 127m/s，发射信号带宽为 360MHz，采样率为 400MHz，脉冲宽度为 10μs，场景参考线最近距离为 60km，PRF 为 667Hz，斜视角为 50°。经计算可知，校正前距离走动量为 2496m。校正后距离走动消失，距离弯曲为 9.14m，需要进一步校正。经等效正侧视处理后，波束左右边沿目标的方位调频率变化了 0.1509Hz/s，合成孔径时间内对应的相位变化约为 24.83π rad，远大于 π/4 rad，因此若不补偿调频率的变化，将导致场景边缘严重散焦。经过如图 6.28 所示的算法处理后，成像结果如图 6.29 所示。

图 6.29　X 波段 0.5m×0.5m 分辨率、斜视 SAR 数据成像结果举例（截取部分）

6.4.4　基于方位重采样的斜视多模式处理

6.4.2 节介绍了斜视 SAR 信号在进行走动校正后会引入方位空变，主要体现在距离徙动和方位相位上。方位空变导致信号的方位平移不变性不再成立，不能

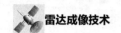

采用统一的方位匹配滤波进行匹配，因此 6.4.3 节提出了方位非线性变标的方法。这种方法虽然有效，但是由于采用非线性变标，会导致相位保相性变差，而且并不能直接应用于斜视多模式的数据。本节将针对斜视多模式的信号提出采用方位重采样的方法，将走动校正后的信号完全转化为等效正侧视的信号。

将多普勒中心频率校正和距离走动校正的函数式（6.67）与回波信号的距离频域的表达式相乘后得到

$$S\left(f_r, t_m\right) = W_r\left(f_r\right) w_a\left(t_m - t_c\right) \exp\left(-j\pi \frac{f_r^2}{\gamma}\right) \times$$
$$\exp\left\{-j\frac{4\pi}{c}\left(f_c + f_r\right)\left[R\left(t_m; R_0\right) + V\sin\theta_0 t_m\right]\right\} \tag{6.87}$$

对斜距不采用近似展开，直接计算式（6.87）的两维频谱表达式，可以得到

$$S\left(f_r, f_a\right) = W_r\left(f_r\right) W_a\left(f_a\right) \exp\left(-j\frac{2\pi}{V}\left(f_a + f_{dc}\right)\left(R_0\sin\theta_0 + Vt_c\right)\right) \times$$
$$\exp\left(-j\pi \frac{f_r^2}{\gamma}\right) \exp\left[-j4\pi R_0\cos\theta_0 \sqrt{\left(\frac{f_c + f_r}{c}\right)^2 - \left(\frac{f_a + f_{dc}}{2V}\right)^2}\right] \tag{6.88}$$

式（6.88）中，$f_{dc} = \dfrac{2V\sin\theta_0}{c}\left(f_c + f_r\right)$，$W_a(\cdot)$ 为方位窗函数的频域形式。为了分析信号的徙动特性，对式（6.88）的根号进行一次泰勒展开，为

$$\sqrt{\left(\frac{f_c + f_r}{c}\right)^2 - \left(\frac{f_a + f_{dc}}{2V}\right)^2} = A + Bf_r \tag{6.89}$$

式（6.89）中，$A = \sqrt{\left(\dfrac{f_c}{c}\right)^2 - \left(\dfrac{f_a}{2V} + \dfrac{\sin\theta_0}{c}f_c\right)^2}$，$B = \dfrac{\dfrac{f_c}{c} - \left(\dfrac{f_a}{2V} + \dfrac{\sin\theta_0}{c}f_c\right)\sin\theta_0}{c\sqrt{\left(\dfrac{f_c}{c}\right)^2 - \left(\dfrac{f_a}{2V} + \dfrac{\sin\theta_0}{c}f_c\right)^2}}$。

将式（6.89）代入式（6.88），可得

$$S\left(f_r, f_a\right) = W_r\left(f_r\right) W_a\left(f_a\right) \exp\left(-j\pi \frac{f_r^2}{\gamma}\right) \exp\left(-j4\pi R_0\cos\theta_0 A\right) \times$$
$$\exp\left\{-j4\pi\left[R_0\cos\theta_0 Bc + \sin\theta_0\left(R_0\sin\theta_0 + X_n\right)\right]\frac{f_r}{c}\right\} \times \tag{6.90}$$
$$\exp\left[-j2\pi\left(f_a + \frac{2V\sin\theta_0}{\lambda}\right)\frac{R_0\sin\theta_0 + X_n}{V}\right]$$

式（6.90）中，$X_n = Vt_c$。由式（6.90）可知，徙动曲线为

$$R\left(f_a\right) = R_0\cos\theta_0 Bc + \sin\theta_0\left(R_0\sin\theta_0 + X_n\right) \tag{6.91}$$

当 $f_a = 0$ 时，式（6.91）为

$$R\left(f_\mathrm{a}=0\right)=R_0+X_n\sin\theta_0=r_\mathrm{s} \tag{6.92}$$

由式（6.92）可知，对于最近距离相同而方位位置不同的点目标，经过线性距离走动校正后，将出现在不同的距离单元内，也即处于同一距离单元不同方位位置的点，具有不同的最近距离。这导致了距离单元徙动（RCM）及多普勒调频率的方位空变性，使方位平移不变性不再成立。为了解决方位空变的问题，这里给出方位重采样的方法。

1. 方位重采样

将式（6.92）代入式（6.90），可得

$$S\left(f_\mathrm{r},f_\mathrm{a}\right)=W_\mathrm{r}\left(f_\mathrm{r}\right)W_\mathrm{a}\left(f_\mathrm{a}\right)\exp\left(-\mathrm{j}\pi\frac{f_\mathrm{r}^2}{\gamma}\right)\times$$

$$\exp\left\{-\mathrm{j}2\pi\frac{X_n\cos\theta_0}{V}\left[\left(f_\mathrm{a}+f_\mathrm{dc}\right)\cos\theta_0-\sin\theta_0\sqrt{\left(\frac{2V}{c}\left(f_\mathrm{c}+f_\mathrm{r}\right)\right)^2-\left(f_\mathrm{a}+f_\mathrm{dc}\right)^2}\right]\right\}\times \tag{6.93}$$

$$\exp\left\{-\mathrm{j}2\pi\frac{2r_\mathrm{s}'}{c}\left[\frac{c}{2V}\left(f_\mathrm{a}+f_\mathrm{dc}\right)\sin\theta_0+\cos\theta_0\sqrt{\left(f_\mathrm{c}+f_\mathrm{r}\right)^2-\left(\frac{c}{2V}\left(f_\mathrm{a}+f_\mathrm{dc}\right)\right)^2}\right]\right\}$$

对信号做重采样处理，或进行变量代换，令

$$\frac{f_\mathrm{a}'}{\cos\theta_0}=\left(f_\mathrm{a}+f_\mathrm{dc}\right)\cos\theta_0-\sin\theta_0\sqrt{\left[\frac{2V}{c}\left(f_\mathrm{c}+f_\mathrm{r}\right)\right]^2-\left(f_\mathrm{a}+f_\mathrm{dc}\right)^2} \tag{6.94}$$

或者

$$f_\mathrm{a}=f_\mathrm{a}'+\sin\theta_0\sqrt{\left[\frac{2V}{c}\left(f_\mathrm{c}+f_\mathrm{r}\right)\right]^2-\left(\frac{f_\mathrm{a}'}{\cos\theta_0}\right)^2}-f_\mathrm{dc} \tag{6.95}$$

则式（6.93）变为

$$S\left(f_\mathrm{r},f_\mathrm{a}'\right)=W_\mathrm{r}\left(f_\mathrm{r}\right)W_\mathrm{a}\left(f_\mathrm{a}'\right)\exp\left(-\mathrm{j}\pi\frac{f_\mathrm{r}^2}{\gamma}\right)\exp\left(-\mathrm{j}2\pi\frac{X_\mathrm{c}}{V}f_\mathrm{a}'\right)\times$$

$$\exp\left\{-\mathrm{j}4\pi r_\mathrm{s}\sqrt{\left(\frac{f_\mathrm{c}+f_\mathrm{r}}{c}\right)^2-\left(\frac{f_\mathrm{a}'}{2V\cos\theta_0}\right)^2}\right\} \tag{6.96}$$

从式（6.96）可以看出，除有效速度从 V 变为 $V\cos\theta_0$ 外，经过走动校正及方位重采样后的斜视 SAR 信号频谱与正侧视 SAR 的完全等效。因此，接下来可以采用传统的正侧视 SAR 成像方法，如 R-D 算法、CS 算法、RMA 算法等完成对 RCM 校正及方位聚焦。这里就不多说了。

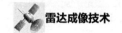

2. 扩展到斜视多模式

如图 6.30 所示为斜视多模式 SAR 的几何关系图,其中图 6.30(a)、图 6.30(b)、图 6.30(c)分别对应斜视聚束模式 SAR、斜视滑动聚束模式 SAR 及斜视 TOPS 模式 SAR。该图中 O_{rot} 为雷达波束的旋转中心,斜视聚束模式 SAR 的旋转中心为场景中心点。

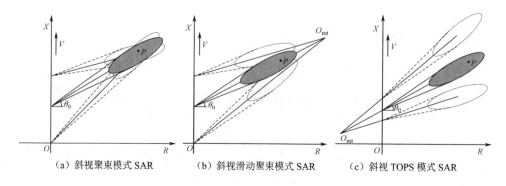

(a)斜视聚束模式 SAR　　　（b)斜视滑动聚束模式 SAR　　　（c)斜视 TOPS 模式 SAR

图 6.30　斜视多模式 SAR 工作几何图

对于正侧视聚束模式、滑动聚束模式和 TOPS 模式 SAR,方位频谱恢复可以采用 Two-Step 技术[23]或移频 Chirp-Z 变换[24]实现。Two-Step 技术通过信号与参考函数对方位向卷积实现频谱去混叠,其处理过程可以用图 6.31(a)表示。该图中的参考函数可以参阅文献[23],但是为了论述的方便,可以将它们重新写出

$$s_{\text{ref}}\left(t_{\text{m}}\right) = \exp\left(j\pi \frac{2V^2 t_{\text{m}}^2}{\lambda R_{\text{ref}}} \right) \tag{6.97}$$

$$s_{\text{ref}}\left(t_{\text{m1}}\right) = \exp\left(j\pi \frac{2V^2 t_{\text{m1}}^2}{\lambda R_{\text{ref}}} \right) \tag{6.98}$$

$$s_{\text{com}}\left(f_{\text{a}}\right) = \exp\left(j\pi \frac{\lambda R_{\text{ref}}}{2V^2} f_{\text{a}}^2 \right) \tag{6.99}$$

式中,R_{ref} 为卷积相位函数的参考距离,一般选取为旋转中心到合成孔径中心的距离,对于 TOPS 模式 SAR,R_{ref} 为一负值。式(6.98)与式(6.97)的形式相同,只不过发生了标度变换。

对于斜视情况,首先进行线性距离走动校正,以减弱距离向和方位向的耦合性,然后采用 Two-Step 技术进行频谱恢复。Two-Step 技术中采用的参考函数形式与式(6.97)至式(6.99)相同,只是速度变量 V 变为 $V\cos\theta_0$。线性走动校正带来的方位空变问题,可以采用方位重采样方法解决。这里,对多模式 SAR 信号采用 Two-Step 技术的频谱恢复过程,可以认为是时频互换的过程。因此,可以在不明显增加数据量的情况下,通过等效缩短时间窗来扩展频域窗。多模式 SAR 信号

频谱恢复后，虽然在频域不再混叠，但其在方位时域却是混叠的[23]。对于混叠的信号，无法对其进行重采样，否则出现错误的结果。分析 Two-Step 的流程，可以发现信号在第二个方位 FFT 之后，补偿相位 $S_{com}(f_a)$ 之前，也即图 6.31（a）中 A 点处，无论在方位频域或是时域都不模糊。而多模式 SAR 信号频谱是通过此处的信号与补偿相位 $S_{com}(f_a)$ 相乘得到。因此，可以将对信号频谱的重采样分解为对此处信号的重采样及补偿信号 $S_{com}(f_a)$ 的重采样，然后进行相乘得到最终的无混叠及方位空变的斜视多模式 SAR 信号二维频谱。按照此思路，斜视多模式 SAR 信号频谱恢复及等效正侧视处理的流程可以用图 6.31（b）表示。

斜视多模式 SAR 信号通过图 6.31（b）所示流程处理后，可以得到无混叠的等效于正侧视多模式 SAR 信号的二维频谱，因此，后续可以采用正侧视多模式 SAR 成像算法完成聚焦。正侧视多模式 SAR 成像算法的具体过程可以采用前面几节提到的方法，这里不再赘述。

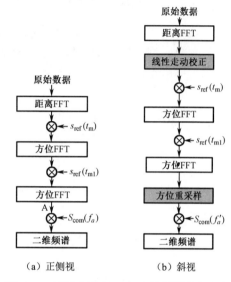

图 6.31　斜视多模式 SAR 方位频谱恢复流程

6.5　高分辨率宽测绘带 SAR 成像[25-40]

前几节讨论了几种单通道 SAR 模式的成像问题。本节将主要论述如何利用多个通道实现高分辨率宽测绘带成像的问题。

相对机载 SAR 来说，星载 SAR 要提供更广阔覆盖的观测区域，对地面进行大场景高分辨率成像显得尤为重要。如果 SAR 限于单通道，不同的成像模式仅在某一方面取其所长，采用聚束模式 SAR 和发射超宽频带的 SAR 可以获得超高分辨率，但是不能获得连续的地面观测带；扫描模式 SAR（ScanSAR）通过波束扫描可以获得多条子观测带，通过子观测带的拼接得到纵向超宽的地面观测带（可达到 500km 以上），但 ScanSAR 的宽测绘带是以牺牲方位分辨率为代价获得的；条带式模式 SAR 则在两者之间折中，只能得到中等分辨率和测绘带宽度。为了同时获得高分辨率和宽测绘带场景，传统星载 SAR 系统要受到最小天线面积的限制，距离不模糊要求天线纵向尺寸大，而多普勒不混叠要求天线横向尺寸大。

为了突破天线最小面积限制，解决测绘带和分辨率之间的矛盾，本节给出了多通道宽场景高分辨率 SAR 系统的概念。多通道宽场景高分辨率 SAR 系统是将

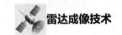

大天线分割成为若干个小天线（单平台多通道体制），或将若干个接收天线分置于不同的平台上（多平台多通道体制）。利用多通道接收数据的联合处理来实现多普勒解混叠，解决常规单通道 SAR 系统设计上的限制，实现高分辨率宽测绘带 SAR 成像的目的。

6.5.1　相位中心配置（DPC）原理

这里首先介绍等效相位中心的概念。假设雷达双站工作，它的一副天线发射信号，另一副天线接收信号，那么可以近似认为在发射和接收天线相位中心连线的中点发射和接收信号，此点称为等效相位中心。如图 6.32 所示，假设 A 点发射、

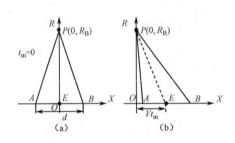

图 6.32　收发分置与等效相位中心

B 点接收，那么 E 点为等效相位中心，d 为天线间的距离。由于收发通道在运动过程中相对位置保持不变，因此对于纵坐标为 R_B 的任一点目标总存在某个时刻使得该点与收发通道组成等腰三角形，如图 6.32（a）所示，令该时刻 $t_m=0$。在任意时刻，收发通道与该点 $P(0, R_B)$ 的几何关系如图 6.32（b）所示。

接收到的方位回波信号可以表示为

$$s_{AB}(t_m) = \exp\left\{-j\frac{2\pi}{\lambda}\left[\sqrt{R_B^2 + \left(Vt_m - \frac{d}{2}\right)^2} + \sqrt{R_B^2 + \left(Vt_m + \frac{d}{2}\right)^2}\right]\right\} \quad (6.100)$$

由于 d 相对于 R_B 一般较小，将式（6.100）中的相位对 d 进行四阶泰勒展开得到

$$s_{AB}(t_m) \approx \exp\left[-j\frac{2\pi}{\lambda}\left(2\sqrt{R_B^2 + (Vt_m)^2} + \frac{d^2 R_B^2}{4(R_B^2 + (Vt_m)^2)^{3/2}} - \frac{d^4}{64\cdot(R_B^2 + (Vt_m)^2)^{3/2}}\right)\right] \quad (6.101)$$

式（6.101）中，第一项表示等效相位中心的相位历程，第二项和第三项为收发分置情况下采用等效相位中心处理方法的相位误差，这个相位影响后续的频谱恢复处理。对于第三项，其值较小，如 $d = 8\text{m}$，$R_B = 900\text{km}$，$\lambda = 0.03\text{m}$，分辨率为 1m 的情况下，其对应的相位值约为 $10^{-14}\pi$，可以忽略。所以进行等效相位中心处理时只需考虑第二项，一般情况下，用下式来代替需补偿的相位项

$$\Delta\varphi = \exp\left(j\frac{2\pi}{\lambda}\frac{d^2}{4R_B}\right) \quad (6.102)$$

采用式（6.102）对式（6.101）中第二项进行补偿时会导致相位误差，在上面参数条件下，相位误差约为 $10^{-7}\pi$，可以忽略。

当然以上的分析侧重于正侧视情况，在斜视情况下式（6.100）变为

$$S_{AB}(t_{\mathrm{m}}) = \exp\left\{-\mathrm{j}\frac{2\pi}{\lambda}\left[\sqrt{R_{\mathrm{B}}^2 + \left(X_n + Vt_{\mathrm{m}} + \frac{d}{2}\right)^2} + \sqrt{R_{\mathrm{B}}^2 + \left(X_n + Vt_{\mathrm{m}} - \frac{d}{2}\right)^2}\right]\right\} \quad (6.103)$$

此时 R_{B} 为最近斜距，$X_n = R_{\mathrm{B}}\tan\theta$，$\theta$ 为斜视角。对式（6.103）进行四阶泰勒级数展开，则有

$$\begin{aligned} S_{AB}(t_{\mathrm{m}}) &\approx \exp\left[-\mathrm{j}\frac{4\pi}{\lambda}\sqrt{R_{\mathrm{B}}^2 + (X_n + Vt_{\mathrm{m}})^2}\right] \\ &\quad \exp\left\{-\mathrm{j}\frac{2\pi}{\lambda}\left[\frac{d^2 R_{\mathrm{B}}^2}{4(R_{\mathrm{B}}^2 + (X_n + Vt_{\mathrm{m}})^2)^{3/2}} - \frac{d^4}{64\cdot(R_{\mathrm{B}}^2 + (X_n + Vt_{\mathrm{m}})^2)^{3/2}}\right]\right\} \end{aligned} \quad (6.104)$$

采用与上面相同的一组参数，在斜视角为 20° 的情况下，第三项造成的相位误差约为 $10^{-10}\pi$，远小于 $\pi/4$，因此可以忽略。对于第二项可以同样采用一个简单的形式进行补偿，即

$$\Delta\varphi_{\mathrm{sq}} = \exp\left[\mathrm{j}\frac{2\pi}{\lambda}\times\frac{d^2 R_{\mathrm{B}}^2}{4(R_{\mathrm{B}}^2 + X^2)^{3/2}}\right] \quad (6.105)$$

采用式（6.105）对式（6.104）中第二项进行补偿时会导致相位误差，在上面参数条件下，相位误差约为 $10^{-4}\pi$，可以忽略。

对于不同距离点，则可在距离脉压后，通过距离分块对距离空变的相位进行补偿。通过等效相位中心处理后，可以认为多通道 SAR 系统各个通道分别在等效相位中心处独立地同步发射和接收信号。在下面讨论中，如无特殊说明均采用等效后的相位中心进行分析。

对于星载接收多通道均匀分布的接收线阵，有 N 个间距为 d 的天线相位中心沿航线排列，对同一发射天线，相当有 N 个等效相位中心沿航线分布，距离为 $d/2$，假设雷达以较低的重复频率工作，满足条件：$V/\mathrm{PRF} = Nd/2$。即在一个重复周期里雷达平台移动了两相位中心距离的 N 倍。如果只有一副天线，形成的合成孔径为欠采样，但把 N 个等效相位中心接收的回波就可以看作是单一接收天线在 N 个时刻采样所得的数据，满足上述条件的相位中心分布称为 DPC。这样等效采样频率为单一天线的 N 倍。当然需要指出的是，一般采用处在中间的天线来发射信号，其他天线接收信号，这样可以使得采用等效相位中心时的相位误差尽量小。以 $N = 3$ 为例，DPC 原理的多相位中心增加方位采样率示意图如图 6.33 所示，该图中位于中间的天线发射信号，×表示接收信号的相位中心，·表示形成的等效相位中心。多次回波使得多接收通道在空间等效形成新的采样序列，如图 6.33 下图中的 ·序列所示，形成的等效采样序列的间距为信号发射相位中心的 1/3，因此可以等效认为采样率提高了 3 倍。

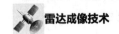
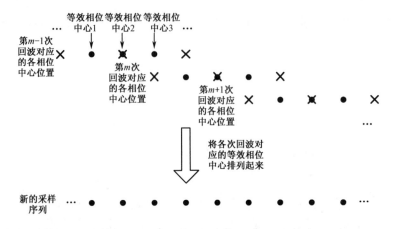

图 6.33　多相位中心增加方位采样率示意图

从上述情况可见，若 PRF 较低，则单个相位中心对应的回波数据在方位上混叠了 N 次。如果对此回波数据直接成像，就会得到方位上混叠 N 次的图像。对于具有 N 个通道的星载 SAR 系统，如果系统满足 DPC 条件时，通过将各通道的方位数据进行有序排列，就可以得到采样频率为 N 倍的 PRF 的空间采样序列，对新排列的序列进行成像，就可以得到方位不模糊的图像。

6.5.2　方位解混叠方法

6.5.1 节分析的是理想情况，当天线相位中心分布不均匀，不满足 DPC 条件时，DPC 方法就不适用了，这时就要用较为复杂的算法来处理。目前对不满足 DPC 条件的解混叠问题，已有多种算法，如波束定向置零方法、逆滤波、空时谱滤波、空域自适应波束形成等。实际上，这些方法在基本原理上是相通的，只不过在针对不同情况时有不同的表现而已。本节将从方位解混叠的基本原理出发，从不同角度解释方位解混叠的方法。

根据 6.5.1 节的介绍，不管是单平台多通道还是多平台多通道，都可以通过等效相位中心的方式将系统等效为多个自发自收的通道。经过等效相位中心后，如果多个等效相位中心不在同一航线，但偏差不大，这时可以采用更加精细的方法将其补偿为同航线的收发系统：先假设一条理想的航线，然后将各个等效相位中心相对于理想航线的偏离分解为信号包络的偏离和相位的变化，最后分别在距离频率域和距离时域补偿包络的偏离和相位的变化，使其成为同航线的收发系统[29]。下面将针对线阵从两个不同的角度解释方位解混叠的原理。

1. 从信号与系统理解

采用等效相位中心原理，完成相位差补偿后，收发分置系统可以被认为是等

效相位中心处的系统。由于各等效相位中心处在同一个航线上，因此不同通道的
方位信号间可以认为是做了慢时间的平移。因此可以得到任一通道的表示，即

$$s_i(t_m) \approx s\left(t_m - \frac{X_i}{V}\right) \tag{6.106}$$

式（6.106）中，$s\left(t_m - \frac{X_i}{V}\right)$ 表示参考相位中心的回波，X_i 表示第 i（$i=1,2,3$）

个等效相位中心距离参考中心的方位间距。因此，多通道 SAR 系统各个通道获取
的数据可以被认为是原始方位信号 $s(t_m)$ 经过不同的时延后，以 PRF 为采样率进
行采样得到。仍以 $N=3$ 为例，PRF 仅需方位带宽的 1/3，而可小于整个方位带宽，
如图 6.34 所示。信号分别经过三个通道，通道的传递函数 $H_i(f_a)$ 表示时延。经过
三个通道后，信号被采样成数字信号，由于 PRF 小于信号带宽，因此对单路信号
而言，信号频谱是混叠的。

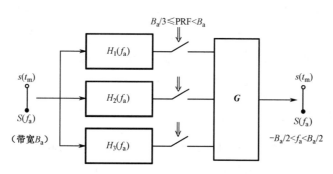

图 6.34　信号重建示意图

从概念上理解，如果三个通道的时延刚好满足 DPC 条件，那么直接重排数据
就可以解混叠了；如果它们不满足 DPC 条件，而将多个通道的采样过程看成是一
个滤波过程，那么对三个通道的数据进行逆滤波就可以恢复原始的信号了。数据
重建的过程可以看作是三个通道采样的逆过程。对于每个通道而言，离散采样以
前系统的响应函数为

$$h_i(t_m) = \delta\left(t_m - \frac{X_i}{V}\right) \tag{6.107}$$

那么某通道信号离散采样后的频域表达可以写为

$$\begin{aligned}
S_i(f_a) &= \sum_{m=-1}^{1} \exp\left[-j2\pi\left(f_a + m\,\text{PRF}\right)\frac{X_i}{V}\right] S\left(f_a + m\,\text{PRF}\right) \\
&\triangleq \sum_{m=-1}^{1} H_{i,m}(f_a) S\left(f_a + m\,\text{PRF}\right)
\end{aligned} \tag{6.108}$$

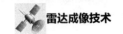

式（6.108）中，$H_{i,j}$ 表示第 i 个通道第 j 个混叠分量的权值。用矩阵的形式，可以将三个通道的采样信号向量表示为

$$\begin{bmatrix} S_1(f_a) \\ S_2(f_a) \\ S_3(f_a) \end{bmatrix} = \boldsymbol{H} \begin{bmatrix} S(f_a - \mathrm{PRF}) \\ S(f_a) \\ S(f_a + \mathrm{PRF}) \end{bmatrix} \tag{6.109}$$

式（6.109）中系统转移函数为

$$\boldsymbol{H}(f_a) = \begin{bmatrix} H_{1,-1}(f_a - \mathrm{PRF}) & H_{1,0}(f_a) & H_{1,1}(f_a + \mathrm{PRF}) \\ H_{2,-1}(f_a - \mathrm{PRF}) & H_{2,0}(f_a) & H_{2,1}(f_a + \mathrm{PRF}) \\ H_{3,-1}(f_a - \mathrm{PRF}) & H_{3,0}(f_a) & H_{3,1}(f_a + \mathrm{PRF}) \end{bmatrix} \tag{6.110}$$

因此，从信号与系统的角度出发，重建滤波器实际是系统转移矩阵的逆，可以写为

$$\boldsymbol{G}(f_a) = \boldsymbol{H}^{\dagger}(f_a) \tag{6.111}$$

式（6.111）中，$f_a = f_a + [-1, 0, 1]^{\mathrm{T}} \mathrm{PRF}$，$\dagger$ 表示求逆（如果矩阵不是方阵，它表示伪逆）。从式（6.111）可以看出，为了对每个多普勒单元进行无混叠的信号重建，必须针对每个多普勒单元都进行一次矩阵求逆的运算。由于每个频率与角度的关系是已知的，因此可以先对多通道的数据进行预处理操作，简化转移函数，然后进行逆滤波，最后再恢复频谱[39]。

2. 从空域滤波理解

上面多通道信号传递过程还可以从波束形成的角度去理解。对 SAR 系统的方位采样而言，信号方位带宽是由波束宽度决定的。在信号混叠的情况下，某个角度的信号总存在一个或几个相应角度的信号与其是相互混叠的。为简化分析，下面以图 6.35 所示的五通道 SAR 系统为例。假设在运动过程中阵列构形不变，当系统工作在正侧视时，地面回波多普勒频率 f_a 与方位角 θ 有如下关系

$$f_a = \frac{2V}{\lambda} \sin\theta \tag{6.112}$$

由于方位多普勒频率 f_a 与 $\sin\theta$ 成正比，地面回波的多普勒谱在 $f_a - \sin\theta$ 的二维平面里为如图 6.36 所示的斜直线。为了保证距离不发生模糊，脉冲重复频率应该足够小，但当其小于回波的多普勒带宽时，使斜线在多普勒域发生折叠，实际地面回波的空时谱如图 6.37（a）所示，其中 PRF 为多普勒带宽的 1/5，所以将形成 5 重折叠。

从式（6.112）出发，可以知道，对某个多普勒单元而言，混叠信号的角度总是满足一定关系的，而不同角度的信号对应线阵的导向是不同的。以各相位中心为阵元，则可以写出线性阵列的导向矢量，对于第 q 个相位中心，可以得到以下

的关系，即 $\exp\left(\mathrm{j}\dfrac{4\pi\sin\theta}{\lambda}X_q\right)=\exp\left(\mathrm{j}\dfrac{2\pi f_{\mathrm{a}}}{V}X_q\right)=z_q(f_{\mathrm{a}})$，导向矢量 $z(f_{\mathrm{a}})$ 可写为

$$z(f_{\mathrm{a}})=\left[\exp\left(\mathrm{j}\dfrac{4\pi\sin\theta}{\lambda}X_1\right),\exp\left(\mathrm{j}\dfrac{4\pi\sin\theta}{\lambda}X_2\right),\cdots,\exp\left(\mathrm{j}\dfrac{4\pi\sin\theta}{\lambda}X_5\right)\right]^{\mathrm{T}}=z(\theta)\quad(6.113)$$

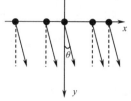 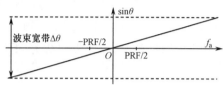

图 6.35　线性阵列波束指向示意图　　　　图 6.36　地面回波的二维谱

从式（6.113）可以看到，方位频率与阵列导向矢量的波束指向角具有对应关系。虽然在方位频率上信号是混叠的，但在角度上信号不混叠，这样就可以利用方位频率与导向矢量的波束指向角之间的关系来将混叠的方位频率分开。必须指出的是，此时的通道数需要大于或等于混叠次数。从数学意义上讲，正定和超定方程可以或可能唯一确定一组权；从阵列形成的角度看，不能通过波束形成获得比将所有通道构成阵列时获得的合成波束更窄。图 6.37 所示为空域滤波解混叠示意图。

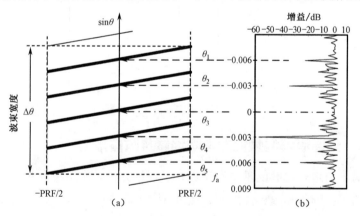

图 6.37　空域滤波解混叠示意图

如图 6.37（a）所示，当 PRF 为回波方位多普勒带宽的 1/5 时，由于混叠效应，对应采样频带 $[-\mathrm{PRF}/2,\mathrm{PRF}/2]$ 内，对某一多普勒频率为 f_{a} 的信号，为 5 个真实多普勒频率，即为 $f_{\mathrm{a}}-2\mathrm{PRF}$，$f_{\mathrm{a}}-\mathrm{PRF}$，$f_{\mathrm{a}}$，$f_{\mathrm{a}}+\mathrm{PRF}$ 及 $f_{\mathrm{a}}+2\mathrm{PRF}$ 的信号之和。这 5 个多普勒频率对应来自 5 个方向的回波，对应的方向分别为 θ_1、θ_2、θ_3、θ_4 和 θ_5，其值分别为 $\arcsin\dfrac{(f_{\mathrm{a}}-2\mathrm{PRF})\lambda}{2V}$、$\arcsin\dfrac{(f_{\mathrm{a}}-\mathrm{PRF})\lambda}{2V}$、$\arcsin\left(\dfrac{f_{\mathrm{a}}\lambda}{2V}\right)$、

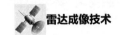

$\arcsin\dfrac{(f_{\mathrm{a}}+\mathrm{PRF})\lambda}{2V}$ 和 $\arcsin\dfrac{(f_{\mathrm{a}}+2\mathrm{PRF})\lambda}{2V}$。通过阵列空间滤波可以将 5 个多普勒频率信号区分开，即利用式（6.113）的阵列导向矢量进行空间滤波处理。如果要获得真实多普勒频率为 f_{a} 的信号，即将 θ_3 方向信号滤出，将其他四个方向信号滤除，约束 θ_3 方向的导向输出为 1，而其他方向的导向输出为 0，用它进行滤波后可获得只有 θ_3 方向的信号。图 6.37（b）就是对真实多普勒频率 f_{a} 信号的空域滤波时，所采用的滤波权矢量的方向图，它对 f_{a} 所对应的 θ_3 方向保持增益不变（0dB），对其他真实频率所对应的 θ_1、θ_2、θ_4 和 θ_5 方向形成深于−20dB 的滤波凹口。如图 6.38 所示是多通道空域滤波的原理框图，包括对每个通道进行方位 FFT，然后进行多普勒滤波。滤波时，对混叠次数不同的多普勒通道采用不同的权矢量 W 进行加权处理，W 需要满足使该多普勒频率 $Z^{\mathrm{T}}W=1$，其他多普勒频率 $Z^{\mathrm{T}}W=0$。如此对每一个多普勒频率逐一进行滤波，最后经过频谱重排可以得到满足采样定理条件的信号。这个信号可以用于后续的成像处理。

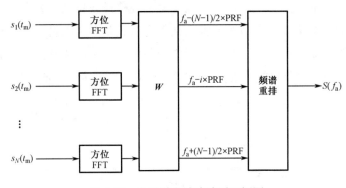

图 6.38　多通道空域滤波原理框图

6.5.3　多通道解混叠性能影响因素及改善措施

上面对多通道解混叠的基本原理进行了理论分析。本节将要对解混叠中影响算法性能的多种因素和改善性能的方法进行讨论。

1. 地面高度起伏

前面分析中总是假设场景近似为平面，实际场景总存在地形起伏，这会影响阵列解混叠的效果。

用于方位解混叠的多个通道在实际的三维空间里总存在一定的基线。三维阵列（主要考虑高度方向）对不同的高度会产生相位差，这使得空域滤波消除多普勒混叠的性能变差。如图 6.39 所示，假设图中 U 方向的两个天线的相位中心 P_1 与 P_2 距离为 L，它们的中点为 P_0。地面两点 A、B 对 P_0 来说，处于同一距离−多普勒单元，但高度有差异，且高度差为 σ。设 A 点到 P_0 的距离为 R，A 点到 P_1 和 P_2 两天线相位中心的距离相同。而 B 点由于有高度差 σ，它到 P_1 和 P_2 两天线的相位中心的距离不同，两者的距离差为

$$\Delta R = \sqrt{R^2 + \left(\frac{L}{2} + \sigma\right)^2} - \sqrt{R^2 + \left(\frac{L}{2} - \sigma\right)^2} \approx \frac{L\sigma}{R} \tag{6.114}$$

对应的相位差为

$$\Delta\Phi = \frac{4\pi}{\lambda}\Delta R \tag{6.115}$$

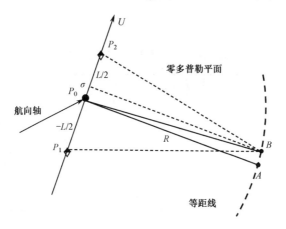

图 6.39　地面高度起伏的影响

假设在消除混叠中，若 A 点的混叠被完全消除，则 B 点的混叠剩余为

$$A_{\mathrm{Res}} = 20\log_{10}\left[1 - \exp(\mathrm{j}\Delta\Phi)\right] \tag{6.116}$$

若斜距 $R = 1200\mathrm{km}$，波长 $\lambda = 0.03\mathrm{m}$，图 6.40 给出了考虑地形起伏、利用三维阵列进行多普勒解混叠时 B 点的混叠剩余。

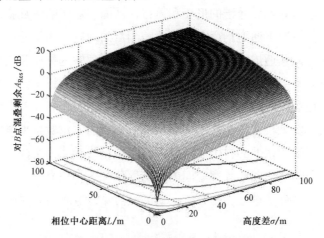

图 6.40　多普勒解混叠 B 点混叠剩余

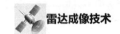

由图 6.40 看到，地形起伏和高度方向相位中心的分布对三维阵列多普勒解混叠 B 点混叠剩余具有同样的影响，当其中一个因素比较小时，B 点混叠剩余比较小，如 $\sigma=1\mathrm{m}$，$L=100\mathrm{m}$ 时，B 点混叠剩余为-29dB；当两个因素的影响都比较大时，如 $\sigma=30\mathrm{m}$，$L=30\mathrm{m}$ 时，B 点混叠剩余为-10dB。表 6.1 给出了高度差 $\sigma=20\mathrm{m}$ 时不同相位中心间距 L 情况下的相位差、混叠剩余及性能表述等。

由图 6.40 和表 6.1 可知，三维阵列要得到好的解多普勒混叠性能，要么阵列高度方向相位中心的分布比较近，要么地面起伏比较小，否则解混叠性能不好，甚至失效。因此，当被观测的场景地形起伏较大时，阵列各个单元在高度方向应尽可能一致。

表 6.1　不同情况下的相位差情况

相位差	U 方向孔径	混叠剩余	性能表述
$\dfrac{\Delta L}{R}=\dfrac{\lambda}{128}\sim\dfrac{\pi}{32}$	$L=30\mathrm{m}$	-20dB	有效
$\dfrac{\Delta L}{R}=\dfrac{\lambda}{64}\sim\dfrac{\pi}{16}$	$L=60\mathrm{m}$	-14dB	效果变差
$\dfrac{\Delta L}{R}=\dfrac{\lambda}{32}\sim\dfrac{\pi}{8}$	$L=120\mathrm{m}$	-8dB	效果较差
$\dfrac{\Delta L}{R}=\dfrac{\lambda}{8}\sim\dfrac{\pi}{2}$	$L=480\mathrm{m}$	3dB	失效

2. 通道误差

在对多通道信号进行解混叠前，各路通道必须进行良好的均衡校准，同时通道之间基线也必须精确已知。实际中，由于温度、辐射等环境因素，各个通道的特性不可能完全一致。同时由于平台运动的非平稳性，通道间基线的空间位置通常也存在误差，特别是分布式 SAR 体制，由于平台分离，精确测量基线较困难。这些非理想因素将导致信号谱的形变和偏移，从而严重影响解混叠的效果。这样就提出了在混叠情况下通道均衡和基线误差测量的问题。由于通道误差是由各通道的接收天线阵元和通道特性有差异引起的，可以理解为幅度和相位误差。如果以某个通道作为基准，幅相误差的维数可以被认为是各通道阵元总数。而空间采样的维数是通道数和时域采样数之积，空时维数远超过幅相误差自由度，因此可以借助时域采样数来校正相对幅相误差。单一通道的方位数据重排可以等效认为是通道数增加而幅相误差的自由度不变，将时域采样转化为空间采样，限制幅相误差空间，利用信号空间和噪声空间的正交性估计各个信号分量的通道误差，然后针对不同的信号分量进行逐一补偿，就可以消除通道间相对的误差[40]。

3. 阵列优化、天线旁瓣杂波和噪声抑制

采样和插值理论指出，对于周期性非均匀采样，只要平均采样速率大于 Nyquist 采样速率，就可以完全恢复原来的带限信号。但是，SAR 成像的慢时间信号并不严格是只由主瓣回波确定的带限信号，它还叠加有旁瓣回波和噪声。若包括主瓣和旁瓣在内的整个多普勒带宽等于 $4V\cos\phi/\lambda$（其中 ϕ 为俯仰角），则在星载 SAR 情况下为数百千赫，远远大于主瓣回波带宽和采样频率。因此在慢时间域，积分旁瓣杂波和噪声都可以看作是白噪声信号，旁瓣杂波的相对强度取决于天线的积分旁瓣电平，在此将它们统称为噪声。这一噪声在所有星载 SAR 里几乎都是存在的，这里需要讨论的是它对频谱恢复精度的影响。

将系统信号的传递过程写成矩阵形式

$$\boldsymbol{AFY}_\text{a} = \boldsymbol{TY} + \boldsymbol{U} \tag{6.117}$$

式（6.117）中，$\boldsymbol{Y}_\text{a}$ 为无混叠信号，$\boldsymbol{Y}$ 为观测到的多通道数据，$\boldsymbol{H} = \boldsymbol{AF}$ 为传递函数矩阵且被分解为对角阵与 Vandemonde 矩阵 $\boldsymbol{F}$ 的乘积[35]，$\boldsymbol{U}$ 为

$$\boldsymbol{U} = \begin{bmatrix} U_1(\omega_1) & U_1(\omega_2) & \cdots & U_1(\omega_K) \\ U_2(\omega_1) & U_2(\omega_2) & \cdots & U_2(\omega_K) \\ \vdots & \vdots & \ddots & \vdots \\ U_N(\omega_1) & U_N(\omega_2) & \cdots & U_N(\omega_K) \end{bmatrix} \tag{6.118}$$

该矩阵表示积分旁瓣杂波和噪声信号，$U_n(\omega_i)$ 表示第 n 个接收通道收到旁瓣杂波和噪声信号的傅里叶变换对应频率 ω_i 的分量，全部噪声的能量将混叠在 $-B/2\sim B/2$ 带宽内，设噪声强度为 δ，则

$$E\left[\|\boldsymbol{U}\|_F^2\right] = \delta \tag{6.119}$$

式（6.119）中，$\|\cdot\|_F$ 表示矩阵的 Frobenius 范数。在 $N > 2M+1$ 的情况下，$\boldsymbol{Y}_\text{a} = \boldsymbol{TF}^\dagger\boldsymbol{A}^{-1}\boldsymbol{Y} + \boldsymbol{F}^\dagger\boldsymbol{A}^{-1}\boldsymbol{U}$，考虑输入噪声为白噪声，则输出噪声功率的数学期望为

$$\delta_\text{o} = E\left[\left\|\left(\boldsymbol{F}^\dagger\boldsymbol{A}^{-1}\boldsymbol{U}\right)^\text{H}\boldsymbol{F}^\dagger\boldsymbol{A}^{-1}\boldsymbol{U}\right\|_F^2\right] = \delta\sum_{m=1}^{2M+1}\sum_{n=1}^{N}|f_{m,n}|^2 = g\delta \tag{6.120}$$

式（6.120）中，$f_{m,n}$ 表示 $\boldsymbol{F}$ 的伪逆 $\boldsymbol{F}^\dagger$ 的第 m 行 n 列的元素，$g = \sum_{m=1}^{2M+1}\sum_{n=1}^{N}|f_{m,n}|^2$ 表示频谱恢复过程时噪声的增益。由于 $\boldsymbol{F}^\dagger$ 等于一个 Toeplitz 矩阵的逆与一个类似 Vandemonde 方阵的乘积，直接计算难以给出解析解。因此这里只给出 $2M+1 = N$ 的情况，此时 $\boldsymbol{F}$ 是典型的 Vandemonde 方阵，其逆矩阵 $\boldsymbol{F}^{-1}$ 中的每个元素都可以直接用公式写出，令 $b_{n,m}$ 为下面多项式的系数，即

$$P_n(x) = \prod_{\substack{p=1 \\ p\neq n}}^{N}(x - a_p) = \sum_{q=0}^{N-1} b_{n,q}x^q \; s \tag{6.121}$$

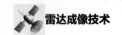

可得 $\boldsymbol{F}^{-1}$ 中的元素 $f_{m,n}$ 为

$$f_{m,n} = \frac{b_{n,m-1}}{\prod\limits_{\substack{p=1 \\ p \neq n}}^{N} \left(a_n - a_p \right)} \tag{6.122}$$

由此得噪声增益为

$$g = \frac{1}{N} \sum_{n=1}^{N} \frac{\sum\limits_{m=0}^{N-1} \prod\limits_{\substack{p=1 \\ p \neq n}}^{N} \sin^2 \frac{\pi}{T} \left(\frac{kT}{N} - T_p \right)}{\prod\limits_{\substack{p=1 \\ p \neq n}}^{N} \sin^2 \frac{\pi}{T} \left(T_n - T_p \right)} \tag{6.123}$$

利用式（6.123）可以避免 Vandermonde 矩阵的计算和求逆过程，直接由采样点在一个周期内的分布计算频谱恢复过程的噪声增益。

噪声增益与接收通道的分布情况有关，图 6.41 给出了 10 种情况下频谱恢复过程对噪声的增益和采样点分布的关系，其中 $N = 2M+1 = 5$。情况 1～3，采样起始时刻均匀分布在时间 $T = 1/\text{PRF}$ 内，间隔为 T/N，频谱恢复过程具有最小的噪声增益 1，说明均匀采样可以得到最小的噪声增益，是带限信号的最佳采样方式。情况 4～6 虽然采样起始时刻均匀分布，但是集中在 $T/2, T/3, T/4$ 的时间内，整个采样过程是非均匀的，采样时刻越集中，噪声增益越大。情况 7 和 8 整体与情况 1 相似，但有一个样本偏离了理想值。情况 9 和 10 是随机分布的两种情况，噪声增益也较大。

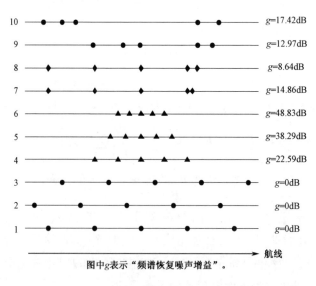

图中 g 表示"频谱恢复噪声增益"。

图 6.41　噪声增益和采样点分布的关系

对于 $2M+1=N$ 的情况，由式（6.123）可以得到两个明显的结论：

（1）噪声增益与慢时间起点的选择无关，即

$$g(T_1,T_2,\cdots,T_N)=g(T_1-\rho,T_2-\rho,\cdots,T_N-\rho) \qquad (6.124)$$

（2）当 N 个采样在一个周期 T 内均匀分布的情况下，噪声增益最小，等于 1。越接近于均匀分布，噪声增益越小。

均匀分布采用集合符号可定义为

$$\Omega=\{T_1,T_2,T_3,\cdots,T_N\}=\left\{\varepsilon,\varepsilon+\frac{T}{N},\varepsilon+\frac{2T}{N},\cdots,\varepsilon+\frac{(N-1)T}{N}\right\} \qquad (6.125)$$

式（6.125）中，ε 为 $[0,T/N]$ 区间的任意实数。

对于 $N>2M+1$ 的情况，虽然难以给出噪声增益的解析解，但是可以给出简单结论：

（1）当 N 个采样在一个周期 T 内均匀分布的情况下，噪声增益最小，等于 $\frac{2M+1}{N}<1$。越接近于均匀分布，噪声增益越小。

（2）保持原有 N 颗卫星的分布不变，增加一颗卫星，会使频谱恢复噪声增益减小。即

$$g(T_1,T_2,\cdots,T_N)>g(T_1,T_2,\cdots,T_N,T_{N+1}) \qquad (6.126)$$

另外"噪声增益与慢时间起点的选择无关"仍然成立。

频谱恢复过程中噪声的增益和采样的时间分布有密切的关系。如果一个时间周期 T 内分布的时间采样不均匀，在频谱恢复过程中就会产生严重的噪声放大。对于直线分布式卫星的雷达成像，在一个空间周期 VT 的长度内，各卫星的空间采样也应该均匀，否则会使 SAR 图像的信噪比严重降低。严格的均匀采样具有最小的噪声增益，实际上也就不需要频谱恢复，但由于卫星控制精度的限制，很难得到精确的均匀采样，需要进行频谱恢复。为了得到较好的结果，必须对阵列的空间采样进行约束或调整，使其尽可能接近均匀采样。

4. 自适应滤波

自适应滤波通过空时自适应波束形成，提取出每个频谱分量后，将其重新排列在空时平面内得到无混叠的多普勒频谱。

各个通道的接收数据通过方位傅里叶变换后，其频谱分量被限制在一个窄的角度范围内，且所有频谱分量在角度域是完全分开的，如图 6.42 所示。经过傅里叶变换后，所有地面静止的散射单元的频谱在时空平面内有序地排列，只有因方位位置差异导致的线性相位的区别。因此，每个频谱分量中的所有地面静止的散射单元具有相同的导向矢量，也即对每个频谱分量进行空域处理等价于对频谱分量中的所有地面静止的散射单元的处理，这也使得自适应滤波是比较高效的。

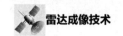

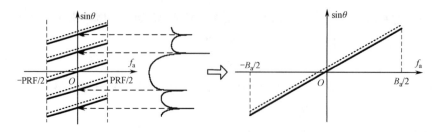

图 6.42　自适应滤波示意图

应用空域波束形成技术可以从空时平面内提取出各个多普勒谱分量。为了提取一个分量，将阵列的导向矢量指向它，同时所有其他的频谱分量被置为零，这样所需要的频谱分量就被提取出来。类似的，其他分量也可以一一提取出来。由于后续处理需要用到相关处理，因此在空域处理中所有频谱分量的相位和幅度信息必须保持不变。其方法通过下面的数学表达过程给出。

提取第 i 个频谱分量的最优阵列加权矢量 $\boldsymbol{w}_i(f_\mathrm{a})$ 满足如下关系

$$\begin{cases} \min_{\boldsymbol{w}} \boldsymbol{w}_i^\mathrm{H}(f_\mathrm{a})\boldsymbol{R}(f_\mathrm{a})\boldsymbol{w}_i(f_\mathrm{a}) \\ \boldsymbol{w}_i^\mathrm{H}(f_\mathrm{a})\boldsymbol{a}_i(f_\mathrm{a}) = 1 \end{cases} \tag{6.127}$$

式（6.127）中，$\boldsymbol{a}_i(f_\mathrm{a}) = \left[1,\cdots,\exp\left(\mathrm{j}4\pi d_N \sin\theta_i/\lambda\right)\right]^\mathrm{T}$，$\sin\theta_i = \lambda\left[f_\mathrm{a}+(2i-I-1)f_\mathrm{r}/2\right]/(2v_\mathrm{s})$；$\boldsymbol{R}(f_\mathrm{a}) = E\left\{\boldsymbol{s}(f_\mathrm{a})\boldsymbol{s}^\mathrm{H}(f_\mathrm{a})\right\}$，$\boldsymbol{s}(f_\mathrm{a}) = \left[s_1(f_\mathrm{a}),s_2(f_\mathrm{a}),\cdots,s_N(f_\mathrm{a})\right]^\mathrm{T}$，$(\cdot)^\mathrm{T}$ 和 $(\cdot)^\mathrm{H}$ 分别表示向量转置和共轭转置。$\boldsymbol{s}(f_\mathrm{a})$ 为多普勒频率 f_a 时的阵列输出矢量，$\boldsymbol{R}(f_\mathrm{a})$ 为 $\boldsymbol{s}(f_\mathrm{a})$ 的协方差矩阵。$E\{\cdot\}$ 表示统计平均，$\boldsymbol{a}_i(f_\mathrm{a})$ 为第 i 个需要提取的频谱分量的导向矢量。$\theta_i(f_\mathrm{a})$ 为方位角，d_n 为第 n 个等效相位中心位置。在实际应用中，统计协方差矩阵可以从采样协方差矩阵估计得到，而采样协方差矩阵可以写为

$$\hat{\boldsymbol{R}}(f_\mathrm{a}) = \frac{1}{K}\sum_{k=1}^{K}\boldsymbol{s}(f_\mathrm{a},k)\boldsymbol{s}^\mathrm{H}(f_\mathrm{a},k) \tag{6.128}$$

式（6.128）中，K 为用于估计协方差矩阵的独立的采样数，$\boldsymbol{s}(f_\mathrm{a},k)$ 表示多普勒频率 f_a 及距离单元 k 的阵列输出矢量。近似的最优加权矢量 $\boldsymbol{w}_i(f_\mathrm{a})$ 为

$$\hat{\boldsymbol{w}}_i(f_\mathrm{a}) = \hat{\boldsymbol{R}}^{-1}(f_\mathrm{a})\boldsymbol{a}_i(f_\mathrm{a}) \tag{6.129}$$

由式（6.129）得到的最优阵列加权矢量的一个主要优点是它可以使被提取出的频谱分量的相位和幅度信息保持不变，也就是说，它不会改变所有频谱分量的相位和幅度的相对关系。当所有的频谱分量都被提取出来后，通过重新排列就可以得到无混叠的全多普勒频谱，相应的重复频率也增加了 N 倍。

由于待恢复的信号并不局限于一条很细的直线上，场景中的地形起伏会导致其信号在空时谱中的斜直线向左或向右移动，如图 6.42 中的斜虚线。此时若采用常规空域滤波就得不到较好的结果，因为混叠分量没有被有效地置零。而自适应

滤波较空域滤波要优一些,因为它只有给定方向的一个波束宽度内信号可以输出,对波束宽度之外的信号可有效地加以抑制。

6.5.4　宽测绘带与各种模式的结合

由于对地观测的高分辨率和宽测绘带的需求,仅采用本章前面几节所述的几种成像模式可能还无法满足需求,因此多模式 SAR 结合多通道技术就显得非常必要。

上面几节论述的通道解混叠方法主要是针对解混叠后信号不再混叠的情况,如普通条带式模式 SAR。而对于波束转动的 SAR 系统,即使自身满足最小天线面积的限制,方位全孔径信号也存在方位混叠等问题,因此这种情况的解混叠方法应该与其成像方法相结合,或者是采用子孔径解混叠成像方法,或者是采用方位卷积的全孔径的多通道解混叠成像方法,但无论是针对哪种体制,具体实施这些方法的时候所采用的思路都是不变的。

参 考 文 献

[1]　Franceschetti G, Lanari R. Synthetic Aperture Radar Processing[M]. Boca Raton London: CRC Press, 1999.

[2]　Bamler R, Eineder M. ScanSAR Processing Using Standard High Precision SAR Algorithms[J]. IEEE Transactions on Geoscience and Remote Sensing, 1996, 34(1): 212-218.

[3]　洪文, 胡东辉, 吴一戎. 合成孔径雷达成像——算法与实现[M]. 北京：电子工业出版社, 2007.

[4]　Walter G C, Ron S G, Ronald M M, Spotlight Synthetic Aperture Radar: Signal Processing Algorithms[M]. Boston&London: Artech House, 1995.

[5]　Sack M, Ito M R, Cumming I G. Application of Efficient Linear FM Matched Filtering Algorithms to Synthetic Aperture Radar Processing[J]. IEE Proceedings F Communications, Radar and Signal Processing. 1985, 132(1): 45-57.

[6]　Tang Y, Xing M D, Bao Z. The Polar Format Imaging Algorithm Based on Double Chirp-Z Transforms[J]. IEEE Geoscience and Remote Sensing Letters, 2008, 5(4): 610-614.

[7]　Zhu D Y, Ye S H, Zhu Z D. Polar Format Algorithm Using Chirp Scaling for Spotlight SAR Image Formation[J]. IEEE Transactions on Aerospace and Electronic Systems, 2008, 44(4): 1433-1448.

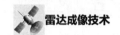

[8]   Mittermayer J, Moreira A, Loffeld O. Spotlight SAR Data Processing Using the Frequency Scaling Algorithm[J]. IEEE Transactions on Geoscience and Remote Sensing, 1999, 37(5): 2198-2214.

[9]   Lanari R, Tesauro M, Sansosti E, et al. Spotlight SAR Data Focusing Based on a Two-Step Processing Approach[J]. IEEE Transactions on Geoscience and Remote Sensing, 2001, 39(9): 1993-2004.

[10] Carrara W G, Goodman R S, Ricoy M A. New Algorithms for Widefield SAR Image Formation[C]. Proceedings of The 2004 IEEE Radar Conference, 2004: 38-43.

[11] 井伟, 张磊, 邢孟道, 等. 聚束式 SAR 的宽场景成像算法[J]. 电子学报, 2009, 37(3): 470-475.

[12] Josef M, Richard L, Elke B. Sliding Spotlight SAR Processing for TerraSAR-X Using a New Formulation of the Extended Chirp Scaling Algorithm[C]// 2003 IEEE International Geoscience and Remote Sensing Symposium. Proceedings, Toulouse, France, 2003, 7, 21-25(3), 1462-1464.

[13] Jakowatz C V, Wahl D, Thompson P. Space-Variant Filtering for Correction of Wavefront Curature in Spotlight Mode SAR Imagery Formed via Polar Formatting[R]. in Proc. of the SPIE, Orlando, FL, USA, The International Society for Optical Engineering, vol 3070 of Algorithm for Synthetic Aperture Radar Imagery IV, 1997, 4(3070): 33-42.

[14] 唐禹, 王岩飞, 张冰尘. 滑动聚束 SAR 成像模式研究[J]. 电子与信息学报, 2007, 29(1): 26-29.

[15] Prats P, Scheiber R, Mittermayer J, et al. Processing of Sliding Spotlight and TOPS SAR Data Using Baseband Azimuth Scaling[J]. IEEE Transactions on Geoscience and Remote Sensing, 2010, 48(2): 770-780.

[16] Lanari R, Zoffoli S, Sansosti E, et al. New Approach for Hybrid Strip-map/ Spotlight SAR Data Focusing[J]. IEE Proceedings-Radar, Sonar and Navigation, 2001, 148(6): 363-372.

[17] Mittermayer J, Lord R, Borner E. Sliding Spotlight SAR Processing for TerraSAR-X Using a New Formulation of the Extended Chirp Scaling Algorithm[C]// 2003 IEEE International Geoscience and Remote Sensing Symposium. Proceedings. IEEE, 2003, 3: 1462-1464.

[18] Raney R K, Runge H, Bamler R, et al. Precision SAR Processing Using Chirp Scaling[J]. IEEE Transactions on Geoscience and Remote Sensing, 1994, 32(4):

786-799.

[19] Moreira A, Mittermayer J, Scheiber R. Extended Chirp Scaling Algorithm for Air- and Spaceborne SAR Data Processing in Stripmap and ScanSAR Imaging Modes[J]. IEEE Transactions on Geoscience and Remote Sensing, 1996, 34(5): 1123-1136.

[20] Davidson G W, Cumming I G, Ito M R. A Chirp Scaling Approach for Processing Squint Mode SAR Data[J]. IEEE Transactions on Aerospace and Electronic Systems, 1996, 32(1): 121-133.

[21] Wong F W, Yeo T S. New Applications of Nonlinear Chirp Scaling in SAR Data Processing[J]. IEEE Transactions on Geoscience and Remote Sensing, 2001, 39(5): 946-953.

[22] Moreira A, Huang Y H. Airborne SAR Processing of Highly Squinted Data Using a Chirp Scaling Approach with Integrated Motion Compensation[J]. IEEE Transactions on Geoscience and Remote Sensing, 1994, 32(5): 1029-1040.

[23] Sun G C, Xing M D, Wang Y, et al. Sliding Spotlight and TOPS SAR Data Processing without Subaperture[J]. IEEE Geoscience and Remote Sensing Letters, 2011, 8(6): 1036-1040.

[24] Engen G, Larsen Y. Efficient Full Aperture Processing of TOPS Mode Data Using the Moving Band Chirp Z-transform[J]. IEEE Transactions on Geoscience and Remote Sensing, 2011, 49(10): 3688-3693.

[25] Krieger G, Gebert N, Moreira A. Unambiguous SAR Signal Reconstruction from Nonuniform Displaced Phase Center Sampling[J]. IEEE Geoscience and Remote Sensing Letters, 2004, 1(4): 260-264.

[26] Goodman N A, Lin S C, Rajakrishna D, et al. Processing of Multiple-Receiver Spaceborne Arrays for Wide-Area SAR[J]. IEEE Transactions on Geoscience and Remote Sensing, 2002, 40(4): 841-852.

[27] Callaghan G D, Longstaff I D. Wide-swath Space-borne SAR Using a Quad- element Array[J]. IEE Proceedings-Radar, Sonar and Navigation, 1999, 146(1): 159-165.

[28] Grifflths H D, Mancini P L. Ambiguity suppression in SARs using adaptive array techniques[C]// Proceedings of the 11th Annual International Geoscience and Remote Sensing Symposium. 1991, 2: 1015-1018.

[29] 邢孟道, 李真芳, 保铮, 等. 小卫星分布式雷达空时频综合成像[J]. 宇航学报, 2005, 26(10): 70-82.

[30] 李真芳, 邢孟道, 王彤, 等. 分布式小卫星 SAR 实现全孔径分辨率的信号处理[J]. 电子学报, 2003, 31(12): 1800-1803.

[31] Xing M D, Li Z F, Bao Z, et al. Doppler Ambiguity Resolving in Distributed Micosatellites Radar Imaging[C]// 2004 IEEE Aerospace Conference Proceedings. IEEE, 2004, 4.

[32] Xing M D, Li Z F, Bao Z, et al. Doppler Ambiguity Resolving in Distributed Micosatellites Radar Imaging[J]. Chinese Journal of Electronics, 2005, 14(4): 721-726.

[33] Li Z F, Wang H Y, Su T, et al. Generation of Wide-Swath and High-Resolution SAR Images From Multichannel Small Spaceborne SAR Systems[J]. IEEE Geoscience and Remote Sensing Letters, 2005, 2(1): 82-86.

[34] Li Z F, Bao Z. A Novel Approach for Wide-swath and High-resolution SAR Image Generation from Distributed Small Spaceborne SAR systems[J]. International Journal of Remote Sensing, 2006, 27(5): 1015-1034.

[35] Wang T, Bao Z. Improving the Image Quality of Spaceborne Multiple-Aperture SAR Under Minimization of Sidelobe Clutter and Noise[J]. IEEE Geoscience and Remote Sensing Letters, 2006, 3(3): 297-301.

[36] Jing W, Xing M D, Qiu C W, et al. Unambiguous Reconstruction and High-Resolution Imaging for Multiple-Channel SAR and Airborne Experiment Results[J]. IEEE geoscience and Remote Sensing Letters, 2009, 6(1): 102-106.

[37] Zhang L, Qiu C W, Xing M D, et al. SAR Imaging and Doppler Ambiguity Removal with Distributed Microsatellite Arrays[J]. International Journal of Remote Sensing, 2010, 31(4): 6441-6458.

[38] Brown J L. Multi-channel Sampling of Low-pass Signals[J]. IEEE Transactions on Circuits and Systems, 1981, 28(2): 101-106.

[39] 井伟, 邢孟道, 保铮. 双星同中心频率多发多收的方位解模糊[J]. 电子信息学报, 2007, 29(5): 1077-1082.

[40] Zhang L, Xing M D, Qiu C W, et al. Adaptive Two-step Calibration for High Resolution and Wide-swath SAR Imaging[J]. IET Radar Sonar and Navigation, 2010, 4(4): 548-559.

第 7 章
基于回波数据的合成
孔径雷达运动补偿

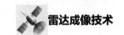

在前面几章已经讨论了合成孔径雷达（SAR）的基本原理和成像算法，由于载体的运动而形成长的线性合成阵列，从而获得高的横向分辨率；也曾在前面指出，为了便于分析，设载机的运动状况是理想的，雷达以确定指向和恒定速度做平行于地面的直线运动。实际上载机运动状况不可能是理想的，星载 SAR 的状况还比较好，人造卫星在外层空间的运动比较稳定；而机载 SAR，特别是中、低空飞行的机载 SAR，由于气流不稳定的影响，运动的不稳定性较大，如果不采取运动补偿，所录取的数据受到不稳定因素的影响会有较大的失真，从而使成像质量下降，甚至不能成像。所谓"运动是 SAR 的依据，也是产生问题的根源"。

载机受气流影响产生颠簸主要表现在两个方面：一是位置；二是姿态（即转动）。两者都是三维的，姿态的变化包括偏航、俯仰和横滚。联系到 SAR，位置误差主要影响天线相位中心（Antenna Phase Center，APC）的位置，因而影响它到目标的距离。我们知道，距离变化会影响回波相位，对 SAR 是至关重要的；姿态变化则会影响雷达的波束指向。

实际上，机载 SAR 的天线必须安装在由惯性导航系统（简称惯导系统）精确控制的稳定平台上，这能使雷达波束指向与预定航线的角坐标精度满足要求。但位置误差则不可能完全被控制和消除，只是可以加以测量，用测量到的误差进行补偿。所以本章所讨论的运动补偿主要是雷达 APC 偏离预定理想位置时的补偿问题。

机载 SAR 的运动补偿主要分为基于仪表测量的和基于信号处理的补偿，前者主要依靠载机的惯性导航系统和全球定位系统，用以测定载机的精确位置。惯性导航系统响应速度快，具有短时间测量精度，这正是 SAR 成像所需要的，它基本上能将成像相干积累时间里的误差状况测量出来。不过，它直接测量的是加速度，通过两次对时间的积分才能得到位置数据，且长时间工作会产生误差积累。全球定位系统是直接测量位置数据的，但系统响应较慢。将两者相结合，常可获得高的位置精度。实际上，为保证 SAR 成像所需的精度主要靠响应速度快的惯性导航系统，至于测量时载机所在地实际区域和位置的确定主要靠全球定位系统。

载机上的高精度惯性导航系统通常有较大的体积，安装于飞机的质心处，是为飞机导航服务的。人们最关心的位置误差是雷达 APC 处的，而雷达天线则常置于机身中部机舱的下方，所以高精度惯性导航系统无法直接测量天线相位中心处的位置数据。此外，飞行过程中机身的变形（如小的弯曲），会使惯性导航系统测得的位置数据与 APC 的位置差不等于常数，从而使测得的 APC 位置精度下降。为了提高 APC 位置的测量精度，常为它设一惯性测量单元，装置在雷达天线的上方。

　　通过信号处理做运动补偿是另一种方式。SAR 通过正常飞行录取的数据进行成像处理，运动不正常的情况必然会在录取的数据中反映出来。例如，垂直于理想航线方向的速度表现在多普勒中心频率上，沿着航线的速度和垂直于航线方向的加速度综合表现在多普勒调频率上。此外，信号处理的自聚焦技术还能对仪器难以检测的快速扰动的影响加以补偿。由于本书的性质，这一章主要讨论基于信号处理的运动补偿[①]，有关基于仪表的运动补偿可参考文献[1]。

　　还有一点需要特别指出，早期的合成孔径雷达属于专业性质，为了保证成像质量，总是选择运动十分平稳的载体，并配备精确的测量仪器。由于 SAR 成像具有全天候、全天时、广视域，以及便于高程测量和地面动目标检测（将在第 9 章里讨论）等优点，因此，合成孔径雷达得到很快发展和广泛应用，它已经不再是一种专业设备，而合成孔径雷达成像已作为一种新的雷达功能，应用于各种运动平台，其载体可能是中、低空飞行的轻型飞机、无人飞机和直升机等，载体的颠簸和扰动可能比较大。载体的惯导系统测量精度可能不高，甚至不配备惯导系统。在这种情况下，已经不是根据 SAR 对运动平稳性的高要求来选择载体，而是要求研究适应载体运动稳定性较差时的运动补偿方法，且主要依靠基于回波数据的运动补偿方法。

　　惯导系统与基于回波数据的运动补偿相比较有其优点和不足。惯导系统是与雷达相分离的测量系统，其测量精度会影响补偿效果，因而 SAR 必须配备高精度的惯导系统。而基于回波数据的运动补偿，是依据雷达自身的回波，其补偿算法要复杂一些。

　　基于以上考虑，本章的内容做如下安排：7.1 节讨论 SAR 平台的运动情况；7.2 节讨论多普勒参数估计，包括多普勒中心频率估计和多普勒调频率估计，这两项估计是进行基于回波数据运动补偿的基础；7.3 节讨论法平面和沿航线运动误差的补偿；7.4 节讨论基于相位梯度估计的自聚焦补偿方法；7.5 节介绍基于回波数据的运动补偿算法及实验结果举例。

7.1　SAR 平台的运动情况

7.1.1　惯导系统测量的运动参数情况简介

　　运动参数通常可用惯性测量单元和惯性导航系统测得。对从 IMU 或 INS 的

---

　　① SAR 的运动补偿，特别是载体平稳性较差情况下的运动补偿，仍然是值得继续研究的课题，解决的途径有基于仪表测量和基于回波数据处理两个方面，既要具有所需的精度，又要简化设备和运算。将两者相结合可能是一条好的途径。

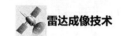

加速度计和陀螺仪获得的数据进行处理可以重构出飞机的三维运动轨迹（即沿航线、垂直航线、天顶方向），同时也可得到 IMU 位置的三个角度分量（即偏航角、俯仰角和横滚角）。

惯性测量单元主要测量参数有：航向角、俯仰角、横滚角、速度东、速度北、速度天、加速度东、加速度北、加速度天、载机经度、载机纬度等，也可输出偏流角、擦地角、方位角、前向加速度、横向加速度、前向速度、横向速度等。

但是从已有的一些实测数据来说，一般飞机惯导系统的测量精度相对较低，速度和斜视角偶尔有坏值，测量加速度的变化更加剧烈，每个脉冲都有较大差异。图 7.1 所示为由惯导系统（测量精度一般）所获得的部分运动参数的举例，其中图 7.1（a）为 160s 时间区间的前向加速度的时间曲线；图 7.1（b）为 160s 时间区间的横向加速度曲线，可见其加速度变化剧烈，这主要由于加速度计非常敏感，因此显得极其剧烈，而快速对称振荡变化的加速度对速度几乎没有影响，实际产生影响的是它的中值；图 7.1（c）和图 7.1（d）分别是对图 7.1（a）和图 7.1（b）每秒输出的加速度惯导数据取中值后的结果，此两曲线基本反映了有效加速度的变化；图 7.1（e）和图 7.1（f）分别为飞机的前向速度和横向速度，时间同样为 160s，由图 7.1（f）可看见在 140s 附近处有一个坏值。

根据实测经验，由于实用的惯导系统精度不高，因而直接用上述惯导系统测得的运动参数来计算多普勒参数进行运动补偿，虽然对低分辨率（分辨单元长度在 5～10m 以上）可以成像，但对高分辨率（分辨单元长度在 3m 以下）的成像质量较差。

7.1.2　基于单个特显点回波数据的机载 SAR 运动误差分析

SAR 是利用运动平台上雷达的回波数据实现对场景图像的重建，平台运动的不正常必然反映在回波数据里，因而有可能利用回波数据对平台的运动情况进行分析。

最简单的情况当属场景中只有一个点目标。在载机做理想的直线飞行时，点目标回波的时延可以较精确地用抛物线近似，即回波序列的包络时延和相位的变化是已知的，而载机的运动误差会直接反映在回波序列上。由于回波相位对运动误差十分敏感，通常用回波序列的相位历程来进行分析是很合适的。

如上所述，为了得到单个点目标回波来对载机运动情况进行分析，通常可在较平坦的地段（其回波很弱）设置单个角反射器。而角反射器的回波远强于其背景回波，因此可视为只有单个点目标的情况。

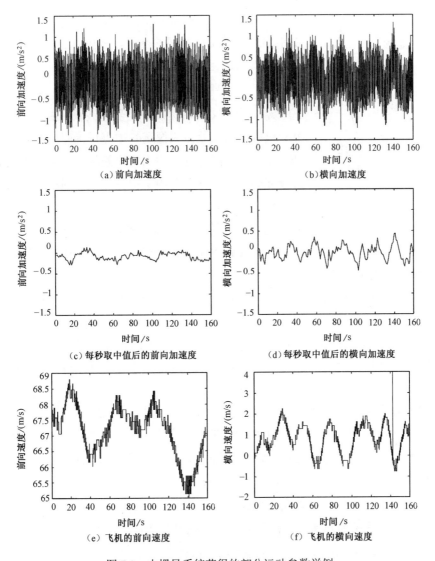

图 7.1　由惯导系统获得的部分运动参数举例

通过大量实测数据的分析可以发现，在没有设置角反射器时，也还是有可能在场景的一些地段，找到远强于周围背景的特显散射点回波，以这些点回波作为研究对象，也可以得到载机在相应地段的运动情况。

如图 7.2 所示，为对机载 SAR 运动误差进行分析，首先应考虑载机不稳引起的位置误差，该图中虚线是载机的理想航迹，实曲线是载机录取数据过程中的实际航迹，点 P 为场景中的特显目标点，点 A 是某一慢时间 t_{m} 时刻雷达 APC 的位置，点 A' 是在对应的慢时间时刻载机的理想位置，于是可得到该时刻的斜距误差 ΔR 为

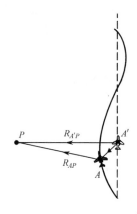

图 7.2　SAR 运动误差
斜距平面投影图

$$\Delta R = R_{A'P} - R_{AP} \qquad (7.1)$$

由于斜距误差是慢时间的函数，故可以表示为 $\Delta R(t_m)$，这样可得对应回波的相位误差 $\phi_e(t_m)$ 为

$$\phi_e(t_m) = 4\pi\Delta R(t_m)/\lambda \qquad (7.2)$$

式（7.2）中的 λ 为雷达发射信号的波长。由式（7.2）可知，载机运动误差与成像场景中点目标回波的相位误差成对应关系，而慢时间的相位误差将会引起散射点的点散布函数变化。下面介绍从实测点目标回波提取相位历程，以及获取相位误差和补偿的步骤，同时介绍一些实际测量和处理的例子。其具体处理步骤为：

（1）在距离压缩相位历程域（距离压缩之后，方位处理之前）的数据中提取单个散射点的轨迹曲线（包络曲线）。该曲线是一段随着方位慢时间变化的曲线，它表示为随方位角变化时该散射点与雷达相对位置的变化。至于该段分析数据长度只要满足 SAR 成像方位积累所需的脉冲数即可。

（2）由上一步骤得到不同慢时间回波中该散射点的距离位置，通过对该点的各次回波取其相位信息并进行相位解缠绕（unwrap）处理就可以得到该点回波的相位历程 $\phi_s(t_m)$。

（3）对得到的相位历程进行二次曲线拟合，得到一次系数 α、二次系数 β，以及常数项 ϕ_{s0}。由于载机理想匀速直线飞行时所得相位历程可用二次多项式较精确地近似，所以可将通过上述平滑拟合得到的二次曲线作为理想状态的相位历程。然后可得到该散射点的相位误差 $\phi_{se}(t_m)$，即

$$\phi_{se}(t_m) = \phi_s(t_m) - \beta t_m^2 - \alpha t_m - \phi_{s0} \qquad (7.3)$$

同时可以得到该散射点所在距离单元的多普勒参数估计值，即

$$f_{d0} = \alpha/(2\pi) \qquad (7.4)$$

$$\gamma = \beta/\pi \qquad (7.5)$$

式中，f_{d0} 表示该点目标回波的起始多普勒频率，γ 表示多普勒调频率。由式（7.2）可以得到斜距误差估计 $\Delta R(t_m)$。

（4）对该散射点的相位误差 $\phi_{se}(t_m)$ 做 FFT，可以得到不同频率值的相位误差分布 $\Phi_{se}(f)$，通称相位误差谱。

（5）一般来说，相位误差谱的低频分量主要影响回波脉冲主瓣波形（位置和形状，特别是宽度），而高频分量主要影响波形的细节和副瓣电平。为了具体研究相位误差谱中不同频率分量的影响，在 $\Phi_{se}(f)$ 中从低频到高频逐步地滤出相位误差函数去校正该散射点的相位历程 $\phi_s(t_m)$，然后经过方位匹配滤波处理，得到该

散射点的点散布函数，再对点散布函数的参数进行分析，最后得到该点所在的那段 SAR 数据进行运动误差补偿所需的频率范围。

下面介绍对多种常用载机平台的 SAR 数据进行处理的结果。在数据运动补偿的分析过程中，在不同的数据段里可以选取出不少周围相对空阔而强度大的特显点。但是为了叙述简明起见，每段数据可用一个具有代表性的特显点来说明所得的运动补偿分析结果，这些结果既是该特显点在数据段中的特性体现，又是其所在那批数据运动误差规律的共性表现。

1）以"运-7"为平台的数据分析

这批数据是以"运-7"载机作为平台的 SAR 雷达录取的，雷达工作在 X 波段，工作方式为条带式模式正侧视，成像分辨率为 1m。

图 7.3 所示为以"运-7"为平台的数据分析结果。载机实际飞行高度约 6000m，飞行速度约 110m/s。图 7.3（a）所示为特显散射点的相位误差曲线，即所提取特显散射点的相位历程及其拟合的二次曲线之差。图 7.3（b）所示为对相位误差做傅里叶变换后得到的相位误差频率分布，由于相位误差为实数，因此相位误差谱为对原点共轭对称的双边谱，而用图中所示的正单边谱也可以表示其特征。从图 7.3（b）可见，相位误差的单边谱能量主要集中在 5Hz 以内，即整个相位误差谱（双边谱）的能量主要集中在低频段的 10Hz（双边谱计）之内。表 7.1 列出了"运-7"数据中没有进行运动补偿处理、直接方位压缩的散射点的点散布函数参数。由图 7.3（c）也可以看出直接方位压缩的点散布函数的脉冲展宽比较大，副瓣较高。图 7.3（d）所示为进行了 10Hz 以内的误差频谱校正的点散布函数结果，其点散布函数参数如表 7.1 所示。可见运动补偿 10Hz 以内的相位误差已可满足 SAR 成像要求。表 7.1 还给出了 20Hz 以内运动误差频谱补偿的点散布函数结果，可以发现峰值副瓣比和脉冲响应宽度比变化极小，积分副瓣比的值稍有降低，如果再加大补偿频率时，只能对副瓣有些改善作用，使得副瓣的变化更趋平滑，但是点散布函数主瓣形状基本不变。在 SAR 成像中，为了获取清晰图像通常要求峰值副瓣比小于-20dB，积分副瓣比小于-17dB，从表 7.1 可看出，在 10Hz 以内的补偿已能满足成像要求。

表 7.1　"运-7"数据中散射点的点散布函数参数

脉冲响应函数参数	直接压缩	10Hz 以内运动误差补偿	20Hz 以内运动误差补偿
脉冲响应宽度比/dB	2.9231	2.1667	2.1667
峰值副瓣比/dB	-15.2284	-31.0432	-31.1817
积分副瓣比/dB	-14.2530	-19.6560	-20.4603

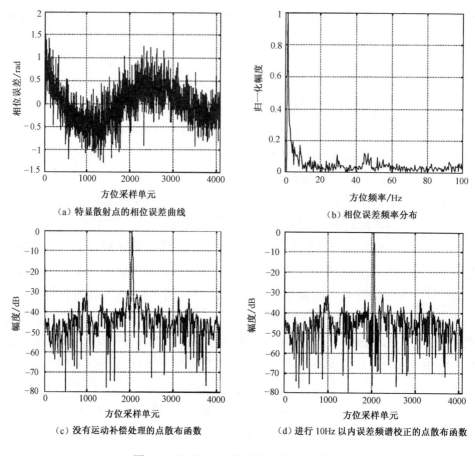

（a）特显散射点的相位误差曲线

（b）相位误差频率分布

（c）没有运动补偿处理的点散布函数

（d）进行10Hz以内误差频谱校正的点散布函数

图7.3　以"运-7"为平台的数据分析结果

2）以"运-12"为平台的数据分析

这批数据是通过"运-12"载机作为 SAR 平台所录取的，该雷达同样工作在 X 波段，雷达工作方式为条带式模式正侧视，成像分辨率为 1m。"运-12"是一种国产小型运输机，实验时载机速度约为 67m/s，飞行高度较低，实际高度约 3000m。"运-12"载机比"运-7"载机小，因此在飞行过程中受空气气流的影响较大，载机控制稳定性要比"运-7"差。

图 7.4 所示为以"运-12"为平台的数据分析结果。同样采取特显散射点分析方法，首先计算所选取散射点的相位曲线，然后进行相位曲线的二次拟合，二者的相位误差曲线如图 7.4（a）所示，其相位误差变化范围要比以"运-7"为平台的数据变化范围明显大得多（两者的快抖动基本相当，但慢变化"运-12"要高一个数量级）；另外，对相位误差曲线进行分解后，会发现该相位误差中有较大的三次误差分量，这也是图 7.4（c）中的没有运动补偿的点散布函数很差且两侧不对称

的原因。图 7.4（c）中的没有运动补偿的点散布函数表明，这样的数据不可能直接成像。图 7.4（b）是归一化单边相位误差频率分布，从该图中可发现单边谱的相位误差能量主要集中在低频的 0～15Hz 之间，即双边谱 30Hz 以内。没有运动补偿时点散布函数参数可参见表 7.2。正如图 7.4（c）所示，没有运动补偿的方位压缩结果是很差的，主瓣的能量很小，主瓣周围有很高的副瓣，使得主瓣在点散布函数图中很难被分辨出来。对 20Hz 以内的相位误差进行运动补偿后，点散布函数的主瓣明显出现，只是副瓣的能量仍较大，这时点散布函数指标还满足不了成像的要求。进一步地对运动误差补偿到相位误差频谱的 30Hz 以内，此时方位压缩后的点散布函数如图 7.4（d）所示，其点散布函数指标明显提高（见表 7.2）。

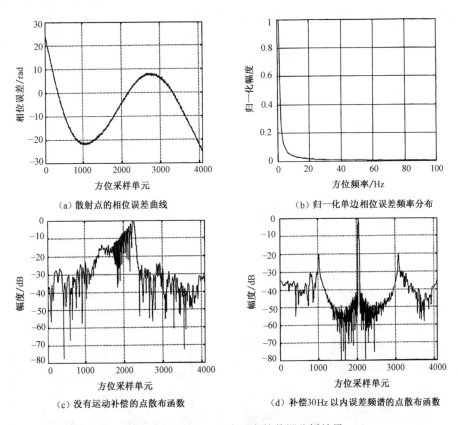

（a）散射点的相位误差曲线

（b）归一化单边相位误差频率分布

（c）没有运动补偿的点散布函数

（d）补偿30Hz 以内误差频谱的点散布函数

图 7.4 以"运-12"为平台的数据分析结果

表 7.2 "运-12"数据中散射点的点散布函数参数

脉冲响应函数参数	直接压缩	20Hz 以内运动误差补偿	30Hz 以内运动误差补偿
脉冲响应宽度比/dB	8.5591	2.1111	2.1111
峰值副瓣比/dB	−2.2220	−16.4540	−36.0816
积分副瓣比/dB	−1.0047	−10.5805	−24.8554

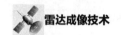

3) 以 "米-8" 为平台的数据分析

本次录取数据的试验是通过 "米-8" 载机作为 SAR 平台来完成的。该载机类型为直升机，实验时的飞行高度约为 2000m，飞机速度约为 50m/s。它在飞行中比 "运-7" "运-12" 飞机振动都大，雷达稳定平台更难控制。该雷达工作在 Ku 波段，雷达工作方式为条带式模式小前斜视（斜视角为 10°），成像分辨率为 1m。

图 7.5 所示为以 "米-8" 为平台的数据分析结果。同样，图 7.5（a）为原始相位曲线和二次拟合相位曲线之差（相位误差曲线），由于载机转翼转动的影响，使得载机瞬时振动较大，故该散射点的相位误差曲线瞬时变化剧烈。图 7.5（b）是归一化单边相位误差频率分布，从该图中可发现单边谱的相位误差能量主要集中在低频的 0～20Hz 之间，即双边谱 40Hz 以内。从表 7.3 中可知，在没有做运动补偿时，散射点方位压缩［对应图 7.5（c）］的点散布函数中的副瓣是很高的，且脉冲主瓣宽度比很大，这使得点散布函数主瓣很难被分辨。进行 20Hz 以内运动误差补偿后的方位压缩点散布函数参数可参见表 7.3。进一步做 40Hz 以内的运动误

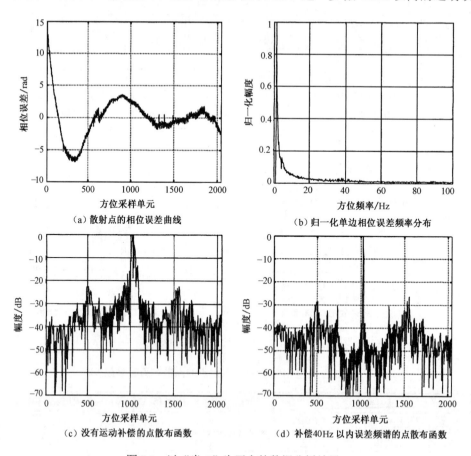

（a）散射点的相位误差曲线　　　　　（b）归一化单边相位误差频率分布

（c）没有运动补偿的点散布函数　　　　（d）补偿 40Hz 以内误差频谱的点散布函数

图 7.5　以 "米-8" 为平台的数据分析结果

差补偿，其方位压缩后的点散布函数如图 7.5（d）所示，这时的点散布函数参数
（见表 7.3）基本上可以达到成像要求。

表 7.3　"米-8"数据中散射点的点散布函数参数

脉冲响应函数参数	直接压缩	20Hz 以内运动误差补偿	40Hz 以内运动误差补偿
脉冲响应宽度比/dB	3.5179	2.4000	2.4000
峰值副瓣比/dB	−0.3950	−23.2487	−27.7471
积分副瓣比/dB	1.8047	−13.6575	−25.1240

应当指出，上面以特显点为准，讨论了几种载机由于运动不稳产生回波相位
误差的情况，主要是误差值的大小及其频率分布，以及校正相位误差所需的频率
范围。实际上，回波的相位为标量，回波相位历程的误差，只是表明载机偏离理
想航线的情况，而不能像惯导系统那样分别测出三维位置的坐标误差。对整个场
景成像不能只以其中一个特显点的回波进行补偿，为此应分析造成回波相位误差
的各种因素，并有针对性地进行不同的补偿。这些将在后面讨论。

7.1.3　基于实际回波数据的机载 SAR 运动误差估计概述

在 7.1.2 节，为了了解和分析载机的运动状况，选用一定场景的特显散射点回
波数据进行了实验研究。由于特显散射点在理想运动状态和实际工作状态时的回
波序列数据（主要是它的相位历程）都容易获得，因此对运动状况及其误差的分
析和处理比较简单。7.1.2 节里也提到，不能用由此得到的相位误差对整个场景的
回波进行补偿，因场景数据回波是不一样的，在任一时刻，雷达波束覆盖的场景
都有众多散射点，散射点子回波的矢量和使总的回波相位历程难以直接利用，而
要采用另外一些参数，这将在下一节讨论。

APC 的位置误差会影响它到各个散射点的距离，从而使各散射点子回波的相
位发生变化，运动误差补偿也就是要将回波序列中变化了的相位误差补偿掉。为
此，有两个方面的问题应当考虑：①APC 位置是三维的，所以各个分量的影响会
有所不同；②雷达波束覆盖的场景有众多散射点，其回波可写成 $\sum_i a_i(t_m)\mathrm{e}^{\mathrm{j}\varphi_i(t_m)}$，
其中 $a_i(t_m)$ 和 $\varphi_i(t_m)$ 为第 i 个散射点子回波的包络和相位；由于所有子回波已经混
合在一起，若它们由于平台运动的扰动而产生误差，则误差的补偿只能对回波进
行统一处理。例如，将某时刻的整个回波包络进行一定的时延，以及对整个回波
乘以 $\mathrm{e}^{-\mathrm{j}\Delta\varphi(t_m)}$ 来统一校正相位。统一的处理要求各散射点受到的影响是非空变的，
或虽具有空变性，但可加以分割，而在局部地区是非空变的。否则必须采用特殊
方法加以处理。

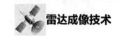

正是由于上述原因，SAR 的工作模式不同，其误差影响及其补偿也不一样。这里主要针对正侧视条带式模式情况进行讨论，其结果对小斜视角的条带式模式仍可使用，但对大斜视角的场合就要作较大的修正。

7.1.4　天线相位中心（APC）位置误差对回波数据影响的分析[2]

如上所述，在 SAR 成像的实际应用中，载机运动误差的影响不能只用单个特显散射点来分析，而要考虑天线波束覆盖场景中的所有目标。

由载机运动不平稳而引起的航线误差的几何关系如图 7.6 所示，该图中用实线画出载机雷达的 APC 的实际航迹，而用虚线拟合出一条与实际航线最接近的直线，并认为载机雷达的 APC 沿该直线匀速移动，称它为"理想航迹"。前面已经指出，载机运动的不平稳会产生位置变化和姿态变化，姿态变化会造成天线波束指向改变。但是，载机的雷达天线都安装在由惯导系统控制的稳定平台上，当载机姿态变化时可控制波束相对于航线的方向基本不变。图 7.7 所示为飞行路线扭

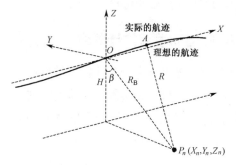

图 7.6　载机运动不平稳所引起的
航线误差的几何关系

曲时雷达波束指向示意图，注意这是正侧视条带式模式 SAR 的波束指向情况，其实际航迹虽然有偏离，但波束指向相对于理想航迹基本不变。因此，运动误差对回波数据的影响只需考虑雷达 APC 的位置误差。实际上，天线波束指向小的改变会对回波幅度产生小的调制，而合成孔径处理重要的是相位，即使幅度有小的调制，对处理结果也不会有大的影响。

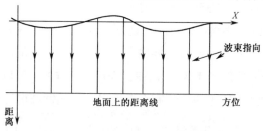

图 7.7　飞行路线扭曲时雷达波束指向示意图

为了分析雷达 APC 位置误差中各个分量的影响，取沿"理想航迹"的方向为 X 轴，与该航迹垂直平面为 Y-Z 组成的法平面，如图 7.6 所示。实际航迹可表示为 $[X(t_m),Y(t_m),Z(t_m)]$，而"理想航迹"则表示为 $[Vt_m,0,0]$，两种航迹的坐标差即雷达 APC 位置的 3 个误差分量。雷达 APC 位置的自变量为慢时间 t_m，由于雷达以

一定的重复周期 T_r 工作，t_m 以 T_r 的整数倍离散变化，对于"理想航迹"，其 APC 的位置也以等间隔（VT_r）沿 X 轴均匀排列，而实际航迹与理想航迹相比较，其误差分量为 $[X(t_m)-Vt_m, Y(t_m), Z(t_m)]$，其中 $Y(t_m)$、$Z(t_m)$ 为 t_m 时刻法平面偏离原点的误差，气流扰动等因素可使载机在垂直与沿航向有亚米级到米级的随机位移，它的变化较快。同样的因素也会影响载机速度，使瞬时航速偏离平均值，这种变化比较慢。若对很长的数据做一次性的成像处理，由于在一段时间里的某一瞬时速度偏离平均速度，因此 X 轴向的 APC 位置误差 $X(t_m)-Vt_m$ 有时比较大，可达十余米或更多。

基于雷达 APC 位置误差的上述性质，下面来分析它对回波的影响。同过去分析成像时一样，设场景中与理想航迹垂直的距离为 R_B 的直线上有许多点目标，设第 n 个散射点 P_n 的坐标为 (X_n, Y_n, Z_n)，则从雷达实际 APC 位置的 A 点到 P_n 点的距离为

$$R(t_m) = \sqrt{(X(t_m)-X_n)^2 + (Y(t_m)-Y_n)^2 + (Z(t_m)-Z_n)^2} \qquad (7.6)$$

考虑垂直距离 $R_B = \sqrt{Y_n^2 + Z_n^2}$，以及在法平面里雷达到 P_n 点的侧视角为 β，即 $Y_n = R_B \sin\beta$，$Z_n = R_B \cos\beta$。需要指出的是，这里的几个关系式都是以理想航迹作为 X 轴的。利用上述关系，可将式（7.6）写成

$$\begin{aligned}
R(t_m) &= \sqrt{(X(t_m)-X_n)^2 + R_B^2 + Y^2(t_m) + Z^2(t_m) - 2Y(t_m)R_B\sin\beta - 2Z(t_m)R_B\cos\beta} \\
&\approx \sqrt{(X(t_m)-X_n)^2 + R_B^2 - 2Y(t_m)R_B\sin\beta - 2Z(t_m)R_B\cos\beta} \qquad (7.7) \\
&\approx R_B + \frac{(X(t_m)-X_n)^2}{2R_B} - Y(t_m)\sin\beta - Z(t_m)\cos\beta
\end{aligned}$$

式（7.7）的近似式无非是对原式做二次项展开，可以忽略高次项，具体推导也从略，但有必要从概念上做些说明。如同前面对距离 R 取近似值一样，明确在回波里的 R 用以确定相位，而在回波信号表示式里相位值则以 2π 为模，由于近似而产生的距离误差必须远小于 $\lambda/4$。此外，前面曾提到 $X(t_m)$ 与理想航迹有时相差甚远，它是否对近似有影响？答案是否定的，式（7.6）是实际录取回波时雷达与散射点之间的距离，如在 t_m 时刻录取的那些散射点的回波，完全由雷达实际所在位置及雷达的波束所确定，而与"理想航迹"在 t_m 时刻的位置无关。如果实际的 $X(t_m)$ 与理想的 Vt_m 相差甚远，要用实际录取的回波按理想航迹做成像处理，这确实是个问题，如何解决将在后面讨论。式（7.7）的近似式将雷达 APC 位置误差的影响分成独立的 3 项，其中有关 $Y(t_m)$ 和 $Z(t_m)$ 的项是在 t_m 时刻垂直于航线法平面的 APC 位置的误差项，下面先对它们做一些说明。

如果雷达波束的射线方向已确定（在正侧视条件下，波束射线应位于法平面），则雷达 APC 的位置在法平面的误差（可用 Δr 表示）可分解成沿射线方向和垂直于射线方向两部分，分别为 Δr_R 和 Δr_N。位置误差对射线向距离产生影响的主要是 Δr_R 分量，而 Δr_N 分量的影响是很小的。若原距离是 R，由于 Δr_N 的影响使长度变为 $\sqrt{R^2 + \Delta r_N^2} \approx R + \dfrac{1}{2}\left(\dfrac{\Delta r_N}{R}\right)\Delta r_N$，即距离误差为 Δr_N 乘以系数 $\dfrac{1}{2}\left(\dfrac{\Delta r_N}{R}\right)$。如果 Δr_N 为几米，而 R 为几十千米，则该系数为 10^{-4} 的量级，也就是会产生小于亚毫米级的误差，即使雷达工作在 X 波段，其影响也可忽略。

图 7.8（a）所示为雷达 APC 位于点目标 P_n 所在法平面的情况，由于误差 Y 和 Z 只是沿射线的分量起作用，$\Delta r_R = Y\sin\beta + Z\cos\beta$，这也就是式（7.7）中第二个近似等式中的后两项。

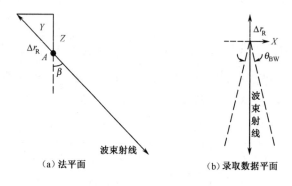

（a）法平面　　　　　　　　（b）录取数据平面

图 7.8　天线相位中心位置误差 Y 和 Z 的影响

天线波束有一定的宽度，下面讨论波束覆盖范围里各处散射点回波相位受上述误差影响的情况。SAR 天线仰角向的波束宽度通常要宽一些，不同侧偏角 β 处的影响是不一样的，在 $\Delta r_R = Y\sin\beta + Z\cos\beta$ 的计算中，已经考虑到 β 的变化，而且场景中不同 β 的散射点到雷达的距离是不同的，可以按距离远近作"动态"补偿[①]。一般可将场景沿垂直距离分成几段，用不同的相位值分别补偿。

波束横向覆盖的情况可用图 7.8（b）的录取数据平面来说明。该图中横坐标表示航线方向，而垂直向下的线等同于图 7.8（a）中的波束射线，它表示波束沿航线分布的情况，上面讨论的 APC 位置误差 Δr_R 与波束射线同向。波束宽度 θ_{BW} 通常比较窄（一般小于 0.1rad），所以 Δr_R 对波束两侧方向产生的距离误差为

$$\Delta r_R \cos\frac{\theta_{BW}}{2} \approx \Delta r_R\left(1 - \frac{\theta_{BW}^2}{2}\right)$$，即与波束中心的距离差为 $\dfrac{\theta_{BW}^2}{2}\Delta r_R$。以 X 波段为例，

---

① 每次回波都沿快时间排列，距离远近不同的回波，可沿距离维加以区分。但考虑在成像中要通过距离徙动处理，散射点应以不同的垂直距离（R_B）加以区分。

$\dfrac{\theta_{\text{BW}}^2}{2}$ 约为 10^{-3} 的数量级，若 Δr_{R} 为亚米级，则波束横向由于上述位置误差而引起的相位误差的差别可以忽略，可用统一的相位值进行补偿。实际上，在长的数据录取过程中，波束扫过某一散射点时，要用到波束的全过程；为了降低点散布函数的副瓣，应对它作锥削加权，即在合成阵列两侧数据的权值较小，因而对波束两侧的相位误差（即对 Y 和 Z 的位置误差）可适当放宽，Δr_{R} 到米级仍可应用。

上面的讨论表明，垂直于航线的法平面里的 APC 位置误差，具有影响的是法平面中射线向的分量，它对场景中不同侧偏角处的影响是不同的。不过，场景宽度一般远小于场景线到航线的垂直距离，场景中各处的侧偏角的变化很小，因此将场景以不同的垂直距离分成几段，分别进行补偿即可。至于由于方位向有一定波束宽度同时接收来自不同方位的回波问题，可用同样的 Δr_{R} 距离误差进行补偿，虽然有时不完全合适，但通常可以满足实用要求。

式（7.7）中的第二项为沿航线的 APC 位置的误差项，下面结合图 7.9 来进行讨论。图 7.9 为类似于图 7.8（b）的数据录取平面，不过这是要讨论沿航线运动误差 Δx 的影响。若某一时刻 t_{m} 载机理想航迹点和实际航迹点分别为 A 和 A'，先看 A 点正侧方场景中散射点 P 的情况，由 A 和 A' 点到 P 点距离差 $\Delta R_x = R_{A'P} - R_{AP} \approx \dfrac{1}{2}\left(\dfrac{\Delta x}{R_{\text{B}}}\right)\Delta x$。

R_{B} 一般为几十千米，若 Δx 为米级，则 $\Delta x / R_{\text{B}}$ 约为 10^{-4}，这时的距离差 ΔR_x 即使雷达工作在 X 波段，其影响也可忽略。但有时 Δx 相当大，则这时 ΔR_x 的影响不能忽略。但这不是主要的，更需要考虑的是影响的空变性。如图 7.9 所示，在场景中垂直距离为 R_{B} 的平行线上被波束覆盖范围中另取一散射点 P'，其相对于 P 点的横坐标为 X_{L}，则 A 和 A' 点到 P' 点的距离差

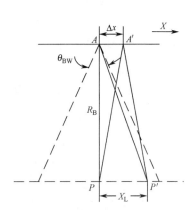

图 7.9　沿航线运动误差影响示意图

$\Delta R_x' = R_{A'P'} - R_{AP'} = \sqrt{R_{\text{B}}^2 + (X_{\text{L}} - \Delta x)^2} - \sqrt{R_{\text{B}}^2 + X_{\text{L}}^2} \approx -\dfrac{1}{2}(2X_{\text{L}} - \Delta x)\dfrac{\Delta x}{R_{\text{B}}}$。与上面的

ΔR_x 相比，当 X_{L} 值比较大时（因波束覆盖范围相当于合成孔径长度，场景中波束边缘处的 X_{L} 值相当大），$\Delta R_x'$ 可能远大于 ΔR_x，即同一 R_{B} 平行线上的散射点的回波具有明显的空变性。这是需要特别研究的，将在后面专门讨论。

7.1.5　基于多普勒参数的运动参数估计

载机作直线匀速的理想飞行时，雷达回波的多普勒参数与运动参数的关系已

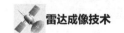

经在第 3 章和第 4 章里讨论过,这里仅研究存在运动误差时的情况。

无运动误差时的数据录取平面如图 4.6 所示,为使讨论具有普遍意义,场景中所取的与航线相平行的线不一定是场景中心线,设其与航线的垂直距离为 R_B。

在上述基础上,考虑运动误差,雷达 APC 到场景中平行线上某一点目标 $P_n(X_n, Y_n, Z_n)$ 的距离 $R(t_m)$ 如式(7.7)所示。

从式(7.7)可以考虑到该点目标回波相位 $\varphi_n(t_m) = -\dfrac{4\pi R(t_m)}{\lambda}$,而瞬时多普勒频率 f_{dn} 为

$$
\begin{aligned}
f_{dn}(t_m) &= \frac{1}{2\pi} \times \frac{\mathrm{d}}{\mathrm{d}t}\varphi(t_m) = -\frac{2}{\lambda} \times \frac{\mathrm{d}}{\mathrm{d}t}R(t_m) \\
&= -\frac{2\big[X(t_m)-X_n\big]V(t_m)}{\lambda R_B} - \frac{2}{\lambda}V_R(t_m)
\end{aligned}
\tag{7.8}
$$

式(7.8)中,$V_R(t_m) = V_Y(t_m)\sin\beta + V_Z(t_m)\cos\beta$,为垂直于航线法平面射线向的速度分量。实际上,$V_R(t_m)$ 即为沿法平面内射线偏移量 Δr_R 的导数。

式(7.8)的瞬时多普勒频率包含沿航线和垂直于航线两个分量,前一分量与 t_m 时刻散射点在 X 轴上与雷达 APC 的相对位置有关。从一段较短回波序列得到的多普勒谱相当于该距离单元非聚焦 SAR(即 DBS)的横向像。若为正侧视工作,则其正侧向的瞬时多普勒频率分量为 0。后一分量与散射点的横向位置基本无关[参见图 7.8(b)],它的存在会使上述多普勒谱产生偏移。

对式(7.8)再取导数,可得该点回波的瞬时多普勒调频率,即

$$
\begin{aligned}
\gamma_n(t_m) &= -\frac{2}{\lambda} \times \frac{\mathrm{d}^2}{\mathrm{d}t_m^2}R(t_m) \\
&= -\frac{2V^2(t_m)}{\lambda R_B} - \frac{2\big[X(t_m)-X_n\big]a(t_m)}{\lambda R_B} - \frac{2}{\lambda}a_R(t_m)
\end{aligned}
\tag{7.9}
$$

式(7.9)中,$a(t_m) = \dfrac{\mathrm{d}}{\mathrm{d}t_m}V(t_m)$ 为沿航线的加速度,$a_R(t_m) = \dfrac{\mathrm{d}}{\mathrm{d}t_m}V_R(t_m) = a_Y(t_m)\sin\beta + a_Z(t_m)\cos\beta$,是法平面上射线向的加速度。

由于载机机械惯性大,沿航线的速度变化比较慢,因此加速度 $a(t_m)$ 很小,可以忽略,于是式(7.9)可近似写成

$$
\begin{aligned}
\gamma_n(t_m) &= -\frac{2}{\lambda} \times \frac{\mathrm{d}^2 R(t_m)}{\mathrm{d}t_m^2} = -\frac{2V^2(t_m)}{\lambda R_B} - \frac{2}{\lambda}a_R(t_m) \\
&\approx -\frac{2V^2(t_m)}{\lambda R_B} - \frac{2}{\lambda}\left[a_Y(t_m)\frac{\sqrt{R_B^2-H^2}}{R_B} + a_Z(t_m)\frac{H}{R_B}\right] \\
&\approx -\frac{2V^2(t_m)}{\lambda R_B} - \frac{2}{\lambda}\left[a_Y(t_m)\left(1-\frac{H^2}{2R_B^2}\right) + a_Z(t_m)\frac{H}{R_B}\right]
\end{aligned}
\tag{7.10}
$$

式（7.10）中最后一个等式利用了 $R_B \gg H$ 的近似。

式（7.10）的结果表明，虽然是从第 n 个散射点出发，推导其回波的多普勒调频率，但在采取了一定的近似［主要是 $a(t_m) \to 0$ ］后，所得的多普勒调频率与散射点沿航线的位置无关，在一段观测时段里，只要载机沿航线的速度和垂直于航线的加速度基本不变，则所有散射点子回波序列均具有相同的多普勒调频率。这为从多普勒调频率来估计运动参数带来很多方便。为此，不必再在多普勒调频率加所用散射点的下标 n，而直接写成 $\gamma_e(t_m) = \gamma_a(t_m) + \gamma_N(t_m)$，其中 $\gamma_a(t_m)$ 即式（7.10）中最后等式的第一项，它是由沿航线的运动造成的，而 $\gamma_N(t_m)$ 是同一等式中的第二项，是由垂直于航线的运动造成的。

由此又提出一个问题：从回波序列估计得到的，只是总的多普勒调频率 $\gamma_e(t_m)$，而用作运动误差补偿时，必须了解各个运动分量的状况。因此，有必要将 $\gamma_e(t_m)$ 中把几种不同运动参数［主要有 $V(t_m)$、$a_Y(t_m)$、$a_Z(t_m)$］的影响分离开。为此，要用到各运动参数在式（7.10）中表现出的一些特点。

首先，多普勒调频率与散射点到航线垂直距离 R_B 有关，用不同 R_B 的回波序列可估计出不同的 $\gamma_e(t_m)$，而对不同运动参数的分量，R_B 变化的影响是不同的。

从式（7.10）出发，考虑场景宽度一般远小于场景中心线到航线的垂直距离 R_s，因此写成 $R_B = R_s + \Delta R$（其中 $\Delta R = R_B - R_s$），利用 $\Delta R \ll R_s$ 的近似，可得 $\dfrac{1}{R_B} \approx \dfrac{1}{R_s}\left(1 - \dfrac{\Delta R}{R_s}\right) = \dfrac{2}{R_s} - \dfrac{R_B}{R_s^2}$。将它代入式（7.10），并稍加整理，得

$$
\begin{aligned}
\gamma_e(t_m)R_B &= \left[-\frac{2V^2(t_m)}{\lambda} - \frac{2}{\lambda}a_Z(t_m)H + \frac{2}{\lambda}a_Y(t_m)\frac{H^2}{R_s} \right] + \\
&\quad \left[-\frac{2}{\lambda}a_Y(t_m) - \frac{2}{\lambda}a_Z(t_m)\frac{H^2}{2R_s} \right]R_B \\
&= A(t_m) + B(t_m)R_B
\end{aligned} \tag{7.11}
$$

式（7.11）中第二等式的 $A(t_m)$ 和 $B(t_m)$ 分别为第一等式中两个中括号里的值。即用不同的 R_B 处的回波序列估计得到的 $\gamma_e(t_m)R_B$ 并与 R_B 呈线性关系，$A(t_m)$ 为它的常数项，而 $B(t_m)$ 为一次项系数。

于是，将 $\gamma_e(t_m)R_B \sim R_B$ 的关系画在直角坐标系里，用直线拟合，即可以分离出 $A(t_m)$ 和 $B(t_m)$。从一次项系数 $B(t_m)$ 可得

$$
a_Y(t_m) = -\frac{\lambda}{2}B(t_m)\frac{2R_s^2}{2R_s^2 + H^2} \tag{7.12}
$$

已知 $a_Y(t_m)$，可从 $a(t_m)$ 中去除 $a_Y(t_m)$，得到只与 $V(t_m)$ 和 $a_Z(t_m)$ 有关的常数项 $C(t_m)$，即

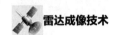

$$C(t_\mathrm{m}) = -\frac{2V^2(t_\mathrm{m})}{\lambda} - \frac{2}{\lambda} a_Z(t_\mathrm{m}) H \tag{7.13}$$

式（7.13）中的 $V(t_\mathrm{m})$ 和 $a_Z(t_\mathrm{m})$ 还须进一步分离。

前面曾提到过，在机载 SAR 中，沿航线的速度变化较慢，而垂直于航线的法平面内的加速度变化较快，因此可以通过低通滤波和高通滤波分别将前向速度和法平面内沿高度向的加速度 $a_Z(t_\mathrm{m})$ 分量滤出来[3]。其分离过程可用图 7.10 表述。

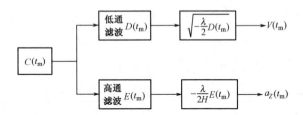

图 7.10　前向速度和加速度 $a_Z(t_\mathrm{m})$ 的估计流程

如果载机的前向速度比较精确地已知，也可对不同距离单元的不同调频率 γ_e 做如下近似，即

$$\gamma_\mathrm{e}(t_\mathrm{m}) \approx -\frac{2V^2(t_\mathrm{m})}{\lambda R_\mathrm{B}} - \frac{2}{\lambda} a_Y(t_\mathrm{m})\left(1 - \frac{H^2}{2R_\mathrm{s}^2}\right) - \frac{2}{\lambda} a_Z(t_\mathrm{m})\frac{H}{R_\mathrm{s}} +$$
$$\frac{2}{\lambda} a_Z(t_\mathrm{m})\frac{H}{R_\mathrm{s}}\frac{\Delta R}{R_\mathrm{s}} - \frac{2}{\lambda} a_Y(t_\mathrm{m})\frac{H^2}{R_\mathrm{s}^2}\frac{\Delta R}{R_\mathrm{s}} \tag{7.14}$$

这里利用 $R_\mathrm{B} = R_\mathrm{s} + \Delta R$ 和 $\dfrac{1}{R_\mathrm{B}^2} = \dfrac{1}{R_\mathrm{s}^2}\left(1 + \dfrac{2\Delta R}{R_\mathrm{s}}\right)$。这时对 $\gamma_\mathrm{e}(t_\mathrm{m})$ 消去 $-\dfrac{2V^2(t_\mathrm{m})}{\lambda R_\mathrm{B}}$ 后，调频率为一常数项（对应场景中心线的法平面射线向的加速度）和线性分量（随距离空变部分）。

将 $V(t_\mathrm{m})$、$a_Y(t_\mathrm{m})$ 和 $a_Z(t_\mathrm{m})$ 分离后，就可用来对录取回波序列做运动补偿，有关沿航线向运动补偿的问题比较复杂，将在 7.3.2 节里专门讨论。

垂直于航线的法平面内的运动补偿要简单些，从分离得到的 $a_Y(t_\mathrm{m})$ 和 $a_Z(t_\mathrm{m})$，以及需补偿处的侧偏角 β，可算出法平面内沿射线向的加速度 $a_R(t_\mathrm{m}) = a_Y(t_\mathrm{m})\sin\beta + a_Z(t_\mathrm{m})\cos\beta$，将该加速度作两次积分就可得到雷达 APC 在法平面的位置偏移的变化情况，并据此对回波序列的包络时延和回波相位加以补偿。

7.2　多普勒参数估计

7.2.1　多普勒中心频率估计[4-6]

当 SAR 的载机作直线飞行时，来自不同方向的回波具有不同的多普勒频率，根据回波的多普勒谱，可估计出雷达波束的指向。若载机在垂直于航线的方向有扰动，则会使各个回波增加一定的多普勒频率，从而使上述多普勒谱产生偏移。

为了估计多普勒中心频率，首先要得到回波的多普勒谱。在讲述 SAR 的工作原理时已经指出，若只用一小段回波数据做合成阵列处理，这时各散射点子回波的多普勒频率变化可以忽略，即相当于非聚焦 SAR，对回波序列进行傅里叶变换就可得到场景的横向像（由于垂直于航线向的运动会产生多普勒频率，导致图像产生横向偏移）。

如上所述，若场景比较均匀，将所得各距离单元的横向像进行功率相加，则所得平均多普勒功率谱基本上反映出波束的双程波束功率方向图，而平均多普勒功率谱的中心则与波束指向和载机垂直向的运动有关。在正侧视的情况下，就可从多普勒中心频率偏移的位置估计出载机在垂直向的运动速度。

至于回波序列的长度，可将非聚焦 SAR（即 DBS）的临界合成孔径长度（$L_c = 1.2\sqrt{\lambda R}$）作为选取的参考。以 $\lambda = 0.03\,\mathrm{m}$，$R = 30\,\mathrm{km}$ 为例，$L_c = 36\mathrm{m}$。回波序列的长度可比上述 L_c 长一些，当采用非聚焦的傅里叶变换做横向分辨处理时，比 L_c 更长的孔径反而会使横向分辨率下降。由于现在并非以成像为目的，横向分辨率适度降低对场景的不均匀起伏还能起到平滑作用，有利于对多普勒中心频率的估计。

仍以 $\lambda = 0.03\,\mathrm{m}$，$R = 30\,\mathrm{km}$ 为例，若天线横向孔径 $D = 1\,\mathrm{m}$，则极限合成孔径长度 $L = \dfrac{\lambda}{D}R = 900\,\mathrm{m}$，即多普勒中心频率估计所需的孔径长度可为该雷达的极限合成孔径长度的十分之一到几十分之一。

下面介绍采用相关函数法估计多普勒中心频率的算法。通过上面的分析可知，通过众多距离单元（一般采用场景的全部距离单元）平均，回波序列的平均多普勒功率谱与天线双程的功率方向图相同。天线功率方向图是实对称函数。在正侧视和载机不存在垂直于航线运动时，该多普勒功率谱与零频对称，可写成 $S_0(f)$；而当存在多普勒频率偏移 f_{dc} 时，该功率谱为 $S_b(f) = S_0(f - f_{\mathrm{dc}})$。于是，可从多普勒功率谱的移动估计出 f_{dc}。

上述方法系借助于功率谱 $S_b(f)$ 的峰值位置来估计 f_{dc}，因而称为最大值估计法。由于峰值处的变化比较平坦，所以估计精度是较低的。为了提高估计精度，可通过逆傅里叶变换从 $S_b(f)$ 得到相关函数 $R_b(\tau)$，即

$$R_b(\tau) = \mathrm{e}^{\mathrm{j}2\pi f_{\mathrm{dc}}\tau} R_0(\tau) \tag{7.15}$$

式（7.15）中，$R_0(\tau)$ 是 $S_0(f)$ 所对应的相关函数，为实函数。于是从 $R_b(\tau)$ 的相角可以估计出 f_{dc}。

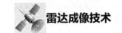

由于方位回波是离散采样的，所以 $R_{\mathrm{b}}(\tau)=R_{\mathrm{b}}(kT_{\mathrm{r}})$，$T_{\mathrm{r}}=1/\mathrm{PRF}$。其中 k 为整数，取 $k=1$，得到用相关函数法计算出的多普勒中心频率精估计为

$$f_{\mathrm{dc\,corr}}=\frac{1}{2\pi T_{\mathrm{r}}}\arg\{\hat{R}_{\mathrm{b}}(T_{\mathrm{r}})\} \tag{7.16}$$

通过这种方法得到的 f_{dc} 的精度远比使用包络相关法高，但由指数求得的相位范围为 $[-\pi,\pi]$，如果 $f_{\mathrm{dc}}T_{\mathrm{r}}>1$（有时会远大于 1），则估计的 f_{dc} 存在 $1/T_{\mathrm{r}}$ 的模糊问题。为此，可结合上述使用最大值估计法得到的多普勒中心频率做去模糊处理。

7.2.2 多普勒调频率估计[7]

从雷达的回波序列还可估计回波的多普勒调频率。为使回波序列能反映多普勒调频率，回波序列的长度要适当长一些。但在用以估计的一段时间里，要求载机沿航线的速度基本不变，且垂直于航线向的运动加速度为常数。由于回波的多普勒调频率 γ_{e} 为两者产生的多普勒调频率（分别为 γ_{a} 和 γ_{c}）之和，只有两者均为常数时才能使由这段时间估计出的 γ_{e} 与实际的瞬时值相符。因此这一段回波序列要比合成孔径相干积累时间 T_{a} 短得多，一般约为 T_{a} 的 $1/10$。

在上述较短的回波序列时间内，若 SAR 做正侧视工作，则回波包络的距离徙动可忽略不计，而其多普勒频率则做线性调频变化。对位于场景中平行于航线而垂直距离为 R_{B} 上的一系列横向距离不同散射子回波序列，如第 3 章图 3.9（b）所示，中间的斜线图表示各个子回波的多普勒频率变化，调频率为 γ_{a}。这里还要考虑垂直于航线运动加速度产生的多普勒调频率 γ_{N}，这时在上述多普勒频率变化图上还需加上 $f_{\mathrm{d}0}+\gamma_{\mathrm{N}}t_{\mathrm{m}}$，其中 $f_{\mathrm{d}0}$ 为该因素在 $t_{\mathrm{m}}=0$ 时所产生的多普勒频率。于是，这时各散射点的子回波仍为线性调频波，只是调频率为 $\gamma_{\mathrm{e}}=\gamma_{\mathrm{a}}+\gamma_{\mathrm{N}}$，且在子回波中点处的多普勒也不为 0，而等于 $f_{\mathrm{d}0}+\gamma_{\mathrm{N}}t_{\mathrm{m}}$（其中 t_{m} 为该子回波中点处的时刻）。

在上述情况下，录取了一段回波序列（暂不对时间段做限制），并以 $s(t_{\mathrm{m}})^{①}$ 表示，则

$$s(t_{\mathrm{m}})=\left[s(t_{\mathrm{m}})\mathrm{e}^{-\mathrm{j}\pi\gamma_{\mathrm{e}}t_{\mathrm{m}}^{2}}\right]\mathrm{e}^{\mathrm{j}\pi\gamma_{\mathrm{e}}t_{\mathrm{m}}^{2}}=s'(t_{\mathrm{m}})\mathrm{e}^{\mathrm{j}\pi\gamma_{\mathrm{e}}t_{\mathrm{m}}^{2}} \tag{7.17}$$

式（7.17）中，$s'(t_{\mathrm{m}})=s(t_{\mathrm{m}})\mathrm{e}^{-\mathrm{j}\pi\gamma_{\mathrm{e}}t_{\mathrm{m}}^{2}}$，相当于用 $\mathrm{e}^{\mathrm{j}\pi\gamma_{\mathrm{e}}t_{\mathrm{m}}^{2}}$ 作为基准信号，对 $s(t_{\mathrm{m}})$ 做解线频调（Dechirping）处理后得到的差频信号（参见图 2.4），这时各子回波成为时宽为合成孔径相干积累时间 T_{a} 的单频脉冲信号。

图 7.11 所示为估计多普勒调频率的时间段示意图，表示在上述运动情况（即 γ_{e} 为常数）时波束移动的情况，由于要求在估计的时间段里 γ_{e} 基本为常数，因此

---

① $s(t_{\mathrm{m}})$ 即前面的 $\displaystyle\sum_{i}a_{i}(t_{\mathrm{m}})\mathrm{e}^{\mathrm{j}\varphi_{i}(t_{\mathrm{m}})}$，这里不写成子回波之和，而以一个公式表示。

时间段应为 SAR 相干积累时间的1/10左右，即图中的 $\overline{AB}$ 段 $[-T,T]$ 较短（为清楚起见该图中故意将 $\overline{AB}$ 段画得长一些），并设 $\overline{AB}$ 的中点 O 为时间的基准点（即

$t_m = 0$ ）。联系到 7.2.1 节的多普勒中心频率估计，对于通过解线频调后的 $s'(t_m)$ 为长时宽的单频脉冲来说，用以估计的时间段 $\overline{AB}$ $[-T,T]$ 比它短得多，于是在 $\overline{AO}$ 段 $[-T,0]$ 和 $\overline{OB}$ 段 $[0,T]$ 估计得到的多普勒谱 $S_1'(f)$ 和 $S_2'(f)$ 应基本相同，它们是对称函数，只是因为有垂直于航线的载机运动的影响，多普勒中心频率才有相应的偏移。

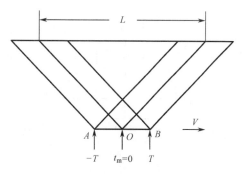

图 7.11　估计多普勒调频率的时间段示意图

原回波序列 $s(t_m)$ 的情况则不一样，各散射点子回波序列也是时宽为 T_a 的宽脉冲，但它们都是线性调频的，其多普勒调频率均为 γ_e 。下面来分析该信号在上述前后两段频谱的情况。

由于 $s(t_m)$ $(-T \leqslant t_m \leqslant T)$ 为 $\overline{AB}$ 段的信号，其前半段 $\overline{AO}$ 和后半段 $\overline{OB}$ 的信号 $s_1(t_m)$ 和 $s_2(t_m)$ 可分别写成

$$s_1(t_m) = s\left(t_m - \frac{T}{2}\right) = s'\left(t_m - \frac{T}{2}\right)e^{j\pi\gamma_e\left(t_m - \frac{T}{2}\right)^2}$$

$$s_2(t_m) = s\left(t_m + \frac{T}{2}\right) = s'\left(t_m + \frac{T}{2}\right)e^{j\pi\gamma_e\left(t_m + \frac{T}{2}\right)^2} \qquad -\frac{T}{2} \leqslant t_m \leqslant \frac{T}{2} \qquad (7.18)$$

将式（7.18）稍加整理，得

$$s_1(t_m) = \left[s'\left(t_m - \frac{T}{2}\right)e^{j\pi\gamma_e\left(t_m^2 + \frac{T^2}{4}\right)}\right]e^{-j\pi\gamma_e T t_m}$$

$$s_2(t_m) = \left[s'\left(t_m + \frac{T}{2}\right)e^{j\pi\gamma_e\left(t_m^2 + \frac{T^2}{4}\right)}\right]e^{j\pi\gamma_e T t_m} \qquad -\frac{T}{2} \leqslant t_m \leqslant \frac{T}{2} \qquad (7.19)$$

因为前后半段 $s'(t_m)$ 的多普勒谱基本相同，所以上两式中括号内所表示信号的多普勒谱也相同，设其为 $\hat{S}(f)$ 。上两式在中括号外有不同的线性相位项，即它们的多普勒谱 $S_1(f)$ 和 $S_2(f)$ 分别为

$$S_1(f) = \hat{S}\left(f + \frac{\gamma_e T}{2}\right)$$

$$S_2(f) = \hat{S}\left(f - \frac{\gamma_e T}{2}\right) \qquad (7.20)$$

于是，可从前后半段回波序列多普勒谱值之间的多普勒频率差 $\gamma_{\mathrm{e}}T$ 估计出它的多普勒调频率。

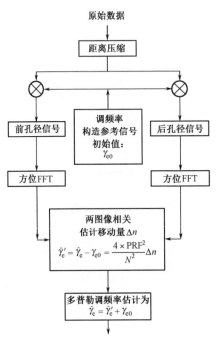

图 7.12　使用 MD 法的多普勒调频率
估计算法流程图

实际上，用以估计多普勒调频率的时间段 $[-T, T]$，虽然比合成孔径相干积累时间短得多，但它远大于雷达的脉冲重复周期，甚至上述多普勒频率差 $\gamma_{\mathrm{e}}T$ 可能相当大，大到大于脉冲重复频率而造成模糊。为此，在对回波序列的多普勒调频率做精估计前，先需要用其他手段（例如从惯导系统）得到粗的估计值 $\gamma_{\mathrm{e}0}$。将录取的回波序列乘以 $\mathrm{e}^{-\mathrm{j}\pi\gamma_{\mathrm{e}0}t_{\mathrm{m}}^{2}}$，则从式（7.17）得到转换后的回波序列为 $s'(t_{\mathrm{m}})\mathrm{e}^{\mathrm{j}\pi(\gamma_{\mathrm{e}}-\gamma_{\mathrm{e}0})t_{\mathrm{m}}^{2}}$。由此估计得到的前后半段信号多普勒谱峰值之间的多普勒频率差会是比较小的，因为 $\gamma_{\mathrm{e}}-\gamma_{\mathrm{e}0}$（$\gamma_{\mathrm{e}}'=\gamma_{\mathrm{e}}-\gamma_{\mathrm{e}0}$）很小。然后由此估计得到 $(\hat{\gamma}_{\mathrm{e}}-\gamma_{\mathrm{e}0})$ 的值，从而得到估计的 $\hat{\gamma}_{\mathrm{e}}$ 值。通常把这种估计方法称为图像偏置（Map-Drift，MD）法[7]。

考虑到回波序列为离散的，其算法流程如图 7.12 所示。

7.2.3　多孔径多普勒调频率估计

MD 算法是一种基于二次相位误差模型的自聚焦方法，它将全孔径数据划分为两个不重叠的子孔径后，根据子图像互相关峰值位置，通过估计图像相对偏移来估计非空变二次相位误差。多孔径图像偏置（Multi-Aperture Map Drift，MAMD）算法通过划分多个（数目大于 2）子孔径进行高阶相位误差估计，最早见于 1981 年的文献[8]。通常情况下，N 个子孔径足以估计一个 N 阶相位误差的多项式系数。

下面以三次相位误差的处理方式为例详细说明 MAMD 的概念。为了估计三次相位误差系数，MAMD 首先将一个孔径时间为 T_{a} 的合成孔径划分为三个不重叠的子孔径，每个子孔径时间为 $T_{\mathrm{a}}/3$。如图 7.13 所示，一个全孔径的三次相位误差在三个子孔径上呈现不同的线性相位和高次相位，而 MAMD 正是利用孔径间的线性相位差异来估计多项式系数。如果利用子孔径数据得到相应的子图像，根据傅里叶频移性质，不同的线性相位差异必然会引起子图像间的方位偏移。MAMD

通过计算任意两幅子图像的幅度图的互相关来估计相对偏移量,而该偏移量直观量化了全孔径的三次相位误差对该图像的影响。图 7.14 为 N 阶 MAMD 算法的处理流程。当 N 为 2 时,MAMD 算法退化为 MD 算法。下面对 MAMD 算法原理进行说明。

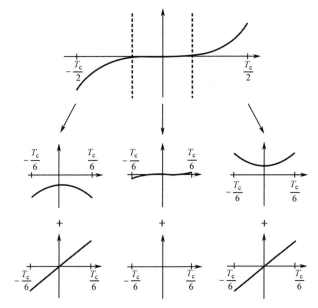

图 7.13 全孔径三次相位误差及三个子孔径对应的相位误差示意图

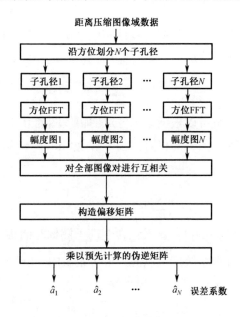

图 7.14 MAMD 处理流程

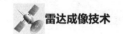
假设相位误差模型为一维、非空变 N 阶多项式形式,具体为

$$\phi_{\mathrm{e}}(t) = \sum_{k=2}^{N} a_k t^k, \qquad -\frac{T_{\mathrm{a}}}{2} \leqslant t < \frac{T_{\mathrm{a}}}{2} \tag{7.21}$$

式(7.21)中, a_k 为未知的待求多项式系数, T_{a} 为合成孔径时间。由于相位误差的非空变性,实际信号可以直接表示为理想信号乘以运动误差引起的指数相位 $\exp[\mathrm{j}\phi_{\mathrm{e}}(t)]$ 。由于相位函数的常量和线性部分不影响图像聚焦,故式(7.21)不包括方位时间 t 的零阶和一阶项。

首先,MAMD 将信号域孔径划分为 N 个子孔径,每个子孔径时间为 T_{a}/N ,则第 i 个子孔径对应的相位误差为

$$\phi_i(t) = \sum_{k=2}^{N} a_k (t - t_i)^k, \qquad -\frac{T_{\mathrm{a}}}{2N} \leqslant t < \frac{T_{\mathrm{a}}}{2N} \tag{7.22}$$

式(7.22)中,第 i 个子孔径的中心时刻 t_i 为

$$t_i = \left(\frac{i}{N} - \frac{N+1}{2N} \right) T_{\mathrm{a}}, \; i \in [1, N] \tag{7.23}$$

由于子孔径对应的线性相位差异引起子图像间的相对偏移,因此线性相位误差是需要着重关注的。 N 个子孔径可以产生 N 幅子图像,对任意两幅子图像的幅度图进行互相关,根据峰值位置估计图像相对偏移量,进而得到 2 阶到 N 阶多项式系数的估计值。第 i 个子孔径的线性相位表示为

$$\phi_{\mathrm{lin},t_i}(t) = \sum_{k=2}^{N} a_k k t_i^{k-1} t, \qquad -\frac{T_{\mathrm{a}}}{2N} \leqslant t < \frac{T_{\mathrm{a}}}{2N} \tag{7.24}$$

根据傅里叶频移性质,信号域的线性相位会引起图像域的图像偏移。因此,在多项式相位误差存在的情况下,第 i 幅子图像的偏移量(Shift)为

$$\mathrm{Shift}_i = \sum_{k=2}^{N} a_k k t_i^{k-1} \tag{7.25}$$

两幅子图像的相对偏移量可以根据该图像对的幅度图的互相关峰值位置得到。假设 $i < j$,第 i 和第 j 幅子图像的相对偏移量等于 $\mathrm{Shift}_j - \mathrm{Shift}_i$ 。根据式(7.25),该偏移量可表示为

$$\Delta_{i,j} = \sum_{k=2}^{N} a_k k \left[t_j^{k-1} - t_i^{k-1} \right], \; i < j \tag{7.26}$$

式(7.26)中, $i, j \in [1, 2, \cdots, N]$,该式包含全部子图像对的相对偏移量。式(7.26)描述了一个超定线性方程系统,可以写为一个紧凑的矩阵表达式为

$$\underline{\Delta} = \underline{\delta} \boldsymbol{a} \tag{7.27}$$

式中,偏移矩阵 $\underline{\Delta}$ 为

$$\underline{\Delta} = \left[\Delta_{1,2} \cdots \Delta_{1,N} \quad \Delta_{2,3} \cdots \Delta_{2,N} \quad \Delta_{3,4} \cdots \Delta_{N-1,N} \right]^{\mathrm{T}} \tag{7.28}$$

系数矩阵 $\underline{a}$ 为

$$\underline{a} = \begin{bmatrix} a_2 & a_3 & \cdots & a_N \end{bmatrix}^{\mathrm{T}}$$ （7.29）

关系矩阵 $\underline{\delta}$ 为

$$\underline{\delta} = \begin{bmatrix} \delta_{1,2}^2 & \delta_{1,2}^3 & \cdots & \delta_{1,2}^N \\ \delta_{1,3}^2 & \delta_{1,3}^3 & \cdots & \delta_{1,3}^N \\ \vdots & \vdots & \ddots & \vdots \\ \delta_{1,N}^2 & \delta_{1,N}^3 & \cdots & \delta_{1,N}^N \\ \delta_{2,3}^2 & \delta_{2,3}^3 & \cdots & \delta_{2,3}^N \\ \delta_{2,4}^2 & \delta_{2,4}^3 & \cdots & \delta_{2,4}^N \\ \vdots & \vdots & \ddots & \vdots \\ \delta_{N-1,N}^2 & \delta_{N-1,N}^3 & \cdots & \delta_{N-1,N}^N \end{bmatrix}$$ （7.30）

式（7.28）和式（7.29）中的上角标"T"表示矩阵转置。式（7.30）中的符号 $\delta_{i,j}^k$ 表示由第 k 阶相位误差引起的第 i 和第 j 幅子图像的偏移量，其中第 k 阶相位误差的系数为 1，即 $a_k = 1$。根据式（7.26），$\delta_{i,j}^k$ 的大小为

$$\delta_{i,j}^k = \frac{k}{2\pi}\left[t_j^{k-1} - t_i^{k-1} \right]$$ （7.31）

由于存在 $N(N-1)/2$ 个子孔径图像，因此式（7.28）和式（7.30）有 $N(N-1)/2$ 个输入值。根据最小二乘准则估计，相位误差多项式系数为

$$\underline{a} = \underline{\delta}^{-1}\underline{\Delta}$$ （7.32）

式（7.32）中，$\underline{\delta}^{-1}$ 是关于 $\underline{\delta}$ 的 $(N-1) \times N(N-1)/2$ 维的伪逆矩阵[9]。对所有的图像对进行互相关及估计相对偏移量之后，通过乘以一维矩阵 $\underline{\Delta}$ 得到误差系数矩阵 $\underline{a}$。由于 $N-1$ 个误差系数（$a_2 \sim a_N$）实际仅需要通过 $N-1$ 个偏移量得到估计，因此式（7.30）在操作中存在大量的冗余。然而，额外的相关系数有利于克服噪声和目标特性方位空变的影响。

7.3　法平面和沿航线运动误差的补偿

7.3.1　法平面运动误差的补偿[2]

法平面里的运动误差主要是雷达 APC 在射线向的位置偏移，它需要通过两种补偿来完成校正：第一种是包络移动补偿，校正由于 $r_R(t_m)$ 而造成的回波时延的变化［若 $r_R(t_m)$ 远小于距离采样间隔，则此项可忽略］，此补偿可通过快时间回波插值实现。第二种是相位补偿，即对相位 $\varphi_R(t_m) = 4\pi r_R(t_m)/\lambda$ 的校正。需要注意的问题是，偏移量 $r_R(t_m)$ 不仅与平台的运动偏差有关，而且与目标在法平面的侧偏角有关。

由于 $r_R(t_m)$ 是随垂直距离变化的，场景的宽度一般比场景中心线到航线的距

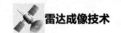

离小得多，因而可将其分解为一次补偿分量 $r_{R I}(t_m)$（即对场景中心线的补偿分量）和剩余的二次补偿分量 $r_{R II}(t_m)$。将这一补偿分为两步，主要是为了便于与成像处理相配合。一次补偿分量 $r_{R I}(t_m)$ 可由下式计算，即

$$r_{RI}(t_m) = \int_0^{t_m} \int_0^s \left[a_Y(u)\left(1 - \frac{H^2}{2R_s^2}\right) + a_Z(u)\frac{H}{R_s} \right] du ds \qquad (7.33)$$

二次补偿分量 $r_{R II}$ 为

$$\begin{aligned}
r_{RII}(t_m) &= r_R(t_m) - r_{R I}(t_m) \\
&= \int_0^{t_m} \int_0^s \left[a_Y(u)\left(\frac{H^2}{2R_s^2} - \frac{H^2}{2R_B^2}\right) + a_Z(u)\left(\frac{H}{R_B} - \frac{H}{R_s}\right) \right] du ds \qquad (7.34) \\
&\approx \int_0^{t_m} \int_0^s \left\{ \left[a_Y(u)\frac{H^2}{R_s^2} - a_Z(u)\frac{H}{R_s} \right] \frac{\Delta R}{R_s} \right\} du ds
\end{aligned}$$

式（7.33）和（7.34）的起始时刻取射线方向速度为零的时刻。在正侧视情况下，对应于该时刻的多普勒中心频率 f_{dc} 为零，因此起始时刻可根据估计的多普勒中心频率确定。对成像的数据段，其多普勒中心频率为零的时刻不一定是一个，此时尽可能取靠近成像数据段的中间时刻。另外 f_{dc} 的估计不可避免会有误差，若所取起始时刻的射线方向的速度不为零，会对整体数据增加线性相位，影响图像平移，但不影响聚焦。

下面首先讨论一次运动补偿分量的补偿，即对场景中心线散射点回波的补偿，此工作既可在距离压缩后进行，也可在距离压缩前进行。因此，其中一种方法是，先补偿包络移动 $r_{R I}(t_m)$，再补偿相位 $\varphi_{R I}(t_m) = 4\pi r_{R I}(t_m)/\lambda$，然后进行成像处理的距离徙动校正和距离压缩。另一种方法是，将相位补偿、包络移动补偿与成像处理的距离徙动校正和距离压缩同时进行。

至于二次运动补偿分量（即与距离有关的运动误差部分），因为它对成像处理的距离徙动校正的影响很小，因此距离徙动校正可以在忽略这部分运动误差的情况下进行。二次运动补偿在距离压缩之后，主要按距离单元进一步精确补偿相位 $\varphi_{R II}(t_m) = 4\pi r_{R II}(t_m)/\lambda$，而其包络移动 $r_{R II}(t_m)$ 值是很小的，可以忽略。垂直航线运动误差的补偿流程图如图 7.15 所示。

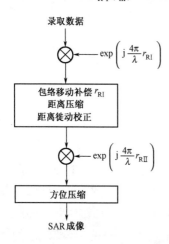

图 7.15　垂直航线运动误差补偿
　　　　处理的流程图

7.3.2　沿航线运动误差的补偿[10-11]

录取的雷达回波序列数据通过 7.3.1 节所述的法平面上的运动误差补偿后,可认为载机已沿"理想航迹"直线飞行,只是载机沿航线的飞行速度不是恒定的,需进一步做沿航线的运动误差补偿。

关于沿航线运动误差的特点在前面已多次提到过,由于载机的机械惯性大,当设定其做直线匀速飞行时,气流扰动等因素会使其速度有所变化,但变化是比较慢的。速度变化慢对 SAR 的工作来说,呈现两个特点:其一是在较短的观测时段(如比合成孔径相干积累时间小一个数量级)里,瞬时速度与平均速度有一定的差值,但加速度的影响很小,通常可忽略不计(有关加速度的影响在后面还要讨论);其二是速度变化慢,其积累效应会造成较大的位置误差,即载机在 t_m 时刻沿航线的实际位置 $X(t_m)$ 较之按平均速度 $\bar{V}$ 计算的"理想航迹"的位置($\bar{V}t_m$)可能有较大的偏差。

下面先针对第二个特点对沿航线运动补偿的问题进行讨论。SAR 雷达是以固定的脉冲重复周期 T_r 工作的,如果沿航线以慢时间 t_m 做自变量,则雷达的采样点(近似为发射时刻)是均匀排列的。由于载机速度 V 围绕平均速度 $\bar{V}$ 变化,若沿航线以雷达 APC 的位置为自变量,则雷达的采样点不再是均匀排列的,其速度快时排列较稀,慢时排列较密。合成孔径是按预定位置排列进行横向成像处理的,将实际的非均匀排列当做均匀排列处理,显然得不到预定的效果。

"理想航迹"的速度设为载机的平均速度 $\bar{V}$,而将雷达的采样点按 $\bar{V}t_m$($t_m = mT_r$, $m = 0,1,\cdots$)均匀排列,采样点 t_m 的回波值只能采用同时刻实际航迹点 $X(t_m)$ 的回波。当然这是有误差的,需加以补偿。

人们可能会产生一个问题,若在某时刻 t_m,载机雷达 APC 沿航线的实际位置 $X(t_m)$ 与理想航迹的位置 $\bar{V}t_m$ 相差较多。雷达对其波束所覆盖范围里的场景录取回波数据,如果波束覆盖的地段有较大差别,是不可能实现正确补偿的,而回波数据只能按雷达实际位置录取的事实也无法改变。后面分析结果将表明,在将实际录取回波时天线 APC 的位置 $X(t_m)$ 移到理想航迹的位置 $\bar{V}t_m$ 的同时,相当于把场景中的相应部分也一起进行同样的平移。即补偿后所成的图像沿航线随载机位置的变化有一定的形变。载机位置的变化是可以估计的,进行形变校正并不困难,这些在后面还要说明。

下面再结合第一个特点来讨论具体的沿航线运动的误差补偿。沿航线的运动误差属于横向误差,它影响的是散射点的横向成像,为此要考虑各散射点回波序列在相当于一个合成孔径相干积累时间段里的情况。前面提到,载机在相当于

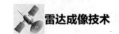
上述时间的 1/10 时间段里的速度近似为常数，即其多普勒调频率基本不变，但在整个相干积累时间里，多普勒调频率是有变化的。众所周知，当载机以固定速度做直线飞行时，各散射点子回波的多普勒调频率 γ_a 为常数，它们的回波的相位均可用二次多项式表示，且所有二次项的系数相同（等于 $\pi\gamma_a$）。考虑到载机速度实际有缓慢变化，特别是在相当合成孔径相干积累时间较长的时段里，变化还比较明显，这正是成像模糊（不能良好聚焦）的原因。为了便于分析，在较长的时间段里，可以仍用二次多项式来描述散射点子回波的相位，只是多项式的系数是缓变的，如其二次项的系数可用 $\gamma_a(t_m)$ 表示。由于 $\gamma_a(t_m)$ 变化很缓慢，它对时间的导数可以忽略，并称它为缓变的二次多项式。

前面提到过，对沿航线做运动误差补偿时，不同横向位置的散射点子回波有明显的空变性，不可能用统一的相位补偿将所有散射点子回波的相位误差都进行正确补偿，需要采用特殊的处理方法，这里结合图 7.16 先做一些定性说明。

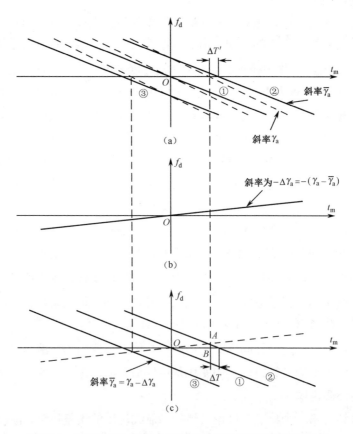

图 7.16　沿航线多个散射点子回波做运动误差补偿的示意图

这里讨论的是相位补偿，但图 7.16 画的是多普勒频率变化线（画了三个子回波），而没有直接画相位曲线。这是因为相位补偿的目的是正确成像，而常数相位对成像没有影响。对于缓变二次多项式相位来说，决定成像聚焦的是多普勒调频率，它是多普勒频率变化线的斜率，可以直观地从多普勒频率变化线里表现出来。此外，经过正确补偿后的多普勒频率变化线应是斜率为平均调频率的直线，其中多普勒频率为 0 的时刻（或横向位置），表示该散射点所在的横向位置（即载机与它距离最短的时刻）。

图 7.16（a）中实线画的是理想航迹时载机以平均速度 $\bar{V}$ 飞行时三个散射点子回波的多普勒频率变化线，而虚线为实际航迹。为便于描述，设这段时间的速度仍为常数，只是速度值大于理想航迹的平均速度。该图中假设在 $t_m = 0$ 时刻两航迹点重合，由于实际航迹速度快，因此多普勒频率较高，同样的两散射点之间航行所需的时间也较短。

图 7.16（b）是用作补偿的，是相位误差补偿曲线，为了便于说明，这里也画了多普勒频率变化线。由于实际与理想的多普勒调频率的差为常数，所以补偿的多普勒频率是斜率为 $-\Delta\gamma_a\left[=-(\gamma_a - \bar{\gamma}_a)\right]$ 的直线。

从图 7.16 可以看出，对多个散射点进行统一的相位补偿，不可能完全正确。图 7.16（b）是针对目标①进行补偿的，从图 7.16（c）可见，目标①的子回波被正确补偿，而目标②和③的多普勒调频率也可正确补偿，即在成像处理时可实现正确聚焦，但两子回波零多普勒频率的位置是移动了的，其间的时间间隔较原来的长，即发生了图形的横向形变。

从图 7.16（c）还可看出，若目标②到目标①的实际飞行时间为 T，则所产生的横向位移 $\Delta T = \left(\Delta\gamma_a / \bar{\gamma}_a\right) T$。有关由此产生的图形的横向形变将在后面讨论。

为了便于说明，图 7.16（a）用了多普勒调频率误差 $\Delta\gamma_a$ 为常数的例子，如果 $\Delta\gamma_a$ 随时间 t_m 作缓慢变化，其结果仍然相同，这也将在后面讨论。

下面对沿航线运动的误差补偿进行分析。为了使读者对这一较复杂的问题有比较清晰的概念，下面分成几个问题来说明，并对一些基本问题做一些简要的重复。

1）瞬时多普勒调频率与各种因素的关系

雷达采集信号的模型如图 7.17 所示。该图中飞机沿 X 轴飞行，L' 是采样区间长度。$P_n(x_n)$ 为场景中的某散射点，L 是雷达的合成孔径长度，R_B 是散射点到航线的垂直距离。令 $X(t_m)$ 表示 t_m 时刻雷达 APC 的位置，用 $R_n(t_m)$ [与 $X(t_m)$ 对应] 表示天线到目标点的瞬时距离，它可以表示为

$$R_n\left(t_m\right) = \sqrt{R_B^2 + \left[X(t_m) - X_n\right]^2} \qquad (7.35)$$

一般总有 $L \ll R_B$，因此在 $X = X_n$ 附近对式（7.35）做泰勒展开，保留其二次

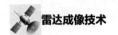

项，得

$$R_{n1}(t_\mathrm{m}) \approx R_\mathrm{B} + \frac{1}{2R_\mathrm{B}}\left[X(t_\mathrm{m}) - X_n\right]^2 \tag{7.36}$$

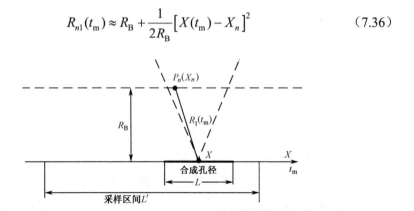

图 7.17　雷达采集信号的平面模型图

因为载机在各个时刻的瞬时速度表示为平均速度 $\bar{V}$ 与扰动速度 $\Delta V(t_\mathrm{m})$ 之和，所以 $X(t_\mathrm{m})$ 可写为

$$X(t_\mathrm{m}) = \int_0^{t_\mathrm{m}}\left[\bar{V} + \Delta V(t_\mathrm{m})\right]\mathrm{d}t_\mathrm{m} = \bar{V}t_\mathrm{m} + \int_0^{t_\mathrm{m}}\Delta V(t_\mathrm{m})\mathrm{d}t_\mathrm{m} \tag{7.37}$$

把式（7.37）代入式（7.36）得

$$R_1(t_\mathrm{m}) = R_\mathrm{B} + \frac{1}{2R_\mathrm{B}}\left[(\bar{V}t_\mathrm{m} - X_n) + \int_0^{t_\mathrm{m}}\Delta V(t_\mathrm{m})\mathrm{d}t_\mathrm{m}\right]^2 = R_\mathrm{B} + \frac{1}{2R_\mathrm{B}}(\bar{V}t_\mathrm{m} - X_n)^2 +$$
$$\frac{1}{2R_\mathrm{B}}\left\{\left[\int_0^{t_\mathrm{m}}\Delta V(t_\mathrm{m})\mathrm{d}t_\mathrm{m}\right]^2 + 2\bar{V}t_\mathrm{m}\int_0^{t_\mathrm{m}}\Delta V(t_\mathrm{m})\mathrm{d}t_\mathrm{m}\right\} - \frac{X_1}{R_\mathrm{B}}\int_0^{t_\mathrm{m}}\Delta V(t_\mathrm{m})\mathrm{d}t_\mathrm{m} \tag{7.38}$$

以上是载机以变速飞行时，场景中某一散射点 (X_n) 的斜距变化情况，假设已完成了距离徙动校正和距离压缩，那么可不考虑雷达发射信号的具体形式，只考虑式（7.38）对应的相移，则回波的相位历程为

$$\varphi(t_\mathrm{m}) = -\frac{4\pi}{\lambda}R_1(t_\mathrm{m}) = -\frac{4\pi}{\lambda}R_\mathrm{B} - \frac{2\pi}{\lambda R_\mathrm{B}}(\bar{V}t_\mathrm{m} - X_n)^2 -$$
$$\frac{2\pi}{\lambda R_\mathrm{B}}\left\{\left[\int_0^{t_\mathrm{m}}\Delta V(t_\mathrm{m})\mathrm{d}t_\mathrm{m}\right]^2 + 2\bar{V}t_\mathrm{m}\int_0^{t_\mathrm{m}}\Delta V(t_\mathrm{m})\mathrm{d}t_\mathrm{m}\right\} - \frac{4\pi X_n}{\lambda R_\mathrm{B}}\int_0^{t_\mathrm{m}}\Delta V(t_\mathrm{m})\mathrm{d}t_\mathrm{m} \tag{7.39}$$

由式（7.39）可得出瞬时多普勒调频率为

$$\gamma_{a,n}(t_\mathrm{m}) = \frac{1}{2\pi}\frac{\mathrm{d}^2\varphi(t)}{\mathrm{d}t_\mathrm{m}^2} = \bar{\gamma}_a + \Delta\gamma_a(t_\mathrm{m}) + \delta\gamma_{a,n}(t_\mathrm{m}) \tag{7.40}$$

式（7.40）中

$$\bar{\gamma}_a = -\frac{2\bar{V}^2}{\lambda R_\mathrm{B}} \tag{7.41}$$

$$\Delta\gamma_a(t_m) = -\frac{4\bar{V}\Delta V(t_m) + 2\Delta V^2(t_m)}{\lambda R_B} \qquad (7.42)$$

$$\delta\gamma_{a,n}(t_m) = -\frac{2}{\lambda R_B}\left\{\left[\int_0^{t_m}\Delta V(t_m)\mathrm{d}t_m + \bar{V}t_m\right] - X_n\right\}\frac{\mathrm{d}\Delta V(t_m)}{\mathrm{d}t_m}$$
$$= -\frac{2}{\lambda R_B}\left[X(t_m) - X_n\right]\frac{\mathrm{d}\Delta V(t_m)}{\mathrm{d}t_m} \qquad (7.43)$$

式（7.40）中右边式子的第一项是平均速度 $\bar{V}$ 产生的调频率，后两项是非理想情况下引起的调频率偏差值，其中 $\Delta\gamma_a(t_m)$ 是速度变化引起的，而 $\delta\gamma_{a,n}(t_m)$ 是速度变化率（即加速度）引起的。因为载机速度变化慢，其加速度的影响可以忽略不计，所以当将式（7.40）的 $\delta\gamma_{a,n}(t_m)$ 忽略时，可近似写成

$$\gamma_a(t_m) = \bar{\gamma}_a + \Delta\gamma_a(t_m) = -\frac{2\left[\bar{V} + \Delta V(t_m)\right]^2}{\lambda R_B} \qquad (7.44)$$

式（7.44）也就是前面定性说明中提到的，各散射点子回波可以用缓变二次相位多项式表示，其二次项的系数（即调频率）在短时间段里可视为常数，它与散射点的横向位置无关。只是在长时间段里要考虑速度的变化。在这一近似条件下，多普勒调频率 $\gamma_a(t_m)$ 与散射点的位置无关，它对位于垂直距离为 R_B 的所有散射点都适用。

对比 7.2.2 节有关多普勒调频率估计的讨论，它也是在上述近似假设条件下进行的。至于与加速度有关的偏差 $\delta\gamma_{a,n}(t_m)$ 的影响将在后面介绍。

2）多普勒调频率变化时的相位补偿

在多普勒调频率缓变条件下，瞬时调频率与散射点的横向位置无关，对位于垂直距离一定（如为 R_B）的平行线上的散射点，它们的子回波可以用统一的调频率变化曲线表示。而各散射点子回波的多普勒调频率曲线 $\gamma_a(t_m)$ 在各个时刻的斜率应等于该时刻调频率的值。此外，当载机飞过某散射点所在法平面的时刻，其子回波的多普勒频率为 0。由此，可得到载机飞行过程中，各散射点子回波的多普勒频率曲线。图 7.16 是载机以等速飞行的例子，当速度缓变时，情况也类似，即载机所在时刻的法平面上的散射点子回波的瞬时多普勒频率一定为 0，而若已知某时刻 t_m 的多普勒调频率为 $\gamma_a(t_m)$，则在 t_m 时刻，波束覆盖的散射点（垂直距离 R_B 的水平线上）的多普勒曲线的瞬时斜率均为 $\gamma_a(t_m)$。因此在整个时间段 T_0，将多普勒调频率 $\gamma_a(t_m)$ 曲线补偿成为 $\bar{\gamma}_a$，所需补偿的多普勒调频率差为 $\Delta\gamma_a(t_m)$ [$\Delta\gamma_a(t_m) = \gamma_a(t_m) - \bar{\gamma}_a$]，将 $\Delta\gamma_a(t_m)$ 对慢时间做二重积分，从而可得到所需补偿的相位曲线 $\Delta\varphi(t_m)$。再从实际的相位历程 $\varphi(t_m)$ 中减去该误差相位，便得到补偿后的

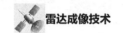

相位曲线。不过，通过二重积分从 $\Delta\gamma_a(t_m)$ 得到 $\Delta\varphi(t_m)$ 还需知道一定的起始条件。实际处理时应先从实测的载机沿航线速度 $V(t_m)$，以及用做成像的整个时间段 T_0 的平均速度 $\overline{V}$ $\left(\overline{V}=\dfrac{1}{T_0}\displaystyle\int_0^{T_0}V(t_m)\mathrm{d}t_m\right)$，分别计算出实际和平均的调频率 $\gamma_a(t_m)$ 和 $\overline{\gamma}_a$，从而得到 $\Delta\gamma_a(t_m)$ $[\Delta\gamma_a(t_m)=\gamma_a(t_m)-\overline{\gamma}_a]$ 曲线。取这一时间段中点附近且 $\Delta\gamma_a(t_m)$ 为 0 处作为补偿的起点，并以该起点为准来计算慢时间，新的慢时间以 t'_m 表示，即 $\Delta\gamma_a(t'_m)\big|_{t'_m=0}=0$，且设 $\Delta\varphi(t'_m)\big|_{t'_m=0}=0$。$\Delta f_a(t'_m)\big|_{t'_m=0}=0$，则补偿相位 $\Delta\varphi(t'_m)$ $[$将 $\mathrm{e}^{\mathrm{j}\Delta\varphi(t'_m)}$ 与实测信号相乘$]$ 为

$$\Delta\varphi(t'_m)=-2\pi\int_0^{t'_m}\int_0^s\Delta\gamma_a(u)\mathrm{d}u\mathrm{d}s \tag{7.45}$$

实际上，式（7.45）的相位补偿只是对所设起点（$t'_m=0$）法平面内的散射点子回波是正确的，这如同图 7.16（c）中的目标①，至于其他各处的散射点子回波，大多类似于图 7.16（c）中的目标②和③，或多或少会产生横向位置的偏移，除非 $\Delta\varphi(t'_m)$ 在该时刻也等于 0。

  如上所述，通过式（7.45）的相位补偿后，各散射点子回波的多普勒调频率已被正确补偿，因此在成像处理时可以正确聚焦，这里的问题是其他散射点会产生怎样的横向偏移。为讨论这一问题，没有必要计算式（7.45）的二重积分，因为常数相位对成像处理不起作用。这时，只要对 $\Delta\gamma_a(t'_m)$ 做一次积分，得到各个时刻多普勒频率补偿值为

$$\Delta f_a(t'_m)=-\int_0^{t'_m}\Delta\gamma_a(u)\mathrm{d}u \tag{7.46}$$

这一补偿值的作用类似于图 7.16（b）中的曲线，通过式（7.46）的多普勒频率补偿，会将原来各子回波多普勒频率线中 $f_a=0$（其时刻对应该散射点的横向位置）的点移到这一曲线上。图 7.18 所示为通过统一相位补偿时散射点产生横向平移的示意图，该图中画出了几个散射点子回波的情况，以位于 $t'_m=t'_{mn}$ 的第 n 个散射点为例，原 $f_a(t'_{mn})=0$ 的点通过补偿，纵向移到 $\Delta f_a(t'_n)$（即图 7.18 中的 A 点），其值可按式（7.46）计算，而该子回波补偿后的多普勒零点将横向平移 ΔT_{mn}，即

$$\Delta T_{mn}=\frac{1}{\overline{\gamma}_a}\Delta f_a(t'_{mn})=-\frac{1}{\overline{\gamma}_a}\int_0^{t'_m}\Delta\gamma_a(u)\mathrm{d}u \tag{7.47}$$

考虑到 $\Delta\gamma_a(u)/\overline{\gamma}_a=\left[V^2(u)-\overline{V}^2\right]/\overline{V}^2$，式（7.47）可写成

$$\Delta T_{mn}=-\int_0^{t'_{mn}}\left\{\left[V^2(u)-\overline{V}^2\right]/\overline{V}^2\right\}\mathrm{d}u \tag{7.48}$$

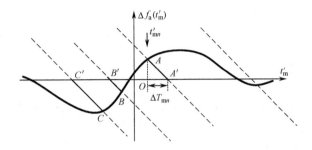

图 7.18　通过统一相位补偿时散射点产生横向平移的示意图

显然，以原录取时刻为准并不合理，因为载机速度不稳使按等时间间隔的采样点在沿航线的空间位置分布并不均匀，所以应以理想航迹的时间采样点为准才合理。图 7.16（a）中画了那一特殊情况下理想航迹与实际航迹时刻点之差 $\Delta T'$。推广到一般情况有

$$\Delta T' = \frac{\int_0^{t'_{mn}} \Delta V(u)\mathrm{d}u}{\overline{V}} \tag{7.49}$$

考虑上述两种因素，以实录数据时刻为准，通过前面介绍的运动补偿后，散射点的横向位置相对于理想航迹的时刻具有下列时刻偏差，即

$$\begin{aligned}
\Delta T_t &= \Delta T + \Delta T' = -\int_0^{t_1} \frac{V^2(t_m) - \overline{V}^2}{\overline{V}^2}\mathrm{d}t_m + \int_0^{t_1} \frac{\Delta V(t_m)}{\overline{V}}\mathrm{d}t_m \\
&\approx -\int_0^{t_1} \frac{\Delta V(t_m)}{\overline{V}}\mathrm{d}t_m
\end{aligned} \tag{7.50}$$

式（7.50）中的近似等式采用 $\left(V(t_m) + \overline{V}\right)/\overline{V} \approx 2$ 的条件，因为 $V(t_m)$ 与 $\overline{V}$ 差别不大。按式（7.50）做调整，可以清除由上述运动补偿方法带来的图形横向形变。

3）沿航线载机加速度对相位补偿的影响

在上面的讨论里，暂假设多普勒调频率是缓变的，散射点子回波的相位变化可以用缓变的二次多项式表示，在此基础上用相位补偿方法，可使成像的散焦效应得到补偿，只是有一定的横向平移形变，但该形变是可以校正的。

然而正如前面已经指出的，用 MD 方法估计得到的瞬时多普勒调频率，由于没有考虑用以估计的一小段里的速度变化，因而它是不够准确的，这也就是式（7.40）中的第三项。为此，有必要再回过头来讨论这一项对相位补偿的影响。

式（7.40）中的第三项［即式（7.43）］为多普勒调频率偏差的瞬时值，由于现在仅考虑它对 P_n 点相位历程的影响，因而 $X(t_m)$ 只需考虑在 $\left[X_n - \dfrac{L}{2}, X_n + \dfrac{L}{2}\right]$ 区间的取值。式（7.40）表明，当 $X(t'_{mn}) = X_n$ 时，其值为 0，此时在区间的两端数值

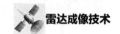

最大，而符号相反。当讨论 P_n 点回波的相位历程时，若以 $X = X_n$（即 $t'_m = t'_{mn}$）为起点，则起点的相位偏差为 0，由 $\delta\gamma_a(t_m)$ 引起的相位误差发生在上述区间的两侧，此时要求该偏差值应小于 $\dfrac{\pi}{2}$。用 $\Delta V(t_m) \ll \overline{V}$ 的近似条件，以及 $\Delta V(t'_m) = at'_m$，由式（7.43）通过二重积分可得瞬时相位为 $-\dfrac{2\pi a \overline{V}}{3\lambda R_B}(t'_m - t'_{mn})^3$，再令 $t'_m - t'_{mn} = \dfrac{L}{2\overline{V}}$ 时相位绝对值等于 $\dfrac{\pi}{2}$，则可得最长合成孔径估算公式为

$$L_{\max} = \left(\frac{6\lambda R_B \overline{V}^2}{a} \right)^{\frac{1}{3}} \tag{7.51}$$

利用式（7.51），计算出当 $a = 2\text{m/s}^2$、$\lambda = 0.03\text{m}$、$R_B = 12\text{km}$、$\overline{V} = 116\text{m/s}$ 时最大合成孔径长度 $L_{\max} = 239\text{m}$，对应的横向分辨率为 0.7m。当然也可算出其他波长时的情况，比如当 λ 分别取 0.02m、0.05m、0.1m 和 0.2m 时，最大合成孔径长度分别为 208m、283m、355m 和 448m，对应的横向分辨率分别为 0.6m、1m、1.7m 和 2.7m。应当指出，按实例检验式（7.51）的条件时，设定的参数比较严格，实际上除非 SAR 采用了很长的波长，在很多实际场合，$\delta\gamma_a(t_m)$ 的影响是可以忽略的。

4）沿航线速度不稳时的相位补偿的仿真举例

图 7.19 是 X 波段波长为 0.03m 时对某场景中任一散射点成像仿真的结果。其中图 7.19（a）是速度为匀速时的成像处理后的横向点散布函数，图 7.19（b）是速度为变速，但成像算法不变时速度补偿前的点；图 7.19（c）是速度为变速时，且速度补偿后的情况。可见补偿是有效的。图 7.19 的幅值是经过归一化的。该场景中心距离为 12km，采样周期为 1100μs。其载机飞行平均速度为 116m/s，扰动速度选择了幅值为 3m/s，周期为 6s，加速度为 2m/s² 的三角波。这样选择扰动速度模型不仅与上述理论分析相吻合，而且与实测速度变化比较近似，因而具有一般性和代表性。

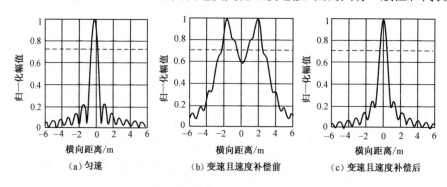

(a) 匀速 　　(b) 变速且速度补偿前 　　(c) 变速且速度补偿后

图 7.19　X 波段的散射点的成像仿真结果

7.4　基于相位梯度估计的自聚焦补偿方法[12]

7.4.1　相位梯度自聚焦（PGA）

相位梯度自聚焦（Phase Gradient Autofocus，PGA）是应用广泛、行之有效的一种相位补偿方法，该算法的独特之处在于它不是基于模型，而是基于图像中某些特显点的散焦状况，进行自聚焦处理的，从而使整个图像因相位误差造成的散焦情况得到改善。

为了说明 PGA 算法的原理，可以先从一种很理想的情况开始。假设 SAR 图像处理已理想完成，并得到十分清晰的图像。设图像中有一个距离单元（即图像中的一行）只有一个孤立的散射点，其复振幅和横向位置分别为 A_1 和 x_1，由此这一单元的复图像可写成表示式 $A_1 S(x-x_1)$。某一距离单元的复图像与其对应的数据序列成傅里叶变换对的关系，若序列以离散值 $m(m=0,1,\cdots,M-1)$ 表示，则与该距离单元对应的数据序列为 $|A_1|\mathrm{e}^{-\mathrm{j}(m\Delta k_x x_1+\varphi_{10})}$（式中 Δk_x 为离散波数域的波数单元），其中 φ_{10} 为起始相位。即将该序列作复指数变化，相位为线性变化，相位梯度为常数。对于离散序列，相位梯度可用相邻脉冲的相位差表示，即 $\Delta\varphi(m)=\dfrac{4\pi}{\lambda}x_1$，它是与孤立点横向位置成正比的常数。

上面是没有相位误差的理想情况。若数据序列有非空变的相位误差（也称初相误差）ξ_m（$m=0,1,\cdots,M-1$），则非空变的 ξ_m 值随 m 改变，但与场景中散射点的位置无关。相位误差使上述数据序列成为 $A_1\mathrm{e}^{-\mathrm{j}(m\Delta k_x x_1+\varphi_{10})}\cdot\mathrm{e}^{\mathrm{j}\xi_m}$，若 $\mathrm{e}^{\mathrm{j}\xi_m}$ 的傅里叶变换为 $h(x)$，则原来的孤立散射点方位向的复图像表示式成为 $A_1 S(x-x_1)\otimes h(x)$，其结果是使原来聚焦好的窄脉冲扩散为宽的斑点。

对上述情况进行自聚焦处理是比较容易的，首先将该斑点位移到 $x=0$ 处（即多普勒频率为 0，在图像域作圆位移相当对数据序列乘以线性相位的复指数，不会影响误差相位序列的 ξ_m），则其相应数据序列相邻脉冲的相位差 $\Delta\varphi(m)=\xi_m-\xi_{m-1}$（$m=1,\cdots,M-1$），即理想情况下该相位差应当为 0。由于现在出现的相位差值完全是由相位误差造成的，所以将所有相位差补偿为 0，就可以将散焦的图像恢复到原来的状态。这就是 PGA 算法的基本依据。

上面所讨论的情况过于理想，在较长的图像里，要找到只有一个孤立散射点的距离单元几乎是不可能的。但在图像里找到一段周围相对空阔的单个强特显点则完全可能，考虑散焦效应，可以用窗函数（要有一定长度）把这一段图像截取下来，

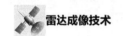

其表示式可写成 $\left[A_1 S(x-x_1) + \sum_i \sigma_i S(x-x_i)\right] \otimes h(x)$，$x \in (x_1 - L/2,\ x_1 + L/2)$，即窗函数以 x_1 为中心，窗宽为 L。该表达式中的 σ_i 表示众多的小散射点，总的强度比特显点弱很多，可用 $w_1(x)$ 表示，并称其为杂波。接收机的噪声也可归纳在 $w_1(x)$ 里。

将加窗截取的某一距离单元的一段图像 $\left[A_1 S(x-x_1) + w_1(x)\right] \otimes h(x)$ $[x \in (x_1 - L/2,\ x_1 + L/2)]$ 变换到数据域，只要窗宽大于特显点散布函数的宽度，就能完整保留特显点散布函数，其数据序列可写成 $\left[|A_1| + \varepsilon_1(m)\right] \mathrm{e}^{-\mathrm{j}[m\Delta k_x x_1 + \varphi_{10} + \psi_1(m)]} \cdot \mathrm{e}^{\mathrm{j}\xi_m}$。

与前面讨论的理想情况相比，小杂波 $w_1(x)$ 使数据序列的振幅和相位增加了 $\varepsilon_1(m)$ 和 $\psi_1(m)$ 的小的起伏。信杂比越高，其起伏值越小。当起伏值小到可忽略不计时，就可以采用前面介绍的方法进行相位补偿了。

不过，要在整个图像里找到信杂比特别高的一段图像还是比较困难的。PGA算法的独特之处就是设法提高估计用的数据序列的信杂比。直接想到的有两个方法，一是缩短窗函数的宽度，以减小窗内的杂波，但窗宽必须容纳因散焦展宽了的信号能量，这一问题在后面讨论；二是采用多次积累。多次积累是雷达技术里常用的计算方法，它是利用信号的规律性和杂波（包括噪声）的随机性，在多次积累时前者为相干相加而后者为非相干相加，使积累后的相对起伏方差缩小为原来的 $1/N$（N 为积累次数）。这里的多次就是指要在整个图像里（可以是不同的距离单元里）多找些周围相对空阔的强散射点的片段，一般可选取 $20\sim30$ 个或更多。这些强散射点彼此无关，但如何将它们组合实现相干相加，需要加以研究。

将各段图像变换到数据域作直接相加是不行的，因为各特显点相应的起始相位不相同，且多普勒频率也不一样。多个信号相干相加，它们的多普勒频率和起始相位必须相同。为了使各数据序列中信号的多普勒频率相同，可在将图像段变换到数据域前，先将图像的峰值通过圆位移平移到图像中心（即多普勒频率为0）。为了解决起始相位不同的问题，可不直接用数据序列而用其相关序列作组合处理。若第 n 个特显点的数据序列为 $s_n(m)(m = 0, 1, \cdots, M-1)$，则其相关序列可定义为 $r_n(m) = s_n(m) s_n^*(m-1)$ $(m = 1, \cdots, M-1)$。由于考虑相位误差和杂波影响时，第 n 个特显点的数据序列可写为 $s_n(m) = \left[|A_n| + \varepsilon_n(m)\right] \mathrm{e}^{-\mathrm{j}[m\Delta k_x x_1 + \varphi_{10} + \psi_1(m)]} \cdot \mathrm{e}^{\mathrm{j}\xi_m}$，因而其相关序列为 $r_n(m) = \left[|A_n| + \varepsilon_n(m)\right]\left[|A_n| + \varepsilon_n(m-1)\right]\mathrm{e}^{\mathrm{j}[\Delta\xi_m - \Delta\psi_n(m)]}$，其中 $\Delta\psi_n(m) = \psi_n(m) - \psi_n(m-1)$ 和 $\Delta\xi_m = \xi_m - \xi_{m-1}$。在上面的 $r_n(m)$ 的表示式里已考虑将各特显点图像的峰值圆位移到多普勒频率为零处（即 $x_n = 0$）。

从上面得到的相关序列 $r_n(m)$ 可见，其主要指向为 $\Delta\xi_m (m = 1, 2, \cdots, M-1)$（它对所有特显点都一样），而对不同的特显点由于有不同的杂波和噪声影响，指向有

不同的小起伏。将所有不同特显点按上述处理方法得到的相关序列相加（设共有 N 个），然后取合成序列的相位，即

$$\Delta\varphi_m = \arg\left[\sum_{n=1}^{N} r_n(m)\right]^{①} \tag{7.52}$$

这样得到的相位基本上为相位误差 $\Delta\xi_m$（ξ_m 可通过 $\Delta\xi_m$ 的累积求和得到），只是还包含有小的起伏分量。但是，在各特显点相关序列的积累中，起伏分量比单次的小得多。可以证明[13]，用式（7.52）的相位估计相当于最大似然估计。

实际应用的 PGA 方法还采用迭代算法，它可使估计得到的相位误差更准确，其步骤如下：

（1）在图像数据序列里选择强度大的若干个距离单元（通常取 20～30 个或更多一些），因为这些单元里有强特显点的可能性大。

（2）对选取距离单元的数据序列做傅里叶变换，得到这些距离单元的方位维的复图像，从中选取周围相对空阔的强特显点。

（3）对各特显点图像用窗函数截取一段复图像，窗宽根据散焦情况，其宽度应包含特显点的能量，一般取几十个到百余个方位分辨单元。

（4）将各窗函数截取的图像段进行圆位移，将特显点的峰值移至图像中心（即多普勒频率为零处）。

（5）将各段复图像序列通过逆傅里叶变换，得到各自的数据序列和相关序列。

（6）利用式（7.52），得到估计的相位误差，并用来对各数据序列（未加窗的）作相位校正。

经过上述步骤，补偿后的数据序列通过傅里叶变换得到的各个方位维图像的情况肯定会有明显改善，主要是特显点的点散布函数尖锐化。在此基础上重复上述步骤（3）和（4），在进行步骤（3）时，窗宽可以缩窄很多，一般为原长度的 20%～50%，从而使信杂（噪）比进一步提高。由于点散布函数尖锐化，在进行步骤（4）时可进一步调整峰值位置，使其对准零多普勒频率。

然后重复步骤（5）和（6），用新的相位误差估计值对数据序列再作一次校正。

如此反复迭代，直至窗宽缩短到只有 3～5 个方位分辨单元为止。这时图像的点散布函数已经很窄，用估计的相位误差对整个数据序列做校正可以得到聚焦清晰的图像。一般情况下用 5～6 次迭代已可获得好的效果。

从上面的讨论可知，PGA 算法实际上是将因相位误差而变形的点散布函数，通过多次迭代处理恢复为正常。因此，它对各阶多项式相位误差有较好的校正能力。

---

① 相位估计似乎也可用 $\dfrac{1}{N}\sum_{n=1}^{N}\arg[r_n(m)]$，即对各相关序列的相位取平均。这样做有时会发生问题，读者可参阅第 9 章的 9.5.2 节。

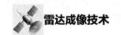

7.4.2 扩展相位梯度自聚焦（EPGA）[14]

如 7.4.1 节分析，传统 PGA 在使用时会假设相位误差是非空变的。而在实际成像处理中，即使使用惯导信息对数据进行粗补偿，残余运动误差也可能是空变的，特别是宽场景成像中，而空变运动误差足以导致图像散焦。因此，本节将介绍可校正距离空变相位误差的扩展 PGA（Extended Phase Gradient Autofocus，EPGA）算法。

在"窄波束"和"平地"假设下，无论是航向运动误差还是垂直航向运动误差都可简化为仅距离空变，同时运动误差的距离依赖性并不强，因此，可将相位误差展开为距离的低阶多项式

$$\phi_e(t_m; r, x) \approx \theta_0(t_m) + \theta_1(t_m)\Delta r + \theta_2(t_m)\Delta r^2 \tag{7.53}$$

式（7.53）中，$\Delta r = r - r_c$，r_c 为场景中心斜距，$\theta_0(t)$、$\theta_1(t)$ 和 $\theta_2(t)$ 分别表示剩余距离空变误差的常数项、一次项系数和二次项系数。式（7.53）并不区分是航向还是垂直航向的运动误差，而是考虑综合运动误差的距离空变性，后续自聚焦过程中可直接对航向或垂直航向运动误差一起估计。通常而言，二阶多项式足以表达剩余运动误差的距离空变性，而一阶多项式在大多数情况下也是有效的。借鉴相位加权估计 PGA（Phase Weighted Estimation Phase Gradient Autofocus，PWE-PGA[15]）的加权最小均方（Weighted Least-Square，WLS）估计思路，首先构建 $\theta_0(t)$、$\theta_1(t)$ 和 $\theta_2(t)$ 的加权最小二乘估计

$$\hat{\hat{\boldsymbol{\vartheta}}} = \left(\boldsymbol{A}^T \boldsymbol{M} \boldsymbol{A}\right)^{-1} \boldsymbol{A}^T \boldsymbol{M} \dot{\boldsymbol{\Omega}} \tag{7.54}$$

式（7.54）中，$\boldsymbol{A} = \begin{bmatrix} 1 & \Delta r(1) & [\Delta r(1)]^2 \\ \vdots & \vdots & \vdots \\ 1 & \Delta r(K) & [\Delta r(K)]^2 \end{bmatrix}_{K \times 3}$，$\boldsymbol{M} = \text{diag}[m_1, m_2, \cdots, m_K]_{K \times K}$ 表示信杂比（Signal-to-Clutter Ratio，SCR）加权矩阵，m_k 表示第 k 距离单元的 SCR，

$\dot{\boldsymbol{\Omega}} = \begin{bmatrix} \hat{\phi}'_e(1,:) \\ \vdots \\ \hat{\phi}'_e(K,:) \end{bmatrix}_{K \times J}$ 表示样本相位梯度估计矩阵，$\hat{\phi}'_e(k,:)$ 表示第 k 样本单元的相位梯

度估计，$\hat{\hat{\boldsymbol{\vartheta}}} = \begin{bmatrix} \hat{\theta}_0(:) \\ \hat{\theta}_1(:) \\ \hat{\theta}_2(:) \end{bmatrix}_{3 \times J}$ 表示相位梯度估计矩阵，其中向量 $\hat{\theta}_0(:)$、$\hat{\theta}_1(:)$ 和 $\hat{\theta}_2(:)$ 分别

表示对向量 $\theta_0(t)$、$\theta_1(t)$ 和 $\theta_2(t)$ 的梯度估计，J 表示样本方位长度。

不难理解，式（7.54）存在与 PWE-PGA 一样的估计精度低和收敛速度慢的问

题，而且需要大量的高 SCR 样本。这是因为 $\dot{\Omega}$ 中每个样本的相位梯度估计都不高，即使经过 SCR 加权，也很难保证算法能快速收敛。如果每个距离样本单元都能提供高精度的相位梯度估计，则式（7.54）估计的收敛性和精度都能得到提高和保证。毫无疑问，单个距离单元的样本相位梯度估计是很难有高精度的，PGA 是通过对多样本的相干累加来克服相位梯度估计的偏差，即相干累加过程保证了 PGA 的收敛性和估计精确性。在实际 SAR 成像中，残余运动误差的距离空变是较为缓慢的，因此局部距离范围内的运动误差的空变性是很小的。需要强调的是，针对距离空变运动误差补偿的自聚焦应该尽量选择不同距离段的样本。如果选择的样本集中在某一个距离段，则难以体现相位误差的距离空变性。考虑相位误差的局部非空变特点，下面对式（7.54）进行改进。首先对经过粗补偿的子孔径 SAR 数据进行距离分块处理，假设共分成 B 块，每一距离块内可认为相位误差不具有空变性，第 b 个距离块对应相位梯度估计 $\hat{\dot{\phi}}_e(b,:)$，其分块处理如图 7.20 所示。每次迭代过程中，利用第 b 个距离块中多个距离样本（假设有 G 个样本单元）进行相干叠加估计 $\hat{\dot{\phi}}_e'(b,:)$，如可以通过 SRC 加权的 PGA 估计得到，即

$$\hat{\dot{\phi}}_e'(b,h) = \arg \sum_{g=1}^{G} \frac{m_{b,g} \cdot \left\{ \mathrm{conj}\left[s_b(g,h) \right] \cdot s_b(g,h+1) \right\}}{\sum_{j=1}^{K} m_{b,j}} \tag{7.55}$$

式（7.55）中，$m_{b,g}$ 表示距离块中第 g 个样本单元 $s_b(g,:)$ 对应的 SCR 权值。

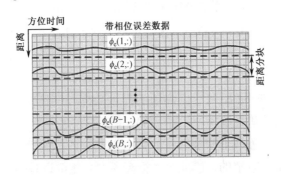

图 7.20　相位误差空变性和距离分块

对应第 b 个距离块的权值 w_b 定义为

$$w_b = \sum_{g=1}^{G} m_{b,g} \tag{7.56}$$

定义第 b 个距离块对应的等效距离为

$$\Delta \overline{r_b} = \sum_{g=1}^{G} \frac{\Delta r_b(g) \cdot m_{b,g}}{w_b} \tag{7.57}$$

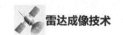

考虑相位误差的局部非空变性进行分块操作后，多项式相位梯度估计可改写为

$$\hat{\boldsymbol{\vartheta}} = \left(\boldsymbol{A}_{\text{block}}^{\text{T}} \boldsymbol{W} \boldsymbol{A}_{\text{block}} \right)^{-1} \boldsymbol{A}_{\text{block}}^{\text{T}} \boldsymbol{W} \dot{\boldsymbol{\Omega}} \tag{7.58}$$

式（7.58）中

$$\boldsymbol{A}_{\text{block}} = \begin{bmatrix} 1 & \Delta \overline{r_1} & \left(\Delta \overline{r_1} \right)^2 \\ \vdots & \vdots & \vdots \\ 1 & \Delta \overline{r_B} & \left(\Delta \overline{r_B} \right)^2 \end{bmatrix}_{B \times 3} \tag{7.59}$$

$$\dot{\boldsymbol{\Omega}} = \begin{bmatrix} \hat{\phi}_{\text{e}}'(1,:) \\ \vdots \\ \hat{\phi}_{\text{e}}'(B,:) \end{bmatrix} \tag{7.60}$$

在以上的相位梯度估计中，首先利用了相位误差的局部非空变性假设，然后结合加权最大似然（Weighted Maximum Likelihood，WML）估计，实现了距离子块内的高精度相位梯度估计，最后利用式（7.58）的加权最小均方估计空变多项式相位梯度。区别于 PGA，本节将此算法定义为扩展 PGA（EPGA），其具体操作如下：

（1）距离分块和对距离块内进行样本选择。这一步与标准 PGA 中的样本选择类似，区别在于首先将子孔径数据进行距离分块，某些距离块中可能只有很少的高 SCR 样本距离单元，为了增加每个距离块的样本数，需要借鉴质量 PGA（Quality Phase Gradient Autofocus，QPGA[16]）的二维样本选择思路。然后，对选择的样本单元进行 SCR 权值、分块等效距离和空变矩阵 $\boldsymbol{A}_{\text{block}}$ 的计算。

（2）循环移位。与标准 PGA 一样，对每个样本进行方位脉压，并循环移位将选取的特显点移到方位中心。

（3）加窗滤波。EPGA 与标准 PGA 中的加窗滤波稍有区别，EPGA 考虑不同的距离块的相位误差不同，每个距离块的样本散焦程度稍有区别，因此需要对每个距离块分别自适应确定窗宽，自适应确定窗宽的方法可参见文献[10]。值得说明的是，大部分相位误差在非空变运动补偿中得以校正，这里的分块空变运动误差估计中，初始窗宽是较窄的，因此大大提高了空变相位误差估计的效率。

（4）距离分块相位梯度估计。对每个距离块利用式（7.55）进行相位梯度估计，和进行多个样本的相干加权叠加，因此各距离块的相位梯度估计都具有很高的精度。

（5）利用式（7.58）进行距离空变相位梯度 $\hat{\boldsymbol{\vartheta}}$ 的估计。矩阵 $\boldsymbol{A}_{\text{block}}^{\text{T}} \boldsymbol{W} \boldsymbol{A}_{\text{block}}$ 的维度对应为距离分块数 B，而不是总共的距离样本数。例如，如果将数据分为 32 个距离块，则 $\boldsymbol{A}_{\text{block}}$ 的维度为 32×3，这样 $\boldsymbol{A}_{\text{block}}^{\text{T}} \boldsymbol{W} \boldsymbol{A}_{\text{block}}$ 中的运算量及其求逆运算量就很小。由于第（4）步中给出了精确的相位梯度估计 $\dot{\boldsymbol{\Omega}}$，EPGA 算法能精确地估计 $\hat{\boldsymbol{\vartheta}}$。由向量 $\hat{\boldsymbol{\theta}}_0$、$\hat{\boldsymbol{\theta}}_1$ 和 $\hat{\boldsymbol{\theta}}_2$ 积分分别得到 $\boldsymbol{\theta}_0$、$\boldsymbol{\theta}_1$ 和 $\boldsymbol{\theta}_2$，并根据样本对应距离单元，计

算其距离空变相位误差并进行补偿处理。重复迭代步骤（2）到步骤（5），直到估计收敛及取得聚焦良好的成像结果。EPGA 仅仅需要若干次迭代操作，即能理想收敛。为了进一步提高 EPGA 的效率，也可采用 QPGA 中对样本进行方位截断，如仅提取以强散射点为中心的 64 点，进行相位误差估计，然后对估计得到的相位误差内插到数据的方位长度。

确定距离分块的大小对 EPGA 至关重要，若分块过大，则距离分块内运动误差不空变假设很可能不成立；而分块过小，则分块内样本数不足会导致块内相位梯度估计精度不够，这些都将影响 EPGA 的估计精度和效率。下面介绍如何在 EPGA 迭代中嵌入相位误差距离空变性估计，以实现自适应距离分块。需要强调的是，这里添加距离自适应分块并不明显增加 EPGA 的运算量，但可以有效地实现自适应选择分块大小，保证空变相位误差估计的精确性和稳健性。假设初始距离分块数为 K，在 EPGA 迭代估计中，可以通过本次迭代估计的 $\hat{\pmb{\theta}}_1$ 和 $\hat{\pmb{\theta}}_2$ 确定相位误差空变的大小程度，并进行自适应距离分块，然后在后续的 EPGA 迭代中，对距离分块大小根据估计更新。由于 $\pmb{\theta}_2$ 值通常较小，此处可以考虑仅利用 $\hat{\pmb{\theta}}_1$ 确定距离分块的大小。考虑到子孔径相对时间较短，$\hat{\pmb{\theta}}_1$ 通常为时间的低阶函数，因此 $\hat{\pmb{\theta}}_1$ 中的二次和三次分量可以用以确定距离分块大小。

首先对向量 $\hat{\pmb{\theta}}_1/2\pi$ 进行三次多项式拟合，一次和二次系数分别表示为 μ_1 和 μ_2，分别对应相位误差估计 $\hat{\pmb{\theta}}_1$ 中的二次和三次相位分量。通过 μ_1 和 μ_2，可以分别确定两个相距 ΔD 距离单元间的二次相位误差（Quadratic Phase Error，QPE）和三次相位误差（Cubic Phase Error，CPE）[7]，表示为

$$\mathrm{QPE} = \pi\mu_1 \cdot \Delta D \cdot \left(\frac{T}{2}\right)^2$$

$$\mathrm{CPE} = \frac{1}{3}\pi\mu_2 \cdot \Delta D \cdot T^3 \tag{7.61}$$

式（7.61）中，T 表示子孔径时间。若要大小为 ΔD 的距离块内相位误差空变性可以忽略，即将 QPE 和 CPE 大小限制在 $\pi/4$ 以内。因此，在拟合得到 μ_1 和 μ_2 的条件下，距离分块大小可以确定为 $\Delta D = \min\left[1/(\mu_1 T^2), 3/(4\mu_2 T^3)\right]$。在运用方位子孔径方法处理条带式模式 SAR 数据时，由于子孔径时间较短，短时间内运动误差具有缓变性，这使得 ΔD 值通常取得相对较大。在扩展 PGA 处理中，可以利用估计的 $\hat{\pmb{\theta}}_1$ 大致确定 ΔD，进而重新确定距离分块数 B，之后估计各个距离块内相位误差，更新矩阵 $\pmb{A}_{\mathrm{block}}$ 和 $\pmb{W}$，估计得到距离空变相位误差，并对数据进行误差补偿，以及对选择的样本距离单元重新分块，然后重复上述步骤进行迭代处理。为清晰起见，图 7.21 给出了结合自适应距离分块的 EPGA 空变相位误差处理的流程。通

过限制 QPE 和 CPE 实现自适应距离分块，可以有效消除距离分块不合理带来的模型误差，增强扩展 PGA 的实用性。从图 7.21 不难发现，相比传统加权 PGA（WPGA）[12]，EPGA 有一些附加的运算步骤，如 $\boldsymbol{A}_{\text{block}}^{\text{T}}\boldsymbol{W}\boldsymbol{A}_{\text{block}}$ 的矩阵乘法和求逆运算、距离自适应分块计算，但这些运算相比相位梯度估计的运算量是很小的，因而并不显著增加 EPGA 的运算量。实际处理中，通过实验分析和论证，EPGA 和 WPGA 的运算效率几乎相当，但 EPGA 可以对空变相位误差精确估计，而 WPGA 仅是针对非空变相位误差的估计。

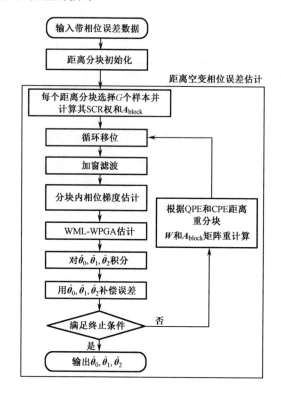

图 7.21　EPGA 空变相位误差处理流程

7.5　基于回波数据的运动补偿算法及实验结果举例

7.5.1　采用基于回波数据的运动补偿方法时的 SAR 成像算法流程

图 7.22 是在对原始回波数据进行多普勒参数估计和运动参数估计的基础上，进行垂直于航线和沿航线运动补偿（相位补偿函数）的 SAR 成像算法的流程图。首先，对原始数据分块，进行多普勒参数和运动参数估计，进行垂直航线运动的一次分量补偿。接着把准备成像的数据在横向分成子块（横向分块）。分块的目的

一是为了估计时变的速度，二是为了校正距离徙动，因为速度时变对距离徙动校正也有影响。然后对子块的数据做横向 FFT，接着进行距离徙动校正和距离压缩。距离徙动校正的参考速度可以利用惯导给出的速度值，因为是对包络进行操作，所以要求的精度不高。校正距离徙动的方法可根据接收信号的形式选择，线性调频信号可选择 CS 类方法，如已经过解线频调（Dechirping）处理，则可选用频率变标算法。接着，估计多普勒调频率。对多普勒调频率估计选用 MD 方法。在短时间内，假定飞机速度和雷达的视角不变，根据距离走动率、多普勒中心频率和多普勒调频率，与斜视角、速度、场景中心距离的关系，可从每个短时间段估计的多普勒参数中获得每小段时间内载机前向速度 $V_0 + \Delta V$，然后通过曲线拟合，得到各个时刻的瞬时速度 $V(t)$ 的估计，以及运动参数的估计。待各个子块的操作都完成了，就可将各子块数据横向合并起来，进行垂直航线运动的二次分量补偿，并进行对沿航线运动分量的补偿（即补偿速度变化引起的扰动相位），然后进行横向压缩就可得到压缩好的图像。最后一步横向几何形变校正是可选步骤，因为几何形变很小，一般可以忽略。对较大型飞机，如果垂直航线的运动分量很小，垂直航线运动的一次和二次分量可不补偿。

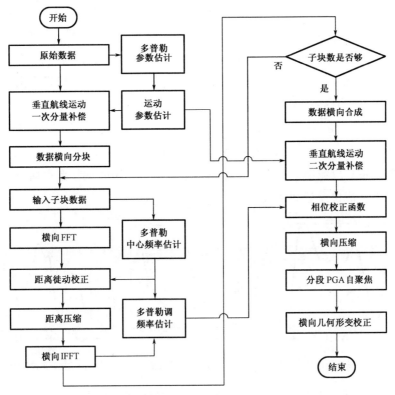

图 7.22　基于实际回波数据的运动补偿的 SAR 成像算法流程

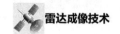

7.5.2　实测数据的分析和处理

1. "运-7" 平台

下面选用以 "运-7" 飞机为平台所录取的某次分辨率为 1m×1m 的机载条带式模式 SAR 实测数据，并采用本章的方法来做处理。

由于 "运-7" 飞机为中型飞机，飞行相对稳定，因此法平面的射线方向加速度通常在 ±0.01m/s² 以内。在实测数据处理流程中，图 7.22 的垂直于航线运动的一次分量和二次分量可不补偿，分段 PGA 自聚焦也可不进行。这里主要考虑在直线飞行过程中，前向速度的变化，即沿航线运动误差的补偿。

图 7.23 为以 "运-7" 为平台时实测数据的参数估计。其中图 7.23（a）是估计的瞬时调频率变化图，中间时刻场景中心距离的调频率为 -75.0Hz/s，在 10s 的录取时间内，场景中心距离的调频率变化范围为 -75±3Hz/s，调频率变化所引起的相位变化范围是相当大的，需要补偿，如果不补偿，则会使图像发生很严重的模糊。利用式（7.45）计算出场景中心距离需要补偿的整个长时间的相位补偿曲线，如图 7.23（b）所示。前面提到过，现在的相位补偿实际上只是对所有散射点成像的聚焦补偿，由此会对不同位置的散射点产生不同的横向偏移。图 7.23（c）为横向距离偏移量的曲线，如该图中所示在 2.5km 的范围内，其最大形变为 20m 左右。如果需要，图像的形变可以通过插值等方法来完全校正。图 7.24 是以 "运-7" 为平台时航线速度补偿和未补偿的成像结果。其中图 7.24（a）所示为未补偿速度变化所成的像，直接用平均速度构造方位匹配函数进行压缩的常规成像结果，此 SAR 图是比较模糊的；而图 7.24（b）所示为使用本节方法补偿了速度变化所成的像。可以明显看出，本节方法大大提高了成像质量。由此可见，式（7.40）的第三项（沿航线加速度影响）可在一定范围中忽略，只用瞬时调频率去估计速度，补偿速度误差，成像质量即可大大提高。

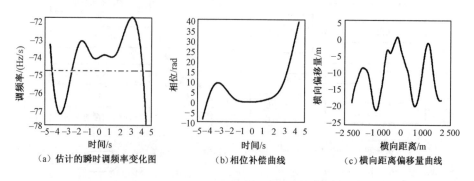

（a）估计的瞬时调频率变化图　　（b）相位补偿曲线　　（c）横向距离偏移量曲线

图 7.23　以 "运-7" 为平台时实测数据的参数估计

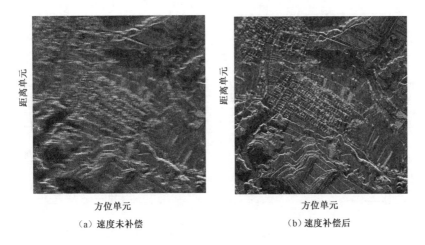

（a）速度未补偿   （b）速度补偿后

图 7.24　以"运-7"为平台时航线速度补偿后和未补偿的成像结果

2."运-12"平台

下面选用"运-12"飞机为平台的 SAR 雷达（工作在 X 波段，波长 3.14cm）录取的某次分辨率为 0.5m×0.5m 的机载条带式模式 SAR 实测数据，并用本章的方法来做处理。

"运-12"飞机为小型飞机，飞行很不稳定，因此法平面的射线方向加速度通常在 ±0.4m/s² 范围，飞行的速度也较慢（约 67m/s 左右）。在实测数据处理流程中，既需要考虑法平面运动误差的补偿，也要考虑沿航线运动误差的补偿，图 7.22 算法流程的各步骤都要进行。

图 7.25 所示为以"运-12"为平台时根据估计的多普勒参数得到的运动参数估计图。其中，图 7.25（a）为法平面上场景中心的视线加速度 $a_R(t_m)$，其范围为 [−0.4, 0.4]m/s²，由此而引起的调频率 $\frac{2}{\lambda}a_R(t_m)$ 的变化范围为 [−25.5, 25.5]Hz/s；图 7.25（b）为法平面里场景中心的视线速度 $V_R(t_m)$ 的变化，其范围为 [−1.15, 1.15]m/s，对应的多普勒中心频率偏移的范围为 [−73.2, 73.2]Hz；图 7.25（c）为场景中心的视线偏移量 $r_R(t_m)$，它的范围为 [−10, 10]m。图 7.25（d）为沿航线速度 $V(t_m)$，其范围为 [68.7, 67.1]m/s，对应的调频率范围为 [−17.86, −17.54]Hz/s。从这些参数可见，由于其法平面的视线加速度相当大，因而使得实际总的调频率有可能为正。

图 7.26 所示为以"运-12"为平台时运动补偿和未运动补偿的成像结果，其中图 7.26（a）是运动补偿前的成像结果；图 7.26（b）是进行了垂直航线和沿航线运动分量补偿后的成像结果，其成像质量明显提高。

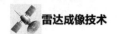

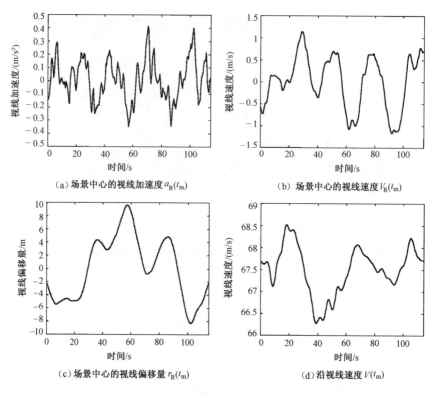

（a）场景中心的视线加速度 $a_R(t_m)$

（b）场景中心的视线速度 $V_R(t_m)$

（c）场景中心的视线偏移量 $r_R(t_m)$

（d）沿视线速度 $V(t_m)$

图 7.25　以"运-12"为平台时运动参数估计图

距离单元

（a）运动未补偿的成像结果

距离单元

（b）运动补偿后的成像结果

图 7.26　以"运-12"为平台时运动补偿后和运动未补偿的成像结果

7.5.3 几种基于回波数据的运动补偿的性能比较

前面介绍了通过雷达回波数据估计载机的运动参数和运动误差，据此对雷达数据进行了运动补偿，并用实例说明了它的补偿效果。同时还介绍了直接用于数据的非模型的 PGA 算法。从原理上说，PGA 算法的适用性更强，能获得更好的补偿效果。下面用实际处理结果对两种补偿方法加以比较。

对两种补偿方法的比较，可以用处理得到的图像做对比，但整个图像对一些细节问题常常不能表现得很清楚。如果用特显点的回波数据处理来比较，就可以用点散布函数做出细致的对比说明。

为此，最好在选择的较空阔地段里设置角反射器，以获取高质量的特显点回波。由于条件的限制，前面讨论中仅选用了特显点数据（见 7.1.2 节），这里仍采用这些数据做分析比较。

1. 数据运动补偿处理结果

瞬时调频率变化的运动补偿是基于补偿载机速度变化的方法。它无须迭代，可以和常规 SAR 成像算法很好地结合起来，易于实现实时处理，并且它也可以在大场景中实现对所有目标以统一的误差相位进行校正。不足之处是该方法忽略了载机加速度及其关于慢时间的二次项以上误差相位的影响，所以该方法的应用有其局限性。

PGA 处理是一种无模型的自聚焦方法。它可以有效地处理二次及二次以上的高次项相位误差，适用范围广。PGA 处理的缺点是它属迭代算法，实时处理较难实现。典型的 PGA 算法是通过圆位移、加窗处理、相位差（梯度相位）误差估计、误差相位计算并校正等几个步骤进行迭代，直到相位误差的均方根（Root Mean Square，RMS）值小于某一门限（通常 RMS ≤ 0.5 rad）为止[3]。

通过对不同载机的数据应用上述两种运动补偿方法处理后，对它们的散射点点散布函数曲线进行了比较（见图 7.27），其运动补偿时的点散布函数参数如表 7.4 所示。

图 7.27（a）和图 7.27（b）为应用上述两种运动补偿方法对 7.1.2 节的"运-7"数据中提取的散射点处理后的结果，可见对于"运-7"数据基于瞬时调频率的运动补偿的点散布函数参数可以满足 SAR 成像的要求。这里的分析结果与对该数据实际成像的处理结果（图 7.24）相吻合。若对该基于瞬时调频率的运动补偿后的点散布函数进一步作 PGA 自聚焦处理，可以发现点散布函数的近区副瓣会明显下降，散射点的积分副瓣比和峰值副瓣比都有所提高，但是主瓣的形状和远区副瓣几乎没有变化，这说明 PGA 自聚焦处理对远区副瓣改善很小，只是提高了数据的信噪比，使成像更为理想了。

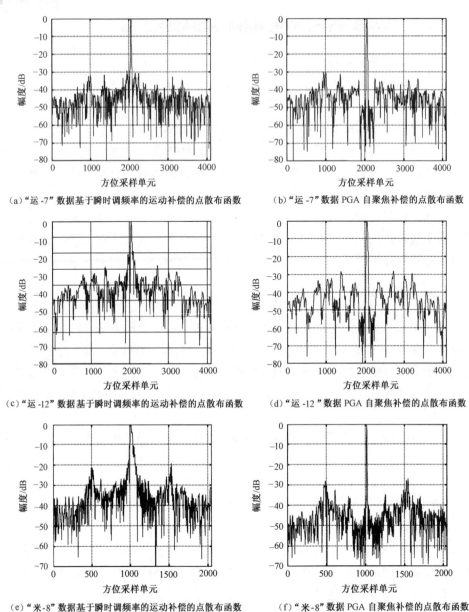

（a）"运-7"数据基于瞬时调频率的运动补偿的点散布函数　　（b）"运-7"数据 PGA 自聚焦补偿的点散布函数

（c）"运-12"数据基于瞬时调频率的运动补偿的点散布函数　　（d）"运-12"数据 PGA 自聚焦补偿的点散布函数

（e）"米-8"数据基于瞬时调频率的运动补偿的点散布函数　　（f）"米-8"数据 PGA 自聚焦补偿的点散布函数

图 7.27　不同数据运动补偿的结果

　　对"运-12"数据利用基于瞬时多普勒调频率的运动补偿后的点散布函数参数，与表 7.2 中没有进行运动补偿的点散布函数参数相比，基于瞬时调频率的运动补偿的方法可以大大提高"运-12"数据的成像效果，几乎可以满足 SAR 成像的要求。并且，从图 7.27（c）所示的散射点脉冲响应曲线中，还会发现做了基于瞬时调频率运动补偿后的点散布函数在主瓣左右对称的较高副瓣被抑制了，反过来可以知道该处较高的副瓣是由周期性速度扰动造成的。如果要进一步地提高成像效果，还需对数据作 PGA 自聚焦处理。由图 7.27（d）可以看出，处理后点散布函数的峰值副瓣比和积分副瓣比都明显提高，虽然主瓣和远区副瓣几乎没有变化，但近区副瓣明显降低，该散射点的方位压缩结果更为理想了。

用基于瞬时调频率的运动补偿方法来处理"米-8"直升机数据的结果如表 7.4 所示，虽然与表 7.3 中没有做运动补偿的结果相比，方位压缩效果明显地提高，但是脉冲响应展宽比较大、副瓣还是较高、主瓣能量的集聚性也较差，点散布函数指标显然达不到 SAR 成像的要求。另外，从图 7.27（e）也可以明显看出"米-8"数据利用基于瞬时调频率的运动补偿方法后的点散布函数不够理想。这主要是由于对数据的成像算法是建立在对相位二次近似的基础上的，但是在斜视时，二阶以上的相位量可能较大，其近似处理会使得相位误差较大，再加上该运动补偿算法是基于速度变化的补偿方法，因而忽略了载机加速度变化的影响，而"米-8"型载机的瞬时加速度变化较大，故利用该补偿方法的成像效果在"米-8"数据中不够理想。对数据进一步用 PGA 法做自聚焦处理后，点散布函数性能明显提高（点散布函数参数如表 7.4 所示），其点散布函数曲线如图 7.27（f）所示，"米-8"数据经过 PGA 自聚焦处理后的点散布函数主瓣能量聚集得较好，副瓣明显降低。可见对于直升机数据在基于数据的运动补偿后能够获得良好的成像结果。

表 7.4　运动补偿时的点散布函数参数

载机型号	基于瞬时调频率的运动补偿			PGA 自聚焦		
	脉冲响应宽度比/dB	峰值副瓣比/dB	积分副瓣比/dB	脉冲响应宽度比/dB	峰值副瓣比/dB	积分副瓣比/dB
运-7	2.1667	−25.6972	−19.1953	2.1667	−28.0203	−22.3215
运-12	2.1818	−19.086	−14.8534	2.0322	−26.1833	−20.4946
米-8	3.0768	−10.2715	−6.8129	2.0322	−26.9833	−20.1012

2. 数据运动补偿的对比分析结果

通过对上述机载 SAR 基于数据的运动补偿分析，可以发现基于数据运动补偿的潜力是很大的。从理论上说它可以补偿整个多普勒频率，使得数据成像（SAR 图像）非常理想。相比之下，基于惯导测量的运动补偿一般要受到惯导测量精度和输出带宽的限制，可见在精确的运动补偿过程中基于数据的运动补偿是必不可少的。

但是对于不同的运动平台、不同的雷达其运动补偿要求是不同的。总的来说，大、中型载机要比小型载机运动平稳，相位误差谱分量更集中于较窄的低频范围。

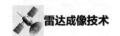

直升机由于螺旋桨转动的影响，其飞行高度较低，受空气气流影响较大，故直升机在录取数据中振动最大，数据补偿所需的频率范围最大。表 7.5 所示为对几种不同数据用不同运动补偿方法的一些结果。在表 7.5 中对于"运-7"载机所录取的数据要想有较理想的 SAR 图像，就必须对数据进行带宽约为 10Hz 以内的相位误差频率补偿，若选用基于瞬时调频率的运动补偿方法来处理，则基本可以满足它的要求，无须再进一步做 PGA 自聚焦处理。对于"运-12"小型运输机来说，基于瞬时调频率的运动补偿方法勉强可以满足 SAR 成像的要求，若想得到更高质量的图像还要进一步做 PGA 自聚焦处理，所以在表 7.5 中对于"运-12"机型所录取数据的 PGA 自聚焦处理是可选项。而对"米-8"直升机的数据要想成像结果较为理想，就要求对数据先进行基于瞬时调频率变化的运动补偿，然后再进行 PGA 自聚焦处理。

表 7.5　对几种不同数据用不同运动补偿方法的一些结果

载机型号	载机机型	雷达工作方式	相位变化范围/rad	频率补偿/Hz	基于瞬时调频率补偿法	PGA自聚焦
运-7	中型运输机	正侧视	小于±5	10	可以	无
运-12	小型运输机	正侧视	小于±50	30	基本可以	可选
米-8	直升机	小斜视	小于±50	40	不可以	有

参 考 文 献

[1]　Curlander J C, McDonough R N. Synthetic aperture radar: system and signal processing[M]. New York: Jone Wiley & Sons, 1991.

[2]　Franceschetti G, Lanari R. Synthetic aperture radar processing[M]. CRC Press Boca Raton London New York Washington, D.C., 1999.

[3]　Moreira J R. A new method of aircraft motion error extraction from radar raw data for real-time motion compensation[J]. IEEE Transactions on Geoscience and Remote Sensing, 1990, 28(7): 620-626.

[4]　Madsen S N. Estimating the Doppler centroid of SAR data[J]. IEEE Transactions on Aerospace and Electronic Systems, 1989, 25(2): 134-140.

[5]　Bamler R. Doppler frequency estimation and the Cramer-Rao Bound[J]. IEEE Transactions on Geoscience and Remote Sensing, 1991, 29(3): 385-389.

[6]　Li F K, Held D N, Curlander J C, et al. Doppler parameter estimation for spaceborne synthetic aperture radar[J]. IEEE Transactions on Geoscience and

Remote Sensing, 1985, 23(1): 47-56.

[7]　Carrara W G, Goodman R S, Majewski R M. Spotlight Synthetic Aperture Radar: Signal Processing Algorithms[M]. Boston: Artech House, 1995.

[8]　Mancill C E, Swiger J M. A Map Drift Autofocus Technique for Correcting Higher Order SAR Phase Errors[C]. 27th Annual Tri-Service Radar Symposium Record, Monterey, CA, June 23-25, 1981, 391-400.

[9]　Strang G. Linear Algebra and its Application[R]. San Diego, CA, Harcourt Brace Jovanovich, Inc., 1988.

[10]　邢孟道, 保铮. 基于运动参数估计的窄波束宽幅 SAR 成像方法[J]. 现代雷达, 2004, 26(2): 37-41.

[11]　Wahl D E, Eichel P H, Ghiglia D C, et al. Phase Gradient Autofocus: A Robust Tool for High Resolution SAR Phase Correction[J]. IEEE Transactions on Aerospace and Electronic Systems, 1994, 30(3): 827-835.

[12]　Ye W, Yeo T S, Bao Z. Weighted Least-Squares Estimation of Phase Errors for SAR/ISAR Autofocus[J]. IEEE Transactions on Geoscience and Remote Sensing, 1999, 37(5): 2487-2494.

[13]　张磊. 高分辨 SAR/ISAR 成像及误差补偿技术研究[D]. 陕西: 西安电子科技大学, 2012.

[14]　Thompson D G, Bates J S, Arnold D V, et al. Extending the Phase Gradient Autofocus Algorithm for Low-Altitude Stripmap Mode SAR[C]. Proceedings of the 1999 IEEE Radar Conference. Radar into the Next Millennium. IEEE, 1999: 36-40.

[15]　Chan H L, Yeo T S. Noniterative Quality Phase Gradient Autofocus (QPGA) Algrotihm for Spotlight SAR Imagery[J]. IEEE Transactions on Geoscience and Remote Sensing, 1998, 36(5): 1531-1539.

第 8 章
逆合成孔径雷达

逆合成孔径雷达（ISAR）用来对一般雷达的目标，如飞机、舰船、导弹等进行成像。早期的雷达的功能只是检测和估计目标的位置和运动信息，分辨率是很低的，分辨单元比目标还大，而将上述目标视为"点"目标。要对目标成像必须大幅度提高雷达的分辨率[1]。

提高雷达的距离分辨率，相对要容易一些，在第 2 章里已较详细地介绍通过宽频带信号，可以得到高分辨的目标一维距离像，用带宽几百兆赫甚至宽到万余兆赫的信号，可以得到亚米级的距离分辨率。困难的还在于雷达横向分辨率的提高。

同合成孔径雷达（SAR）一样，ISAR 也是依靠雷达与目标间的相对运动，形成合成阵列来提高横向分辨率。ISAR 一般是雷达不动（实际上也可是运动的），目标运动。运动是相对的，也可看成是目标不动，而雷达在空间根据目标的平动和转动逆向地形成虚拟合成阵列，利用合成阵列的大孔径提高目标的横向分辨率。

可以想象，ISAR 的合成阵列分布要比 SAR 复杂得多。SAR 形成阵列的主动权在自己，控制载体做匀速直线飞行，便可在空间形成均匀的线阵；而 ISAR 形成阵列的主动权在对方，不仅是航向、速度，连目标姿态的变化都会影响合成阵列的分布。机动飞行的目标可以在空间形成十分复杂的虚拟阵列，而且阵列的分布还是不可能准确测量的。好在为得到亚米级的横向分辨率，雷达对目标视线的变化（即目标相对雷达射线的转角）只要很少几度，在这期间由于目标的惰性，其姿态变化不可能十分复杂。即使如此，其合成阵列的问题仍远比合成孔径雷达复杂。

ISAR 在另一些方面要比 SAR 简单，主要是目标的尺寸比 SAR 所要观测的场景小得多，一般目标不超过几十米，大的也只有百余米，当目标位于几十千米以外时，电波的平面波假设总是成立的，因而为成像分析带来方便。

ISAR 成像还常用转台模型，在第 1 章概述里已做过简单介绍，当目标作平稳飞行时，通过平动补偿，运动目标转换为平面转台目标，如果成像要求的转角（相干积累角）很小，其间散射点的移动量远小于距离分辨单元长度，则分析处理可以大大简化。而实际的 ISAR 成像在许多场合是满足上述条件的。

为此，在这一章里对 ISAR 的两种模型——转台模型和合成阵列模型加以介绍，内容安排如下：8.1 节介绍 ISAR 成像的转台模型和平动补偿原理；8.2 节介绍各种平动补偿包络对齐的方法；8.3 节介绍几种平动补偿初相校正的方法；8.4 节讨论目标转动时散射点徙动的影响及其补偿方法；8.5 节介绍阵列模型的波数域分析方法，重点讨论目标多维转动时的成像分析方法；8.6 节讨论用时频分析方法对非平稳运动目标做成像处理；8.7 节为基于压缩感知的 ISAR 成像方法。

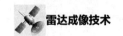

8.1　ISAR 成像的转台模型和平动补偿原理

用转台模型来研究 ISAR 成像不仅易于理解，也便于计算。将运动目标转换为转台目标的关键在于平动补偿，下面将介绍平动补偿的问题和几种平动补偿的方法。

8.1.1　ISAR 成像的转台模型

运动目标相对于雷达的运动可分为平动分量和转动分量，平动分量为目标姿态相对于雷达射线保持不变，在平面波照射的近似条件下，目标上各散射点相对于雷达的距离变化量相同，即它们的子回波具有相同的多普勒频率，当目标只有平动时，它的距离像是不变的。转动分量为目标围绕某基准点转动，设目标做平稳飞行，若对其平动分量加以补偿，则等效为平面转台目标，成像期间只在很小的转角范围（因为 ISAR 成像所需转角很小）内转动，且转速近似是均匀的。如图 1.4 所示，若转台做顺时针方向旋转，则位于转台中心轴上的散射点子回波的多普勒频率为零，右侧的为正，左侧为负，且偏离中心轴越远，多普勒频率也越大。

转台的旋转使各散射点子回波发生两个方面的变化：包络时延和相位变化。两者都是由于散射点发生径向走动，但它们的影响程度是不同的。相位的影响是相对于雷达波长的，微波雷达波长为厘米级，因而毫米级的径向走动都会产生明显的相位变化；而包络位移是相对于距离分辨单元而言的，它通常比距离单元长度小得多。虽然如此，在成像的转动期间，总会有一些散射点从一个距离单元进入邻近的距离单元，称为越距离单元徙动。在前面 SAR 的成像处理中已知，横向分析是按距离单元进行的，发生距离单元徙动会对成像效果有影响，其主要影响是分辨率下降。

一个比较粗略的近似是，在 ISAR 成像的转动过程中，只考虑散射点子回波的相位变化，而认为不发生散射点的越距离单元徙动。在这一近似条件下，转台模型的 ISAR 成像算法大大简化，因为在转动过程各距离单元里驻留的散射点是一定的，只是由于其距中心轴的横距不同，它的子回波多普勒频率也不同。因此，将各距离单元的回波做傅里叶变换就可得到散射点的横向分布，从而实现转台成像。

在有些情况下，上述假设是过于近似的，后面将加以修正。目标的运动也不一定是平稳的，如转动不均匀，甚至有三维转动。这些都将在后面讨论。这里从最简单的情况开始，先讨论运动目标的平动补偿。

8.1.2　**运动目标平动补偿的原理**

采用转台模型分析 ISAR 成像，平动补偿的优劣会对成像质量产生重大影响。为此，在本章将用较大的篇幅讨论运动目标的平动补偿，首先把它的基本原理分析清楚。

先从最简单的情况开始讨论，设运动目标为一理想的几何点，它与雷达的距离为 $R(t_{\mathrm{m}})$，$t_{\mathrm{m}} = mT_{\mathrm{r}}$ 是慢时间，若发射信号 $s_r(\hat{t}, t_{\mathrm{m}}) = p(\hat{t})\mathrm{e}^{\mathrm{j}2\pi f_c t}$，其中 t 和 $\hat{t}$ 为全时间和快时间，$t = t_{\mathrm{m}} + \hat{t}$。先设包络 $p(\hat{t})$ 为大时宽的矩形脉冲，也就是说现在讨论的是低分辨雷达。在这种情况下，上述点目标的回波为 $s_{\mathrm{r}}(\hat{t}, t_{\mathrm{m}}) = \sigma p\left(\hat{t} - \dfrac{2R_{\mathrm{m}}}{c}\right)\mathrm{e}^{\mathrm{j}2\pi f_c\left(t - \frac{2R_{\mathrm{m}}}{c}\right)}$，其中 σ 为回波振幅，而将 $R(t_{\mathrm{m}})$ 简写成 R_{m}，它表示慢时间为 t_{m} 时的点目标距离。通过相干检波（即将回波与 $\mathrm{e}^{-\mathrm{j}2\pi f_c t}$ 相乘），得基频回波 $s_{\mathrm{b}}(\hat{t}, t_{\mathrm{m}}) = \sigma p\left(\hat{t} - \dfrac{2R_{\mathrm{m}}}{c}\right)\mathrm{e}^{-\mathrm{j}\frac{4\pi f_c}{c}R_{\mathrm{m}}}$，上述回波中的点目标距离 R_{m} 为 t_{m} 的函数，暂设 R_{m} 是 t_{m} 的线性函数，即点目标以等速运动。

在这种情况下得到回波是简单的，它是相较于发射脉冲时延 $2R_{\mathrm{m}}/c$ 的脉冲，脉宽与发射脉冲相同，回波值在脉冲内为复常数，其振幅为 σ，相位为 $-\dfrac{4\pi f_c}{c}R_{\mathrm{m}} = -\dfrac{4\pi R_{\mathrm{m}}}{\lambda}$，$\lambda$ 为雷达波长。

考虑发射信号为周期脉冲，则每次发射所对应的回波时延 $2R_{\mathrm{m}}/c$ 是变化的。若在观测期间的变化量远小于脉冲宽度 T_{p}，则相对于 T_{p}，可近似认为在一小段观测期间，回波包络的时延没有变化。但基频回波相位的变化常常是不能忽略的，因为虽然距离变化量 ΔR_{m} 所对应的时延远小于脉冲宽度 T_{p}，但它和微波雷达波长 λ 是可以相比拟的，甚至还大于 λ，相应的相位差 $-4\pi\Delta R_{\mathrm{m}}/\lambda$ 是不能忽略的。众所周知，一般的低分辨率雷达正是用回波序列的相位变化历程进行多普勒测速的。

现在再来讨论发射为窄脉冲的情况，其他所有情况均与上面的相同，设脉冲宽度 T_{p} 为纳秒级[①]，即相应的距离分辨率为亚米级。前面所说的宽脉冲一般为微秒级的宽度，两者相差 3 个数量级，因此，下面是在完全不同的时间尺度条件下，讨论回波序列的时延变化。

在窄的发射脉冲情况下，上述回波的表示式仍然适用，基频回波在脉冲内仍为复常数，其中的相位也仍为常数 $-\dfrac{4\pi R_{\mathrm{m}}}{\lambda}$。只是将各次回波以发射脉冲为基准进

[①] 实际高分辨率雷达总是发射大时宽、大带宽信号，通过对回波的脉冲压缩，得到窄回波脉冲。这里是原理性假设，对原理的讨论没有影响。

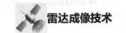

行排列时，回波时延的变化不但不远小于脉冲宽度，还常常比脉冲宽度大得多，所以这时的时序脉冲回波包络在时间上是错开的，但各自的相位值仍和前面一样为 $-\dfrac{4\pi R_{\mathrm m}}{\lambda}$。如果不管回波脉冲的时延差别，只取各次回波的相位变化，仍然可得点目标的多普勒频率。

不过，通常的做法是以某次（如第一次）回波为基准，而将各次回波的包络对齐（保持原包络的振幅和相位不变，只是位置搬移），再比较各次回波的相位变化，从而得到点目标的多普勒频率。这时对包络对齐的精度要求不太高，因为在每次回波的脉冲内部相位为常数，包络对齐的时延误差不超过脉冲宽度的 1/2 就不会影响对多普勒频率的估计。

应当指出，所谓"每次回波的脉冲内部相位为常数"是一种理想化的说法，考虑到实际回波不是理想的矩形，通过带通放大器后波形更有失真，在脉冲内部相位会有小的变化，因此包络对齐的时延误差最好不超过 1/4 脉冲宽度。

这里说的是估计运动点目标的多普勒频率，如果要像前面所说的将运动目标转换成转台目标那样，将基准点的点目标移到转台的轴心，成为静止目标，这时的回波移动在将包络做时延的同时，对回波的相位也根据时延量做相应的变化，即将回波序列的相位保持为常数，多普勒频率为零，这是静止目标的条件。

实际上，为将运动点目标的回波序列转换为静止点目标，其时延调整是很难实现的。包络对齐的精度确实要求不高，但是连同相位一起考虑就不一样了，距离变化 $\Delta R_{\mathrm m}$ 而引起的相位变化为 $-\dfrac{4\pi\Delta R_{\mathrm m}}{\lambda}$，以 $\Delta R_{\mathrm m}$ 为 1mm 时为例，若 $\lambda = 3\mathrm{cm}$，则对应的相位变化为 24°。可见这时对包络对齐精度要求极高，要达到亚毫米级，实际难以做到。

如果换一种做法，即仍用上面所说的保持回波振幅、相位结构不变做包络对齐，由此估计多普勒频率，再根据估计得到的多普勒频率计算出相邻回波的相位并加以校正，这种将包络对齐和相位校正分两步的方法对包络对齐的精度要求不太高，是完全可以实现的。

以上讨论的是理想点目标的情况，下面再来研究复杂目标（如飞机）的情况。根据散射点模型，当视角变化很小时，复杂模型可视为由一定分布的众多的散射点所组成。运动的复杂目标相对于雷达，可分为平动和转动两个分量。平动分量为目标相对于雷达射线的姿态保持不变，作平移运动，在平面波照射的近似假设下和目标平移过程中，它上面的各个散射点到雷达的距离的变化均相同。转动分量为目标围绕某一基准点转动，它也会使散射点回波产生多普勒频率，但多普勒频率随散射点所处的位置不同而有所不同，如转动时的基准点多普勒频率为零，在一侧为正，则另一侧为负，且偏离基准越远，多普勒频率也越高。

运动复杂目标的平动分量随着其径向速度的不同，其多普勒频率可能在很大范围里取值，但其瞬时多普勒频率是单一的，即所有散射点的平动多普勒频率均相同。转动分量由于各散射点子回波的多普勒频率有微小差异，而形成很窄的多普勒谱。实际上，可把复杂目标回波看成是众多散射点子回波之和，在宽发射脉冲条件下，这些子回波的时延差远小于脉冲宽度，回波包络的波形仍与点目标时相似，基本上与发射脉冲相同，只是前后沿有些失真。由于散射点子回波时延与雷达波长可以相比较，总回波包络为各子回波包络的向量和。于是，这时的基频回波可写成 $s_b(\hat{t}, t_m) = s_m\left(\hat{t} - \dfrac{2R_m}{c}\right) e^{-j\frac{4\pi f_c}{c} R_m}$，其中 $s_m\left(\hat{t} - \dfrac{2R_m}{c}\right)$ 为复包络，下标 m 表示是 t_m 次的回波包络，它随慢时间 t_m 变化。这时由于复杂目标相对于雷达有转动，各散射点至雷达的距离差有所改变，从而使各个子回波包络的向量和变化。

复包络可写成 $\left|s_m\left(\hat{t} - \dfrac{2R_m}{c}\right)\right| e^{j\varphi_m}$，同时将因目标回波平动时延产生的相位写成 $\varphi_{cm} = -j\dfrac{4\pi f_c}{c} R_m$，于是基频回波为 $s_b(\hat{t}, t_m) = \left|s_m\left(\hat{t} - \dfrac{2R_m}{c}\right)\right| e^{j(\varphi_m + \varphi_{cm})}$。对于一串回波序列，$\varphi_{cm}$ 的变化形成运动目标的多普勒频率 f_d；而 φ_m 的变化较慢，它只是使 φ_{cm} 有规律地变化产生小的起伏，也就是使目标回波的多普勒谱以 f_d 为中心，而有窄的频带。一般低分辨率雷达就是据此进行多普勒测速的。

下面再来讨论距离高分辨率雷达工作于复杂目标时的情况。由于高分辨率雷达的发射窄脉冲宽度所相应的距离分辨单元为亚米级，它比一般复杂目标的长度值小很多。因此，沿径向距离的目标散射点的子回波，在时延上会是分开的，其距离分辨单元长度等于脉冲宽度所对应的长度。可以将目标沿径向按距离单元的长度为单位进行切割，在一个距离单元里散射点的子回波基本上集聚在一起，众多子回波相加会形成如图8.1所示的实包络距离像。

如果仍用 $s_m\left(\hat{t} - \dfrac{2R_m}{c}\right)$ 来表示回波的复包络，这时回波存在的时间就不只是脉冲宽度 T_p，而是 $\dfrac{2L}{c} + T_p$，其中 L 为复杂目标分布散射点沿雷达射线的分布长度，在一般情况下 $\dfrac{2L}{c} \gg T_p$，其长度近似为 $\dfrac{2L}{c}$。在回波存在

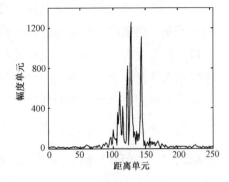

图 8.1　高分辨率雷达复杂目标回波的实包络距离像

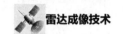
时间里，包络也不为常数，而是以脉冲宽度为相关时间起伏（参见图 8.1）。考虑到上述特点，基频回波仍可写为 $s_b(\hat{t}, t_m) = \left| s_m\left(\hat{t} - \dfrac{2R_m}{c}\right) \right| e^{j\left[\varphi_{cm} + \varphi_m\left(\hat{t} - \frac{2R_m}{c}\right)\right]}$。应当指出的是，复包络 $\left| s_m\left(\hat{t} - \dfrac{2R_m}{c}\right) \right| e^{j\varphi_m\left(\hat{t} - \frac{2R_m}{c}\right)}$ 的支撑长度为 $\left[\dfrac{2R_m}{c}, \dfrac{2(R_m + L)}{c}\right]$，即包络长度近似为 $\dfrac{2L}{c}$，且包络和相位都是起伏的。至于回波平动时延产生的相位 $\varphi_{cm}\left(\varphi_{cm} = -\dfrac{4\pi f_c}{c} R_m\right)$ 在一次回波里为常数，称它为复包络的初相，它的变化将使所有距离单元总的相位 $(\varphi_m + \varphi_{cm})$ 发生相应的变化。在一串回波序列里，初相 φ_{cm} 做有规律的变化而形成回波串的多普勒谱。

在高分辨率窄发射脉冲的情况下，相邻回波距离像的时延变化是不能忽略的，ISAR 成像常需要几百甚至上千次回波，相干积累时间常以秒计，在此期间包络时延的变化常比目标长度值大很多，必须进行包络对齐。

有关 ISAR 的包络对齐的问题在 8.2 节将做详细讨论，这里只做简要说明。

图 8.1 所示为目标回波的实包络距离像，随目标相对于雷达转动，形状会有变化。但相邻两次回波间隔时间很短（毫秒级），飞机一类目标的转角很小（约为 $0.01°$ 的量级），这时回波包络的形状基本没有变化。众所周知，当对两个相同的波形做滑动相关处理时，其相关函数在两者对齐时为最大，并随着两者的错离而减小。前面已经说过，回波包络以脉冲宽度的相关时间做起伏，因此进行对齐时使其误差小于 1/4 脉冲宽度是可以做到的。

上面讨论了实包络对齐的情况，复包络的相位也是以脉冲宽度为相关时间起伏分布的，实包络对齐，其相位分布和复包络当然也是对齐的。

在上述包络对齐中，只是做包络位置的平移，信号结构（包括相位）是不变的。于是，在完成包络对齐后，可得每个距离单元的回波序列的相位变化历程。在数字信号处理里，每个距离单元相当于一个离散值，即当距离像的回波序列完成包络对齐后，沿纵向的每一个距离单元（即每一个纵向离散值），其横向均有一串回波序列。这些序列的变化表示这一距离单元内所有散射点子回波的变化之和，其多普勒谱为以平动多普勒频率 f_d 为中心的窄谱。由于所有距离单元的平动分量均相同（因而初相 φ_{cm} 相同），故所有距离单元均呈现为以 $f_d\left(f_d = \dfrac{1}{2\pi} \dfrac{d\varphi_{cm}}{dt}\right)$ 为中心的窄多普勒谱，只是其窄谱的分布各不相同，而与各单元里的散射点分布有关。

同前面一样，如果要将运动的复杂目标转换为转台目标，也不能采用包络对齐中连同相位一齐搬移的方法，因为精度上达不到要求。要在搬移过程中保持信号结构不变，在包络对齐后，将各距离单元的相位变化通过平滑提取初相（φ_{cm}）分量，然后加以校正以去除平动分量，具体操作在 8.3 节里讨论。

有一种实际情况须特别指出。在 ISAR 里由于目标尺寸较小，为了简化设备，在采用大时宽、大带宽的线性调频（LFM）信号的同时，常采用解线频调（Dechirping）的相干检波方法（参阅第 2 章 2.2 节）。这种方法本不会带来新的问题，需要注意的是虽然目标径向长度值远小于发射脉冲宽度所对应的长度值，它特别适用于解线频调处理，但在成像过程中目标平动的径向距离变化常常是比较大的。为此，作为基准信号的基准距离，若在整个观测过程都固定不动，显然是不合适的，在实际雷达里总是使基准信号的基准距离跟随目标移动。具体做法是雷达以宽频带和窄频带两种信号相间地周期工作，如雷达以 800Hz 的重复频率工作，在上述方式下，实际上相当于由两种信号组合而成，各以 400Hz 的重复频率发射信号。对于窄频带信号容易实现对目标的自动跟踪，同时将该跟踪距离（或扣除一段固定距离）作为宽频带的解线频调工作时的基准距离，从而可使基准点与目标的距离始终保持较近。

可以想象，用解线频调方法做相干检波，并随时改变基准信号的基准，对回波距离像的幅相结构没有影响，但包络的实际时延和初相会发生变化。ISAR 成像是要将运动目标转换成转台目标，包络的实际时延是不重要的，但规律变化的初相受到影响就无法获得需要的平动多普勒频率。除非对变动的基准距离进行精确设定或精确补偿，否则初相会受到影响而无法利用。

实际上，规律变化的初相不能利用，还是有可能将运动目标转换为转台目标，这是因为距离像的幅相结构没有影响，包络对齐可照常完成，只是初相校正要在初相混乱状态下进行。这在本章 8.3 节里将做具体讨论。为此，在实际中常采用普通的基准距离跟踪而不做任何补偿[①]。

在本节，只是对平动补偿的原理进行了讨论。实用的平动补偿——包络对齐和初相校正将在下面的两节分别研究。

---

① 稳定的回波初相是相干雷达的主要特征，初相的稳定性遭受破坏，相当于蜕化为非相干雷达。回波初相的相干性对 ISAR 成像虽非必要，但许多场合可为处理带来方便。有时需设法保持回波初相的相干性，为此要对基准距离的变动精确设定或精确补偿。也可不采用解线频调方法，而仍采用常用的外差式接收和相干检波方法。由于信号频带很宽，A/D 转换速率必须很高，但现在技术上并无不可逾越的障碍。

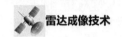

8.2 平动补偿的包络对齐

在 8.1 节提到信号的相干性问题，SAR 和 ISAR 均采用相干雷达，信号是相干的。但当 ISAR 采用解线频调方法做相干检波，而基准距离的移动又未做精确补偿时，信号的相干性被破坏，蜕变为非相干信号。因此，在讨论平动补偿时，相干和非相干两种情况都要讨论。

不过，下面介绍的平动补偿包络对齐是基于实包络的，它与初相无关，因而适用于相干和非相干两种情况。只是在本节的最后介绍一下相干信号初相变化规律性在包络对齐里能起到的作用。

下面介绍平动补偿包络对齐常用的几种方法。

8.2.1 包络对齐的互相关法[2]

在第 2 章用散射点模型对目标实包络的情况做过较详细的讨论，式（2.24）描述了目标在小的角度范围里转动时，实包络的变化情况。在那里将其分为散射点子回波的自身项和交叉项两部分，有变化的是交叉项。但对相邻两次回波，目

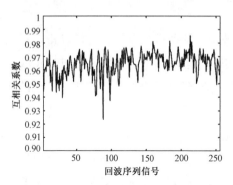

图 8.2　飞机目标实测数据序列相邻
互相关系数举例

标的转角一般小于 0.01°，由此而引起的散射点走动是很小的，即相邻两次回波中的交叉项变化也很小，它们的实包络十分相似（其互相关系数一般达 0.95 以上，图 8.2 所示为飞机目标实测数据序列相邻互相关系数的实例）。可以想象，采用互相关法以其峰值相对应的时延做补偿，可使相邻实包络实现很好的对齐。若相邻两次回波的实包络分别为 $u_1(\hat{t})$ 和 $u_2(\hat{t})$，则互相关函数为

$$R_{12}(\tau) = \int u_1(\hat{t}) u_2(\hat{t} - \tau) \mathrm{d}t \qquad (8.1)$$

对 τ 进行搜索，计算其峰值所相应的时延值即可。

需要指出的是，式（8.1）是以连续时间描述的，而实际雷达信号是以离散时间采样录取的，采样间隔一般稍小于脉冲宽度（脉冲压缩后的）。前面提到过，包络对齐精度要求达到 1/8 个距离分辨单元。所以求互相关函数时，通常将时间离散值做 8 倍的插值处理。

将录取的目标回波实包络序列，用上述相邻相关法逐个进行包络对齐，并做

横向排列如图 8.3（a）所示，图中纵坐标为径向距离单元，横坐标为回波序列的序号，即慢时间的离散值，并以灰度表示回波幅度的大小。从图 8.3 中的任一水平横线可得所对应距离单元回波幅度随慢时间的变化情况。

利用上述相邻相关法对齐，多数情况可获得好的结果，图 8.3（a）就是一个例子。但在对实测外场数据的处理过程中，发现有不少不成功的例子，图 8.3（b）是其中较典型的一个。可以直接看出，该图的包络对齐结果总体上是很差的。

图 8.3（b）里主要有两个问题：一是产生了包络漂移，虽然相邻相关可以比较精确地进行包络延时补偿，不过误差还是有的，虽然误差很小，但用以成像的回波数通常达数百（如 256 次），很小的误差通过积累有可能出现大的漂移；二是包络突跳误差，在正常情况下相邻回波的实包络是十分相似的，但在实测数据中多次发现突然有一次或两三次回波发生异常，实包络波形明显变化，由此按相邻相关法得到的时延补偿值有大的误差。虽然后续回波恢复正常，但相邻相关法的排列只是以它的前一次回波为准，于是出现了图 8.3（b）中所示的突跳误差。

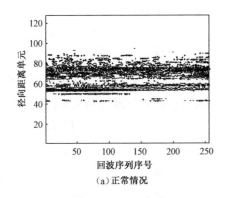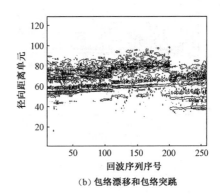

（a）正常情况　　　　　　　　　　（b）包络漂移和包络突跳

图 8.3　用相邻相关法作包络对齐

包络对齐后的下一步是初相校正，这时将图 8.3 里排列的距离像序列保持位置不变，而将实包络改成复包络，这样就得到各个距离单元复振幅慢时间变化的序列，即各个距离单元内众多散射点子回波序列之和。将上述各个序列通过傅里叶变换，便得到各距离单元中散射点的多普勒分布，也就是横向分布，整个图的幅度分布即目标的 ISAR 图像。由此可见，包络对齐是成像的基础，允许约 1/8 个距离分辨单元误差是对整个过程说的，只着眼于相邻对齐最好的相邻相关法不是一种好的方法，宁愿相邻误差大一些，但应保证整体精度满足要求。

基于上述思想，各次回波如果能对一个统一的基准（例如，这一区间的实包络平均距离像）做对齐处理，其整体对齐精度会明显提高，因为这时显然不存在包络漂移，即使有一两次异常回波也只是自身有问题，不会影响其他，当用数百

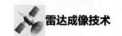

次回波通过傅氏积分处理，一两次不正常不会对总的积分产生大的影响。问题是统一的基准很难得到，上面说的平均距离像在包络对齐后才能得到，而不可能在此之前，文献[3]介绍了一种迭代算法，有兴趣的读者可以参考。这里仅介绍一种较简易（当然精度也受到影响）的方法，它可使包络对齐的成功率较相邻相关法大大提高[4]。

新方法对某次包络做对齐时避免只用它前面相邻的一次包络作为基准，而是对它前面的多次包络，可考虑将前面已对齐的所有包络求和。可以想象，当前面已有许多次回波做了对齐处理，则用这种求和的基准做相关时，各次的相关基准基本相同，包络漂移现象可基本消除。即使出现一两次异常回波，只要前面的回波足够多，对求和基准的影响是不大的。为了避免在序列开始不久出现异常回波产生大的影响，可在对齐完成后再反向进行一次，即以第一次全部回波的求和为基准，而后对最后一次回波做相关时延补偿，再用求和基准相关法逐个向前推，直至第一个回波。

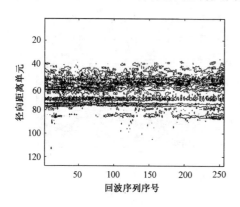

图 8.4　用多次求和作为基准，互相关法包络对齐的结果

在实际应用中第二步通常是不需要的，用第一步已能得到较好的结果。将图 8.3（b）的数据改用求和基准相关法等得到的包络对齐结果如图 8.4 所示，可见其性能改进是十分明显的。

如果对齐结果还不够满意，可对它先取平均值，以该平均像为基准对各次回波再次做对齐处理，效果会明显改善。

8.2.2　包络对齐的模−2 距离和模−1 距离方法[5]

实际上，实包络对齐还可以用其他一些准则。首先将上面的相关对齐法用信号向量空间加以说明。取一个能包容实包络距离像并略有一定长度余度的距离窗，设窗内有 N 个离散值，则距离像可以看作一列向量，即

$$\boldsymbol{U} = \left(u_1, u_2, \cdots, u_i, \cdots, u_N\right)^{\mathrm{T}} \tag{8.2}$$

式（8.2）中，$u_i(i = 1, 2, \cdots, N)$ 为向量 $\boldsymbol{U}$ 各个元素的值。距离窗所取的起点不同，向量会随之变化。

如相邻两次回波实包络分别为 $\boldsymbol{U}_1$ 和 $\boldsymbol{U}_2$，而用 $\boldsymbol{U}_{2\tau}$ 表示第二次回波但起点较 $\boldsymbol{U}_2$ 时延 τ 的向量。于是实包络对齐可以用信号空间两信号端点最接近程度来衡

量，对 $\boldsymbol{U}_1$ 和 $\boldsymbol{U}_2$ 两向量可改变 τ，比较 $\boldsymbol{U}_1$ 和 $\boldsymbol{U}_{2\tau}$ 两者端点的空间距离，对 τ 进行搜索，以两者最接近时的 τ 值作为对齐的时延补偿值。两向量端点的空间距离显然与向量长度（即信号幅值）有关，应对向量长度归一化。若以信号空间的欧氏距离（即模-2 距离）为准，则对长度归一化后的 $\boldsymbol{U}_1$ 和 $\boldsymbol{U}_{2\tau}$，其欧氏距离为

$$
\begin{aligned}
\left|\boldsymbol{U}_1 - \boldsymbol{U}_{2\tau}\right|_2 &= \sum_{i=1}^{N}(u_{1i} - u_{2\tau i})^2 \\
&= \sum_{i=1}^{N}u_{1i}^2 + \sum_{i=1}^{N}u_{2\tau i}^2 - 2\sum_{i=1}^{N}u_{1i}u_{2\tau i} \\
&= 2(1 - \boldsymbol{U}_1^{\mathrm{T}}\boldsymbol{U}_{2\tau}) \\
&= 2[1 - \rho_{12}(\tau)]
\end{aligned}
\tag{8.3}
$$

式（8.3）中，u_{1i} 和 $u_{2\tau i}$ $(i = 1, 2, \cdots, N)$ 分别为向量 $\boldsymbol{U}_1$ 和 $\boldsymbol{U}_{2\tau}$ 中各元素的值，$\rho_{12}(\tau)$ 为 $\boldsymbol{U}_1$ 和 $\boldsymbol{U}_{2\tau}$ 的互相关系数。由此可知，向量空间欧氏距离最小和互相关系（函）数最大是等价的。

　　上面介绍的是用模-2 距离作为延时补偿准则，那么，可否用模-1 距离作为准则呢？而且模-1 距离的计算更加简单。这是可以考虑的，用模-1 距离方法较之模-2 距离方法在某些情况下，还能得到更好的结果。比较两种距离方法可知，模-2 距离有平方，其数值大的元素在总的计算中可起更大作用。有些目标，如螺旋桨飞机，除机体外还有快速转动的螺旋桨，对于螺旋桨的子回波，即使是相邻回波，其相关性也很弱。由于螺旋桨子回波只存在于向量中的少数几个元素里，其扰动作用会影响对齐，但通常不会破坏成像。如果螺旋桨子回波很强，且起伏很大，可就不一样了，它会使包络对齐产生大的误差。若将对齐准则由模-2 距离改为模-1 距离，扰动分量的作用会小得多。图 8.5 所示是用两种方法对螺旋桨飞机安-26 实测数据做包络对齐处理的比较，可见用模-1 距离的对齐方法，效果明显改善。

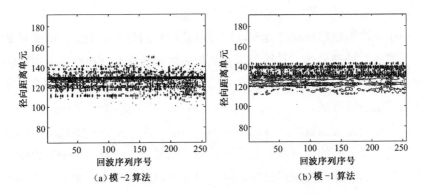

（a）模-2 算法　　　　　　　　（b）模-1 算法

图 8.5　用模-1 和模-2 距离方法作包络对齐处理的实例比较

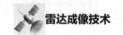

8.2.3　包络对齐的最小熵方法[6]

最小熵准则是包络对齐的另一种常用准则。仍以相邻回波实包络对齐为例，先将实包络信号幅度归一化，设第一次回波和时延 τ 后的第二次回波实包络向量分别为 $\boldsymbol{U}_1 = (u_{11}, u_{12}, \cdots, u_{1N})^{\mathrm{T}}$ 和 $\boldsymbol{U}_{2\tau} = (u_{2\tau 1}, u_{2\tau 2}, \cdots, u_{2\tau N})^{\mathrm{T}}$，将两者相加得到合成向量，合成向量的形状是随 τ 的改变而变化的。可以想象，当两者未对齐时的合成向量，因波形的"峰"和"谷"都错开相加，其结果是使合成波形"钝化"。因此，用合成向量波形的"锐化度"最大作为包络对齐的准则是一种合理的选择。

"锐化度"的度量可借用统计学中的"信息熵"的概念，在统计学里若有 N 个事件，它们发生的概率分别为 $p_i(i=1,\cdots,N)$，则其信息熵

$$H = -\sum_{i=1}^{N} p_i \ln p_i \tag{8.4}$$

当概率相等时，熵最大；概率越不均匀，熵值越小。最小熵表示概率分布最不均匀的情况。

联系到合成的距离向量 $\boldsymbol{U} = (u_1, u_2, \cdots, u_N)^{\mathrm{T}}$，对该距离向量的值归一化，即归一化后各单元的值为 $u_i^0 = u_i \Big/ \sum_{i=1}^{N} u_i (i=1,2,\cdots,N)$，而 $\sum_{i=1}^{N} u_i^0 = 1$。则距离单元的值 u_i 为正值，取归一化后所有值相加为 1，即 u_i^0 具有类似于概率的性质，依照式（8.4）也可以写出它的熵值（可称为波形熵），即

$$H = -\sum_{i=1}^{N} u_i^0 \ln u_i^0 \tag{8.5}$$

这种波形的熵值可以表示它分布的"锐化度"，而"锐化度"最大，即式（8.5）的熵值最小。

为此，在上例中可以写出两距离向量，以不同时延 τ 对熵值 H 进行搜索，而以熵值最小所对应的 τ 值作为包络对齐补偿值。

用最小熵准则做包络对齐处理，同样可获得好的效果。但是，如果只是将相邻两次回波逐个处理延伸，其结果与相邻相关的结果相似，在整体上也可能出现包络漂移和突跳误差。在相关处理里介绍的以前用多次积累为基准的改进方法同样也适用于最小熵方法。

上面介绍的是对实包络进行包络对齐的情况。由于是针对实包络，信号相干或不相干是完全无关的，对两者均适用。用解线频调方法进行相干差频检波时，由于参考信号的基准点要跟踪目标，因此很难准确定位，从而相干差频蜕化为非相干的。近十多年来，由于接收技术和微电子技术的发展，对几千甚至上万兆赫信号的直接数字化处理并不困难，因此可用常规的匹配滤波进行脉冲压缩，而得

到相干信号的复距离像回波。

相干信号在实包络对齐上与前面介绍的并无区别，如果将对齐排列的实包络换成复包络（做对齐处理时，保持复信号结构不变），则不仅完成了信号序列的包络对齐，其相位历程也实现了对齐排列（只有小的误差）。

在完成复包络对齐后，某一距离单元的回波序列为所在单元中驻留的所有散射点子回波之和，而各子回波的相位历程为其平动分量和转动分量之和。对于相位历程的平动分量，不仅是这一距离单元里的散射点，而且对目标上的所有散射点都是相同的。如果目标做理想的匀速直线飞行，则在成像所需的小的观测转角期间，相位历程的平动分量和转动分量均做线性变化。将各距离单元的回波序列分别对慢时间做傅里叶变换，由于各散射点所在的横向位置不同，其转动分量的多普勒频率具有相应的数值，从而像转台目标一样，可得到以多普勒频率和纵向距离为二维坐标的目标像。至于目标运动的平动分量的多普勒频率只是使目标像横向平移，而不影响成像的形状。如果要目标像位于指定的位置，只要做横向平移就可以了。

上面介绍的是目标做平稳飞行的理想情况，如果目标飞行不稳定，其平动分量的相位历程不再为理想线性变化。如果在复包络对齐后仍做上述处理，就相当于将平动相位历程中偏离线性相位的部分转移到所有散射点的转动相位历程上（且对所有散射点均相同），即相当于将各散射点的转动分量的回波序列乘以上述相位偏离值所表现的回波序列。由于时域里两信号相乘，表现在多普勒域里为两者的卷积，因此即使原来散射点转动分量的回波序列通过傅里叶变换在多普勒域能形成窄的点谱（实际上，目标飞行不平稳，其转动也不会是均匀的，用傅里叶变换得到的谱的形状也会是被展宽了的），上述卷积的结果也会使点谱散布开，使成像质量变差，甚至很差。

如上所述，对于相干信号，在目标运动平稳或接近平稳时，有可能在复包络对齐后用上述方法得到目标像。但非平稳运动会使成像质量下降，甚至完全失效。

通过上面的讨论可知，在完成包络对齐后，应先将信号中相位变化的平动分量补偿掉。这一分量对所有散射点的子回波都相同。一旦得到，可用以对所有距离单元的回波序列做同样校正，通常称为初相校正。在非相干信号情况下，相位的平动分量是一随机序列；而在相干信号情况下，相位的平动分量是与平动规律相联系的规则序列，而目标的平动运动一般是未知的，只是在理想平稳条件下，才为线性变化。因此，在一般情况下，无论是相干还是非相干信号，各散射点子回波相位的平动分量和转动分量都联系在一起，且难以分离开。但目标上有一个点是例外的，即运动目标通过平动补偿成为转台目标之后的转台轴心，该轴心点

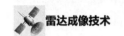

不存在转动，当完成平动补偿后，轴心点是静止的，与该点对应的回波序列的相位应当为常数。也就是说，在平动补偿前该点对应的回波序列的相位历程，即目标平动分量的相位历程，由于它（通常称为运动目标回波的初相）对所有散射点子回波都一样，用它对各距离单元的回波序列做初相校正，便完成从运动目标到转台目标的转换。

转台轴心点通常称为目标上的参考点，参考点可以是某一实际散射点的所在点，也可以是由多个散射点集成的某一点。有关参考点选定的问题将在 8.3 节专门讨论。

上面曾提到平动补偿相当于将目标上的某一特定参考点移到转台轴心，但在本节包络对齐的讨论里根本没有涉及参考点问题。这是因为是平面波照射条件下，无论轴心在目标上的何处，各次回波距离像的形状只与转角有关。不过各距离像的排列会因转轴位置不同而有些移动，但这些移动差比起包络对齐可能产生的误差（大约 1/8 个距离分辨单元）要小很多，因而无须考虑参考点的位置。在 8.3 节的初相校正里，允许误差为亚毫米级，这时必须联系转台轴心的位置问题。

8.3　平动补偿的初相校正[1]

通过包络对齐处理，各次回波的距离单元已基本对齐，各距离单元回波包络序列的幅度和相位的横向变化基本正常。在 8.2 节里已经指出，各次回波中还包含平动分量表现出来的初相，对初相的状况及其校正需做进一步的研究。此外，ISAR 里的信号有相干与非相干之分，对于相干的情况，初相随目标的平动做有规律的变化，但通常都是未知的；而对于非相干的情况，初相完全是随机的。很明显，相干可看成是非相干的特例，非相干的初相校正方法完全可用于相干的情况，而相干的情况还可利用初相规律性变化的特点，在目标运动平稳时使处理更方便。

为此，在本节先从非相干的情况开始。在分析中仍采用本章 8.2 节的近似条件，即为均匀转动的平台，成像所需的转角（相干积累角）很小，散射点的距离单元徙动可以忽略。以第 n 个距离单元为例，设它里面共有 L_n 个散射点，于是该单元的复包络横向序列可写成

$$s_n(m) = e^{j\xi_m}\left[\sum_{i=1}^{L_n}\sigma_{in}e^{j\varphi_{in0}}e^{j\frac{4\pi}{\lambda}mx_{in}} + w_n(m)\right], \quad m = 0, 1, \cdots, M-1 \qquad (8.6)$$

式（8.6）中，方括弧内表示该距离单元里 L_n 个散射点的子回波，其幅度、起始相位和横距分别为 σ_{in}、φ_{in0} 和 x_{in}，$w_n(m)$ 为该单元的噪声。此外，在非相干情况下，各次回波的初相是随机的，它对各个距离单元有同样的影响，式（8.6）中以 $\xi_m (m = 0, 1, \cdots, M-1)$ 表示各次回波的初相值，它与 n 无关。

式（8.6）表明，若能准确估计出初相值 $\xi_m\,(m=0,1,\cdots,M-1)$，并分别对各次回波序列加以补偿，就可将初相校正好，在此基础上，按距离单元的横向序列做傅里叶变换，可得到各距离单元里散射点的横向分布，将各距离单元综合起来就成为目标的二维图像，即 ISAR 像。初相值对各距离单元都相同，即与 n 无关，它可以利用任一个距离单元或多个单元的回波序列估计得到。

8.3.1　初相校正的单特显点法

为叙述简单，暂设回波的信噪比很强，噪声可以忽略不计。这时如果某距离单元（设为第 p 个单元）只有一个孤立的散射点，则式（8.6）第 p 个距离单元的子回波复包络可简写成

$$s_p(m)=\sigma_{1p}\mathrm{e}^{\mathrm{j}\left(\varphi_{1p0}+\frac{4\pi}{\lambda}mx_{1p}+\xi_m\right)},\quad m=0,1,\cdots,M-1 \tag{8.7}$$

这是一相位受干扰的等幅复正弦波，其相位历程为

$$\Phi_p(m)=\varphi_{1p0}+\frac{4\pi}{\lambda}mx_{1p}+\xi_m,\quad m=0,1,\cdots,M-1 \tag{8.8}$$

式（8.8）中的起始相位 φ_{1p0}（即 $m=0$ 时刻的相位）是未知常数，为了去除它的影响可利用相邻两次回波的相位差 $\Delta\Phi_p(m)=\Phi_p(m)-\Phi_p(m-1)$，于是

$$\Delta\Phi_p(m)=\frac{4\pi}{\lambda}x_{1p}+\Delta\xi_m,\quad m=1,2,\cdots,M-1 \tag{8.9}$$

式（8.9）中，$\Delta\xi_m=\xi_m-\xi_{m-1}$ 为第 m 次与第 $m-1$ 次回波的初相差。

如果将该孤立散射点的位置作为转台的轴心（即 $x_{1p}=0$），则该散射点子回波的相位应不随 m 改变，它的相邻相位差为 0，这时式（8.9）表现出的相位差是由初相误差 $\Delta\xi_m$ 造成的。于是，由该距离单元计算得到的相邻相位差 $\Delta\Phi(m)\,(m=1,2,\cdots,M-1)$ 可认为是孤立点位于转台轴心时随机初相造成的。将实测回波序列用该 $\Delta\xi_m$ 逐个校正（相当于以第一次回波为准，将各次回波的初相校正为同样数值），便可将各次的随机初相校正，而使该单元各次子回波的初相均成为 φ_{1p0}。

实际上，所有初相为同一数值 φ_{1p0} 与所有初相为 0，对这里的成像结果没有影响。这时的初相校正可简化为将各次回波序列里所有距离单元的相位减去该孤立散射点距离单元同一次回波的实测相位 $\Phi_p(m)\,(m=0,1,\cdots,M-1)$，即各次初相均为 0。

初相不正确会使图像散焦，基于数据消除初相误差称为自聚焦，这里是将图像中的某一孤立点作自聚焦处理，而实现整个图像的自聚焦。

在实际应用里，理想的孤立散射点单元几乎是不存在的，但在某些距离单元

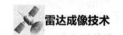

里只有一个特强的散射点（称为特显点），其余还有众多的小散射点（称为杂波），此外还有噪声，但杂波和噪声之和的强度远小于特显点强度的情况还是经常存在的。于是，可以借助于这些特显点单元的回波数据，而采用上述方法做初相校正 [即以该单元各次回波相位 $\Phi_p(m)(m = 0, 1, \cdots, M-1)$ 来校正初相]。这样做当然不可能将初相完全校正好，但在信杂（噪）比较高时仍能得到较好的效果。

若第 p 个距离单元为特显点单元，这时该单元子回波的表示式仍和式（8.7）相似，只是小杂波和噪声会对该回波的幅度和相位产生小的调制，即

$$s_p(m) = \sigma_{1p}(m)e^{j\left[\varphi_{1p0} + \frac{4\pi}{\lambda}mx_{1p} + \psi_{1p}(m) + \xi_m\right]}, \quad m = 0, 1, \cdots, M-1 \qquad (8.10)$$

式（8.10）中，$\sigma_{1p}(m)$ 和 $\psi_{1p}(m)$ 分别表示小杂波和噪声产生的小的幅度和相位调制。

若以该特显点的位置作为转台轴心（即 $x_{1p} = 0$），则上述子回波的相位历程为

$$\Phi_p(m) = \varphi_{1p0} + \xi_m + \psi_{1p}(m), \quad m = 0, 1, \cdots, M-1 \qquad (8.11)$$

如果仍采用孤立点时散射点的方法做初相校正，即将各次回波所有距离单元数据的相位分别减去特显点单元的实测相位 $\Phi_p(m)$，则从式（8.11）可知，随机初相值 ξ_m 被正确消除，同时还要减去 φ_{1p0}。上面已经提到 φ_{1p0} 为一常数，因此对这里的成像结果没有影响，问题是会引进相位 $\psi_{1p}(m)$，这相当于将已校正好的各距离单元的回波序列乘以序列 $e^{j\psi_{1p}(m)}$。因此，它对各距离单元横向像的影响相当于正确校正了的横向像与 $\text{IDFT}(e^{j\psi_p(m)})$ 的卷积。前面提到，$\psi_p(m)$ 是一个小的变化量，所以 $\text{IDFT}[e^{j\psi_p(m)}]$ 呈现为展宽了的尖峰 [主要由 $\psi_{1p}(m)$ 的低次项引起]，同时有一定的小的副瓣 [主要由 $\psi_{1p}(m)$ 的高次项引起]，它与横向像卷积的结果会降低图像波形的锐化度，也就是使图像散焦，而副瓣会使原图像产生小的模糊。

如上所述，特显点单元应当是一个例外。通过上述处理，该单元数据序列的相位均为 0，杂波和噪声产生的小的相位调制也被补偿掉，但幅度调制没有被补偿，这一距离单元的杂波和噪声影响只是被削弱，且纯幅度调制干扰为双边谱，即在原干扰相对于图像中心的另一侧出现新的干扰[7]。

通过上面的讨论可知，如果目标回波一维距离像序列中存在信杂（噪）比很强的特显点距离单元，用上述特显点初相校正法可以得到好的效果。但是，如何判断实测数据里有没有特显点距离单元，以及如何找到这些单元，需要加以研究。实际上，在完成平动补偿的第一步包络对齐后，虽然各距离单元子回波序列的相位历程由于随机初相存在而仍然混乱，但幅度变化已基本正确。杂波和噪声对信号的影响是杂乱的，它会在幅度和相位两方面同时表现出来，只存在孤立的特显点时，回波序列的幅度为常数，杂波和噪声的影响使幅度产生起伏，所以可挑选

幅度变化起伏小的距离单元作为特显点单元。Steinberg[1] 提出用归一化幅度方差来衡量，其定义为

$$\bar{\sigma}_{un}^2 = \overline{(u_n - \bar{u}_n)^2} / \bar{u}_n^2 = \overline{u_n^2} / \bar{u}_n^2 - 1 \qquad (8.12)$$

式（8.12）中，字母上的横线表示对该单元内的各元素取平均值，$\bar{u}_n$ 是第 n 个距离单元回波序列幅度的均值，$\overline{u_n^2}$ 是其均方值。

Steinberg 指出，当归一化幅度方差 $\bar{\sigma}_{un}^2$ 小于 0.12 时，特显点法一般可获得较好的成像结果。$\bar{\sigma}_{un}^2$ 小于 0.12 相当于该单元特显点的回波功率比杂波、噪声之和大 4dB 以上。我们在对外场实测数据的处理中发现，许多场合确实可以找到一些具有满足上述条件的数据，但在一幅图像的数据里找不到满足上述条件的特显点单元的情况也并不罕见，这时要寻找另外的初相校正方法。

8.3.2　多特显点综合法[7]

从 8.3.1 节的讨论可知，在同一次回波里，所有距离单元的数据具有同样的初相序列 ξ_m（$m = 0, 1, \cdots, M - 1$）。只要选用一个特显点单元估计出 ξ_m，就可对全部数据做初相校正。实际上，在一幅图像的数据里，信杂（噪）比较强的特显点单元一般有多个，将它们做综合处理，加大等效信杂（噪）比，就可以提高初相误差的估计精度。

将多个数据综合处理来提高信杂（噪）比是信号处理里常用的方法，当杂波和噪声呈高斯分布时，宜采用最大似然法，而杂波和噪声做其他不规则分布时，宜采用加权最小二乘（Weighted Least-Square，WLS）法。在这些方法里，都需设法将各个数据里的信号分量调整成同相相加。

设某一幅图像的数据里可以挑选出 L 个特显点单元，即使它们不满足 $\bar{\sigma}_{un}^2 < 0.12$ 的条件，但它们还是可以表示为式（8.10）的形式。为了使 L 个单元里的特显点信号同相相加，首先应去除式中因多普勒频率不同而产生的随慢时间变化各异的相位分量 $\left(\dfrac{4\pi}{\lambda} m x_{1p}\right)$，这可以将各距离单元的横向像中的峰值移至图像中心（相当于转台的轴心线，这时 $x_{1p} = 0$）。图像做圆平移，相当于数据序列的相位增加一线性项 $\left(-\dfrac{4\pi}{\lambda} m x_{1p}\right)$。此外，式中特显点回波的起始相位 φ_{1p0} 是随机的，为实现不同距离单元中的信号分量同相相加，也要把它估计出并加以补偿。通过这样的预处理，L 个特显点单元的回波复包络可分别表示为

$$s_p'(m) = e^{-j\left(\varphi_{1p0} + \frac{4\pi}{\lambda} m x_{1p}\right)} s_p(m) = \sigma_{1p}(m) e^{j\left[\psi_{1p}(m) + \xi_m\right]}, \quad p = 1, 2, \cdots, L \qquad (8.13)$$

上述各子回波的相位历程为

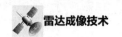

$$\Phi_p'(m) = \psi_{1p}(m) + \xi_m, \quad p = 1, 2, \cdots, L \tag{8.14}$$

式中，$\psi_{1p}(m)$ 是杂波、噪声调制引起的小的相位起伏调制。

为了能较精确地从式（8.14）的 L 个方程的 $\Phi_p'(m)$ 估计出初相误差 ξ_m，最好采用 WLS 法，即将式（8.14）的 L 个方程做加权和：起伏分量小的，予以大的权重；反之，起伏分量大的，予以小的权重。

上述方法理论上可以得到好的效果，但由于要通过烦琐的预处理，运算量大。特别是当多普勒中心频率和起始相位估计不准时，很难达到预期的效果。这里对它不做详细介绍，有兴趣的读者可参阅文献[7]。

实际里用得更多的是初相的相位差估计法。将式（8.10）所示的第 m 次回波与第 $m-1$ 次回波做共轭相乘，即

$$s_p(m)s_p^*(m-1) = \sigma_{1p}(m)\sigma_{1p}(m-1)e^{j\left[\frac{4\pi}{\lambda}x_{1p} + \Delta\psi_{1p}(m) + \Delta\xi_m\right]}$$

$$m = 1, 2, \cdots, M-1 \tag{8.15}$$

式（8.15）中，$\Delta\xi_m = \xi_m - \xi_{m-1}$ 是相邻的初相误差相位差，$\Delta\psi_{1p}(m) = \psi_{1p}(m) - \psi_{1p}(m-1)$ 是相邻相位起伏分量之差。

从式（8.15）可见，特显点回波的起始相位 φ_{1p0} 被剔除，而多普勒相位变成与 m 无关的常量 $\left(\dfrac{4\pi}{\lambda}x_{1p}\right)$。

不过，上述好处是有代价的，相邻单元数据相乘，除信号、杂波和噪声分量各自相乘外，还有两者交叉相乘的交叉项，这会使信杂（噪）比有损失，这种损失与幅度（或相位）检波带来的损失相类似。众所周知，原信杂（噪）比越高，则检波损失也越小，用迭代法提高信杂（噪）比（本章后面还会介绍），可使这一损失不严重［因为多次迭代可提高信杂（噪）比］。

将各距离单元横向像的峰值移至（圆位移）图像中点，然后进行式（8.15）的共轭相乘，即

$$R_p(m) = s_p(m)s_p^*(m-1)e^{-j\frac{4\pi}{\lambda}x_{1p}} = \sigma_{1p}(m)\sigma_{1p}(m-1)e^{j\left[\Delta\psi_{1p}(m) + \Delta\xi_m\right]}$$

$$p = 1, 2, \cdots, L \tag{8.16}$$

其相位差历程为

$$\Delta\Phi'(m) = \Delta\psi_{1p}(m) + \Delta\xi_m, \quad p = 1, 2, \cdots, L \tag{8.17}$$

式（8.17）与式（8.14）相类似，只是用相位差替代原式中的相位，因此也可用 WLS 法估计出 $\Delta\tilde\xi_m$，然后用 $\xi(i) = \sum\limits_{m=1}^{i}\Delta\tilde\xi_m$ 计算出第 i 次回波各距离单元回波数据所需校正的相位 $\tilde\xi(i)$。

不过，用 WLS 法必须知道各个 $\Delta\psi_{1p}(m)$ $(p=1,2,\cdots,L)$ 的起伏方差，而在初相正确校正前这一起伏方差是未知的，文献[7]是通过幅度方差近似推算的，计算较烦琐。如果近似假设杂波和噪声满足高斯分布，则综合的初相相位差估计可以用最大似然法从式（8.16）直接估计得到，即

$$\Delta\tilde{\xi}_m = \arg\left[\sum_{p=1}^{L} s_p(m)s_p^*(m-1)\mathrm{e}^{-\mathrm{j}\frac{4\pi}{\lambda}x_{1p}}\right] \tag{8.18}$$

这样做虽然估计精度差一些，但运算简单。不过直接用式（8.18）估计得到的初相相位误差做校正，通常难以获得好的效果，因为在信杂（噪）比不很高的情况下，多普勒圆位移对准很难准确的，这会影响综合估计精度。文献[8]在此基础上提出了多次迭代算法来提高精度。

多特显点的多次迭代算法是在上述初相校正的基础上进行的。通过上述初步的初相校正，经傅里叶变换得到的各特显点单元的横向像中特显点峰值会比原来尖锐，因此可重新对多普勒域的信号做圆位移补偿以提高补偿精度。横向像中特显点峰值的锐化，也有可能在横向像里将特显点和分布的杂波与噪声区更好地分开，因此可在特显点峰值中心附近加窗，只选取特显点信号部分，而将与信号非重合部分的杂波和噪声滤除。需要指出的是，经过初步的初相校正，特显点信号还不会很尖锐，所以窗函数应适当宽一些，以免削弱信号。

将窗函数所包含部分的横向像（应为复数像）再通过逆傅里叶变换变到数据域，得到 L 个特显点单元初相误差已初步校正，且信杂（噪）比得到一定提高的数据序列，于是从这一组数据序列出发，重复上述步骤，做新的初相误差估计和校正。很显然，这时多普勒圆位移的对准可以更准确，由于特显点峰值的锐化，窗函数的宽度可进一步缩窄，从而使新一次估计得到的初相精度进一步提高。

通过上述迭代估计，窗函数的宽度越来越窄，当窗宽缩窄到 3～5 个多普勒单元时，迭代过程结束。在一般情况下，3～5 次迭代就可满足要求，运算量并不很大。文献[8]里把这种多特显点综合初相校正算法称为相位梯度自聚焦法（PGA），在第 7 章 SAR 的运动补偿相关内容里已经介绍过。图 8.6 是 Yak-42 飞机用不同初相校正法 ISAR 成像的结果。在此例子中最好的特显点单元的 $\bar{\sigma}_{un}^2 = 0.14$，比标准的 0.12 大许多，其聚焦结果是较差的。图 8.6（c）用了 44 个特显点，其 $\bar{\sigma}_{un}^2$ 从 0.14～0.2，用 PGA 法迭代了 8 次，其聚焦结果有明显改善。

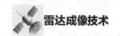

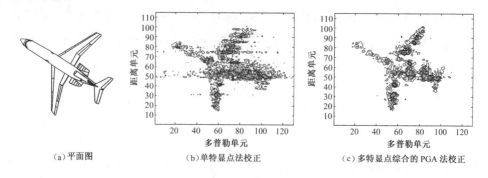

(a) 平面图　　　　　(b) 单特显点法校正　　　　(c) 多特显点综合的 PGA 法校正

图 8.6　Yak-42 飞机用不同初相校正方法时的成像结果

8.3.3　相干信号的初相校正

在本章 8.1.2 节的运动目标平动补偿的原理里已经提到，在相干信号情况下，通过包络对齐，可以保留目标平动产生的相位变化历程，而各距离单元的回波序列的相位历程则为平动和转动两分量相加。那里也提到，相位变化的转动分量很小，可视为对平动分量产生小的扰动起伏。

通过这两节的讨论可以知道，正是利用转动分量形成的窄谱，得到散射点的横向分布。于是，只要估计出平动的多普勒频率，并将它置 0，就可得到转台目标的图像。而且，即使平动多普勒估计不够准确，问题也不大，它只是使图像位置发生横向偏移，对图像形状没有影响。

上面所说是理想化了的情况，考虑到实际情况，只做上述处理，常常得不到好的成像质量。首先是目标的平动很难做到理想平稳，其相位历程与理想的线性有偏差，应设法正确估计实际的平动相位历程，不能简单地用线性相位代替；其次是系统的工作和电波传播等因素也有可能出现不稳，从而使初相出现起伏。

尽管如此，信号的相干性还是应加以利用，即在包络对齐后，先对估计得到的平动相位历程加以补偿，然后再用上节介绍的方法进一步作初相补偿。经前一步骤的粗成像后，容易从图像中选择好的特显点，从而可提高初相校正的质量。

有关运动目标的平动补偿就介绍到这里。通过包络对齐和初相校正，各个距离单元回波序列已能正确反映各散射点子回波的相位变化历程。对平稳飞行的目标等价为匀速转动的转台目标，散射点不同的横向位置表现为不同的多普勒频率。对各距离单元的回波序列做傅里叶变换，便可得到散射点的多普勒分布，于是得到目标的 ISAR 图像。应当指出，上述 ISAR 图像的横坐标是多普勒频率 f_d，而非横向位置坐标 x，虽然 f_d 与 x 成正比，散射点横向分布形状是正确的，但其尺度是未知的，如果要得到实际的横向尺寸，还需要精确估计目标的转速。

8.4　目标转动时散射点徙动的影响及其补偿

前面已经介绍了运动目标的平动补偿，即补偿后的运动目标成为转台目标，散射点子回波的多普勒频率与其相对于轴心的横坐标成正比，通过傅里叶变换，可从各距离单元的子回波序列得到散射点的横向分布，综合各个距离单元的结果，得到目标的 ISAR 二维图像。

本书在上面的讨论中曾多次提到，这里采用一个较粗略的近似，即对转台目标上的散射点的子回波在转动过程中只考虑了相位变化（以区分不同的多普勒），而忽略了包络走动。实际上，若某散射点由于目标转动而产生的径向距离变化为 $\Delta R(t_\mathrm{m})$（t_m 为慢时间），慢时间为 t_m 时的子回波复包络可写成

$$s_{r1}(\hat{t}, t_\mathrm{m}) = s\left[\hat{t} - \frac{\Delta R(t_\mathrm{m})}{c}\right]\mathrm{e}^{-\mathrm{j}2\pi f_c \frac{\Delta R(t_\mathrm{m})}{c}} \qquad (8.19)$$

式（8.19）中，c 为光速。

前面所用的近似条件为忽略了上式包络中的时延项。将式（8.19）的序列做傅里叶变换相当于对该序列做加权（即乘以相应的相位旋转因子）和，$s(t)$ 为窄脉冲，其宽度与一个距离单元相当。如果在成像的相干积累时间里，散射点总的径向走动量远小于一个距离单元宽度，将其忽略是合理的，实际上这一条件并不总是成立的。

如果散射点徙动较大，发生了越距离单元徙动，又会发生什么情况呢？这时对式（8.19）的序列做傅里叶变换的加权和时，包络的走动不能忽略。设式（8.19）中的相位变化恰好被傅里叶变换中某频率分量的相位旋转因子所抵消，若在整个相干积累过程中，总的径向走动为 ΔR_T，总回波次数为 M，$t_\mathrm{m} = mT$ 时的输出为

$$\frac{1}{M}\sum_{m=0}^{M-1} s_{r1}(t, t_\mathrm{m}) = \frac{1}{M}\sum_{m=0}^{M-1} s\left(t - \frac{\Delta R_\mathrm{T}}{M-1}m\right) \qquad (8.20)$$

为了观察散射点径向距离走动对变换输出的影响，令 ΔR_T 为 0、ρ_r、$3\rho_r$ 和 $5\rho_r$ 分别画出变换输出的包络波形，如图 8.7 所示。该图中，ρ_r 为纵向距离分辨率，约等于一个距离单元长度，并设纵向和横向距离分辨率相等。可见径向距离走动会使输出包络钝化（峰值降低和宽度增加）。在成像系统里，为了衡量系统的性能，常设目标为一几何点，通过信号录取后处理重构，得到的函数称为点散布函数。因为雷达信号为带限信号，点散布函数会有一定的宽度。这里的散射点走动使点散布函数进一步增宽。对于二维图像，点散布函数也是二维的，在雷达成像里通

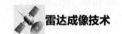

常用时延代表纵向距离，而用多普勒频率代表横向距离。

点散布函数展宽相当于分辨率降低，当用离散值表示时，单个点会延伸为相连的几个点。若以 $\Delta R_R \leqslant \rho_a$ 为允许分辨率降低的界限，则目标离转台轴心的最大横距（L_m）就会有所限制。因为当成像相干角为 $\Delta\theta$ 时，上述条件规定最大横距 $L_m \leqslant \rho_a / \Delta\theta$，考虑式（1.6）中 ρ_a 与 $\Delta\theta$ 的关系，可得 $L_m \leqslant 2\rho_a^2 / \lambda$。举一个 $\rho_a = 0.5\text{m}$ 的例子，则波长 λ 为 8mm、3cm、5cm 和 10cm 时，满足上述条件的最大横距 L_m 分别为 62.5m、16.7m、10m 和 5m。若要求的 ρ_a 值减小或加大，则其 L_m 值也相应地减增。应当指出，上述因素的影响主要发生在图像左右两侧，而非整个画面，因此有时为了简化处理，且目标图像的主要部分又集中在中间，这时可规定主要部分的横距不超过上述 L_m 值。

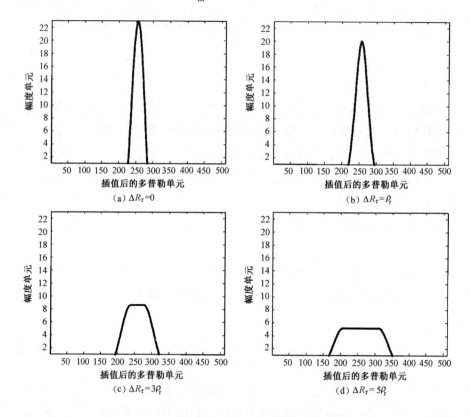

图 8.7　散射点径向走动对点散布函数的影响

实际上，上述散射点径向走动造成的点目标包络展宽可加以补偿。当散射点以某恒定的径向速度 V_r 走动时，设 $\Delta R(t_m) = V_r t_m$，则式（8.19）可写成

$$s_{r1}(\hat{t}, t_m) = s\left(\hat{t} - \frac{V_r t_m}{c}\right) e^{-j2\pi f_c \frac{V_r t_m}{c}} \tag{8.21}$$

将上述函数对快时间 $\hat{t}$ 做傅里叶变换，其频谱随慢时间 t_m 的变化式为

$$R_s(f, t_m) = S(f) e^{-j2\pi(f_c + f)\frac{V_r}{c}t_m} \qquad (8.22)$$

式（8.22）中，$S(f)$ 为 $s(t)$ 的傅里叶变换。

式（8.22）中的线性相位项 $\left(2\pi \dfrac{V_r}{c} t_m f\right)$ 表示信号有与 t_m 成正比的延时，这就是包络走动。同时也可以看出，信号各频率分量 $(f_c + f)$ 的多普勒频率为 $2(f_c + f)\dfrac{V_r}{c}$，即与 f 呈线性关系，这是造成包络走动的原因，如果定义一虚拟时间 τ_m，令

$$f_c \tau_m = (f_c + f) t_m \qquad (8.23)$$

将上述关系代入式（8.22）（即由 t_m 域变到 τ_m 域），并逆变换到快时间域，得

$$s_{r1}(\hat{t}, \tau_m) = s(t) e^{-j2\pi f_c \frac{V_r}{c}\tau_m} \qquad (8.24)$$

即以虚拟慢时间 τ_m 为准，信号只有相位变化（呈现为多普勒频率），而包络走动被消除，这正符合转台成像所要求的，在转动过程中散射点子回波相位变化而包络不动的要求，相当于将各散射点的位置"凝结"在 $t_m = 0$ 的时刻。这方面的内容已在 2.4 节里讨论过，这里不再重复。

应当指出，这里提出的消除包络走动的方法只适用于相干信号。如果是非相干信号，必须先将信号相干化，计算要复杂一些，有兴趣的读者可参阅文献[9]。

图 8.8 为用此方法校正散射点包络走动的实例，其数据是用飞机模型在微波暗室转台录得的，其翼展为 81.5cm，信号中心频率 $f_c = 14.64\text{GHz}$，频带 $\Delta f_r = 6.719\text{GHz}$，总转角为 $20°$，图 8.8（a）和图 8.8（b）分别为未做散射点徙动校正和校正后的成像图形，校正对分辨率的改进是明显的。

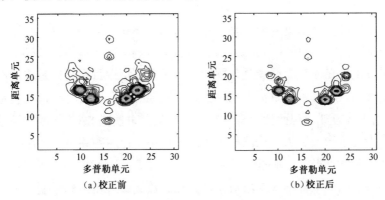

图 8.8 散射点径向走动校正

目标在转动过程中，它上面的散射点不仅有径向距离走动，还会有横向距离走动，或称多普勒走动，因为散射点横距的改变，其回波的多普勒随之变化。多

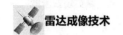

普勒走动主要发生在转台目标的上下两侧，因为距离转台轴心的纵向越大，转台转动引起的横距走动也越大，所以多普勒走动与散射点离目标转台轴心的纵距成正比。

多普勒走动完全可用公式表示，第 1 章里对转台目标采用近似后，由式（1.3）简化为式（1.4），即子回波的多普勒只与散射点的横距有关。如果在采用近似时严格一些，令式（1.3）中的 $\cos(\delta\theta) \approx 1 - \dfrac{(\delta\theta)^2}{2}$，则式（1.4）应写成

$$\Delta\varphi_p = \frac{4\pi}{\lambda}\Big[x_p \delta\theta + y_p(\delta\theta)^2/2 \Big] \tag{8.25}$$

式（8.25）表示子回波相位变化为二次型的，即子回波为线性调频波。

多普勒走动的影响与纵向距离走动相类似，只是后者的影响是使点散布函数沿纵向距离展宽，影响纵向距离分辨率；而前者的影响是使点散布函数沿横向距离（多普勒）展宽，影响横向距离（多普勒）分辨率。两者都与散射点离轴心的距离有关，如果散射点位于图像的四角，则两者的影响都比较大，点散布函数在二维同时展宽。

多普勒走动也可通过补偿加以校正，方法是对线性调频实现相干积累。本章的 8.6 节里还要讨论对机动目标的成像问题，机动目标的散射点做等加速运动时，回波的多普勒为线性调频，有关线性调频数据的目标重建问题将在 8.6 节一起讨论。

基于转动可以对目标作 ISAR 成像，也是由于转动产生的散射点走动会造成目标图像分辨率下降。更广义地说，对于 SAR 和 ISAR，运动是成像的根据，也是产生问题的根源。不规则的随机运动常常会破坏散射点子回波相位历程的规律，从而会产生散焦，严重时甚至会影响包络对齐，对图像质量造成明显失真，这一问题对非合作目标的 ISAR 成像尤为突出。

上面已经讨论了 ISAR 的距离-多普勒算法（R-D 算法），以及对散射点走动影响的补偿。其实，如果将 ISAR 的转台目标成像和 SAR 里的聚束模式成像相比较，可以发现，在原理上两者是相同的。用转台模型做目标成像是雷达不动，目标绕转轴转动。这等价于目标不动，雷达反向地绕转台轴心转动，这就是聚束模式 SAR 的工作方式。但两者也有区别，主要是聚束模式 SAR 的成像场景要大得多，通常为几百米或更大，虽然相干积累角很小，但越距离单元和越多普勒单元徙动的现象要严重得多。那里一般采用极坐标格式算法（PFA），即相对于场景中的某一参考点以极坐标格式录取数据，并在波数域做直角坐标插值，再得到场景图像（详细情况可参阅 3.3.2 节内容）。在 ISAR 里，目标的尺寸要小得多，散射点越分辨单元徙动通常不严重，这时用 R-D 算法要简单得多。此外，本节介绍的散射点走动影响的补偿方法，与 PFA 中的极坐标至直角坐标的转换也有共同之处。

简单的 R-D 算法在 ISAR 里只能用于平稳运动的目标，对机动目标不能直接应用，8.5 节将从更广泛的意义上来讨论 ISAR 成像算法，它既适于机动目标，也适用于平稳运动的目标。

8.5　机动目标的 ISAR 成像[10]

前面讨论的是目标（如飞机）做平稳飞行时的 ISAR 成像，通过平动补偿可将运动目标转换成平面转台目标，且做均匀旋转。

实际目标的飞行有时是不平稳的，军用飞机一类的目标更是如此，它不仅常做加（减）速运动，相当于平面转台的转动不均匀。更有甚者，它还常做改变姿态的机动飞行，其转动是三维的，即同时存在偏航、俯仰和横滚。实际上，飞机变更航向时，其姿态的变化就是三维转动。

通过平动补偿（包括包络对齐和初相校正），机动飞行目标同样也能转换为转台目标，只是转台的转动是三维的、非匀速的，其成像算法需要专门讨论。

众所周知，ISAR 成像借助于雷达与目标之间的相对运动，由于平动分量对成像没有贡献而被补偿后，需要研究的只是其转动分量。转台模型是假设雷达不动，目标随转台作三维转动；反过来，若以目标为基准，假设目标在成像过程中保持某姿态不变，即转台不动，则相当于雷达位置做逆向移动，而在空间形成虚拟的合成阵列。

用后一种模型进行成像处理，其原理和聚束模式 SAR 成像相似，但问题要复杂得多。现在的合成阵列位于以转点轴心为中心的球面上（因已做平动补偿）。由于非合作目标的姿态及其变化既不可能预知，也难以测定，虚拟阵列的流形是不确知的；此外，目标散射点的分布也是三维的。

这一节主要讨论机动目标成像算法的原理，并讨论几种具体情况。

8.5.1　用波数域方法分析 ISAR 成像[11]

在第 3 章的 3.3.4 节里讨论过聚束模式 SAR。由于场景较小，采用了平面波照射的近似。ISAR 的目标更小，平面波近似是完全成立的。

在聚束模式 SAR 里，雷达在各个位置的径向波数谱可以测得，同时雷达相对于场景的位置已知，从而可以建立二维波数谱分布，通过运算可重建场景图像。

ISAR 的雷达也可从回波得到各次的径向波数谱，但每次雷达的所在相对位置是未知的，知道的只是相继发射和接收到的回波，也就是相继的径向波数谱指向比较接近，但究竟指向哪里，以及是如何变化的均属未知。

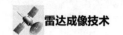
下面针对上述情况展开讨论，首先计算各次回波的径向波数谱。

前面曾提到，对于微波雷达，飞机一类的目标可以用散射点模型表示，且在视角变化范围不大（一般不超过十几度）的情况下，可认为散射点在目标面（通常是金属目标，电波在其表面散射）的分布基本不变。ISAR 成像实际上是分布在目标曲面上的散射点对其成像平面的投影。若散射点目标的空间位置以理想冲激函数表示，则散射点的分布函数可写成

$$g(\mathbf{r}) = \sum_i \sigma_i \delta(\mathbf{r} - \mathbf{r}_i) \tag{8.26}$$

式（8.26）中，$\mathbf{r}_i$ 为第 i 个点目标相对于基准点（三维转台轴心）的位置向量。

设雷达发射脉冲为

$$s(\hat{t}) = \mathrm{rect}\left(\frac{\hat{t}}{T_{\mathrm{P}}}\right) \mathrm{e}^{\mathrm{j}2\pi\left(f_c t + \frac{1}{2}\gamma i^2\right)} \tag{8.27}$$

其回波通过解线频调处理，得到目标的径向波数谱为

$$G(\boldsymbol{K}_{\mathrm{R}}) = \sum_i \sigma_i \mathrm{e}^{-\mathrm{j}\boldsymbol{K}_{\mathrm{R}} \cdot \boldsymbol{r}_i}$$

$$\boldsymbol{K}_{\mathrm{R}} \in \left[\frac{4\pi}{c}\left(f_c - \frac{\gamma T_{\mathrm{P}}}{2}\right), \frac{4\pi}{c}\left(f_c + \frac{\gamma T_{\mathrm{P}}}{2}\right)\right] \tag{8.28}$$

式（8.28）中，$\boldsymbol{K}_{\mathrm{R}} = \dfrac{4\pi f}{c} = \dfrac{4\pi\gamma}{c}\left(\dfrac{f_c}{\gamma} + \hat{t} - \dfrac{2R}{c}\right)$，$R$ 为雷达到基准点的距离[①]。

式（8.28）的径向波数谱实际上为各散射点在雷达射线上投影的傅里叶变换，称为投影切片定理。

虽然径向波数向量 $\boldsymbol{K}_{\mathrm{R}}$ 的指向不确知，但 ISAR 成像所需的相干积累角很小，暂撇开目标的实际姿态，而以采集到的回波序列中间的某次回波的指向作为 x 轴，而以方位向为 y 轴，俯仰向为 z 轴；其相对应的波数空间分别为 K_x、K_y 和 K_z 轴，则各次回波的径向空间向量和径向波数向量被限制在以转台轴心为顶点、以 $x(K_x)$ 为轴的小锥体内。又由于径向波数的支撑域为 $\left[\dfrac{4\pi}{c}\left(f_c - \dfrac{\xi T_{\mathrm{P}}}{2}\right), \dfrac{4\pi}{c}\left(f_c + \dfrac{\xi T_{\mathrm{P}}}{2}\right)\right]$，实际波数谱的支撑域限制在锥体内以 $\dfrac{4\pi f_c}{c}$ 为中心的一小段。

若方位角范围为 $[-\Delta\theta/2, \Delta\theta/2]$，仰角范围为 $[-\Delta\psi/2, \Delta\psi/2]$，则在波数空间 (K_x, K_y, K_z) 里的支撑域限制在 $\left[\dfrac{4\pi}{c}\left(f_c - \dfrac{\xi T_{\mathrm{P}}}{2}\right), \dfrac{4\pi}{c}\left(f_c + \dfrac{\xi T_{\mathrm{P}}}{2}\right)\right]$、$[-2\pi\Delta\theta/\lambda, 2\pi\Delta\theta/\lambda]$ 和 $[-2\pi\Delta\psi/\lambda, 2\pi\Delta\psi/\lambda]$ 的方梯形状的楔形体里［见图 8.9（a）］。K_y 和

---

① 可参阅第 3 章 3.3.3 节和 3.3.4 节。

K_z 维的支撑区范围是这样确定的，它相当于将第 3 章里图 3.19 的极坐标转换为直角坐标，以 y 轴为例，在 x-y 平面里，当观测方向与 x 轴成 $\Delta\theta/2$ 时，其

$$K_y = \frac{4\pi f_c}{c}\sin\frac{\Delta\theta}{2} = \frac{4\pi}{\lambda}\sin\frac{\Delta\theta}{2} \approx \frac{2\pi\Delta\theta}{\lambda}。$$

应当指出，上述波数谱的支撑区在波数空间里，只有 K_x 是实际具有的，因为信号频谱宽度对应了支撑区的长度，而 K_y 和 K_z 的只是支撑区可能存在的范围，实际上雷达并不可能在这个范围的所有视线上都对目标进行观测，相对目标姿态的变化，雷达位置的变化只是在空间划出一条曲线。对应于波数空间 $K_x = K_{Rc} = \dfrac{4\pi f_c}{c}$ 的圆球曲面上划出相应的曲线，称为扫描线。

扫描线实际上是目标姿态变化形成的，上面把 y 轴和 z 轴分别称为方位向和仰角向，这完全是相对于 x 轴的随意假定，而不是真正的方位和仰角，因此扫描线的位置、形状都是不确知的。不过由于飞机一类目标的惯性较大，在很小的转角范围里姿态不可能做复杂变化，扫描线一般为直线或曲率不大的曲线。

由于雷达的频带较雷达载频小很多，即 $\gamma T_p \ll f_c$，而 $\Delta\theta$ 和 $\Delta\psi$ 又很小，这一楔形可近似为长方形 [见图 8.9（b）]。于是，原来 $K_R = K_{Rc} = \dfrac{4\pi f_c}{c}$ 的曲面近似平面，而且支撑区范围内 K_R 为任意值的截平面上的扫描线均与 $K_R = K_{Rc}$ 平面上的相同。

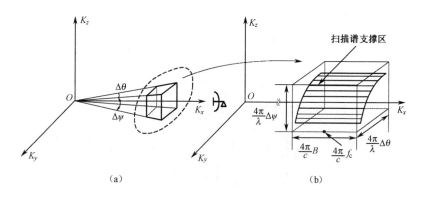

图 8.9 三维转动目标波数域支撑区的范围

在上述长方形假设条件中，可对波数谱 $G(K_x, K_y, K_z)$ 沿 K_x 轴做逆傅里叶变换，即 $\mathrm{IFFT}_{K_x}\left[G(K_x, K_y, K_z)\right] = G_x(x_x, K_y, K_z)$，所得为沿径向距离方向 (x) 的二维波数谱，且不同 x 值的横截面 (K_y, K_z) 里的扫描线均相同。将各个距离单元的二维波束谱 (K_y, K_z) 通过逆傅里叶变换重建目标的 (y, z) 二维分布，则将各距离单元的

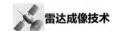

结果沿 x 轴拼接起来，理论上可得目标散射点在三维空间里的分布情况。

上述按距离单元成像的算法，实际上是对前面讨论过的平面转台目标 R-D 算法的推广。对于平面转台目标的情况，相当于扫描线限制在 y 轴上，将 $K_y - K_z$ 平面简化为 K_y 一维，因而将 K_y 的分布做逆傅里叶变换也就是 R-D 算法的多普勒横向成像[①]。

实际上，上面所说的方梯形状楔形体近似为长方体隐含着忽略散射体越距离单元徙动的近似，假设距离单元里的所有散射点在成像的转动过程中既不逸出、也不进入，可以分距离单元来讨论各个单元内所有散射点位置的重建。以某一距离单元(设为第 n 个单元)为例，可根据它的 $K_y - K_z$ 的波数谱重构各散射点在 $y - z$ (即 $\theta - \psi$) 坐标里的位置。

设第 n 个距离单元有 L_n 个散射点，设其空间分布函数为

$$g(r) = \sum_i \sigma_i \delta(r - r_i) \qquad r_i = y_i + \mathrm{j}z_i = r_i \mathrm{e}^{\mathrm{j}\theta_i}, \quad i = 1, 2, \cdots, L_n \qquad (8.29)$$

式 (8.29) 中，(y_i, z_i) 和 (r_i, θ_i) 为该距离单元里第 i 个散射点位置的直角坐标和极坐标。

在第 3 章的 3.3.4 节讨论过，在平面波照射条件下，第 i 个散射点在 $K_y - K_z$ 平面的相位谱相当于一组与 θ_i 方向相垂直的平行线，而线的间距与 r_i 的长度成反比 (见图 8.10)。

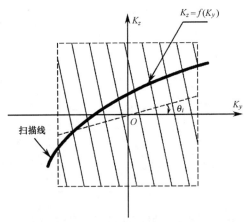

图 8.10　$K_y - K_z$ 平面上表示点目标位置的相位等值线和扫描线

但在实际观测过程中，不可能得到 $K_y - K_z$ 矩形范围内的全部谱数据。前面提到过，雷达发射一次，即从某一方向观察目标，其回波相当于 $K_y - K_z$ 中一个点的

---

① 实际上在距离-多普勒算法里，横向成像用的是傅里叶变换，这里用逆变换主要是由于这里时序信号的排列相反。

数据，而成像过程中的全部数据相当于在 K_y - K_z 平面上划出一条扫描线，扫描线是由离散点组成的。由于非合作目标姿态变化不确知，所以扫描线的形状、位置和扫描的快慢（即扫描线离散点的疏密）都是未知的。图 8.10 所示画出了一条扫描线的例子。

如上如述，雷达观测目标相当于从沿扫描线移动过程中各点的波数谱得到各散射点的回波，而雷达成像是逆问题，即从接收到的回波重建目标的图像。由于扫描线不确知，所以只能分几种不同情况来讨论。由于目标有较大的惰性，在小的转角过程里，扫描一般为直线或近似为直线。

众所周知，要在 K_y - K_z 的波数平面得到二维像，必须在二维波数方向都有长的孔径，使之在二维方向都有高的分辨率。如果波数平面的扫描线为直线或近似直线，它只是沿扫描线方向有高的分辨率，而在垂直于扫描线方向没有分辨率或分辨率很差，由此在 y - z 平面只能得到沿扫描线分布的一维像，相当于（或基本是）该距离单元里的散射点在扫描线上的复投影。

下面分三类情况来讨论。

8.5.2　几种不同转动情况的目标成像

1. 匀角速平面转动目标成像

在匀角速平面转动时，雷达在 K_y - K_z 平面的扫描线为直线，直线的斜率未知（若已知目标为平稳飞行，对应于平面转台目标，则扫描线为水平线），此时可设扫描线为新坐标轴 K_u（见图 8.11）。

扫描线为直线等价于目标仍作平面转动，即在成像观测期间目标的转轴没有变化，只是这时的转轴不垂直于地面，而与雷达射线成一定的角度，在匀角速情况下，转轴可以向量 $\boldsymbol{\Omega}$ 表示（见图 8.12）。向量 $\boldsymbol{\Omega}$ 可以在由 $\boldsymbol{\Omega}$ 和雷达射线（其单位向量 $\hat{\boldsymbol{R}}$ 表示）构成的平面上分解成与 $\hat{\boldsymbol{R}}$ 同向的向量 $\boldsymbol{\Omega}_R$ 和与 $\hat{\boldsymbol{R}}$ 垂直的向量 $\boldsymbol{\Omega}_e$。可以知道，由 $\boldsymbol{\Omega}_R$ 生成的散射点移动，没有径向分量，即不会引起回波相位变化，而 $\boldsymbol{\Omega}_e$ 则会使散射点产生径向移动，因而将 $\boldsymbol{\Omega}_e$ 称为有效转动向量。

设目标 σ_i 的位置在以转台轴心为原点的坐标里用向量 $\boldsymbol{r}_i$ 表示，由于 $\boldsymbol{\Omega}_e$ 的旋转，σ_i 的线速度为 $\boldsymbol{\Omega}_e \times \boldsymbol{r}_i$，而其径向分量（即 $\hat{\boldsymbol{R}}$ 方向的分量）$V_R = (\boldsymbol{\Omega}_e \times \boldsymbol{r}_i) \cdot \hat{\boldsymbol{R}}$，由此可得点目标 σ_i 的多普勒频率为

$$f_d = \frac{2V_R}{\lambda} = \frac{2}{\lambda} \boldsymbol{\Omega}_e \times \boldsymbol{r}_i \cdot \hat{\boldsymbol{R}} \tag{8.30}$$

如上所述，当有效转轴向量为 $\boldsymbol{\Omega}_e$ 时，ISAR 的成像平面垂直于 $\boldsymbol{\Omega}_e$，所成的图像为目标的三维分布的散射点在该平面上的投影。

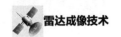

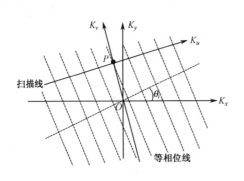

图 8.11　一维转动时 K_y - K_z　　　　图 8.12　目标相对于雷达射线的有效转动

平面的扫描线举例

再回到图 8.11 的波数域平面，这里的 K_u 轴与 $\boldsymbol{\Omega}_e$ 垂直，而 K_u 的值随转角 $\Delta\theta_u(\Delta\theta_u = \boldsymbol{\Omega}_e t_m$，$t_m$ 为慢时间）变化，即 $K_u = \dfrac{4\pi}{\lambda}\Delta\theta_u = 4\pi\boldsymbol{\Omega}_e t_m / \lambda$。由于 K_u 随慢时间 t_m 均匀变化，因此在扫描过程中，它均匀地穿过各散射点的相位等值线，因而对回波作傅里叶分析，就可得到各距离单元里散射点沿 u 轴的分布。

上面已经从两个方面说明了匀速平面转动目标的成像，但在成像过程中转轴向量 $\boldsymbol{\Omega}_e$ 是未知的。$\boldsymbol{\Omega}_e$ 的数值未知，即只能得到散射点的横向分布，而真实尺度是未知的；$\boldsymbol{\Omega}_e$ 的指向未知，即目标散射点投影的成像平面未知。只有在成像完成后，根据对目标形状的先验知识对照所成的图像估计该时刻目标的转动情况。本章后面我们将举例加以说明。

2. 目标以非匀角速平面旋转

在目标作非匀角速的平面旋转的情况下，在 K_y - K_z 平面里的扫描线仍然是斜率未知的直线 K_u，但现在回波序列数据不是以等间隔在 K_u 上排列，K_u 是时间 t 的非线性函数。对于飞机一类惯性较大的目标，其转动角的变化可以用起始有效角速度 Ω_0 和角加速度 α 表示。在这种情况下，上述距离单元内第 p 个回波序列为线性调频，设其起始频率为 f_{dp0}，调频率为 γ_p，则它们与 Ω_0 和 α 有下列关系

$$\frac{2}{\lambda}L_p(\Omega_0 + \alpha t_m) = f_{dp0} + \gamma_p t_m \tag{8.31}$$

式（8.31）中，L_p 为该散射点的横距，由式（8.31）得

$$\gamma_p / f_{dp0} = \alpha / \Omega_0 \triangleq \eta \tag{8.32}$$

和

$$f_{dp0} + \gamma_p t_m = f_{dp0}(1 + \eta t_m) \tag{8.33}$$

式（8.33）中，η 是已经定义的常数，它可从回波信号序列估计得到。再定义一个新的时间变量 $t' = \left(1 + \dfrac{1}{2}\eta t_{\mathrm{m}}\right)t_{\mathrm{m}}$，则第 p 个散射点子回波的相位函数可写成

$$\Phi(t) = \phi_0 + 2\pi f_{dp0}\left(1 + \frac{1}{2}\eta t_{\mathrm{m}}\right)t_{\mathrm{m}} = \phi_0 + 2\pi f_{dp0}t'.$$ 因此，对于新变量 t'，目标为匀速旋转。

如上所述，按离散时间 t_{m} 所录取的一系列回波数据，在 K_y-K_z 平面沿 K_u 轴非均匀分布。但如果按 $t' = (1 + \eta t_{\mathrm{m}})t_{\mathrm{m}}$ 的关系式通过插值得到一系列以 t' 为变量的离散数据，这些数据点沿 K_u 轴均匀分布，因而可以通过离散傅里叶变换得到该距离单元目标沿 K_u 方向的横向像。与上面讨论过的匀速转动情况相同，K_u 的方向和横向实际尺度也是未知的。

式（8.31）至式（8.33）关于目标转动与回波关系的描述很容易推广到更高阶角加（减）速转动的情况，只是新变量要以更高阶的多项式表示，所需估计的参数也要多一些。

通过对大量实测数据的分析，目标做非均匀转动的情况还是比较多的，其相位随时间以多项式变化。但是，由于目标惰性较大，呈现的多项式一般为二次，即只需考虑转动的初始角速度、角加速度就可以了，角加加速度以上的项（即多项式三次以上的项）可以忽略，在这种情况下，各散射的子回波为线性调频信号。

将上述只考虑二次相位项的非线性转动与均匀转动的情况做一比较，可以想象，在各个距离单元里的散射点子回波，当均匀转动时，各子回波的多普勒为常数，在时频平面则为一组水平线；而对上述非线性转动，则为斜率不同的一组线性调频线。图 8.13（a）是某一实测目标中一个距离单元回波的时频分布，可见在不同时刻的多普勒分布是不同的，将其中时刻 t_1 和 t_2 各个距离在该时间的多普勒分布拼接起来，得到的二维距离-多普勒图像分别如图 8.13（b）和图 8.13（c）所示，两者在横向尺度上明显不同，这是由于两者的瞬时多普勒带宽不同引起的，称为距离-瞬时多普勒算法。

应当指出，在波数域里，通过时间变换和插值处理，在 K_u 轴上得到的是相当于目标均匀转动时的波数谱，从而将非均匀转动变换成均匀转动来处理。不过用这种方法要得到好的成像质量必须满足两个条件：一是转动参数的估计和插值必须精确；二是目标必须是理想的平面转动。特别是后一个条件，很难保证它一定满足，从而使成像质量受到影响。

在时频平面上用距离-瞬时多普勒算法进行成像要稳健得多，因为时频分布可以实际而直观地表现各子回波瞬时多普勒频率的变化情况，因而实用价值更大，后面将专门列出一节来介绍它。

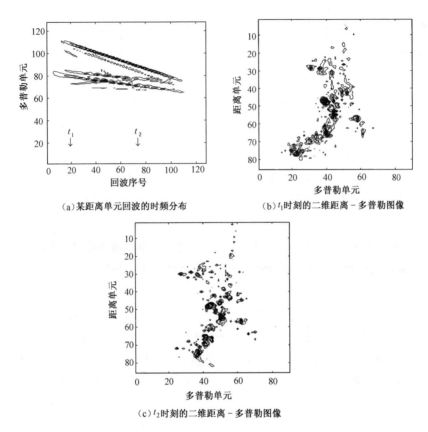

(a)某距离单元回波的时频分布   (b)t_1时刻的二维距离－多普勒图像

(c)t_2时刻的二维距离－多普勒图像

图 8.13   目标做等加速转动时的时频分析及成像结果

3. 目标三维转动

目标做三维转动是指在成像观察期间的转轴指向有变化，扫描线为曲线，如果扫描线及它上面的波数谱已知，则可得到该距离单元散射点的二维横截面分布，各个方向的分辨率由相应方向波数谱的孔径长度确定。

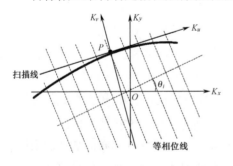

图 8.14   目标三维转动扫描线为曲线的情况

前面曾提到，对飞机一类惰性大的目标，在成像的小相干积累角范围内，扫描线是平缓的，图 8.14 中以扫描线的主要延伸方向 K_u 及其垂直方向 K_v 为新的波数域坐标，则二维横截面像只在 K_u 方向有高的分辨率，K_v 方向由于波数谱孔径很小，其分辨率是很差的。

在这种情况下，只有 u 方向的距离像才有意义。若目标的空间分布为 $g(u,v)$，

相应的波数谱为 $G(K_u, K_v)$，两者成傅里叶变换对的关系。如果求 $g(u,v)$ 在 u 轴的切片，即令逆傅里叶变换中的 $v = 0$，得

$$g(u,0) = \frac{1}{(2\pi)^2} \int \left[\int G(K_u, K_v) \mathrm{d}K_v \right] \mathrm{e}^{\mathrm{j}K_u u} \mathrm{d}K_u \qquad (8.34)$$

式（8.34）为投影切片定理，即空间分布在 u 轴（即 $v = 0$）的切片，等于波数谱在 K_u 轴上投影 $\left[即 \dfrac{1}{2\pi} \int G(K_u - K_v) \mathrm{d}K_v \right]$ 的逆傅里叶变换。

前面提到过，由于 K_v 向的孔径很小，即 v 轴方向的分辨率很差，切片 $g(u,0)$ 近似等于 $g(u,v)$ 在 u 轴上的投影。

实际上，$G(K_u, K_v)$ 在 K_u - K_v 的二维平面上只在扫描线上有值，它在 K_u 轴上的投影，即扫描线上相应的波数谱值。不过扫描线上各离散点的波数谱由各次的基频回波确定，离散点的位置以慢时间 t_m 为参变量，而不像平面转动时 K_u 与 t_m 共轴，只是非均匀转动，两者有一定的函数关系，如 K_u 为 t_m 的二次多项式。现在要由扫描线离散点（其位置由 t_m 确定）投影到 K_u 轴上，更增加了 u 和 t_m 关系的复杂性。

基于以上原因，当关心的是图 8.14 中 P 点时刻的瞬时像时，可以用 P 点扫描线的切线作 K_u 轴，其法线方向为 K_v 轴（见图 8.14）。按投影切片定理，K_u 轴上的波数谱点的值可以用扫描线上的波数谱点的值（即各慢时刻的基频回波）表示。

从图 8.14 可见，以慢时间为参变量，波数谱点沿扫描线的分布（即实际扫描过程）与在 K_u 上的分布是不相同的，它们只是在 P 点及其附近相同或基本相同，而离 P 点越远，两者的差异也越大。可以想象，扫描线的曲率越大，两者相差会更大。所以用 P 点的切线近似代替扫描线，只适用于扫描线弯曲比较平缓的场合。此外，为了充分利用 P 点附近一段近似度好的数据，应对数据做锥削加权，即 P 点处权重最大，其两侧逐步减小。

应当指出，本节的目的是把对机动目标成像的原理介绍清楚，特别是在三维转动下如何实现成像。但是，用本节的方法直接进行成像是不实际的，因为对目标姿态及其变化都不了解的情况下，扫描线都无法画出，更谈不上由它重建目标图像。

但通过讨论可以知道，在平面波照射和目标在成像过程中，散射点不发生越距离徙动的近似条件下，可以将包络对齐和初相校正已完成的距离像序列按距离单元分别处理，且所有距离单元的扫描线均相同。

虽然在 K_y - K_z 平面上的扫描线的形状和变化过程不确知。但任一散射点在距离轴（x 轴）法平面里的位置可用 K_y - K_z 平面的一组相位等值线表示，扫描线穿过这组等值线可得它的相位变化过程，因而对每一个散射点根据它所在的位置，

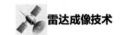

在扫描过程中描绘出一条时频分布曲（直）线。如果扫描线为直线或近似直线，则三维转动蜕化为对空间某一维（或近似对这一维）的平面转动，从而可得到三维散射点分布在该平面投影的二维像，而实际平面的方向在处理过程中是未知的，要等成像完成后，从所得图像的形状，估计出该时刻目标姿态的瞬时变化情况。后面将通过实例加以说明。

如上所述，在对机动目标成像的原理有所了解后，还有必要讨论复杂目标成像的时频分析方法。

8.6　用时频分析方法对非平稳运动目标成像[12]

在 8.5 节，已经用阵列模型和波数域方法对机动目标的 ISAR 成像进行了研究。它只是原理性的，因为对非合作目标的姿态及其变化是不确知的，阵列流形和波数谱分布都无法建立。

实际上，从雷达直接得到的只是目标回波，当目标平稳飞行时，各散射点子回波的多普勒为不同的常数，因此对通过平动补偿后的回波序列进行傅里叶变换，就能得到 ISAR 像。非平稳运动目标在成像的观测期间各散射点的多普勒频率不再保持不变。

ISAR 像实际是以转动分量的多普勒频率作为横坐标，各散射点子回波多普勒频率的变化将导致 ISAR 像的时变性。如果能够得到各距离单元里所有散射点子回波的时频分布，就可从各个时刻的瞬时多普勒分布得到相应时刻的瞬时 ISAR 二维像。

通过时频分析可以得到信号的时频分布，最常见的是短时傅里叶变换（Short-Time Fourier Transform，STFT），又称滑窗傅里叶变换。一般的傅里叶变换是对信号做整体变换，体现不出信号的"局域性"，STFT 则用"时窗"截取一段信号做变换，得到所在时刻的短时频谱。将"时窗"沿时间轴滑动，并将所得到的短时频谱沿时间轴排列，即为时频分布。对于 STFT，"时窗"宽度的要求是矛盾的，为了突出时变的"局域性"，宽度应取短，但时窗短则频谱分辨率差。实际上，一般 ISAR 成像为取一段数据做傅里叶变换得到散射点的横向分布。现在用 STFT 是对某一时刻"时窗"内的数据做变换而得到瞬时谱，这与用短数据作一般的 ISAR 成像完全等价，不会带来分辨率提高的好处。

实际上，要对复杂时变的信号做高分辨的时频分析是有困难的，好在飞机一类目标的惰性较大，姿态和转速的变化不会是突然的，即回波信号各个分量的时频变化不会十分复杂。大多数情况下，在成像所需的转角范围里，回波各分量的相位历程可以用二次和二次以下的多项式近似，三次以上的相位项（相当于转角的加加速）可以忽略。也就是说，回波中各个散射点子回波分量可以用不同斜率的线性调频波（单频连续波可视为斜率为零的线性调频波）表示。

由于对线性调频一类信号用 Wigner-Ville 分布（Wigner-Ville Distribution，WVD）做时频分析，其分辨率是最高的，因此下面对它进行具体研究。

8.6.1　用 Radon-Wigner 滤波反投影成像

1. Wigner-Ville 分布（WVD）

WVD 是常用的二次型（功率）时频分布。一个平稳随机信号 $s(t)$，它的相关函数 $R(\tau) = E\left[s\left(t + \dfrac{\tau}{2}\right)s^*\left(t - \dfrac{\tau}{2}\right)\right]$，其中 $E[\cdot]$ 为统计平均。若信号具有遍历性，统计平均可用时间平均代替。相关函数的傅里叶变换为功率谱。

信号的功率谱同样不具有局域性，为了得到功率谱随时间的变化，可借用 STFT 的做法，采用短时的相关函数。WVD 则采用了相关函数的瞬时值 $R(t,\tau) = s\left(t + \dfrac{\tau}{2}\right)s^*\left(t - \dfrac{\tau}{2}\right)$，即信号 $s(t)$ 的 WVD 为

$$
\begin{aligned}
\mathrm{WVD}_s(t,f) &= \int R(t,\tau)\mathrm{e}^{-\mathrm{j}2\pi f\tau}\mathrm{d}\tau \\
&= \int s\left(t + \frac{\tau}{2}\right)s^*\left(t - \frac{\tau}{2}\right)\mathrm{e}^{-\mathrm{j}2\pi f\tau}\mathrm{d}\tau
\end{aligned}
\tag{8.35}
$$

WVD 作为一种二次型的时频分布，具有许多优良的特性，同时针对它存在的问题也有许多改进方法，本书不可能详细阐述，有兴趣的读者可参阅有关文献（如文献[13]）。这里只是对与本书讨论有关的内容做简单介绍。

WVD 特别适用于对线性调频（LFM）信号做时频分析，若信号为 $s(t) = \mathrm{e}^{\mathrm{j}2\pi\left(f_0 t + \frac{1}{2}\gamma t^2\right)}$，将它代入式（8.35），并稍加以整理，得

$$
\begin{aligned}
\mathrm{WVD}_{\mathrm{LFM}}(t,f) &= \int \mathrm{e}^{\mathrm{j}2\pi(f_0 + \gamma t)\tau}\mathrm{e}^{-\mathrm{j}2\pi f\tau}\mathrm{d}\tau \\
&= \delta\left[f - (f_0 + \gamma t)\right]
\end{aligned}
\tag{8.36}
$$

式（8.36）表明，LFM 信号的 WVD 为冲激线性谱，且各个时刻的频率值与 LFM 信号的瞬时频率相同，这显然是所期望的。

当然，上述冲激线性谱是在时间无限长的情况下获得的，实际信号只能是有限长度，这时的冲激函数蜕变为 sinc 形的窄脉冲函数，只要信号有足够的长度，仍然可得到高的频率分辨率。

不过，式（8.36）只是在单个 LFM 信号时成立。二次型（功率）谱与线性谱不同，如果信号不是单个分量，则其 WVD 为除自身的各个分量的 WVD 外，还有两两

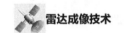

分量间的交叉项。例如，信号有两个分量，设 $s(t) = f(t) + g(t)$ ，得

$$
\begin{aligned}
\mathrm{WVD}_s(t,f) &= \int s\left(t+\frac{\tau}{2}\right)s^*\left(t-\frac{\tau}{2}\right)\mathrm{e}^{-\mathrm{j}2\pi f\tau}\mathrm{d}\tau \\
&= \int\left[f\left(t+\frac{\tau}{2}\right)+g\left(t+\frac{\tau}{2}\right)\right]\left[f^*\left(t-\frac{\tau}{2}\right)+g^*\left(t-\frac{\tau}{2}\right)\right]\mathrm{e}^{-\mathrm{j}2\pi f\tau}\mathrm{d}\tau \\
&= \int f\left(t+\frac{\tau}{2}\right)f^*\left(t-\frac{\tau}{2}\right)\mathrm{e}^{-\mathrm{j}2\pi f\tau}\mathrm{d}\tau + \int g\left(t+\frac{\tau}{2}\right)g^*\left(t-\frac{\tau}{2}\right)\mathrm{e}^{-\mathrm{j}2\pi f\tau}\mathrm{d}\tau + \\
&\quad \int f\left(t+\frac{\tau}{2}\right)g^*\left(t-\frac{\tau}{2}\right)\mathrm{e}^{-\mathrm{j}2\pi f\tau}\mathrm{d}\tau + \int g\left(t+\frac{\tau}{2}\right)f^*\left(t-\frac{\tau}{2}\right)\mathrm{e}^{-\mathrm{j}2\pi f\tau}\mathrm{d}\tau \\
&= \mathrm{WVD}_f(t,f) + \mathrm{WVD}_g(t,f) + \mathrm{WVD}_{fg}(t,f) + \mathrm{WVD}_{gf}(t,f)
\end{aligned} \tag{8.37}
$$

式（8.37）中， $\mathrm{WVD}_f(t,f)$ 和 $\mathrm{WVD}_g(t,f)$ 分别为信号 $f(t)$ 和 $g(t)$ 自身的 WVD，而 $\mathrm{WVD}_{fg}(t,f)$ 和 $\mathrm{WVD}_{gf}(t,f)$ 分别为两信号的交叉项。

2. Radon-Wigner 变换（RWT）

二次型（功率）时频谱存在交叉项是不可避免的。在 ISAR 成像中只有各信号分量的自身项才是有用的，而交叉项则成为干扰。交叉项具有振荡特性，采用平滑方法可将其削弱，但在平滑过程中会降低时频谱的分辨率。根据不同的实际情况，选用合适的平滑方法是 WVD 的一个专门课题。本节所研究的 WVD 有其特殊性，它是（或近似是）多分量的线性调频波，其 WVD 中各分量的自身项呈现为不同的实直线，同时伴随具有振荡特性的交叉项。为抑制交叉项的影响，最好对 WVD 再做 Radon 变换。也就是对信号做 WVD 后再做一次 Radon 变换，通称为 Radon-Wigner 变换（Radon-Wigner Transform，RWT）。

下面先对 Radon 变换做一些简单介绍。Radon 变换是通过直线积分将一个二维平面的函数转换为另一个二维函数。为了说明 Radon 变换，可用图 8.15（a）为例，设原来的二维平面为 WVD 平面，二维函数为 $\mathrm{WVD}(t,f)$ 。图 8.15（a）中画了一条直线 L ，沿直线 L 对该二维平面的函数作积分可得一个积分值，改变直线位置又可得另一个积分值。平面上的直线位置可以用两个参数来表征，在图 8.15（a）画的是一般 Radon 变换常用的参数表征形式，它以从原点 O 到直线的垂直线的长度 r ，以及该垂直线与横坐标夹角 α 为参数，通过所有不同位置的直线积分将 (f,t) 二维平面的函数 $\mathrm{WVD}_s(f,t)$ 映射到 (r,α) 二维平面 $D_s(r,\alpha)$ ，而 $D_s(r,\alpha)$ 又称为信号 $s(t)$ 的 RWT。

实际上，平面上的直线也可用另外两个参数来表征，如图 8.15（b）所示，它是以起始频率 f_0 （即直线时频特性 $t=0$ 时 f 轴的截距）和调频率 γ （即直线的斜率）为参数，将 (f,t) 二维平面的函数 $\mathrm{WVD}_s(t,f)$ 映射到 (f_0,γ) 二维平面 $D_s(f_0,\gamma)$ 。

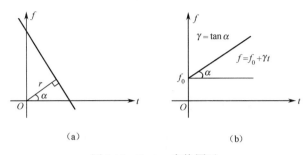

(a) (b)

图 8.15 Radon 变换图示

采用后一种 RWT，对这里的时频分布是很合适的，因为这里分析的信号是（或近似是）多分量的线性调频信号，从前面的分析可知，这类信号具有（或近似具有）直线特性的 WVD，其起始频率和调频率分别为 f_{0i} 和 $\gamma_i(i=1,2,\cdots)$。可见，当 Radon 变换的积分直线参数 f_0 和 γ 与其中某一组的参数相同时，积分值很大，因而在 RWT 平面 $(f_0-\gamma)$ 上呈现与上述分量对应的峰值。至于各分量在 WVD 的交叉项，由于它们具有振荡特性，积分值要小得多。图 8.16 是一个实测数据的变换实例，它是某飞机回波一个距离单元的 RWT。从该图可以看出回波中各个线性调频分量的参数分布情况。

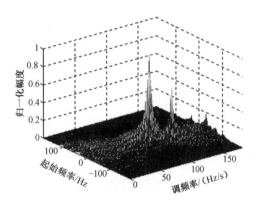

图 8.16 飞机回波某一距离单元 RWT 实例

3. 适用于多个线性调频分量的 RWT 的计算[14]

下面再来讨论如何计算信号 $s(t)$ 的 RWT。信号 $s(t)$ 的 WVD 如式（8.35）所示，对它沿直线 $L(f=f_0+\gamma t)$ 积分，可得 $s(t)$ 的 RWT 为

$$D_s(f_0,\gamma)=\int_L \mathrm{WVD}(t,f)\mathrm{d}s \tag{8.38}$$

式（8.38）中，$\mathrm{d}s$ 为沿直线 $L(f=f_0+\gamma t)$ 的增量。考虑式（8.38）沿直线 L 积分时，$f=f_0+\gamma t$，且 $\mathrm{d}s=\sqrt{1+\gamma^2}\mathrm{d}t$。于是式（8.38）可写成

$$D_s(f_0,\gamma)=\sqrt{1+\gamma^2}\int \mathrm{WVD}_s(t,f_0+\gamma t)\mathrm{d}t \tag{8.39}$$

将式（8.35）的 $\mathrm{WVD}_s(t,f)$（并令 $f=f_0+\gamma t$）代入式（8.39），得

$$D_s(f_0,\gamma)=\sqrt{1+\gamma^2}\iint s\left(t+\frac{\tau}{2}\right)s^*\left(t-\frac{\tau}{2}\right)\mathrm{e}^{-\mathrm{j}2\pi(f_0+\gamma t)\tau}\mathrm{d}\tau\mathrm{d}t \tag{8.40}$$

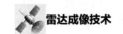

取两个新变量 t_1 和 t_2，且 $t_1 = t + \dfrac{\tau}{2}$、$t_2 = t - \dfrac{\tau}{2}$，对式（8.40）做变量变换。由于 $\left| \dfrac{\partial(\tau, t)}{\partial(t_1, t_2)} \right| = 1$，式（8.40）经变量变换后可写成

$$
\begin{aligned}
D_s(f_0, \gamma) &= \sqrt{1 + \gamma^2} \iint s(t_1) s^*(t_2) \mathrm{e}^{-\mathrm{j}2\pi\left[f_0(t_1 - t_2) + \frac{1}{2}\gamma\left(t_1^2 - t_2^2\right) \right]} \mathrm{d}t_1 \mathrm{d}t_2 \\
&= \sqrt{1 + \gamma^2} \left| \int s(t) \mathrm{e}^{-\mathrm{j}2\pi\left(f_0 t + \frac{1}{2}\gamma t^2 \right)} \mathrm{d}t \right|^2
\end{aligned}
\tag{8.41}
$$

利用式（8.41）可以直接从信号 $s(t)$ 计算它的 RWT，这样做可使计算过程简化。特别需要指出的是，当信号由一组不同参数的线性调频信号所组成时，它具有明确的物理含义。式（8.41）第二等式的积分运算可看成由两步组成：第一步是将信号 $s(t)$ 乘以 $\mathrm{e}^{-\mathrm{j}\pi\gamma t^2}$，如果 $s(t)$ 中有调频率为 γ 的分量，则相乘后成为单频信号，该式以 γ 为参变量做搜索，可以在相应的 γ 值时得到单频信号；第二步是以 f_0 为参变量作傅里叶变换，于是将经第一步处理后所得单频信号，在 f_0 与其起始频率相同时输出峰值。也就是说，式（8.41）的处理，可将 $s(t)$ 中的各个线性调频分量，以它的参数 (f_{0i}, γ_i) $(i = 1, 2 \cdots)$ 在 $(f_0 - \gamma)$ 平面里的相应位置上以峰值显示出来。

4. WVD 中交叉项的抑制

上面主要讨论了信号 $s(t)$ 中线性调频分量的 WVD 自身项，在 RWT 里交叉项虽然受到抑制，但还是存在的。下面举例加以说明。

图 8.17 是两个强度相等、调频率相同而起始频率不同的两个信号，将该信号 RWT 的自身项和交叉项强度分别画出，如图 8.17（a）和 8.17（b）所示，自身项强度呈现很尖锐的峰值，交叉项的强度低，约低一个数量级，而分布区域较广。可以想象，当有多个强度相近的分量时，它们的自身项会在 RWT 平面相应的位置处呈现尖峰，而交叉项以低的强度散布在较广大区域。可以用保留峰值的掩膜方法处理（即对 RWT 作二维滤波，只在各峰值附近小的区域里设置通带，而对其他区域置零），就可以在 RWT 平面大幅度抑制交叉项分量，将经上述滤波处理后的 RWT 变换回到 WVD，便可得到基本上只有自身项的 WVD，由此可得各个距离单元的瞬时（功率）横向距离像。将各个距离单元的结果拼接起来，可得在成像期间的瞬时 ISAR 像。

上面说的是距离单元内各分量强度相近的情况。如果各分量强度相差较大，如有少数几个强分量，而其他的较弱，这时如果只保留几个特强的分量，图像质量会较差。如果为提取强度较小的分量而降低掩膜门限，又会使有些交叉项错误地被提取出来。

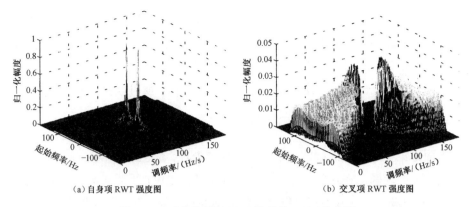

（a）自身项 RWT 强度图　　　　（b）交叉项 RWT 强度图

图 8.17　两个等强度 LFM 信号的 RWT 分布图

当诸分量中有少数几个特强的分量，较强的交叉项也是由它们形成的。由于 WVD 为二次型的分布，其交叉项分别由两两分量构成，只有特强的一些分量参与，才能构成较强的交叉项。因此，抑制较强的交叉项的有效方法是估计出几个特强的 LFM 分量的参数（包括起始频率 f_0、调频率 γ，以及信号幅度 A 和相位 φ），然后从总的信号中减去这几个估计的分量。实际上，这样操作一般得不到好的效果，因为实际的 LFM 分量并不绝对准确，信号幅度、相位都可能有小的起伏变化，估计的信号与实际的很难准确相同。

这时可以采用解线频调加滤波的方法。例如，某距离单元的总信号为 $s(t)=\sum\limits_i s_i(t)$，并得知其最强 LFM 分量的调频率为 γ_1，将 $s(t)$ 乘以 $\mathrm{e}^{-\mathrm{j}\pi\gamma_1 t^2}$，即

$$s(t)\mathrm{e}^{-\mathrm{j}\pi\gamma_1 t^2}=\sum_i s_i(t)\mathrm{e}^{-\mathrm{j}\pi\gamma_1 t^2} \qquad (8.42)$$

相当于将各分量的调频率都减去同一数值 γ_1，而最强分量则变成（或近似变成）单频信号。

对式（8.42）的解线频调信号做傅里叶变换得到其频谱，它等于等式右边各项频谱的线性相加，其中除了由于最强分量 $s_1(t)$ 被变换成单频信号而成为窄谱外，其他分量均为宽谱，因而总的频谱会在 $s_1(t)$ 的起始频率 f_{10} 处呈现窄的尖峰。用窄带的带阻滤波器滤除该尖峰窄谱（即在 f_{10} 附近置 0），则最强分量的主瓣部分被消去，只留下很小的副瓣分量。在滤波过程中也会影响其他一些分量，但由于阻带很窄，影响很小。

将经过上述处理后的频谱，通过逆傅里叶变换，并乘以 $\mathrm{e}^{\mathrm{j}\frac{1}{2}\gamma_1 t^2}$ 则得到 $s_1(t)$ 基本消除而对其他分量影响很小的距离单元总信号。重复上述过程，再消除次强分量，直至少数强分量都被消除，总信号强度明显减小为止。

应当指出，当几个特强分量的强度相差不大，且在 RWT 平面上位置相近时，

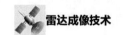

估计最强分量的参数时会发生误差，从而影响后续工作的效果。这时可以在估计出几个次强分量后，回过来从原总信号中只消去后几个次强分量，而重新估计最强的分量。通过多次迭代计算，可使估计值的精度提高，相消效果改善。实测数据处理结果表明，一般用一次处理，最多用一次迭代，就可以获得较满意的结果。

5. 从 RWT 平面还原到 WVD 平面

上面讨论了通过解线频调带阻滤波和掩膜处理，在 Radon-Wigner 平面抑制多分量交叉项的问题。在这些操作完成后，还需要从 RWT 平面还原到 WVD 平面。在 ISAR 成像里，通常并不需要整个成像期间的瞬时像，而只需要某特定时刻（如 $t = 0$）的像。为此，不一定要还原 $\text{WVD}_s(t,f)$ 的整个平面，而只要得到 $t = 0$ 时的 $\text{WVD}_s(0,f)$ 的分布即可，这可以使计算简单些。

前面的式（8.40）和式（8.41）是从信号 $s(t)$ 的 WVD 计算它的 RWT。现在要计算它的逆变换。

从式（8.39）出发，将 $D_s(f_0, \gamma)$ 对 f_0 做傅里叶变换（$f_0 \to u$），得

$$Q_s(u, \gamma) = \int D_s(f_0, \gamma) e^{-j2\pi f_0 u} df_0 \tag{8.43}$$

将式（8.39）代入式（8.43），得

$$Q_s(u, \gamma) = \sqrt{1 + \gamma^2} \iint \text{WVD}_s(t, f_0 + \gamma t) e^{-j2\pi f_0 u} dt df_0 \tag{8.44}$$

将式（8.44）积分的变量 (t, f_0) 变换到 (t, f)，其中 $f = f_0 + \gamma t$。由于 $\left| \dfrac{\partial(t, f_0)}{\partial(t, f)} \right| = 1$，变量变换后得

$$Q_s(u, \gamma) = \sqrt{1 + \gamma^2} \iint \text{WVD}_s(t, f) e^{-j2\pi(f - \gamma t)u} dt df \tag{8.45}$$

式（8.45）等式右边可看成是一个二维傅里叶变换，它由变量 (t, f) 平面变换到 $(-\gamma u, u)$ 平面，因而可用逆傅里叶变换求 $\text{WVD}_s(t, f)$，即

$$\text{WVD}_s(t, f) = \iint \frac{Q_s(u, \gamma)}{\sqrt{1 + \gamma^2}} e^{j2\pi(f - \gamma t)u} (-d\gamma u) du \tag{8.46}$$

将式（8.46）积分的二维变量 $(-\gamma u, u)$ 变换到变量 (γ, u)，由于 $\left| \dfrac{\partial(-\gamma u, u)}{\partial(\gamma, u)} \right| = |u|$，故变换后得

$$\text{WVD}_s(t, f) = \iint \frac{Q_s(u, \gamma)}{\sqrt{1 + \gamma^2}} |u| e^{j2\pi(f - \gamma t)u} du d\gamma \tag{8.47}$$

上面提到，在 ISAR 里通常不要求得到 WVD 全平面的分布，而是得到某一时刻

的瞬时像，选择 $t=0$ 可使计算简化。令式（8.47）中 $t=0$，这时的频率 f 的分布即各分量起始频率 f_0 的分布，从式（8.47）可得

$$\text{WVD}_s(0,f_0) = \int h(f_0,\gamma)\mathrm{d}\gamma \tag{8.48}$$

式（8.48）中

$$h(f_0,\gamma) = \int \frac{Q_s(u,\gamma)}{\sqrt{1+\gamma^2}}|u|\mathrm{e}^{j2\pi f_0 u}\mathrm{d}u \tag{8.49}$$

式（8.49）的 $h(f_0,\gamma)$ 是 $\dfrac{Q_s(u,\gamma)}{\sqrt{1+\gamma^2}}|u|$ 从变量 u 变换到变量 f_0 的逆傅里叶变换。而 $Q_s(u,\gamma)$ 又是 $D_s(f_0,\gamma)$ 通过傅里叶变换由变量 f_0 变换到 u 的，所以 $h(f_0,\gamma)$ 可看作 $D_s(f_0,\gamma)$ 通过特性为 $|u|/\sqrt{1+\gamma^2}$ 的滤波输出，然后作变量 γ 的反投影积分得到所需的 $\text{WVD}_s(0,f_0)$。

如果要求得到抑制交叉项后全部的 WVD 分布，则可直接用式（8.47），以各种时间 t 的值，计算 $\text{WVD}_s(t,f)$，但运算量较大。

6. 非平稳运动目标 ISAR 成像举例

图 8.18（a）是通过安-26 飞机非平稳飞行目标实测数据的某个距离单元回波直接计算得到的 WVD，各分量的线性调频性质清晰可见，只是交叉项混杂其中，用它做瞬时成像质量较差。图 8.18（b）所示为抑制交叉项后的 WVD。

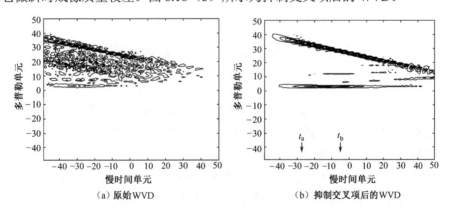

（a）原始 WVD　　　　　　（b）抑制交叉项后的 WVD

图 8.18　非平稳飞行目标实测数据 WVD 举例

对这样的非平稳飞行目标，用传统的 R-D 算法做成像处理，将完全失效。图 8.19（a）所示为用传统距离-多普勒法的成像结果实例。图 8.19（b）和 8.19（c）是用本节介绍的距离-瞬时多普勒法在两个不同时刻（t_a 和 t_b）的成像结果，可见图像是比较清晰的。两者尺度有明显差别，这是由于目标姿态变化转速不同造成

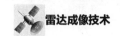

的。ISAR 的横向尺度并非目标的实际尺寸，而是各散射点的多普勒分布，转速加大使目标横向增宽。

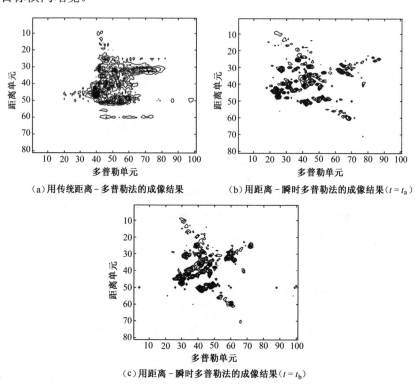

（a）用传统距离–多普勒法的成像结果

（b）用距离–瞬时多普勒法的成像结果（$t = t_a$）

（c）用距离–瞬时多普勒法的成像结果（$t = t_b$）

图 8.19　非平稳飞行目标实测数据 WVD 举例

8.6.2　用最小二乘-RELAX 算法对非平稳运动目标成像

由于飞机一类目标的惰性较大，其非平稳的机动飞行不可能十分复杂，对于一个小的时间段，大多可用平面转动近似，且转动可以用二次型来描述。由此可见，如果能设法缩短成像所需的时间段（更确切地说，为减小所需的目标转角），就可以提高成像的成功率。

用基于傅里叶变换的方法，减小成像转角会造成横向分辨率的下降，只有采用超分辨算法，在同样分辨率情况下，所需的转角可以小很多。

多数超分辨算法为参数法，即估计合成信号中各个分量的参数。在这里假设各分量具有 LFM 形式，所需估计的是它们的起始频率和调频率。超分辨算法有很多种，这里介绍基于最小二乘的 RELAX 算法。

当讨论平动补偿完成后的距离像序列中的某个距离单元（设为第 n 个单元）时，设该单元有 K 个散射点，其子回波具有 LFM 形式，起始频率和调频率分别为 f_{0k} 和 γ_k，$k = 1, 2, \cdots, K$。如果回波序列 m 的长度为偶数 M，令 $M \in [-M/2, \cdots, -1,$

$0,1,\cdots,M/2-1]$，表示回波序列中时间点的序号，并将 $m=0$ 的点作为时间起点（即 $t_m=0$），则各 LFM 分量的相位历程向量可写成

$$\boldsymbol{\varphi}_k=\left(\mathrm{e}^{\mathrm{j}2\pi\left[f_{0k}(-M/2)+\frac{1}{2}\gamma_k(-M/2)^2\right]},\cdots,1,\cdots,\mathrm{e}^{\mathrm{j}2\pi\left[f_{0k}(M/2-1)+\frac{1}{2}\gamma_k(M/2-1)^2\right]}\right)^{\mathrm{T}}$$

$$k=1,2,\cdots,K \tag{8.50}$$

式（8.50）中，T 表示转置。

将式（8.50）的 K 个向量排列成下列矩阵，即

$$\boldsymbol{\varphi}=\begin{bmatrix}\boldsymbol{\varphi}_1 & \boldsymbol{\varphi}_2 & \cdots & \boldsymbol{\varphi}_k\end{bmatrix}_{M\times K} \tag{8.51}$$

令 K 个 LFM 子波回波的复振幅分别为 $\alpha_k=\left|\alpha_k\right|\mathrm{e}^{\mathrm{j}\theta_{k0}}$ $(k=1,2,\cdots,K)$，它们可排成列向量 $\boldsymbol{\alpha}=[\alpha_1,\alpha_2,\cdots,\alpha_K]^{\mathrm{T}}$。同时用向量 $\boldsymbol{s}=[s(-M/2),\cdots,s(0),\cdots,s(M/2-1)]^{\mathrm{T}}$ 表示第 n 个距离单元录取的数据，有下列矩阵方程

$$\boldsymbol{s}=\boldsymbol{\varphi}\boldsymbol{\alpha}+\boldsymbol{e} \tag{8.52}$$

式（8.52）中，$\boldsymbol{e}$ 为该距离单元的噪声向量。

若能估计得到所有 LFM 子回波的参数 $\{\alpha_k,f_{0k},\gamma_k\}_{k=1}^K$，则可从 $\{\alpha_k,f_{0k}\}_{k=1}^K$ 得到 $t=0$ 时的瞬时像，而其他时刻的瞬时像可在图 8.18 的基础上通过参数 $\{\gamma\}_{k=1}^K$ 求得。如果目标是三维转动，建议只计算 $t=0$ 时的结果，这时所得相当于图 8.14 中 P 点处的像，近似结果较好，其他各处的像应重新选择原点进行计算。

用 WLS 估计各个参数，即用下列代价函数作多维搜索，求得代价函数最小时的各参数值，即

$$\min_{\{\alpha_k,f_{0k},\gamma_k\}_{k=1}^K}\left\|\boldsymbol{w}\left(\boldsymbol{s}-\sum_{k=1}^K\alpha_k\boldsymbol{\varphi}_k\right)\right\|^2 \tag{8.53}$$

式（8.53）中，$\boldsymbol{w}=\mathrm{diag}\left(\{w(m)\}_{m=-M/2}^{m=M/2-1}\right)$ 是加权矩阵。令 $\boldsymbol{g}=\boldsymbol{w}\boldsymbol{s}$ 和 $\boldsymbol{b}_k=\boldsymbol{w}\boldsymbol{\varphi}_k$，则式（8.53）可写成

$$\min_{\{\alpha_k,f_{0k},\gamma_k\}_{k=1}^K}\left\|\boldsymbol{g}-\sum_{k=1}^K\alpha_k\boldsymbol{b}_k\right\|^2 \tag{8.54}$$

式（8.54）的多维搜索优化是十分复杂的，一般可采用 RELAX 算法逐维迭代搜索。具体算法这里从略，有兴趣的读者可参阅文献[11]。

为了能使读者对机动目标成像有一个直观的了解，下面举一个实际例子。设飞机在雷达向正前方稍偏右直线向前飞行，机动动作只是向右转了一个小的角度，历时 8s 多。

将整个历程中的 5 段分别成像，如图 8.20 所示。为了将机动历程说清楚，将

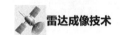

整个机动历程在波数平面的扫描线示意画出，如图 8.21 所示，扫描线上用实线画出并加以标注的 $a,b,\cdots,e$ 各段，对应图 8.20（a）至图 8.20（e）。图 8.21 的扫描线并非实际测得（实际上对非合作目标也不能测得），而是根据图 8.20 中各图像的形状变化推测画出的。

在机动前，飞机向前稍偏右直线平稳飞行，相对于雷达射线为逆时针方向转动，飞机右侧的散射点多普勒频率为负，而左侧为正，以多普勒频率值为横坐标的 ISAR 图像与目视的左右相反，机首指向上偏左的方向（图 8.20 中未画出）。机动开始后，飞机自身转动（包括偏航、俯仰和侧摆）比平动的影响大得多，图 8.21 中的 a 段扫描线从左向右作平行移动，相当于飞机向右偏航，为顺时针方向转动。相应的 ISAR 图像如图 8.20（a）所示，机首指向上偏右方向。然后如图 8.21 的 b 段所示，飞机继续向右侧偏航，同时稍向下俯，表现在图 8.20（b）里为下俯，使机首正向多普勒加大一些，而上翘的机尾因多普勒频率为负而在图中偏在左侧。图 8.21 的 c 段，则以下俯为主（同时稍向右偏航），于是飞机图像基本上是右侧视图，而如图 8.20（c）所示。在图 8.21 的 d 段里，飞机继续下俯，但转速趋缓，而向右的偏航停止，只是由于飞机的平动，相对雷达射线有向左的偏航，表现在图 8.20（d）里为机首稍向左偏，机尾也有些左偏，而机翼与图 8.21 所示的 a 或 b 段为左右倒置。在图 8.21 的 e 段飞机停止下俯而继续向上偏左方向直线飞行，由于平动而引起的相对雷达射线向左偏，表现在图 8.20（e）里机首指向上左方，基本上是图 8.20（a）的左右倒置图。

上述机动历程为 8 秒多，用以成像的 5 段时间为 4 秒多，前面已提到过，对三维转动目标成像，波数域的扫描线的曲率不能过大，如图 8.21 所示的扫描线示意图中表示的，在整个过程中选择了曲率较小的 5 段。这 5 段是如何选得的呢？可以将整个机动历程的录取的数据，以时频分布（如用一定窗长的伪 Wigner-Ville 分布）表示出来，从中选取变化不十分剧烈的几段。限于篇幅这里不详细介绍，有兴趣的读者可参阅文献[11]。

图 8.20 的五个 ISAR 图像是在很短时间里陆续测得的，且做三维转动，总的姿态角变化很小。按目标的散射点模型，可认为散射点在飞机上的分布基本没有变化，由于转动而产生的散射点位置移动也很小。换句话说，5 个图像的散射点，及它们的纵向位置基本相同，只是由于姿态变化时对应的转轴指向有很大不同，各散射点的横向位置重新排列，而得到从不同视角观测的目标像。

为了验证上述说明的正确性，将各个目标像强度的横向积分投影画在各图的右侧，可以看出，它们基本上是一致的。这也从另一个侧面验证了目标散射点模型的适用性。

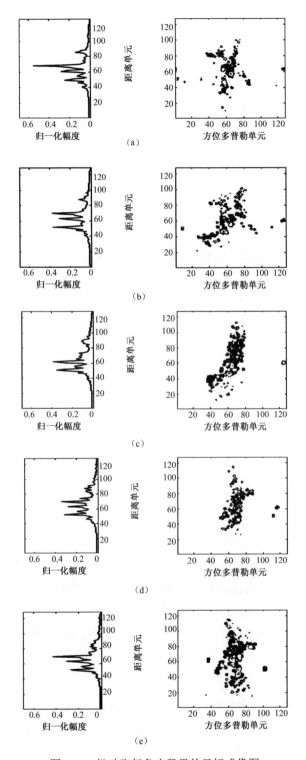

图 8.20　机动飞行各小段里的目标成像图

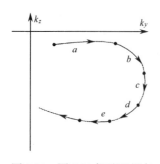

图 8.21 图 8.20 机动飞行在
波数域的扫描线

应当指出，到此为止有些问题还没有解决，上面所分析的机动目标实际上是机动程度较小，在波数域的扫描线近似为直线的情况，对相应于曲率大的扫描线的目标成像还是个问题。此外，ISAR 像的横向分布是基本目标转动的多普勒分布，与目标像还不是一回事。同时，多普勒频率的大小与目标的转速有关，如果不估计目标的转动速度，目标横向的真实尺寸也是不确知的。后一个问题在第 9 章里还要讨论，用干涉式 ISAR 可以解决。

8.7 基于压缩感知的 ISAR 成像方法

在 8.5 和 8.6 节中，重点针对机动目标的 ISAR 成像问题进行了讨论。总的来说，在完成平动补偿之后，针对机动目标，将目标上各个散射点的信号使用线性调频信号进行近似，估计出每个线性调频信号的幅度、起始频率和调频率等参数，从而完成对目标的方位成像处理。在这一过程中，必要的前提是在一定的成像积累时间段内，目标散射点信号可以近似为线性调频信号，而且目标的旋转可以近似为平面旋转。施加上述近似限制条件的目的有两个。首先，希望目标相对于雷达视线形成的转角足够大，使成像分辨率可以满足要求；其次，成像时间段内目标的机动性不能太强，使各散射点回波可以用线性调频信号近似，这限制了成像时间段的长度。其中的根源问题是不能在目标转角较小的情况下实现足够分辨率的成像，只能借助成像积累时间的延长，提升目标的转角，从而引入目标具有机动性的问题。目标转角较小时分辨率不足的问题，本质是前面提出的方法无法精细分辨目标各个散射点回波中由于横向位置差异导致的多普勒频率差异。如果使用精度更高的频率分析方法，能够区分出各散射点在小转角条件下的多普勒频率差异，则机动目标的成像问题可以简化为小转角的平稳目标成像问题。在 8.1.1 节中，针对近似匀速转动目标的方位聚焦方法是快速傅里叶变换，依靠傅里叶变换的方位成像分辨率精度只能达到 $\rho_a = \lambda / 2\Delta\theta$。

本节中，将使用压缩感知理论进行目标散射点的多普勒频率特性分析，利用压缩感知理论对频率的高精度分辨能力实现小转角、目标近似匀速转动的条件下，精确区分目标各个散射点由于横向位置区别产生的多普勒频率差异，从而实现短孔径条件下的 ISAR 高分辨成像处理。

8.7.1　压缩感知基本理论

Donoho 和 Candès 等在 2006 年提出了压缩感知（Compressed Sensing）的理论，它提供了新的信号采样和重构方法[15,16]。对于 $N \times 1$ 的列向量 x，存在 $M \times N$ 维变换矩阵（基矩阵）Φ 和 $M \times 1$ 的系数向量 a（即式 8.55 中的 a），使得 $x = \Phi a$。当向量 a 只有 K_s（$K_s \ll N$）个非零元素，而其他元素等于或接近于 0，可以称信号在基矩阵 Φ 的域里是 K_s 稀疏的，并称 K_s 为信号的稀疏度。这代表信号 x 中的主要信息存在于 K_s 个元素中，而不是全部的 N 个元素中。在上述情况下，只需要对 x 进行少量观测，就能完整地将其无失真恢复。上述的观测过程可以表示为

$$y = A\Phi a = \Psi a \tag{8.55}$$

式（8.55）中，测量数据向量 y 为 $M \times 1$ 信号，称 $M \times N$ 维的矩阵 A 为测量矩阵（感知矩阵），$\Psi = A\Phi$ 定义为字典矩阵。在压缩感知理论中，当 A 为高斯或伯努利随机矩阵时，获取 x 所需的测量数约为 $M \geqslant O[K\log(N)]$。当 $M < N$ 时，方程式（8.55）有无穷多个解，无法从测量数据 y 中唯一确定稀疏系数向量 a。此时，需利用信号的稀疏先验信息，从满足式（8.55）的解中找到最稀疏的解。

获取满足式（8.55）的最稀疏解的基本方法是求解 l_0 范数最小解，即求解式（8.56）描述的问题

$$\min(\|a\|_0)，满足\ y = \Psi a \tag{8.56}$$

但是式（8.56）描述的问题是一个非确定多项式问题，无法直接求解。Donoho 和 Candès 指出在矩阵 Ψ 满足一定约束条件下，式（8.56）可以转化为 l_1 范数下的最优化问题，即

$$\min(\|a\|_1)，满足\ y = \Psi a \tag{8.57}$$

通过求解式（8.57）即可得到稀疏系数向量 a 的估计。求解式（8.57）的方法现在已经有很多，基本的方法包括正交匹配追踪算法[17-18]以及基追踪等优化方法[19-20]。如图 8.22（a）所示，利用压缩感知进行时域缺失信号重构，重构出的时域信号几乎与原完整时域信号完全一致，图 8.22（b）是各个信号对应的频谱，时域缺失信号频谱栅瓣较高，利用压缩感知理论重构出的时域信号频谱几乎与原完整时域信号频谱一致，说明压缩感知可利用在时域信号缺失的情况，并获得其完整频谱，进而从频谱恢复原完整时域信号。

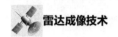

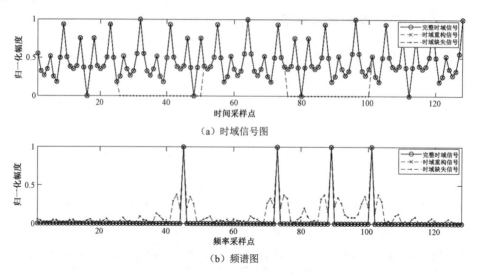

（a）时域信号图

（b）频谱图

图 8.22 基于压缩感知的时域重构

8.7.2 压缩感知在雷达成像方面的应用

1. 压缩感知超分辨 ISAR 成像

如果目标回波信号已经由平动、转动补偿转换为没有越距离单元徙动的转台目标回波信号，那么成像问题变为各个距离单元的多普勒频率分析问题。设其中第 n 个距离单元的信号和图像分别为 s_n 和 a_n，且 s_n 为 $M \times 1$ 向量，a_n 为 $M' \times 1$ 向量，ε_n 是第 n 个距离单元的噪声。将运动补偿后的数据按照距离单元进行排列成列向量 $s = \left(s_1^\mathrm{T}, s_2^\mathrm{T}, \cdots, s_N^\mathrm{T}\right)^\mathrm{T}$，同样也将成像后的图像按照距离单元排列成列向量 $a = \left(a_1^\mathrm{T}, a_2^\mathrm{T}, \cdots, a_N^\mathrm{T}\right)^\mathrm{T}$，以及噪声向量 $\varepsilon = \left(\varepsilon_1^\mathrm{T}, \varepsilon_2^\mathrm{T}, \cdots, \varepsilon_N^\mathrm{T}\right)^\mathrm{T}$。则完整 ISAR 像与数据之间的关系可以表示为

$$s = F_\Psi a + \varepsilon \tag{8.58}$$

式（8.58）中，F_Ψ 的具体形式为

$$F_\Psi = \begin{bmatrix} F & 0 & \cdots & 0 \\ 0 & F & 0 & \vdots \\ \vdots & 0 & \ddots & 0 \\ 0 & \cdots & 0 & F \end{bmatrix} \tag{8.59}$$

式（8.59）中，F 为 $M \times M'$ 的部分傅里叶矩阵。

利用压缩感知理论实现 ISAR 成像即求解下述问题

$$\min\left(\|a'\|_1\right)，满足\ \|s - F_\Psi a'\|_2 \leqslant \xi \tag{8.60}$$

式（8.60）中，a' 为 a 的估计，$\xi = \|\boldsymbol{\varepsilon}\|_2$ 对应噪声电平。在高斯白噪声假设条件下，实际处理中可利用 R-D 算法的成像中纯噪声像素估计 ξ。同时为了提高对邻近散射点的分辨能力，可以适当增大 M' 值。

　　由于压缩感知理论明显提升了多普勒频率的分辨能力，即使不大的转角形成的多普勒频率差异也可以被区分，所以成像的转角可以缩小，相当于降低了成像时间段长度，从而保证了成像时间段内目标的旋转可以近似为匀速和二维平面转动，避免了目标机动的影响。下面以 Yak-42 飞机的实测数据为例对上述方法进行说明，实验中采用机动飞行的 Yak-42 飞机的 128 次脉冲数据。经过平动补偿后，得到 R-D 算法的成像如图 8.23（a）所示。将成像时间段缩短后，使用 64 次脉冲进行 R-D 算法的成像，其结果如图 8.23（b）所示，可以看出由于成像时间缩短，目标的转角变小，导致成像的分辨率较低。而将压缩感知理论应用于成像后，目标的成像分辨率有了明显提高，如图 8.23（c）所示。可见基于压缩感知理论的 ISAR 成像在短孔径条件下仍然可以获得目标分辨率较高的图像。

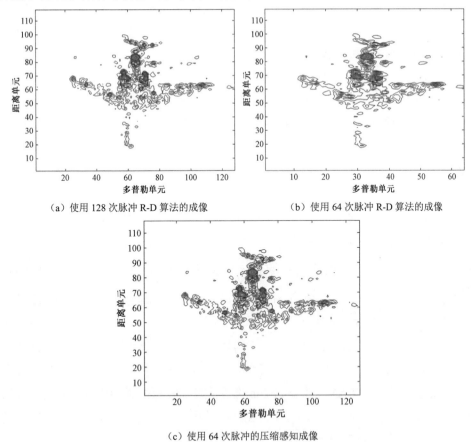

（a）使用 128 次脉冲 R-D 算法的成像　　　　（b）使用 64 次脉冲 R-D 算法的成像

（c）使用 64 次脉冲的压缩感知成像

图 8.23　Yak-42 飞机的机动目标成像

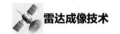

2. 基于重加权 l_1 范数最小化的超分辨 ISAR 成像

实际 ISAR 应用中，回波有时存在较强的噪声，特别是在远距离目标探测中，而海面目标还会有强海杂波的干扰。针对短孔径成像中存在噪声的情况，首先通过二维相干积累得到目标粗成像，粗成像分辨率较低，但目标强散射中心仍旧可与背景噪声明显区分，然后对粗成像结果进行平滑滤波得到目标在成像平面的大致能量支撑区，并以此为先验知识对压缩感知的优化问题进行以加权实现改进的压缩感知成像，相比传统的压缩感知成像，加权的压缩感知成像方法有较强的容噪性能。

为提升成像性能，希望在基于压缩感知理论的恢复过程中，既能保证强散射的恢复精度，同时又能抑制强噪声，即可通过对 l_1 范数项加权以区分信号和噪声对压缩感知优化函数的贡献，该过程可表示为

$$\min\left(\left\|\boldsymbol{W}\boldsymbol{a}'\right\|_1\right)，满足 \left\|\boldsymbol{s}-\boldsymbol{F}_{\Psi}\boldsymbol{a}'\right\|_2 \leqslant \xi \qquad (8.61)$$

式（8.61）中，$\boldsymbol{W}$ 表示权值对角阵，对角元素 w_k 表示对 $\boldsymbol{a}'$ 中的第 k 元素的权值。为恢复强散射中心同时抑制噪声，应该对强散射中心对应的支撑区施加较低权值，而对噪声支撑区施加大权值。一种权值 w_k 设置方法是令 w_k 等于 a_k 的倒数。而 a_k 是未知量，这时将适用目标 R-D 算法的成像结果作为 a_k 的估计值，并计算权值。可以对 $\boldsymbol{s}$ 做傅立叶变换后进行相干积累得到 $\boldsymbol{s}_f$，通过在 $\boldsymbol{s}_f$ 中根据幅度区分强散射中心和噪声支撑区，同时为了使 $\boldsymbol{s}_f$ 具有与 $\boldsymbol{a}'$ 相同的维度，傅立叶变换中需要补零。则权系数可设置为

$$w_k = \frac{1}{\left|s_f(k)\right| + \sigma} \qquad (8.62)$$

式（8.62）中，$s_f(k)$ 表示向量 $\boldsymbol{s}_f$ 中的第 k 个元素，σ 表示一个非常小的常数。为便于计算，可将式（8.61）改写为

$$\min\left(\left\|\bar{\boldsymbol{a}}\right\|_1\right)，满足 \left\|\boldsymbol{s}-\boldsymbol{F}_{\Psi}(\boldsymbol{W})^{-1}\bar{\boldsymbol{a}}\right\|_2 \leqslant \xi \qquad (8.63)$$

对于式（8.63）仍可采用现有的压缩感知理论求解算法得到 $\bar{\boldsymbol{a}}$，然后通过 $\boldsymbol{a}' = (\boldsymbol{W})^{-1}\bar{\boldsymbol{a}}$ 得到超分辨成像。

下面通过实测数据实验对比分析不同算法在低信噪比下的超分辨成像性能。在实验中加入信噪比为 6dB 的复高斯白噪声，对回波数据进行平动补偿后，分别利用 Burg 外推、RELAX、压缩感知成像算法及加权压缩感知成像算法进行成像处理，其结果如图 8.24 所示，对比可见加权的压缩感知超分辨 ISAR 成像算法具有更高的分辨率和噪声抑制能力。

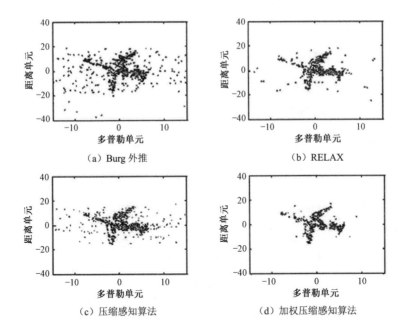

图 8.24　低信噪比下的四种算法超分辨成像结果

3. 考虑剩余相位误差的压缩感知 ISAR 成像算法

在低信噪比条件下，噪声干扰影响变得更明显，这很容易导致经过平动补偿后出现剩余相位误差，使得每个散射点的信号不能用单频信号近似，成像效果明显下降，所以在成像的过程中要消除平动相位误差。

根据 8.3 节的内容，运动相位误差可以表示为 $\boldsymbol{\zeta} = \begin{bmatrix} \zeta_1 & \zeta_2 & \cdots & \zeta_M \end{bmatrix}^{\mathrm{T}}$，而受到其影响的第 n 个距离单元的信号 $\boldsymbol{s}_{\xi,n}$ 可以表示为

$$\boldsymbol{s}_{\xi,n} = \boldsymbol{Z}\boldsymbol{s}_n \tag{8.64}$$

式（8.64）中，$\boldsymbol{Z}$ 矩阵可以表示为

$$\boldsymbol{Z} = \begin{bmatrix} \mathrm{e}^{\mathrm{j}\zeta_1} & 0 & \cdots & 0 \\ 0 & \mathrm{e}^{\mathrm{j}\zeta_2} & \cdots & 0 \\ \vdots & \vdots & \ddots & \vdots \\ 0 & 0 & \cdots & \mathrm{e}^{\mathrm{j}\zeta_M} \end{bmatrix} \tag{8.65}$$

带有运动相位误差的 ISAR 数据与成像结果之间的关系为

$$\boldsymbol{s}_\xi = \boldsymbol{E}_\xi \boldsymbol{F}_\Psi \boldsymbol{a} + \boldsymbol{\varepsilon} \tag{8.66}$$

式（8.66）中，$\boldsymbol{E}_\xi$ 为相位误差矩阵，可以表示为 $\boldsymbol{E} = \mathrm{diag}[\boldsymbol{Z}]$，则带有运动相位误差的目标重构函数为

$$\min\left(\|\boldsymbol{a}'\|_1\right)，满足 \left\|\boldsymbol{s}_\xi - \boldsymbol{E}_\xi \boldsymbol{F}_\Psi \boldsymbol{a}'\right\|_2 \leqslant \xi \tag{8.67}$$

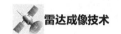

为求解式（8.67），可将式（8.67）转化为

$$\hat{\boldsymbol{a}} = \arg\min\left[\left\|\boldsymbol{s}_\xi - \boldsymbol{E}_\xi \boldsymbol{F}_\Psi \boldsymbol{a}\right\|_2^2 + \mu\|\boldsymbol{a}\|_1\right] \tag{8.68}$$

式（8.68）中，μ 为 l_1 的约束系数，其取决于噪声和目标像的统计参数。为了避免式（8.68）中 $\boldsymbol{a}$ 在 0 处不可导问题，做近似：$|a_k| \approx \left(|a_k|^2 + \delta\right)^{1/2}$，其中 δ 是一个非负的微小分量。那么，式（8.68）所示的代价函数可以改写如下形式，即

$$\hat{\boldsymbol{a}} = \arg\min\left[\left\|\boldsymbol{s}_\xi - \boldsymbol{E}_\xi \boldsymbol{F}_\Psi \boldsymbol{a}\right\|_2^2 + \mu\sum_{k=1}^{K}\left(|a_k|^2 + \delta\right)^{1/2}\right] \tag{8.69}$$

式（8.69）所示目标函数的共轭梯度代表其收敛方向，可以求得目标函数关于 $\boldsymbol{a}$ 的共轭梯度 $\nabla_{\boldsymbol{a}^*}(\boldsymbol{a}) = \boldsymbol{H}(\boldsymbol{a})\boldsymbol{a} - \boldsymbol{F}_\Psi^H \boldsymbol{E}^H \boldsymbol{s}_\xi$，$\boldsymbol{H}(\boldsymbol{a})$ 为近似的 Hessian 矩阵，Hessian 矩阵是估计目标 $\boldsymbol{a}$ 本身的参数，可通过迭代求解如下

$$\hat{\boldsymbol{a}}_{g+1} = \hat{\boldsymbol{a}}_g - \left[\boldsymbol{H}(\hat{\boldsymbol{a}}_g)\right]^{-1}\nabla_{\hat{\boldsymbol{a}}_g^*}(\hat{\boldsymbol{a}}_g) \tag{8.70}$$

基于回波数据可进行自适应运动相位误差的相位估计，运动相位误差的相位估计的更新表达式为

$$\exp\left[\mathrm{j}\cdot\hat{\varsigma}_{g+1}(n)\right] = \exp\left[\mathrm{j}\cdot\hat{\varsigma}_g(n)\right]\cdot\exp\left[\mathrm{j}\cdot\Delta\hat{\varsigma}_{g+1}(n)\right] \tag{8.71}$$

式（8.71）中，$\exp\left[\mathrm{j}\cdot\Delta\hat{\varsigma}_{g+1}(n)\right] = \dfrac{\left\langle\left[\hat{\boldsymbol{E}}_g \boldsymbol{F}_\Psi \boldsymbol{a}\right]_{c(n)}, \left[\boldsymbol{s}_\varsigma\right]_{c(n)}\right\rangle}{\left|\left\langle\left[\hat{\boldsymbol{E}}_g \boldsymbol{F}_\Psi \boldsymbol{a}\right]_{c(n)}, \left[\boldsymbol{s}_\varsigma\right]_{c(n)}\right\rangle\right|}$，$\left\langle\left[\hat{\boldsymbol{E}}_g \boldsymbol{F}_\Psi \boldsymbol{a}\right]_{c(n)}, \left[\boldsymbol{s}_\zeta\right]_{c(n)}\right\rangle =$

$\left[\left[\hat{\boldsymbol{E}}_g \boldsymbol{F}_\Psi \boldsymbol{a}\right]_{c(n)}\right]^H\left[\boldsymbol{s}_\zeta\right]_{c(n)}$ 表示向量的内积运算，$[\cdot]_{c(n)}$ 表示按下标 $c(n) = n : N : (M-1)\cdot N + n$ 取向量中元素。通过不断迭代，最终实现自适应运动相位误差估计的同时，重构"聚焦"良好的高分辨 ISAR 图像。

对误差相位的初始值设置为 0 构成的向量，此时利用传统 R-D 算法可以得到"散焦"的 ISAR 图像，得到 μ 的初步选择值。在每次迭代后利用求得的误差相位进行运动相位误差的补偿，得到逐渐"聚焦"的 ISAR 图像，然后再次更新系数 μ。

下面为了验证本节 ISAR 成像算法对运动误差的补偿及超分辨成像效果，分别与两种常规 ISAR 自聚焦算法进行比较，两种常规成像方法分别为加权多特显点综合法和最小熵自聚焦（Minimum Entropy Autofocusing，MEA）[21-22]算法。该实验部分对录取实测舰船目标数据进行处理。对回波添加 5dB 信噪比的复高斯白噪声，进行平动补偿后，分别利用加权多特显点综合法的自聚焦算法、MEA 算法与本节所述的基于压缩感知的 ISAR 运动补偿算法进行成像处理，其结果如图 8.25 所示。可以看出，基于压缩感知的 ISAR 运动补偿算法能够在噪声条件下精确消

除运动相位误差的影响，并获取更高分辨率的 ISAR 图像。

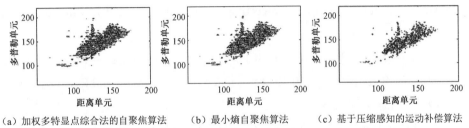

（a）加权多特显点综合法的自聚焦算法　（b）最小熵自聚焦算法　（c）基于压缩感知的运动补偿算法

图 8.25　常规 ISAR 自聚焦算法与基于压缩感知的 ISAR 运动补偿算法的比较

4. 压缩感知理论在雷达成像中的其他应用

以上对利用压缩感知技术实现小转角、平稳转动目标的超分辨成像进行了介绍。实际上，在雷达成像领域中，压缩感知理论还有很多应用，下面对这些应用进行简单的介绍，感兴趣的读者可以参考相应的参考文献。首先，利用压缩感知技术可以对存在缺损的数据进行成像处理。例如，在单基多功能雷达应用中，压缩感知理论可以在目标方位观测孔径出现缺失时进行成像[23-24]；它还可以恢复稀疏步进调频或者距离频谱缺失情况下的高分辨一维距离像[25]。其次，压缩感知技术还可以实现干涉 SAR 成像中对干涉相位噪声滤波和相干斑的抑制[26]。最后，考虑压缩感知理论的目标之一是找到信号在过冗余基集合中的最稀疏系数，所以还可以利用压缩感知理论，将回波信号分解为基本电磁散射中心的回波组合，进而完成基于回波数据的电磁散射中心的提取[27]。

参 考 文 献

[1]　Steinberg B D. Microwave Imaging of Aircraft[J]. Proceedings of the IEEE, 1988, 76(12): 1578-1592.

[2]　Chen C, Andrews H C. Target-Motion-Induced Radar Imaging[J]. IEEE Transactions on Aerospace and Electronic Systems, 1980, 16(1): 2-14.

[3]　邢孟道, 保铮, 郑义明. 用整体最优准则实现 ISAR 成像的包络对齐[J]. 电子学报, 2001, 29(12A): 1807-1811.

[4]　Wang K, Luo L, Bao Z. Global Optimum Method for Alignment in ISAR Imagery[C]. Proceeding Conference Radar'97, Edinburgh UK, 1997(10): 14-16.

[5]　邢孟道, 保铮. 一种逆合成孔径雷达成像包络对齐的新方法[J]. 西安电子科技大学学报, 2000, 27(1).

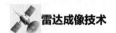
[6] Wang G Y, Bao Z. The Minimum Entropy Critertion of Range Alignment in ISAR Motion Compeasation[C]// Proceeding Conference Radar'97, Edinburgh UK, 1997(10): 14-16.

[7] Ye W, Yeo T S, Bao Z. Weighted Least-Squares Estimation of Phase Errors for SAR/ISAR Autofocus[J]. IEEE Transactions on Geoscience and Remote Sensing, 1999, 37(5): 2487-2494.

[8] Wahl D E, Eichel P H, Ghigtia D C, et al. Phase Gradient Autofocus-Robust Tool for High Resolution SAR Phase Correction[J]. IEEE Transactions on Aerospace and Electronic Systems, 1994, 30(3): 827-835.

[9] Xing M D, Wu R B, Lan J Q, et al. Migration Through Resolution Cell Compensation in ISAR Imaging[J]. IEEE geoscience and Remote Sensing Letters, 2004, 1(2): 141-144.

[10] Ausherman D A, Kozma A, Walker J L, et al. Development in Radar Imaging[J]. IEEE Transactions on Aerospace and Electronic Systems, 1984, 20(4): 363-400.

[11] Bao Z, Sun C Y, Xing M D. Time-Frequency Approaches to ISAR Imaging of Maneuvering Targets and Their Limitations[J]. IEEE Transactions on Aerospace and Electronic Systems, 2001, 37(3): 1091-1099.

[12] Bao Z, Wang G Y, Luo L. Inverse Synthetic Aperture Radar Imaging of Maneuvering Targets[J]. Optical Engineering, 1998, 37(5).

[13] 张贤达, 保铮. 非平稳信号分析与处理[M]. 北京：国防工业出版社, 1998.

[14] Li W. Wigner Distribution Method Equivalent to Dechirp Method for Detecting a Chirp Signal[J]. IEEE Transactions on Acoustics Speech and Signal Processing, 1987, 35(8): 1210-1211.

[15] Candès E J, Romberg J, Tao T. Robust Uncertainty Principles: Exact Signal Reconstruction from Highly Incomplete Frequency Information[J]. IEEE Transactions on Information Theory, 2006, 52(2): 489-509.

[16] Donoho D L. Compressed Sensing[J]. IEEE Transactions on Information Theory, 2006, 52(4): 1289-1306.

[17] Tropp J A, Gilbert A C. Signal Recovery from Random Measurements via Orthogonal Matching Pursuit[J]. IEEE Transactions on Information Theory, 2007, 53(12): 4655-4666.

[18] Sarvotham S, Baron D, Baraniuk R. Sudocodes-Fast Measurement and Reconstruction

of Sparse Signals[C]// IEEE International Symposium on Information Theory, Seattle, Washington, 2006, 7.

[19] Donoho D, Tsaig Y. Fast Solution of l_1-Norm Minimization Problems When the Solution May Be Sparse[R]. California, USA: Stanford University Department of Statistics, 2006.

[20] Figueiredo M A T, Nowak R, Wright S J. Gradient Projection for Sparse Reconstruction: Application to Compressed Sensing and other Inverse Problems[J]. IEEE Journal of Selected Topics in Signal Processing: Special Issue on Convex Optimization Methods for Signal Processing, 2007, 1(4): 586-598.

[21] Thomas K J, Alaa K A. Monotonic Iterative Algorithm for Minimum-Entropy Autofocus[J]. IEEE International Conference on Image Processing, Atlanta, 2006, 5: 645-648.

[22] Xu G, Yang L, Zhang L, et al. Weighted Minimum Entropy Autofocus Algorithm for ISAR Imaging[J]. Journal of Electronics & Information Technology, 2011, 33(8): 1809-1815.

[23] Xu G, Xing M D, Xia X G, et al. High-Resolution Inverse Synthetic Aperture Radar Imaging and Scaling With Sparse Aperture[J]. IEEE Journal of Selected Topics in Applied Earth Observations and Remote Sensing, 2015, 8(8): 4010-4027.

[24] Xu G, Xing M D, Zhang L, et al. Sparse Apertures ISAR Imaging and Scaling for Maneuvering Targets[J]. IEEE Journal of Selected Topics in Applied Earth Observations & Remote Sensing, 2014, 7(7): 2942-2956.

[25] Zhang L, Qiao Z J, Xing M D, et al. High-Resolution ISAR Imaging With Sparse Stepped-Frequency Waveforms[J]. IEEE Transactions on Geoscience & Remote Sensing, 2011, 49(11): 4630-4651.

[26] Xu G, Xing M D, Xia X G, et al. Sparse Regularization of Interferometric Phase and Amplitude for InSAR Image Formation Based on Bayesian Representation[J]. IEEE Transactions on Geoscience and Remote Sensing, 2015, 53(4): 2123-2136.

[27] Duan J, Zhang L, Xing M D. Polarimetric target decomposition based on attributed scattering center model for synthetic aperture radar targets[J]. IEEE Geoscience and Remote Sensing Letters, 2014, 11(12): 2095-2099.

第 9 章
干涉合成孔径雷达

干涉合成孔径雷达（InSAR）是一般 SAR 功能的延伸和发展，它利用多副接收天线或单副天线的多次观测得到的回波数据进行干涉处理，可以对地面的高程进行估计，对海流进行测高和测速，对地面运动目标进行检测和定位[①]。接收天线之间的连线称为基线，按照基线和航向方向的夹角，人们将 InSAR 分为垂直于航向的干涉仪（Cross-Track Interferometer，XTI）和沿航向干涉仪（Along-Track Interferometer，ATI）。XTI（基线在垂直于雷达视线的方向应有较长的分量）能够完成地面和海面高程的测量；ATI 可以用来对海流进行测速，对地面运动目标进行检测和定位。这两类不同的干涉方式都可以采用飞机作为平台，也可以采用卫星、航天飞机和空间站之类的天基平台。由于 InSAR 能够增强 SAR 获取信息的能力，在军事、科研、国民经济的各个领域有广阔的应用前景，因而获得了广泛重视。

InSAR 进行高程测量已经经过了很长时间的发展，其原理最早是在 1974 年提出的，但由于对雷达技术的要求太高，后续的发展比较缓慢[1]。直到 1986 年才有人通过实验得到了机载 SAR 的干涉测高结果，但精度很差。1988 年进行了星载的试验，利用间隔 3 天的 SEASAT 星载雷达双航过的数据进行干涉高程测量，由于卫星运行稳定性高，得到了精度较高的地形图[2]，对干涉测高的研究和实际应用起了很大的促进作用。此后，从星载 SAR 获得了大量的可用于干涉测高的双航过数据，使它成为研究热点，很多实验都获得了好的结果[3-4]。星载干涉高程测量广泛采用双航过的工作方式，是指利用传统的单副天线 SAR 在不同时间两次对同一场景采集的一对图像数据进行 InSAR 处理。机载干涉高程测量则更多地采用双副天线单航过方式，很多国家的研究机构和公司研制的双天线机载 InSAR 系统已经能够实现较高精度的地形测量，如美国国家航空和航天局安装在 DC-8 飞机上的天顶 SAR，理论测高误差为 2～4m，实际工作时高程测量误差为 3～40m。与双航过方式相比，单航过方式有效克服了时间去相干、两次飞行航迹不平行等问题，性能更加可靠稳定。但天基 InSAR 由于平台距离观测地面远，要达到一定的精度需要很长的基线，因而在传统的单星 SAR 中难以实现。美国很早就采用航天飞机载单天线 SAR 系统（包括 SIR-A、SIR-B 和 SIR-C/X-SAR）对地面进行观测，通过将两次航过获得的图像进行处理来获取地面高程，由于航天飞机运动不稳定引起的航迹、天线指向变化，使实验获得的地面高程测量的结果不理想，后来美国国家宇航局和国家图像与测绘署联合开展了航天飞机雷达地形测量计划，研制了双天线系统，制成 60m 长碳纤维复合材料长臂，把另一副接收天线安装在长臂的顶端，以获得较长的测量基线，实际高程测量误差小于 20m。

---

① 对地面高程测量，由于地面是静止的，用单个星载 SAR 两次不同航线而对同一场景观测得到的数据，也能完成两副接收天线的作用，称为双航过。

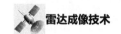

InSAR 的另一个功能是进行地面运动目标的检测和定位，它属于沿航向干涉处理[5]。沿航向干涉方法最早用于测量海流的速度，后来逐渐用于地面运动目标的检测和定位。美国的 E-8（联合监视目标攻击雷达）的 APY-3 雷达是一个代表。德国应用科学研究院先后开发了机载实验雷达和相控阵多功能成像雷达，对干涉动目标的检测进行研究。德国航空航天中心还研制了同时具有 ATI 和 XTI 基线的 E-SAR，并对地面动目标检测进行了实验。

目前 InSAR 已经成为雷达成像技术中的一个应用热点，由于其涉及雷达系统和信号处理的问题比较多，研究人员提出了很多不同的方法以获得高的测量精度和稳定可靠的性能。本章主要介绍 InSAR 的基本原理、概念及常规处理的方法。内容安排如下：9.1 节介绍 InSAR 高程测量的基本原理，9.2 节介绍 InSAR 高程测量的过程，9.3 节介绍 InSAR 观测去相关和预滤波，9.4 节介绍图像配准，9.5 节介绍降噪滤波，9.6 节介绍二维相位解缠绕，9.7 节介绍高程测量误差分析，9.8 节介绍地面动目标检测，9.9 节介绍单脉冲 ISAR，9.10 节为本章小结。

9.1 InSAR 高程测量的基本原理

如果考虑实际问题，InSAR 的高程测量是比较复杂的。为此，先撇开实际问题，讨论双副接收天线高程测量的基本原理。

9.1.1 InSAR 高程测量的几何原理

在第 4 章讨论一般 SAR 的成像原理时已经指出，一般 SAR 只具有二维高分辨的测量能力：利用宽频带的信号可以得到斜距的高分辨率，而利用长的合成孔径阵列可得到横向的高分辨率。实际上空间是三维的，一般 SAR 成像相当于将实际的三维空间映射到 SAR 的二维平面。

如果将三维空间以雷达载体直线航线为轴的圆柱坐标表示，在垂直于航线的法平面内，只有斜距的高分辨率，而雷达天线仰角的方向图只能起到确定观测范围的作用，在该平面内作为成像来说不具有角分辨率，因而它只是将场景中目标对于雷达斜距的远近显示在图像里，不能提供高度信息。如图 9.1 所示，若只知道目标到天线的斜距为 r，则目标可能位于 P_1 点，也可能位于 P_2 点，或圆弧线 q 上的任一点。

如果在法平面的仰角向提供高的分辨率，就可以对法平面内的目标二维成像，当然也就可以区分场景中各处的高程，这要求天线在高度方向有很长的孔径，这是难以做到的。现在的任务并不要求利用原始数据进行法平面的成像处理，而是为法平面内原来做二维（斜距和仰角）分布但被映射到一维（斜距）上的目标提供高度信息。这一任务要容易一些，它和成像的区别在于场景中的各个目标已被分离开，只要设法测出各点目标的高度参数即可。如图 9.2 所示，如果在航线的法平面内的不同位置处加一副接收天线和通道，对指定的点目标 P 测得斜距 $r_2 = r_1 + \Delta r$。对天线 A_1 和天线 A_2 以所测得的斜距 r_1 和 r_2 为半径分别画圆弧 q_1 和 q_2，则目标应该位于两圆弧的交点。于是只要两副天线的位置和两个斜距确知，便可以从简单的几何关系确定 P 点的高程。对 SAR 图像中的各点逐个加以处理，便可以得到观测场景的高程分布。InSAR 正是利用这一基本原理实现高程估计的。

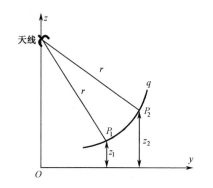
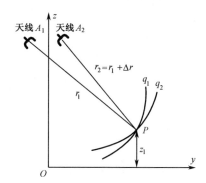

图 9.1　正交于航向的平面内单天线成像几何关系　　图 9.2　双天线观测的几何关系

　　InSAR 的基本原理虽然简单，但实际实现还有许多问题，这里先提一点：为了得到高的角分辨率和测量精度，天线必须有足够长的孔径，InSAR 只对分离的目标进行测量，只要有两副天线就可完成任务，但为了有足够的测量精度，两天线间的距离（称为基线长度）必须足够大，特别是星载的 InSAR，由于雷达到观测区距离很远，需要基线很长。所以在实现中，InSAR 有很多工作模式。此外，因为 InSAR 主要是得到垂直航向不同位置处的回波数据，对于地面静止目标，在发射频率、电波传播等足够稳定的条件下，SAR 的回波数据只取决于雷达与观测区的相对位置，而与什么时间测到的没有关系。因此，InSAR 所需的双天线数据，可以是一次航行录取的，称为单航过；也可以是同一载体平台以不同位置的平行航线分两次录取的，称为双航过。

　　机载 InSAR 一般采用双天线单航过模式，此时在载机上的水平方向装两副天线，可以一发双收，也可以双天线轮流自发自收（乒乓方式）。星载 InSAR 由于雷达距观测区很远，为了得到一定的测高精度，实现长基线单载体的双天线结构比较困难，而人造卫星的航行轨道比飞机稳定得多，早期一般采用单个载体双航过模式，两次航行可形成较长而又较稳定的基线。

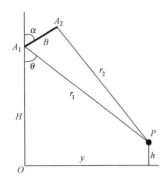

图 9.3　典型的干涉几何关系

下面就以双天线单航过的一发双收为例,来具体说明干涉高程测量的原理。以此为基础容易推广到其他模式。

图 9.3 所示为典型的干涉几何关系,它画的是双天线单航过、一发双收模式的示意图,其中,设天线 A_1 兼作发射。当用单副天线 A_1 工作时,点目标 P 的斜距 r_1 是可以得到的。另加一副天线 A_2 的作用是能确定 P 点在平面内的另一个位置参数(如侧偏角 θ)。

设天线 A_2 与天线 A_1 在同一个垂直于航向的法平面内平行地运动,基线长度 B 及基线与地面垂直线所形成的倾角 α 为已知,则从图 9.3 的简单几何关系和余弦定理可得

$$r_2^2 = r_1^2 + B^2 + 2Br_1\cos(\alpha + \theta) \tag{9.1}$$

或

$$\theta = \arccos\left(\frac{r_2^2 - r_1^2 - B^2}{2Br_1}\right) - \alpha \tag{9.2}$$

式中, B 和 α 是自行设定的,而斜距 r_1 和 r_2 可以由两副天线分别测量,由此可以从式(9.2)计算得到所需的参数 θ ,从而确定 P 点在法平面内的位置(包括它的高程)。

但是,测得高程的精度能否满足要求是必须考虑的,可以暂不考虑其他实际因素,仅就式(9.2)的形式加以讨论。从式(9.2)可知,为提高参数 θ 的测量精度,基线的长度 B 和倾角 α 应准确设定(或可精确测定),斜距 r_1 和 r_2 应能精确测量。

从式(9.2)可见,由于斜距 r_1 和 r_2 是两个很大的数,它们远大于基线长度 B ,且两者相差很小。如果将两者分别测量,再得到平方差 $r_2^2 - r_1^2$,误差会很大。通常的做法是将上述平方差做分解: $r_2^2 - r_1^2 = (r_2 + r_1)(r_2 - r_1)$,则产生误差的主要来源是 $r_2 - r_1 (r_2 - r_1 = \Delta r)$,即目标到两副天线的波程差。用直接的方法测量该波程差,而不是分别测得两个斜距后再相减,其误差可以大大减小。

在雷达里直接测量两副天线的波程差是将两个通道输出的信号进行比较,常用的方法有两种,一种是比较两个脉冲回波包络的时延差,称为时差测量,其精度可达匹配(压缩)输出脉冲宽度的几分之一。但这种方法的误差还是太大,因为 $r_2^2 - r_1^2 = (r_2 + r_1)\Delta r$,亚米级的 Δr 误差乘以 $(r_2 + r_1)$ 会造成很大影响,时差测量方法在这里不适用。另一种方法是比相法,或称干涉法,它是将两路输出的复信号比相。由于两者的相位差 ϕ 与波程差 Δr 存在下列关系,即

$$\phi = \frac{2\pi}{\lambda}\Delta r \tag{9.3}$$

式（9.3）中，Δr 的测量精度会达到波长量级，而时差测量法的测量精度是脉冲宽度量级的，且在 SAR 雷达里，波长一般为脉宽的几十分之一，所以此种方法的测量精度要高得多。正是由于用了比相法（即干涉法），干涉合成孔径雷达（InSAR）也因此得名。

需要指出的是，两天线接收信号的波程差 Δr 虽然不大，但可能比波长 λ 大许多，即两个信号的相位差的真实值可能比 2π 大很多。从两路信号的复振幅计算相位差时，由于相位值以 2π 为模，相位 φ 只能在 $(-\pi,\pi]$ 的区间里取值，称为相位的主值（或缠绕值），它与相位差 ϕ 的真实值可能相差 2π 的整数倍，即 $\phi = \varphi + 2k\pi$（k 为整数）。为此，在得到相位的主值后还要通过解缠绕处理（或称去模糊处理）得到相位的真实值。解缠绕处理是 InSAR 里的难题之一，这将在后面专门介绍。

上面依据式（9.2）讨论了为提高点目标 P 的测量精度（主要是 θ 角的精度），采用干涉法测量两天线目标回波的波程差 Δr（$\Delta r = r_2 - r_1$）。

结合图 9.3，考虑 $r_2 = r_1 + \Delta r$，可利用该图中的几何关系得

$$\theta = \arccos\left[\frac{(2r_1 + \Delta r)\Delta r - B^2}{2Br_1}\right] - \alpha \tag{9.4}$$

$$\Delta r = \frac{\phi\lambda}{2\pi} \tag{9.5}$$

$$h = H - r_1\cos\theta \tag{9.6}$$

$$y = \sqrt{r_1^2 - (H-h)^2} \tag{9.7}$$

点目标 P 的位置可以通过直角坐标里的高度 h 和水平距离 y 表示。基线长度 B 和倾角 α 是预置的（实际还需实时精确测量），天线的高度 H、斜距 r_1 的测量也应该比较准确，而波程差 Δr 则借助式（9.3）做干涉法测量。因而可以用较高的精度估计出点目标的高程。

需要指出的是，不管是时差法，还是干涉法，只有将点目标从众多目标中分离出来后才能应用。上面已经假设分离出来的是理想的点目标，实际从 SAR 图像中能够分离的是"像素"，像素对应于信号包络可视为"点"目标，但像素的尺寸相对于波长来说要大得多，应视为由许多散射点组成的"复杂"目标。复杂目标回波有方向敏感性问题，即对不同的视角，其响应回波会有区别，这对双视角工作的 InSAR 是重要的（在后面还要专门讨论）。

此外，InSAR 的基线必须足够长，其出发点在于它测量观测区的高程时有较高的仰角测量精度，两天线在空间位置不同，首先要区分的是沿航向方向还是垂直于航向方向，沿航向方向分量对高程测量是没有贡献的。如图 9.3 所示，在垂直于航向方向的法平面里，为提高测高精度，只有垂直于雷达到目标射线的孔径分量才是有效的，即有效基线的长度为

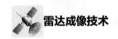

$$B_\perp = B\sin(\alpha + \theta) \tag{9.8}$$

实际基线长度 B 通常是固定的，随着观测区的改变，雷达射线的侧偏角 θ 会有所变化，这时的有效基线长度是不同的。

9.1.2 InSAR 高程测量可以采用的工作方式

采用两个航迹完成 SAR 成像得到两幅图像用于地面高程测量可以采用不同的方式。与星载雷达相比，在机载雷达中由于航迹与场景的距离比较近（一般为数万米），采用几米长的基线就可以获得比较高的高程测量精度。一方面，在飞机上实现具有数米长基线的双天线结构比较容易；另一方面，受到气流的扰动，飞机难以保持精确的匀速直线飞行，两次飞行的航迹要保持方向、速度、天线指向等都精确一致则更为困难。所以机载 SAR 的干涉高程测量往往采用单航过、双天线的工作方式。在单航过方式中又分为一发双收（即一副天线发射信号，两副天线同时接收回波信号）和两副天线自发自收方式（即两副天线轮流发射和接收回波信号，又称为"乒乓"方式）[6]。

在星载 InSAR 高程测量中难以采用单航过方式的原因是航迹与场景的距离比较远（数百千米或更远）。要获得与机载情况相同的高程测量精度，基线必须长达数十米至数百米，甚至更长（与两种情况下观测的几何关系 θ,α,r_i 有关）。在单个卫星上要实现这样的长基线的双天线是非常困难的。所以在星载 InSAR 高程测量中常常采用双航过方式，即卫星两次以基本相同的方向，不同的航迹通过同一地区的上空，将两次成像过程中雷达的回波数据和系统参数记录下来进行干涉处理。由于卫星的飞行没有大气的扰动，其航迹和姿态相当理想，大量的高程测量实验获得了成功。这种方式的优点是结构简单、设备量少、容易获得比较长的基线，但其缺点也很突出。一方面，由于两次航过之间往往相隔数天的时间，大气和地表的很多情况（包括电离层、气象、地表植被、土壤湿度）都可能发生变化，使 SAR 获得的两幅复图像的相干性变差，相位差不能准确反映波程差。这种情况被称为时间去相关。在有些极端的情况下高程测量根本无法进行。另一方面，卫星在围绕地球转动的过程中，由于轨道本身的进动和摄动（受地球扁率影响和各种摄动力的影响）以及地球的自转，航迹并不是完全平行的。非平行航迹给图像的配准和对于干涉相位的计算都会带来问题。另外，双航过方式对发射机本振稳定度、频谱稳定度的要求也比较高。因此美国开展了航天飞机雷达地形测量计划，研制了双天线系统，制成了 60m 长碳纤维复合材料长臂，把另一副接收天线安装在长臂的一端（见图 9.4），以获得较长的测量基线，实际高程测量误差小于 20m。目前提出的星载单航过方式的实现还有单星加系留天线、双星（或多星）编队飞行等。

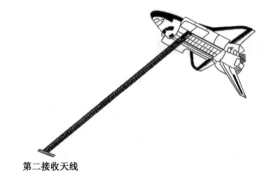

第二接收天线

图 9.4　航天飞机单航过 InSAR 高程测量的天线配置

式（9.4）和式（9.5）描述的是单航过一发两收工作模式的情况，由于采用同一天线发射信号，对于两副接收天线，在获取两幅图像时发射路径相同，只在接收路径上产生波程差。如果采用双航过或单航过的双发双收方式工作，获得两幅图像时发射天线相位中心不同，信号由发射天线到散射点再回到接收天线的过程中，在发射路径和接收路径都会产生波程差，即波程差应按双程计。所以在这种情况下，式（9.3）和式（9.5）应改为

$$\phi = 2 \times \frac{2\pi}{\lambda}\Delta r = \frac{4\pi}{\lambda}\left[\sqrt{r_1^2 + B^2 + 2Br_1\cos(\alpha+\theta)} - r_1\right] \tag{9.9}$$

$$\Delta r = \frac{\phi\lambda}{4\pi} \tag{9.10}$$

将上式与式（9.5）比较可知，采用相同的基线，双航过或单航过的双发双收方式近似等效于将基线的长度增大一倍。

与单发双收方式进行比较，双发双收方式可以在基线长度不变的情况下提高高程测量的精度，但其正常工作必须满足一定的条件，主要是两者的回波在时间上必须截然分开，不能有所混叠。一方面，天线 A_1 发射信号照射场景得到的回波，在时间上不能与天线 A_2 发射信号照射场景得到的回波相混叠。如果天线俯仰主瓣照射场景的斜距范围为 $(R_{\min}, R_{\max})$，一次脉冲的场景回波时间范围为

$$T_{\text{echo}} = 2 \times \frac{R_{\max} - R_{\min}}{c} + T_{\text{p}} \tag{9.11}$$

式（9.11）中，T_{p} 表示发射脉冲宽度。采用双发双收方式，使两副天线的信号在时间上不混叠，每副天线的发射信号的重复频率 f_{r} 应满足 $1/f_{\text{r}} > 2T_{\text{echo}}$，即 $f_{\text{r}} < \frac{1}{2T_{\text{echo}}}$。另一方面，每副天线的发射信号重复频率 f_{r} 必须大于主瓣杂波带宽 Δf_{d}，以保证多普勒信号不模糊。所以采用双发双收方式，其最小天线面积是单发双收的两倍，其方位分辨率或者成像的条带宽度会下降。

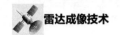

9.2 InSAR 高程测量的过程

通过前面的叙述，可以看到合成孔径雷达干涉测量地形高度的几何原理并不复杂。但其实现起来是相当复杂的，这是由于一方面对同一场景获得相干性很高的两幅 SAR 图像本身具有复杂性，另一方面由于从复图像无法直接获得干涉相位的真实值，这两者使干涉 SAR 高程测量成为一个复杂的过程。这一过程的核心是获得能够反映波程差的干涉相位的真实值。采用干涉法进行高程测量而建立地面高度模型的基本过程可以分为以下 5 个步骤[7-8]。

1. 两天线接收数据分别成像

采用 SAR 成像算法，对两副天线或两次航过的接收数据分别成像，获得两条不同航迹对同一场景观测得到的两幅二维复图像。其中不可避免地要用到成像中的各种估计和补偿算法，如多普勒中心频率估计、多普勒带宽估计、方位调频率估计、自聚焦方法等。与一般成像方法不同的是，为了使两幅图像之间具有比较高的相干性，考虑 SAR 图像是从实际场景通过系统响应函数的匹配滤波得到的，而系统响应函数与许多实际因素有关，因此，为使两者的系统响应函数精确一致，还应该采用预滤波方法根据擦地角和波束偏角重新设计距离脉压滤波器和方位压缩滤波器。

2. 图像配准

为了使表示地面高程信息的干涉相位达到一定数值，两天线的有效基线必须足够长。天线位置的区别打乱了成像得到的两幅复图像的像素在方位和距离上的对应关系。即图像 1 的像素 $f_1(x,r)$ 表示的目标（地面一小块区域）在另一幅图像上对应的像素为 $f_2(x+\Delta x, r+\Delta r)$，其中 Δx 和 Δr 还是位置 (x,r) 的函数，而且通常不是方位、距离分辨率的整数倍。图像配准的目的是使配准后的两幅图像中同一位置的像素对应地面同一小块区域，以保证两幅图像的相干性。配准的精度直接影响到两幅图像的相干性。在基线较短的情况下，对于一块比较小的平坦的成像场景，只要将一幅像进行简单的二维平移就可以将两幅图像对应像素配准。而对于面积较大的或高度变化剧烈的场景，不同方位、距离的像素进行配准需要不同的平移量。图像配准的关键在于距离和方位平移量的确定，这个平移量的精度必须远高于距离和方位的分辨率，一般取分辨单元长度的 1/100～1/10。如果平移量存在较大的误差，会引起图像相干性下降和干涉测量的相位误差增加。图像配准的平移量确定可以依靠各种参数进行计算，但更主要的是依靠数据进行估计。这些将在后面进行专门介绍。

3. 干涉相位的产生和去平地相位

在图像配准之后，需对图像中每个像素对应的干涉相位差进行计算。这个过程比较简单，通常的做法是先将一幅复图像 $f_1(x,r)$ 取共轭，与另一幅图像的对应像素 $f_2(x,r)$ 相乘。把相乘后的相位取出，即可得到所需要的原始干涉相位，即

$$\varphi_0(x,r) = \arg\left[f_1^*(x,r)f_2(x,r)\right] \tag{9.12}$$

由于两副天线具有几何位置的区别，使目标的干涉相位真实值 $\phi(i,j)$ 随着目标的位置而变化，它不仅仅是高度 h 的函数，而且是目标水平地面距离 y 的函数，

这就是说，两副天线观测高度无变化的水平地面，其干涉相位也随水平地面距离 y 的改变而改变，在干涉相位图中表现为近密远疏的干涉条纹。图 9.5 给出 $H = 5\,\text{km}$，$\lambda = 0.03\,\text{m}$，基线水平放置即 $\alpha = 90°$，$B = 10\,\text{m}$ 的水平地面的相位干涉条纹。由于这些条纹的密集程度远远大于地面起伏造成的干涉条纹，在二维相位解缠绕之前，要利用观测的几何条件，选定一定高度的水平面作为参考平面，将参考平面对应的干涉相位减掉。这个过程称为去平地相位，其目的是便于后面的相位解缠绕。采用图 9.3 的

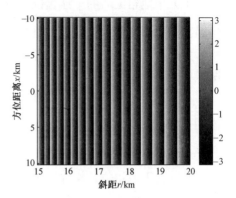

图 9.5　水平地面相位干涉条纹

几何关系，对于水平面，有 $\cos\theta = \dfrac{H}{r_1}$，由此可得 $\theta = \arccos\dfrac{H}{r_1}$，与天线 A_1 距离为 r_1 的

水平地面的干涉相位为 $\phi_g(r_1) = \dfrac{2\pi}{\lambda}(r_2 - r_1) = \dfrac{2\pi}{\lambda} \times \left[\sqrt{r_1^2 + B^2 + 2Br_1\cos(\alpha + \theta)} - r_1\right]$。

这样，对于每个像素，用原始干涉相位减去其斜距对应的水平地面的干涉相位，并取主值，就得到了去平地相位后的干涉相位 $\varphi_1(x,r) = \varphi_0(x,r) - \phi_g(r) + 2k\pi$，其中 k 为整数，其取值满足 $-\pi \leqslant \varphi_1(x,r) < \pi$，$r = r_1$ 为该像素对应天线 A_1 的斜距。

由于地面的平均高度常常是未知的，这样计算得到的平地干涉相位 $\phi_g(r)$ 往往不很精确，这没有关系，因为在相位解缠绕之后还要将此平地相位加上，使相位值对应真正的波程差，以便进行干涉相位到高度的换算。

由于系统噪声、基线去相关、天线方向图不一致等因素的影响，两幅图像之间并不是完全相干的，在干涉图的相位上会伴有随机分布的分量（噪声），这些噪

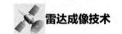

声的干扰会给地面高程估计带来严重的误差，也会给干涉图带来大量的残点，使后面的相位解缠绕过程更加困难。因此在很多情况下，干涉相位产生的过程中还必须对干涉相位进行降噪处理。现在采用的降噪处理方法主要有两种：一是利用多视图像进行降噪处理，它利用 SAR 成像多视获得的多个图像对，可以有效提高干涉相位的信噪比，同时对相干斑也有一定的抑制作用；二是对干涉相位进行邻域平滑滤波。它利用一个像素邻域像素的相位值对该像素进行相位平滑，包括均值滤波和中值滤波等方法，由于相位是以 2π 为模的，在滤波的过程中必须注意干涉条纹在主值相位范围的边缘不能做平滑。这两类方法通常在去平地相位之后进行。

4. 二维相位解缠绕和真实相位计算

由去平地相位后的干涉相位主值 $\varphi_1(x,r)$，恢复出能够正确反映相邻像素干涉相位变化的相位值 $\phi_1(x,r)$ 的过程称为二维相位相对解缠绕。通常分为局部方法和整体方法，本书将在后面对两种最基本的相位解缠绕方法进行专门讨论，这里先做简单介绍。

在二维相位解缠绕前去掉的参考平面对应的干涉相位 $\phi_g(r_1)$，在此时应该加入二维解缠绕相位 $\phi_1(x,r)$，称为"平地相位恢复"。即恢复平地相位后 $\phi_2(x,r)=\phi_1(x,r)+\phi_g(r)$。

通过去平地相位、相位解缠绕和平地相位恢复，可以得到的相位能够正确反映相邻像素之间的干涉相位关系。为使解缠绕相位能够正确反映像素到两个航迹的波程差，还必须进行真实相位 $\phi(x,r)$ 的计算。真实相位与相对解缠绕相位之间差一个常数相位，为 2π 的整数倍，真实相位能够正确反映波程差 $\Delta r = r_2 - r_1$，即

$$\phi(x,r)=\phi_2(x,r)+\phi_c \qquad (9.13)$$

式（9.13）中，ϕ_c 是一个常数相位。由平地相位恢复后的解缠绕相位计算真实相位只需要确定 ϕ_c。这时，只要知道雷达的工作参数和地面上一个参考点 (x_{ref}, r_{ref}) 的精确高度 h_{ref}，则由图 9.3 中的几何关系就可以很容易计算得到该点的绝对相位 $\phi(x_{ref}, r_{ref})$，由此可以确定 $\phi_c = \phi(x_{ref}, r_{ref}) - \phi_2(x_{ref}, r_{ref})$。为了得到较高的精度，最好有多个参考点。

5. 相位到高度的换算和地形矫正

此后，依照式（9.4）至式（9.7），对每个像素的高度 h 和 y 方向距离进行计算，并按照几何关系构造地面数字高度模型。这个过程只是利用了简单的几何关系，通常比较简单。

图 9.6 给出在理想情况下采用仿真数据实现干涉法高程测量过程中各阶段结果的示意图。图中采用水平基线（$\alpha=0$），基线长度 $B=20\,\text{m}$，工作波长 $\lambda=0.03\,\text{m}$，载机相对于海平面的高度为 $H=6000\,\text{m}$，在去平地相位的时候采用海平面高度作为参考平面高度。观测场景的大小为 30km×30km，最近边的斜距为 15km，该场景的平均高度高出海平面 447m，整个场景高程起伏的峰-峰值为 1000m。由于载机高度较高，场景高程的变化起伏比较缓慢，所以没有出现对雷达波的遮挡。图 9.6（a）给出地面起伏的模型，注意坐标轴的尺度不同，实际上地形是比较平缓的；图 9.6（b）表示两副天线分别得到了两幅复图像；图像配准后共轭相乘得到了干涉相位的主值，在图 9.6（c）中用灰度表示相位的数值，图中最深的灰度表示相位为 $-\pi$，最浅的灰度表示相位为 π，可以看到非常密集的干涉条纹，呈现近密远疏的特点；去平地相位后，相位主值的干涉条纹明显减少，如图 9.6（d）所示；二维相位解缠绕结果 $\phi_1(x,r)$ 如图 9.6（e）所示；恢复平地相位并利用参考点解算真实相位后，得图 9.6（f）；由干涉相位恢复出的地面高度模型图 9.6（g）与图 9.6（a）近似相同。

注意在去平地相位的时候采用海平面作为参考平面，它和场景的平均高度有区别，所以在去除平地相位后的图 9.6（d）仍然有近密远疏的条纹，相位解缠绕后的图 9.6（e）则产生了一个随距离变化的附加曲面，但由于相位解缠绕后又恢复了平地相位，所以对最后的高程测量结果没有产生影响。

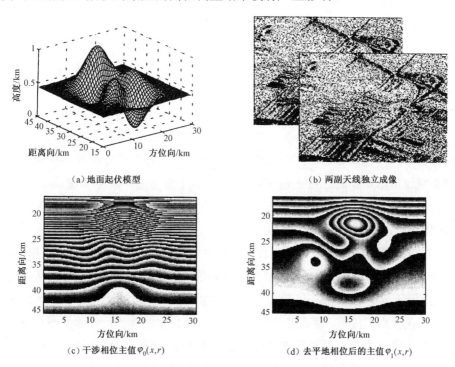

（a）地面起伏模型　　　（b）两副天线独立成像

（c）干涉相位主值 $\varphi_0(x,r)$　　　（d）去平地相位后的主值 $\varphi_1(x,r)$

图 9.6　干涉法高程测量过程中各阶段结果的示意图

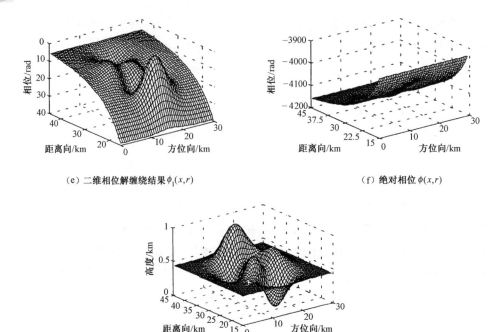

（e）二维相位解缠绕结果$\phi_1(x,r)$ （f）绝对相位$\phi(x,r)$

（g）恢复的地面高度模型

图 9.6   干涉法高程测量过程中各阶段结果的示意图（续）

9.3   InSAR 观测去相关和预滤波

SAR 图像的形成主要分两步，第一步由雷达在运动过程中采集、录取快时间和慢时间的数据；第二步为对采集到的二维数据做成像处理。

从场景到数据显然与系统响应有关，不同的系统响应函数，录取到的数据是不一样的。雷达成像通常利用系统响应函数对数据进行相关处理（匹配滤波），重建目标图像。可以想象，不同的系统响应函数，所重建的目标图像会有所差别。这种差别通常是很小的，对一般 SAR 图像可以不必考虑，但 InSAR 是以两幅图像的比较来估计场景的高程的，它对图像精度的要求要高得多，因此必须考虑获得两幅图像的系统响应函数。

更为重要的是在 9.1 节讨论高程测量的基本原理时，是从理想点目标出发的，在讨论一般 SAR 成像的原理时，也是通过系统响应函数录取数据，再用匹配滤波重建其图像，通常用点散布函数表示重建图像的失真。InSAR 用以做干涉比相的不是理想的"点"目标，而是从 SAR 图像中分离出来的像素，实际上一个像素包含许多散射点，因而对同一像素实体，雷达的视角不同，除距离差外，还会使成像得到的两像素有所差别，而 InSAR 正是利用不同视角对同一像素做干涉比相来测量距离差的，由此而产生的它们之间的额外差别对高程测量会有负面作用，所以必须加以考虑。

SAR 的二维成像的二维处理是可分离的，因此在考虑两幅图像中诸因素的影响时，也可分开来讨论，即在快时间维和慢时间维分别讨论两信道系统响应函数的问题。

9.3.1 空间视角去相关和预滤波[3,9-10]

干涉高程测量使用两副天线以不同的视角对地面进行观测，通过每个像素的观测相位差计算波程差来获得像素的高度信息。为了得到较高的高程测量精度，两副天线的视角差还必须足够大，也就是在观测距离一定的情况下有效基线的长度必须足够长。所以两副天线以不同的视角对地面进行观测是 InSAR 高程测量的基础，但同时也带来了空间视角去相关（也称"去相干"）的问题。

在 9.1 节中，采用理想的单个点目标、单一频率和简单几何关系对 InSAR 原理进行了描述，实际上忽略了回波的复杂结构。在实际 SAR 成像工作中，发射信号的带宽总是有限的（即像素有一定的尺寸，而不是理想的几何点），且两天线以不同视角对地面进行观测，会得到两个不同的成像平面。由于视角不同，地面散射点随斜距（波程差）的分布不同，从而会导致地面回波快时间谱的相对移动，使两者收到的回波去相关，去相关的程度与基线的长度和地面局部斜率等因素有关。在视角差由于基线加长而大到一定程度的情况下，可能导致两副天线获得的两幅图像完全不相关，此时的基线长度称为极限基线。

图 9.7 所示为视角引起去相关的几何示意图，它表示了垂直于航向方向的法平面。为了简化说明，现做一些简单的假设，这对理解问题的实质没有影响。设两副天线 A_1 和 A_2 水平放置，距地面的高度为 H，基线长度为 B。观测区为平地，在法平面内以 y 轴表示，天线 A_1 位于 $y=0$ 处，观测区中点 P 的位置 $y=y_0$，观测区幅宽远小于 y_0。两天线采取自发自收模式。设地面散射系数 $\gamma(y)$ 是零均值、高斯的、白的复函数，即它具有无限宽的谱。

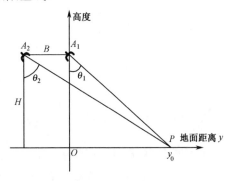

图 9.7 视角引起去相关的几何示意图

先讨论天线 A_1 自发自收的回波情况。假设发射波为理想的冲击脉冲 $\delta(\hat{t})$，即发射带宽 Δf 无限大。通过地面的后向散射，其回波为

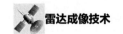

$$s_1(t) = \int \gamma(y)\delta\left(t - \frac{2}{c}\sqrt{H^2 + y^2}\right)dy = g\gamma\left(\sqrt{\frac{c^2t^2}{4} - H^2}\right) \tag{9.14}$$

式（9.14）中，振幅 g 不仅与距离有关，与视角也有关，但假设观测区的幅宽远小于 P 点的地面距离 y_0，其视角变化较小，可近似为常数（由于后面主要讨论回波谱的形状，因此在后面的讨论中将该常数略去）。

实际系统的信号不可能是冲激函数，它通常是宽频带调制的高频信号，可看作是冲激函数通过一高频带通滤波器而形成的。于是，将式（9.14）的回波通过同样的滤波器，其输出与发射实际信号时的回波等效，设带通滤波器的冲激响应为

$$h_{BP}(t) = w(t)e^{j2\pi f_c t} \tag{9.15}$$

式（9.15）中，f_c 为载波频率，$w(t)$ 为基频冲激响应函数，如常用的 LFM 函数。

将式（9.14）与式（9.15）做卷积处理，可得实际发射信号时的回波为

$$\begin{aligned} s_{c1}(t) &= s_1(t) \otimes h_{BP}(t) \\ &= \gamma\left(\sqrt{\frac{c^2t^2}{4} - H^2}\right) \otimes w(t)e^{j2\pi f_c t} \end{aligned} \tag{9.16}$$

式（9.16）中，$\otimes$ 表示卷积。

将式（9.16）乘以 $e^{-j2\pi f_c t}$，即把信号从高频变换到基频，得

$$s_{b1}(t) = \gamma\left(\sqrt{\frac{c^2t^2}{4} - H^2}\right)e^{-j2\pi f_c t} \otimes w(t) \tag{9.17}$$

考虑式（9.17）中的 $t = \frac{2}{C}\sqrt{H^2 + y^2}$，它是以雷达天线 A_1 做基准，表示雷达到目标双程的传播时间。由于人们关心的是观测区，其中心 P 的 $y = y_0$，因此令观测区内的 $y = y_0 + u$，将 $\sqrt{H^2 + y^2}$ 在 P 点做泰勒级数展开，并略去高次项，得

$$t = \frac{2}{c}(r_{01} + u\sin\theta_1) \tag{9.18}$$

式（9.18）中，$r_{01} = \sqrt{H^2 + y_0{}^2}$ 为天线 A_1 到 P 点的距离；$\sin\theta_1 = \frac{y_0}{r_{01}}$，其中 θ_1 是天线 A_1 指向 P 点射线的侧偏角。

将式（9.18）代入式（9.17），同时将时间的基点从 A_1 移到 P，即做 $\frac{2}{c}r_{01}$ 的时延［注意：在式（9.17）的卷积中做时延，只须对其中一个函数做时延，本书是对 $w(t)$］，于是得

$$s_{b1}\left(\frac{2u}{c}\sin\theta_1\right) = \gamma(y_0 + u)e^{-j\frac{4\pi f_c}{c}(r_{01} + u\sin\theta_1)} \otimes w\left(\frac{2u}{c}\sin\theta_1\right) \tag{9.19}$$

设天线 A_2 也是以自发自收方式工作，考虑 A_2 的坐标为 H 和 $y = -d$ ，A_2 到 P 点的斜距和侧偏角为

$$r_{02} = \sqrt{H^2 + (y_0 + d)^2} \tag{9.20}$$

$$\sin \theta_2 = \frac{y_0 + d}{\sqrt{H^2 + (y_0 + d)^2}} \tag{9.21}$$

按天线 A_1 的方法同样处理，可得同样以 P 点作为时间基准的 A_2 基频回波为

$$s_{b2}\left(\frac{2u}{c}\sin\theta_2\right) = \gamma(y_0 + u)e^{-j\frac{4\pi f_c}{c}(r_{02} + u\sin\theta_2)} \otimes w\left(\frac{2u}{c}\sin\theta_2\right) \tag{9.22}$$

比较式（9.19）和式（9.22）的两个回波可以看到，同样以 P 点（$y = y_0$）作为时间基准，对 P 点沿 y 轴偏离一个数值 u ，两者回波的时延是不相同的，其时延 Δt 和偏离值 u 有下列关系

$$\begin{aligned}\frac{c}{2}\Delta t &= u(\sin\theta_2 - \sin\theta_1) \\ &= 2u\sin\frac{\theta_2 - \theta_1}{2}\cos\frac{\theta_2 + \theta_1}{2} \\ &\approx u\Delta\theta\cos\theta\end{aligned} \tag{9.23}$$

式（9.23）中，$\Delta\theta = \theta_2 - \theta_1$ 为侧偏角差，$\theta = \frac{\theta_2 + \theta_1}{2} \approx \theta_1 \approx \theta_2$ 。由于 $\Delta\theta$ 很小，在以 y_0 为中心的观测带内 u 的取值也比较小，这个时延差通常可以忽略。令 $\tau = u\frac{2}{c}\sin\theta = u\zeta$ ，可得

$$s_{b1}\left(\frac{2u}{c}\sin\theta_1\right) \approx s_1(\tau) = \gamma(y_0 + \tau/\zeta)e^{-j(4\pi f_c/c)(r_{01} + \tau\sin\theta_1/\zeta)} \otimes w(\tau) \tag{9.24}$$

$$s_{b2}\left(\frac{2u}{c}\sin\theta_2\right) \approx s_2(\tau) = \gamma(y_0 + \tau/\zeta)e^{-j(4\pi f_c/c)(r_{02} + \tau\sin\theta_2/\zeta)} \otimes w(\tau) \tag{9.25}$$

在式（9.24）和式（9.25）中，多处 $\sin\theta_1$ 和 $\sin\theta_2$ 均可用 $\sin\theta$ 近似，但等式右边指数项上的例外，因为它们还要乘以 f_c ，而 f_c 是一个很大的数。用 $\Gamma(f)$ 和 $W(f)$ 表示 $\gamma(y_0 + \tau/\zeta)$ 和 $w(\tau)$ 的傅里叶变换（即谱函数），可得

$$S_1(f) = \Gamma\left(f + f_c\frac{\sin\theta_1}{\sin\theta}\right)e^{-j(4\pi f_c/c)r_{01}}W(f) \tag{9.26}$$

$$S_2(f) = \Gamma\left(f + f_c\frac{\sin\theta_2}{\sin\theta}\right)e^{-j(4\pi f_c/c)r_{02}}W(f) \tag{9.27}$$

从式（9.26）和式（9.27）可以看到，散射系数的频谱 $\Gamma(f)$ 本来分布在无限宽的频率范围内，由于发射信号是带限信号［表现为 $W(f)$ 是带限的］，回波中只包含 $\Gamma(f)$ 的一段频谱，不同视角得到的频谱段不同，其相对频移为 $F = f_c\dfrac{\sin\theta_2 - \sin\theta_1}{\sin\theta} \approx \dfrac{f_c\Delta\theta}{\tan\theta}$ 。

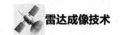

图 9.8 所示为不同视角观测地面引起的散射系数频谱的移动，它形象地表示了回波的频谱，从中可以看到频谱移动（简称频移）了 F，而粗实线表示的是重合的谱段，说明信号的相关部分。若信号频带为 Δf，则相关系数可以写成

$$\rho = \frac{\Delta f - F}{\Delta f} \tag{9.28}$$

当相对频移与带宽相等时，两个频谱将没有重叠部分，此时两个信号完全去相关，即 $F = \Delta f$ 是完全去相关条件。设极限基线长度为 B_c，B_- 为实际水平基线的长度。由视角差 $\Delta\theta = \dfrac{B_-\cos\theta}{r}$，$R_y = \dfrac{c}{2\Delta f\sin\theta}$，$f_c = \dfrac{c}{\lambda}$，以及有效基线 $B_\perp = B_-\cos\theta$，可得相关系数和极限有效基线（相关系数为零）的长度为

$$\rho = 1 - \frac{cB_\perp}{\lambda r\Delta f\tan\theta} \tag{9.29}$$

$$B_{\perp c} = \frac{\Delta f\,\lambda r\tan\theta}{c} \tag{9.30}$$

式中，θ 仍为视线的侧偏角。

上述结果可以推广到更一般的情况，即侧偏角为 θ，地面倾斜角为 α 的情况。$\dfrac{\mathrm{d}h}{\mathrm{d}y} = \tan\alpha$，得

$$\rho = 1 - \frac{cB_\perp}{\lambda r\Delta f\tan(\theta-\alpha)} \tag{9.31}$$

$$B_{\perp c} = \frac{\Delta f\,\lambda r\tan(\theta-\alpha)}{c} \tag{9.32}$$

式中，$(\theta-\alpha)$ 实际上是擦地角的余角，$\dfrac{B_\perp}{r}$ 就是两次观测中擦地角的变化量 $\Delta\theta$。

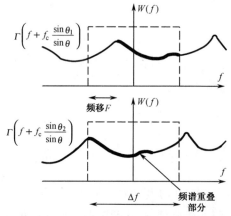

图 9.8 不同视角观测地面引起的散射系数频谱的移动

这种去相关的公式也可以从波数域加以推导，有兴趣的读者可以参阅文献[10]。

空间基线引起的去相关使干涉相位的噪声大大增加，如果基线过长就会严重影响干涉高程测量的精度。为了消除空间基线去相关的影响，人们提出了预滤波的方法。由式（9.26）、式（9.27）和图 9.8 不同视角引起的频移可知，两次观测得到的频谱段不同，按照地面斜率修正后得到其频移为 $F = \dfrac{f_c\Delta\theta}{\tan(\theta-\alpha)}$。在擦地角未知

的情况下，F 也是未知的，可以将两个信号的快时间谱作滑动互相关，而从互相关峰值所对应的 F 得到

$$\rho(\tilde{F}) = \left| \int S_1^*(f - \tilde{F}) S_2(f) \mathrm{d}f \right| \qquad (9.33)$$

其最大值对应 $\max_{\tilde{F}} \rho(\tilde{F}) = \rho(F)$。对应快时间谱移动量 F，为了获得频谱的公共部分，两个快时间域的脉冲压缩滤波器设计应满足带宽相同而频谱中心相差 F 的条件。即两者的带宽为

$$\Delta f_{f_1} = \Delta f_{f_2} = \Delta f - F \qquad (9.34)$$

式（9.34）中，f_1 和 f_2 为两基带压缩滤波器的中心频率，即

$$f_1 = \frac{F}{2} \qquad (9.35)$$

$$f_2 = -\frac{F}{2} \qquad (9.36)$$

考虑脉压滤波器应具有较高的主、副瓣比，采用一般匹配滤波器的设计方法并加窗（Hanning、Hamming、Taylor、Chebshev 等），就很容易设计出满足上述要求的滤波器。

图 9.9 给出 $f_c = 10\mathrm{GHz}$、$\Delta f = 30\mathrm{MHz}$、$\theta = 45°$、$\Delta\theta = 0.0015\mathrm{rad}$ 情况下的预滤波仿真结果，其中实线、点线和短画线分别对应地面斜率为 -0.2、0 和 0.2 的情

况。可见在未采取预滤波的情况下，三种斜率的地面对同一像素两回波的相关性只有 0.91、0.82 和 0.58，通过预滤波，可以使相关性非常接近于 1。以上情况说明：预滤波可以大大提高 InSAR 的两个图像的相关性，进而提高高程测量的精度，但预滤波器的设计必须与地面的斜率相适应。

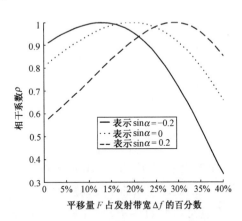

图 9.9　空间基线去相关和预滤波

需要指出的是：上面的仿真结果是地面为理想斜面的情况下得到的，在很多情况下地面不能表示为一个理想斜面。在一个像素单元内，地面的斜率也可能发生明显变化，而且地面的植被和地面的高度不同，它们共同反射雷达信号也会破坏信号的相关性。在实际工作中，预滤波是不可缺少的，但其效果受到多种因素的限制，不能得到完全理想的结果。

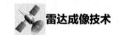

9.3.2 方位去相关和预滤波[11]

对于安装在同一平台的双天线 InSAR 结构，人们总是尽力使两副天线的方向图特性一致，且天线指向相同。在这种情况下，采用相同的方位脉压得到的两幅图像的点散布函数近似相同，方位去相关的问题可以忽略，不需要方位预滤波补偿。但是在单天线双航过方式中，两次成像过程中波束指向会发生变化（相当于方向图发生改变），从而引起信号慢时间频谱形状的改变。

设无方向性天线照射地面回波信号的慢时间频谱为 $S(f_d)$。在实际情况下，它将受到天线方向性函数的调制。设两副天线的方向性函数分别为 $G_1(\psi)$ 和 $G_2(\psi)$，其中 ψ 为相对于航向方向的锥角。显然 $f_d = \dfrac{2V}{\lambda}\cos\psi$，则信号的频谱为

$$S_1(f_d) = S(f_d)G_1^2\left[\psi(f_d)\right] \tag{9.37}$$

$$S_2(f_d) = S(f_d)G_2^2\left[\psi(f_d)\right] \tag{9.38}$$

由于 $f_d(\psi) = \dfrac{2V}{\lambda}\cos\psi$，$\psi(f_d) = \arccos\dfrac{f_d\lambda}{2V}$。在实际工作中，最主要的影响不是天线方向图主瓣响应的不一致，而是天线主波束轴线的偏差，所以信号频谱的差别主要反映在中心频率上。图 9.10 和图 9.11 分别给出单个散射点和整个场景的多普勒频谱示意图。德国航空研究实验室的研究人员对 ERS-1 卫星的 SAR 数据进行了干涉处理，其工作波段为 C 波段，波长为 5.6cm，脉冲重复频率（PRF）为 1680Hz，主瓣多普勒带宽为 1410Hz，飞行速度为 7466m/s。在两次航过中，主瓣多

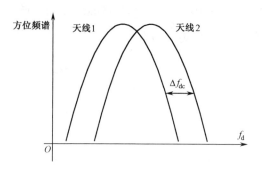

图 9.10　单个散射点的多普勒频谱示意图

普勒中心频率差约为 150Hz，达到了整个主瓣多普勒带宽的 10.6%。经计算可知，此时两次航过波束的角度偏差为 0.56 mrad。而在航天飞机机载的 X-SAR 中，主瓣多普勒带宽为 1150Hz，由于航天飞机姿态的不稳定，主瓣多普勒中心频率差达到了 550Hz，几乎达到了整个主瓣多普勒带宽的 50%。两幅图像相关性的均值不到 0.3。

方位频谱的差别也会导致信号的去相关，因此在方位压缩的时候也应该采用慢时间频谱预滤波的方法，类似于多通道系统通道均衡的快时间解卷积。预滤波不仅要滤除不重合的谱段，还要修正重合部分两频谱的差异。设两个慢时间域预滤波器的频率响应为 $F_1(f_d)$ 和 $F_2(f_d)$，其预期与滤波后信号的多普勒谱相同，即

$$F_1(f_d)S_1(f_d) = F_2(f_d)S_2(f_d) \tag{9.39}$$

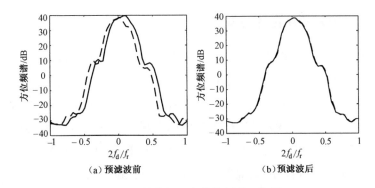

图 9.11　整个场景多普勒频谱示意图

令 $f_{\mathrm{d,max}} = \dfrac{2V}{\lambda}$ ，f_{dc1} 和 f_{dc2} 分别表示两次航过的多普勒中心频率，$f_{\mathrm{dc}} = \dfrac{f_{\mathrm{dc1}} + f_{\mathrm{dc2}}}{2}$ 为其中间值，Δf_{d} 表示主瓣多普勒带宽，$\Delta f_{\mathrm{dc}} = |f_{\mathrm{dc1}} - f_{\mathrm{dc2}}|$ 。其中一个解为

$$F_1(f_{\mathrm{d}}) = \left[\frac{G_2(f_{\mathrm{d}} / f_{\mathrm{d,max}})}{G_1(f_{\mathrm{d}} / f_{\mathrm{d,max}})} \right]^{\frac{1}{4}} \cdot \mathrm{rect}\left(\frac{f_{\mathrm{d}} - f_{\mathrm{dc}}}{\Delta f_{\mathrm{d}} - \Delta f_{\mathrm{dc}}} \right) \tag{9.40}$$

$$F_2(f_{\mathrm{d}}) = \left[\frac{G_1(f_{\mathrm{d}} / f_{\mathrm{d,max}})}{G_2(f_{\mathrm{d}} / f_{\mathrm{d,max}})} \right]^{\frac{1}{4}} \cdot \mathrm{rect}\left(\frac{f_{\mathrm{d}} - f_{\mathrm{dc}}}{\Delta f_{\mathrm{d}} - \Delta f_{\mathrm{dc}}} \right) \tag{9.41}$$

根据信号的频谱估计 $G_1(f_{\mathrm{d}} / f_{\mathrm{d,max}}) / G_2(f_{\mathrm{d}} / f_{\mathrm{d,max}})$ 比较麻烦，设计人员往往采用阵列加权和主瓣回波多普勒中心频率来计算式中的方向图函数。也有些设计人员将其近似为

$$F_1(f_{\mathrm{d}}) = F_2(f_{\mathrm{d}}) = \mathrm{rect}\left(\frac{f_{\mathrm{d}} - f_{\mathrm{dc}}}{\Delta f_{\mathrm{d}} - \Delta f_{\mathrm{dc}}} \right) \tag{9.42}$$

即只是滤除两个频谱的非公共部分，而忽略频谱间的差异，这时只需要估计两个信号多普勒谱的中心频率即可。对于前面提到的 ERS-1 数据，相关性提高了 9%。对于 X-SAR，相关系数均值从 0.3 提高到了 0.54。

9.4　图像配准

　　图像配准的目的是使配准后两幅图像中的一对像素对应地面上同一地块，即地面上的同一分辨单元。在图像没有配准的情况下，两幅图像中同一位置的像素可能对应地面上不同的散射体，其相位差不能反映地面高度起伏的情况。所以图像配准是 InSAR 高程测量的一个关键步骤。图像配准的精度直接影响两幅图像的相关性和干涉相位测量的精度。

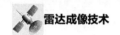

9.4.1　图像配准的几何基础

图像配准是一个二维变换，以一幅图像作为基准图像，将另一幅图像在距离维和方位维进行平移和插值。单航过双天线工作方式的方位向的图像配准比较简单。如果两副天线构成的基线与航迹严格垂直，则两副天线得到的图像在方位向没有相对位移，可以不做方位向配准。但如果基线和航迹不垂直，或者采用了单天线双航过的工作方式，由于两副天线的空间采样在航向方向有区别，如图 9.12所示，就使两副天线得到的图像也在方位向发生错位，对于双航过方式其错位的距离为 d，对应像素数为 $\dfrac{d}{VT_r}$，其中 V 为平台的运动速度，T_r 为脉冲重复周期。

对此只需要将第二幅图像向相反方向插值移动 $\dfrac{d}{VT_r}$ 个像素即可。距离方向的配准通常比较复杂，主要是因为两图像相应像素的偏移量不是常数，而是随距离变化，且与雷达高度有关，不同的高度，对不同距离的区域，在配准的时候需要不同的距离向偏移量。

图 9.13 给出水平地面不同距离区域的观测示意图。地面上不同距离的两点 P_1 和 P_2 分别表示了观测条带所对应的地面最近距离和最远距离，其对应两副天线的斜距分别为 r_{11}, r_{21} 和 r_{21}, r_{22}，对应的波程差为 $\Delta r_1 = r_{12} - r_{11}$，$\Delta r_2 = r_{22} - r_{21}$。对于 P_1 点，距离维的图像配准就是要消除 Δr_1 造成的两幅图像中 P_1 点的距离向位置区别；对于 P_2 点，是要消除 Δr_2 造成的距离向位置区别。

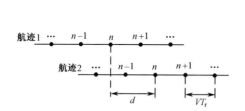

图9.12　空间采样不对齐的示意图　　　图9.13　水平地面不同距离区域的观测示意图

如果 Δr_1 和 Δr_2 很接近，即 $|\Delta r_2 - \Delta r_1|$ 远小于一个距离分辨单元，并且场景内地面比较平坦，对于距离维的图像配准可以简单地进行，即以一幅图像作为基准图像，将另一幅图像在距离方向平移 $\dfrac{\Delta r_1 + \Delta r_2}{2}$，就可将两幅图像配准到干涉测高所需的精度，可以将这种情况称为整体配准。对于机载单航过方式工作的雷达，由

于基线较短，在观测较远的平坦区域时，存在着采用单一平移量对图像进行整体平移就能够实现精确配准的可能性。下面以典型机载情况为例进行说明，假设基线 $B = 20\,\mathrm{m}$，水平放置（$\alpha = 90°$），载机高度 $H = 4000\,\mathrm{m}$，则容易计算得到同一散射体对于两副接收天线的波程差 Δr 随地面水平距离的变化情况，如图 9.14 所示。

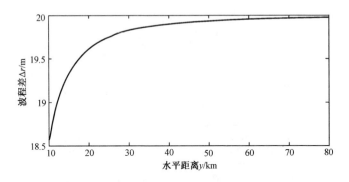

图 9.14　地面不同距离对两副接收天线的回波波程差

从图 9.14 中可以看到在较近的距离，波程差随距离的变化比较快，水平距离从 $10\sim20\,\mathrm{km}$ 之间的波程差变化达到了 $1\,\mathrm{m}$ 以上，如果雷达距离分辨率优于 $10\,\mathrm{m}$，就不能用同一个平移量对这段区间内的图像进行精确配准。对于较远的距离（超过 $30\,\mathrm{km}$），波程差变化很慢，可以采用整体配准的方法，如图 9.15（a）所示。但是随着距离的增加，θ 值越来越大。由式（9.8）可以看到，有效基线 $B_\perp$ 的长度也不断变小，干涉相位对于高度的敏感度也在不断降低，高程测量能够达到的精度较差。

在大多数情况下，由于成像条带的距离向宽度比较宽，加之要得到较长的有效基线 $B_\perp$，场景最近边和最远边的波程差 $|\Delta r_2 - \Delta r_1| \ll \rho_r$（距离分辨单元长度）的条件往往不成立，不同距离的像素需要不同的偏移量。如果地面还比较平坦，对不同方位、相同距离的像素可以采用相同的配准量，如图 9.15（b）所示。反之，地面的快速起伏也会造成不同的像素在配准的时候需要不同的距离偏移量，即使不同方位的两个像素对于一个天线航迹具有相同的斜距，如果它们的高度不同，其配准偏移量也不相同，在基线较长、地面起伏剧烈的情况下这种效应尤为显著。所以对于不同距离、不同方位的像素要采用不同的距离平移量，这使图像配准过程的复杂度大大增加，如图 9.15（c）所示。

更为复杂的一种情况常常出现在星载双航过方式中，不仅有效基线长度较长，而且两次飞行的航迹不完全平行，具有一个很小的夹角。由于轨道的进动和地球的自转，这种现象在星载 SAR 双航过中几乎无法避免。而机载和航天飞机载的

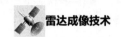

SAR 雷达更难以保证双航过航迹的完全平行。1984 年 10 月，美国利用航天飞机机载雷达 SIR-B 的双航过数据进行干涉高程测量实验，两个轨道夹角达到了 1.2°，即两幅图像在空间还有一个很小角度的旋转，如图 9.15（d）所示。在这种情况下，图像配准的过程无法分离为方位配准和距离配准两个独立的过程。

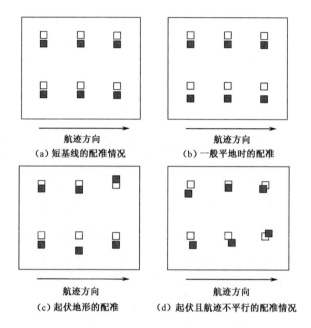

图 9.15　不同情况下配准的复杂度示意图

因此长基线、地面起伏剧烈和航迹不平行都是图像配准的非理想因素，使配准的过程不能用简单的图像平移和插值来实现，必须采用更精细的算法。复杂的精细配准包含两个含义：①配准的误差要远小于一个分辨单元的尺寸（对不同测高精度要求，配准误差应小于 1/10 个分辨单元长度）；②不同的像素具有不同的配准二维偏移量。

9.4.2　图像配准过程

图像的配准首先要确定一幅图像中的每一个像素在另外一幅图像中的位置，即配准的二维偏移量。采用系统参数和地面先验知识可以计算每个像素的配准偏移量，但参数误差和地面的起伏往往使偏移量的精度无法满足要求。所以精确的配准只能采用估计的方法。一个分辨单元尺寸的 1/10 是配准精度的最低标准。

通常将图像配准分为像素配准和亚像素配准两个过程。像素配准是粗配准，整个场景的两幅图像或者一块很大的区域的两幅图像采用同一个平移量进行移动配准。这个平移量可以采用雷达和观测几何参数进行计算，也可以采用两幅图像进行估计。即将一幅图像进行距离和方位两个方向的平移，计算两幅图像之间的相关系数，以相关系数最大为准。这个过程很容易利用二维 FFT 方法变换到频率域实现，可以大大节省平移相关的运算量。粗配准的目的是减小后面亚像素配准的搜索区域，大大减小亚像素配准的运算量。

亚像素配准是将粗配准后的图像分成若干小块，对各小块逐个做精配准，但仍然要做二维搜索。它利用的是两个图像配准的精度越高，图像之间的相干性就越好，相干条纹越明显的准则。

如果有两幅复图像分别为 $f_1(m,n)$ 和 $f_2(m,n)$，采用二维配准量 $(\Delta m, \Delta n)$ 在匹配窗口 $M \times N$ 的区域形成干涉图，即

$$f_{12}(m,n) = f_1(m,n)f_2^*(m+\Delta m, n+\Delta n) \qquad (9.43)$$

对 $f_{12}(m,n)$ 进行二维 FFT，就得到了二维频谱 $F_{12}(k,l)$，其模的最大值对应着干涉条纹最主要的二维空间频率 (k,l)。在理想斜面的情况下，干涉条纹只具有该二维频率分量，频谱的其他二维频率分量的功率为 0（实际中不可能为 0，但也应该比较小）。干涉条纹的质量可以用信噪比来表示，即二维频谱中的最大功率与其他分量功率和的比值，也是两幅图像相关性的一个有效度量。通过二维配准偏移量 $(\Delta m, \Delta n)$ 在二维平面上搜索，最大信噪比对应的 $(\Delta m, \Delta n)$ 就是配准的最优值。搜索的范围取决于前面粗配准能达到的精度，步长必须小于一个像素单元尺寸的 1/10。

具体的配准过程限于篇幅，不做详细介绍，有兴趣的读者可参阅文献[3]。

9.5　降噪滤波

通常认为 InSAR 广义的干涉相位噪声的来源主要有：①接收机噪声；②图像配准的误差；③空间基线去相关和方向图不一致（方位谱）去相关；④双航过方式的地表和其他因素变化引起的时间去相关。这些噪声都会在干涉相位中反映出来，给最终的高程测量带来误差，也给干涉相位的解缠绕带来困难。下面介绍降低相干相位噪声的常用方法。

9.5.1　多视处理

在第 4 章和本章 9.3 节的论述中，可以知道地面复后向散射系数在方位和距离上的二维分布是随机的，其二维空间谱具有非常大的带宽，近似为一个白的二维随机过程。雷达成像得到的仅仅是这个空间谱中一小块谱区域的信息，这个小块谱区域的位置对应快时间谱和慢时间谱的中心频率，谱区域的大小对应快时间域和慢时间域回波信号的带宽，也就对应其纵向和横向距离分辨率。有限带宽和有限分辨

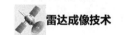

率导致了图像像素的幅度不能真实体现地面该分辨单元内的平均散射系数。一个分辨单元内的多个不同散射体的子回波有可能相位接近而相干相加（幅度增强），也有可能相干相减（幅度下降），这就是图像中衰落噪声（相干斑）的成因。采用视角有小差别的多视处理，可以明显减弱图像的衰落噪声，在 InSAR 的高程测量中也可以明显减弱干涉相位的噪声。但多视处理是以降低图像分辨率为代价的。

InSAR 多视处理是要对同一地域获得 L 幅多视图像对，然后对每一对的相应复像素做共轭相乘后加以平均，即

$$f_{12}(m,n) = \frac{1}{L}\sum_{i=1}^{L} f_1^{(i)}(m,n) f_2^{(i)*}(m,n) \tag{9.44}$$

式（9.44）中，L 表示视数，$f_1^{(i)}(m,n)$ 和 $f_2^{(i)}(m,n)$ 表示第 i 视一对复图像配准后图像中的对应像素。注意这里用作平均的不是干涉相位，也不是像素的复值，而是干涉图的复值。这是因为多视图像之间是去相关的。即当 $i \neq j$ 时，$f_1^{(i)}(m,n)$ 和 $f_1^{(j)}(m,n)$ 之间没有确定的幅度或者相位关系，不能直接平均。而 $f_1^{(i)}(m,n)$ 和 $f_2^{(i)}(m,n)$ 之间有明确的相位关系，即反映波程差（间接反映高度）的干涉相位。对于每个图像对，这个干涉相位的期望是相同的，但观测到的缠绕相位具有一定的随机性且是以 2π 为周期模糊的，所以也不能直接采用干涉相位平均，只能采用干涉向量平均。关于这一点在 9.5.2 节相位滤波中还将做进一步解释。采用上式滤波，最终得到干涉相位为 $\varphi_0(m,n) = \arg[f_{12}(m,n)]$。此时 $f_{12}(m,n)$ 的标准差取决于图像的相关系数（或相干性）的大小和多视的视数 L，而前面提到两幅图像像素的相干系数 ρ（也称为相关系数）定义为

$$\rho = \left| \frac{E\left[f_1 f_2^*\right]}{\sqrt{E\left[|f_1|^2\right] E\left[|f_2|^2\right]}} \right| \tag{9.45}$$

在实际估计 ρ 的时候，数学期望只能通过空间平均来进行。必须指出的是，多视处理并不能提高相干性，只能减少干涉相位 φ_0 的方差。在 f_{12} 的分布服从圆高斯统计特性的情况下，文献[12]推导了单视和多视情况下 φ_0 的概率密度函数，即

$$p_{\varphi_0}(\varphi_0) = \frac{\Gamma\left(L+\frac{1}{2}\right)\left(1-|\rho|^2\right)^L \beta}{2\sqrt{\pi}\Gamma(L)(1-\beta^2)^{L+1/2}} + \frac{\left(1-|\rho|^2\right)^L}{2\pi} F_g\left(L,1;\frac{1}{2};\beta^2\right) \tag{9.46}$$

式（9.46）中，$\beta = \rho\cos(\varphi_0 - \overline{\varphi}_0)$，$\overline{\varphi}_0$ 是相位分布的峰值，F_g 是高斯超几何函数，其定义式为

$$F_g(a,b;c;x) = \sum_{m=0}^{\infty} \frac{(a,m)(b,m)}{(c,m)} \times \frac{x^m}{m!} \tag{9.47}$$

式（9.47）中，$(a,0)=1$，$(a,m)=a(a+1)\cdots(a+m-1)$，$m$ 为整数。在这种分布的情况下，可以得到干涉相位的标准差随相干系数 ρ 和视数 L 的变化，如图 9.16 所示，显然随着相干系数 ρ 和视数 L 的增加，干涉相位的标准差随之下降。说明了多视处理对于干涉相位具有较好的平滑降噪作用。

在每一副天线或每一次航过的 SAR 成像过程中，如果已经获得了 L 幅多视图像，则两副天线或两次航过可以构成 L 个图像对，利用这 L 个图像对可以进行多视处理。第 3 章里已经介绍过，一般 SAR 为抑制相干斑获取多视图像可用两种方法：一种是将整个合成孔径分成几个子孔径，从每个子孔径得到一视图像，然后对多视进行平滑处理；另一种是将相邻像素作为多视平滑处理。这两种多视处理实际上具有等效性，都是用降低分辨率以减小干涉相位的方差。

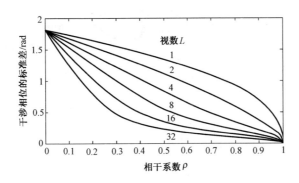

图 9.16　多视条件下干涉相位的标准差

9.5.2　相位滤波

多视处理在复图像域进行滤波，相位滤波直接针对处理得到的干涉相位分布进行滤波。采用相位滤波的方法，首先必须明确其适用的假设条件，即地貌的起伏相对于 SAR 图像的距离、方位采样间隔是缓慢变化的，相邻像素的相位间具有较强的相关性，而相邻像素噪声的分布是统计独立的，此时降噪可以采用空域滑窗平均进行。

相位滤波中必须注意干涉相位以 2π 为周期的模糊性。如图 9.17（a）所示，虚线表示没有噪声的干涉相位，实线表示干涉相位的实际测量值。如果不存在相位模糊，对应波程差的干涉相位真实值在图像中是连续变化的，可以采用常用的各种平滑方法（如低通滤波），对起伏较快的相位噪声进行低通平滑滤波，滤波结果如图 9.17（b）所示。但实际测得的干涉相位为相位在 $(-\pi,\pi)$ 的主值，如果相位真实值不等于其实际测量的主值，而如图 9.17（c）所示，则相位主值做常规的平滑处理结果如图 9.17（d）中的实线所示，它严重偏离了无噪声时的主值，后面的相

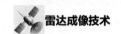

位解缠绕也会得到错误的结果。所以对于以 2π 为周期模糊了的相位，不能用平滑滤波器直接对相位主值进行滤波，必须采用特殊的、能够保持相位跳变的滤波器。

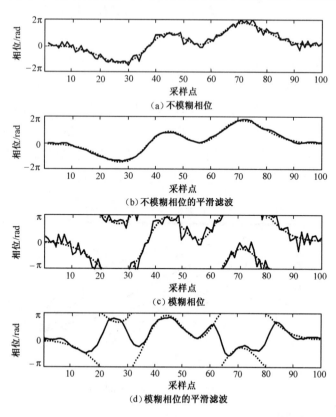

图 9.17　相位滤波示意图

下面介绍两种方法，方法之一是回转均值滤波法[13]。先给出它的运算过程，然后再加以解释。记 $\varphi_0(m,n)$ 为干涉图中 (m,n) 点的相位。滤波窗口为 $(2M+1)\times(2N+1)$ 的矩形，被滤波的相位点位于窗口的中心。记 $\hat{\varphi}_0$ 为滤波输出，即

$$\hat{\varphi}_0(m,n)=\arg\left[\tilde{f}(m,n)\right]+\frac{1}{(2M+1)(2N+1)}\sum_{p=-M}^{M}\sum_{q=-N}^{N}\arg\left[\frac{\mathrm{e}^{\mathrm{j}\varphi_0(m+p,n+q)}}{\tilde{f}(m,n)}\right] \quad (9.48)$$

式（9.48）中

$$\tilde{f}(m,n)=\sum_{p=-M}^{M}\sum_{q=-N}^{N}\mathrm{e}^{\mathrm{j}\varphi_0(m+p,n+q)} \quad (9.49)$$

式（9.49）中，$\varphi_0(m+p,n+q)$ 和 $\mathrm{e}^{\mathrm{j}\varphi_0(m+p,n+q)}$ 分别为干涉相位图中 $(m+p,n+q)$ 点的相位值及其所对应的复平面内模为 1 的向量；$\tilde{f}(m,n)$ 为滤波窗内各相位向量的向量和，称为平均方向向量。$\arg\left[\dfrac{\mathrm{e}^{\mathrm{j}\varphi_0(m+p,n+q)}}{\tilde{f}(m,n)}\right]$ 为 $(m+p,n+q)$ 点的向量相对于平

均方向向量的相角差。因此，$\dfrac{1}{(2M+1)(2N+1)}\times\sum\limits_{p=-M}^{M}\sum\limits_{q=-N}^{N}\arg\left[\dfrac{\mathrm{e}^{\mathrm{j}\varphi_0(m+p,n+q)}}{\tilde{f}(m,n)}\right]$ 为各个

向量相对于平均方向向量的平均相角差，滤波的输出为平均方向向量的角度与平均方向向量的平均相角差之和。图 9.18 中的实线给出前面例子中回转均值滤波的输出，可以看到相位曲线更加平滑，比滤波前的曲线［图 9.17（c）］更接近理想无噪声的情况（见图 9.18 中虚线）。

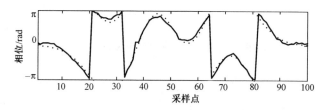

图 9.18 回转均值滤波的输出

根据式（9.48）和式（9.49）中各种运算的含义，可知回转均值滤波的原理并不复杂。对于缓慢变化的地形，由于相位以 2π 为周期的模糊性，其观测相位是不连续的，即相位主值会在 $\varphi_0=(2k+1)\pi$ 附近出现不连续的情况，但干涉相位对应的向量 $\mathrm{e}^{\mathrm{j}\varphi_0}$ 在复平面内是连续变化的（在单位圆上旋转）。如图 9.19 所示，以相邻 5 个像素的干涉相位的平均作为像素 3 的干涉相位，实际上这 5 个像素干涉相位的真实值（对应波程差）本来是连续变化的，以 2π 为周期模糊后其主值变得在 π 处不连续了，不能直接使用平滑滤波。否则会使平滑平均得到的像素 3 的相位接近于 0，而不是接近于 π。也就是说，如果在滤波窗内出现了相位在 $-\pi$ 和 π 之间的跳变，相位滤波就成为有偏估计。虽然相位出现上述不连续，但这些相位对应的向量是连续变化的（见图 9.19 中的右图）。利用相位对应的向量进行平滑滤波可以避免上述情况的发生。该图中的平均方向向量 $\tilde{f}(m,n)$ 确定了滤波后像素 3 的相位大致方向，但它是向量平均滤波的结果，而不是相位平均滤波的结果。对滤波窗口内各个像素相对于平均方向向量的相位差进行平均，就得到了各个像素与平均方向向量的平均相位差。将此平均相位差与平均方向向量对应相角相加，就得到滤波后的向量相角。这就是回转均值滤波的基本原理。

方法之二称为回转中值滤波法[14]。其公式为

$$\hat{\varphi}_0(m,n)=\arg\left[\tilde{f}(m,n)\right]+\underset{\substack{p=-M,\cdots,M\\q=-N,\cdots,N}}{\mathrm{middle}}\arg\left[\dfrac{\mathrm{e}^{\mathrm{j}\varphi_0(m+p,n+q)}}{\tilde{f}(m,n)}\right] \qquad (9.50)$$

它和前一种方法的区别仅仅在于将原来的窗口内相角角度平均改为窗口内的相角取中值（中位数）。图 9.20 所示为对前面例子的数据进行回转中值滤波的输出。

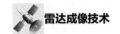
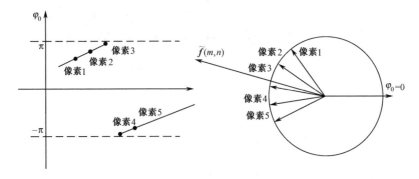

图 9.19　相位与向量的对应关系示意图

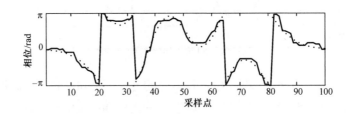

图 9.20　对前面例子数据进行回转中值滤波的输出

　　这两种方法实现简单，都能够对模糊的实测相位主值数据进行有效的滤波平滑。通常认为回转均值滤波在高斯加性噪声的条件下滤波效果较好，而且其在最大似然的意义下是最优的，但在真实数据处理中发现，它对干涉相位条纹的保形能力较差，特别是在地面起伏比较剧烈的场合更是如此。回转中值滤波具有更好的干涉相位条纹的保形能力，更适合于复杂地形。

　　滤波窗口的大小对于滤波效果也具有直接的影响，滤波窗口的尺寸越大，平滑度越好，但对高程的分辨率会随之降低。实际操作中最基本的要求是滤波窗口的尺寸必须明显小于两个干涉条纹的间距。

　　在以上两种方法的基础上，人们还提出了加权回转均值滤波、加权回转中值滤波[8]。其基本思想是因干涉图中各个像素的"质量"不同，相干性强的像素对应的相位比较可靠，所以在滤波中应占主导地位，其权系数应该较大；相干性弱的像素的相位可能包含比较大的相位误差，权系数应该较小。利用相干性系数作为加权，可以将上面公式加以修正并得到更好的结果。这种方法还可以演变成自适应中值滤波等方法。除此之外，还有人提出了方向窗口等新方法，根据干涉条纹的走向确定 16 种不同的菱形窗口，对二维斜率不同的地区采用不同的窗口进行滤波，可以取得更好的效果，有兴趣的读者可以参阅文献[15]。

9.6　二维相位解缠绕

InSAR 进行地面高程测量的核心问题是求解能够正确反映真实波程差的干涉相位 ϕ。前面提到过，将两幅图像配准之后共轭相乘，可以得到每个像素的干涉相位的主值 φ_0（或称缠绕值）。由于水平地面也会产生干涉相位，在干涉相位图中表现为近密远疏的干涉条纹，且这些条纹的密集程度远远大于地面起伏造成的干涉条纹。为了减小干涉图像的相位梯度，简化二维相位解缠绕，在二维相位解缠绕之前，要利用观测的几何条件，选定一定高度的水平面作为参考平面，将参考平面对应的干涉相位减掉，即去平地相位。去平地相位后可得到新的干涉相位主值 φ。为了降低 φ 中的相位噪声，可以采用 9.5 节介绍的相位滤波方法减小相位分布的方差。

由于 φ 是干涉相位真实值 ϕ 以 2π 为周期缠绕得到的，两者的关系为 $\varphi = \phi + 2k\pi$（其中 k 为未知的整数，其取值使 $|\varphi| < \pi$），所以 φ 不能直接用于高程测量。又由于相位缠绕，φ 甚至不能正确反映相邻像素的干涉相位关系，而二维相位解缠绕是求解相位真实值 ϕ 的必要过程。时至今日，因实际工作条件下相位测量的噪声和有些地形的快速起伏，以及二维情况下可以按多条路径来进行相位解缠绕，使得二维相位解缠绕成为一个至今没有很好解决的问题，它仍然是干涉仪高程测量信号处理的一个主要研究课题。

为了保证二维相位解缠绕能够恢复原始波程差对应的相位，必须对观测的几何条件和地面的起伏提出如下约束条件：图像各相邻像素的干涉相位 ϕ 的差的绝对值小于 π。这个约束条件实际上就是空间积分采样的 Nyquist 准则[①]，InSAR 是根据 SAR 成像的像素做高程测量，即对场景做空间采样，它要求地面高度在二维平面内基本连续，空间采样频率和地面的起伏相适应，在空间采样频率一定的情况下有效基线的长度不能太长。因为长基线会提高高度的敏感性，同样的高度差，可获得更大的相位差，这与为提高高程测量精度要求加长基线是矛盾的。

为了计算 SAR 图像中每个像素对应的地块的真实高度，这里需要计算两天线到每个地块的波程差 Δr。由观测到的干涉相位主值 φ 得到能够正确反映干涉波程差 Δr 的真实相位 ϕ 的过程称为绝对相位解缠绕。绝对相位解缠绕通常分为两步：第一步利用相邻像素的干涉相位进行解缠绕，恢复图像中各像素干涉相位的相位值，使得解缠绕后的相位能够正确反映相邻像素的干涉相位关系，这个过程称为

---

① Nyquist 准则用于带限信号的时间采样，有严格意义，而实际地形的起伏很难用"带限"描述。由此得到约束条件在实际中有时不一定满足。

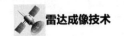

相对相位解缠绕；第二步利用地面特定的参考点的确知三维位置，恢复相位真实值，称为真实相位求解。

下面首先介绍相位解缠绕过程中遇到的相关名词——残点（残差点），然后介绍两种典型的相对相位解缠绕的基本原理。

9.6.1 路径积分和残点

由于模糊前相邻点相位差的绝对值小于 π ，只要对一条线上的各采样点，按照相邻的顺序，逐步地求出相邻点的解缠绕值即为一维相位解缠绕的方法。

设 $\varphi(m)$ 和 $\phi(m)$ 分别为缠绕相位和解缠绕相位， $m = 1, 2, 3, \cdots, M$ 。路径积分解缠绕算法为

$$\phi(1) = \varphi(1) , \quad \phi(m+1) = \varphi(m) + \Delta(m) \tag{9.51}$$

式（9.51）中

$$\Delta(m) = \begin{cases} \varphi(m+1) - \varphi(m) & \text{当} |\varphi(m+1) - \varphi(m)| < \pi\text{时} \\ \varphi(m+1) - \varphi(m) - 2\pi & \text{当} \varphi(m+1) - \varphi(m) > \pi\text{时} \\ \varphi(m+1) - \varphi(m) + 2\pi & \text{当} \varphi(m+1) - \varphi(m) < -\pi\text{时} \end{cases}$$

这样可以循着样点的相邻关系，一步一步地外推，来解决相位解缠绕问题。

举例来说，一个相位序列（单位为 π ）为

$$0.5, \ 0.6, \ 0.7, \ 0.8, \ 0.9, \ -0.2, \ -0.3, \ -0.4$$

从左向右解缠绕后得到

$$0.5, \ 0.6, \ 0.7, \ 0.8, \ 0.9, \ 1.8, \ 1.7, \ 1.6$$

由于积分路径是唯一的，所以其解也是唯一的。但由于解缠绕运算是递推进行的，如果受到相位噪声的污染，或者碰到地形起伏本来就不满足相邻解缠绕相位差的绝对值小于 π 的情况，使其中某一点的解缠绕相位发生错误，它不仅改变了序列中该点的解缠绕相位值，且使后续解缠绕的相位也发生错误。比如若将上面例子中第六点的缠绕相位-0.2 改成 0.3，解缠绕后的序列就变成

$$0.5, \ 0.6, \ 0.7, \ 0.8, \ 0.9, \ 0.3, \ -0.3, \ -0.4$$

可见其结果不仅影响本身，而且后两个点的相位也发生了改变，这种情况称为误差传播。

在一维情况下，由于积分路径是唯一的，因此无法对个别点的相位误差进行鉴别和处理，也就无法克服误差传播的问题。

对于二维的情况，为了扫过整个平面，可以选择不同的积分路径，误差常常使不同积分路径情况下得到解缠绕结果不同，比如下面的一个二维序列表（单位为 π ）为

$$\begin{array}{cccc} 0.0 & 0.2 & 0.4 & 0.6 \\ 0.0 & 0.0 & 0.6 & 0.8 \\ -0.2 & -0.4 & -0.8 & 0.9 \\ -0.4 & -0.4 & -0.6 & -0.8 \end{array}$$

可选择的积分路径有很多种，举两个例子：

（1）先从左到右解缠绕第一行，再从上向下分别解缠绕各列，得到二维序列
表为

$$\begin{array}{cccc} 0.0 & 0.2 & 0.4 & 0.6 \\ 0.0 & 0.0 & 0.6 & 0.8 \\ -0.2 & -0.4\ |\ 1.2 & 0.9 \\ -0.4 & -0.4\ |\ 1.4 & 1.2 \end{array}$$

（2）先从上到下解缠绕第一列，再从左向右分别解缠绕各行，得到二维序列表

$$\begin{array}{cccc} 0.0 & 0.2 & 0.4 & 0.6 \\ 0.0 & 0.0 & \underline{0.6} & \underline{0.8} \\ -0.2 & -0.4 & -0.8 & -1.1 \\ -0.4 & -0.4 & -0.6 & -0.8 \end{array}$$

由此可以看到不仅两种积分路径解缠绕的结果不同，而且解缠绕后的相位也并不
全满足相邻像素相位差绝对值小于π的要求，上面两个二维序列中的竖线和横线
标出了相邻相位差绝对值大于π的位置。究其原因，主要是因为缠绕相位中存在
残点（residue），使缠绕相位的二维梯度在二维平面内不能构成一个无旋场。在上
面的二维序列中残点出现在它的中心，现将中心的 4 个点取出，为

$$\begin{array}{cc} 0.0 & 0.6 \\ -0.4 & -0.8 \end{array}$$

这样的 4 个相位点，从左上角开始，顺时针进行路径积分直到起始点，得 0.0，
0.6，1.2，1.6，2.0。从起始点开始，积分回到起始点，称为环路积分。如果通过
环路积分回到起始点的相位值发生了改变，称为环路积分不为零。将环路积分不
为零的 4 个点称为一个残点，按顺时针方向，如果起始点的相位增加2π，称为正
残点；如果起始点的相位减少2π，则称为负残点。上面 4 个点就构成了一个正残点。

可以证明任何包围单个残点的环路积分都不会为零。当环路包围多个残点时，
如果正残点个数N_p与负残点个数N_m不相等，其环路积分也不会为零，起始点相
位变化的数值等于$(N_p - N_m) \times 2\pi$。二维相位解缠绕结果的不唯一特性正是由于干
涉相位存在残点造成的。二维相位解缠绕的主要问题之一也就是残点的处理问题。

干涉 SAR 图像缠绕相位中存在的残点主要由下面几个原因造成：①相位噪声

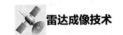
雷达成像技术

污染使干涉相位偏离真实值；②地形的剧烈起伏使相邻像素的相位差的绝对值大于 π；③地形起伏使不同高度的两块地面在 SAR 图像中对应同一个像素，称为层叠（layover）；④地形遮挡使某些像素没有真实的地面与之对应，称为阴影（shadow）。

如果干涉相位的二维序列中不包含任何残点，则采用路径积分进行相位解缠绕的结果与路径无关，只与起点有关，且不同起点解缠绕的整个二维相位序列相差 2π 的整数倍。所以相位解缠绕的过程实际上就是处理残点的过程。为此，人们已经提出了许多方法，在众多的方法中，一类是主要考虑待解缠绕点的局部特性，称为基于局部的方法；另一类考虑整个平面内所有点的特性，称为基于整体的方法。限于篇幅，这里只介绍基于局部的方法中的分支截断方法（也称枝切法）和基于整体方法中的最小二乘方法，这是两种基本的方法，其他方法大多是以这两种方法为基础进行改进的。

9.6.2　分支截断方法[2]

消除残点造成误差扩散的分支截断方法（branch cut），主要将残点的影响局限在一个较小的范围内。其原理是：闭合回路中无"残点"时，环路解缠绕结果的相位差为零；闭合回路内有残点，但是正负残点的个数相同时，环路积分结果也为零。所以只要将二维干涉相位序列中的残点连接起来，形成分支，每个分支可以连接两个或更多的残点，但要保证每个分支上的正负残点个数相等，在进行相位解缠绕时使用路径积分的方法并约束积分路径不穿过分支。这样任何一个不穿过分支的环路积分都为零，既保证分支以外的点的相位解缠绕的唯一性，也保证了残点造成的误差只限于在一个很小的区域内传播。图 9.21 给出分支截断的示意图。

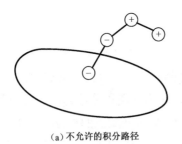

（a）不允许的积分路径　　　　　（b）允许的积分路径

图 9.21　分支截断的示意图

分支截断法的实现步骤如下：

（1）采用四点环路积分的方法在二维相位序列中寻找残点，直到找到一个残点。

（2）在以该残点为中心的 3×3 的邻域内寻找新的残点，如果找到新的残点，将这两个残点连接形成分支。如果没有找到新的残点，将邻域扩大到 5×5，7×7，…

直到发现新的残点，将这两个残点连接形成分支。

（3）如果这两个残点的极性相反，将这条分支标记为无极性。回到步骤（1）寻找新的残点形成新的分支。

（4）如果这两个残点的极性相同，将搜索中心移至新的残点，按步骤（2）继续寻找并连接新的残点。

（5）重复步骤（4）直至该分支上正负残点个数相同，将这条分支标记为无极性。

（6）重复以上过程直到二维序列中找不到新的残点。

上面描述的过程很简单，但在编程实现的过程中要用到递归方法，这往往很烦琐。在编写程序的时候，常常先将二维序列中所有的残点找出以避免重复运算，再通过计算残点到残点的距离将残点连接起来。

在后面的发展中，分支截断方法要解决的一个主要问题是残点连接分支的策略。图 9.22 显示了两种不同残点的连接方法，显然在大多数情况下左边的连接方法没有右边的方法好。在残点密集的区域，分支形成的策略对测量结果的精度有很大影响。

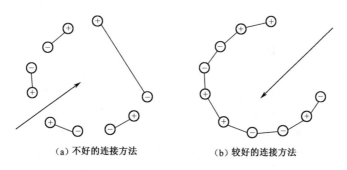

（a）不好的连接方法　　　　　　（b）较好的连接方法

图 9.22　两种不同残点连接方法示意图

9.6.3　**最小二乘方法**[16]

最小二乘法是最具代表性的基于整体的方法，其基本思想是：设缠绕相位的解缠绕结果为 $\phi(m,n)$ ，则 $\phi(m,n)$ 的横向和纵向的一阶差分本应该等于由缠绕相位 $\varphi(m,n)$ 求出的一阶差分。解缠绕的差错造成两者不一致，为了使二者的区别最小，用一阶差分之间的均方误差作为目标函数，使目标函数最小化，得出的就是与原相位在最小二乘意义下最相近的 $\phi(m,n)$ 。在数学上，这一方法等价于第二类边界条件泊松方程的求解。泊松方程是数学物理方法中常用的偏微分方程，第二类边界条件并不直接规定边界上的数值，而是规定梯度在边界上的数值。有关内容，读者可以参考数学物理方法方面的书籍，这里限于篇幅不做详细介绍。

最小二乘方法有以下优点：解是唯一的，而且在一定意义下是最优的；可以

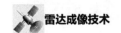

利用离散余弦变换或 FFT 等快速算法，计算效率高；不用专门区分和处理残点；残点导致的误差不会在全局范围内传播。其明显的缺陷是解缠绕处理把残点和正常点一样纳入计算，使其对其四周的样点产生不良影响。当残点密集时，解缠绕的准确性变差。

设解缠绕相位 $\phi(m,n)$，$m = 0,1,\cdots,M-1$，$n = 0,1,\cdots,N-1$，是一个二维序列。而已知的缠绕相位为 $\varphi(m,n)$，其横向和纵向的一阶差分分别为 $\Delta^x(m,n)$ 和 $\Delta^y(m,n)$，则有

$$\Delta^x(m,n) = \begin{cases} \varphi(m+1,n) - \varphi(m,n) - 2\pi & \varphi(m+1,n) - \varphi(m,n) > \pi \\ \varphi(m+1,n) - \varphi(m,n) & |\varphi(m+1,n) - \varphi(m,n)| < \pi \\ \varphi(m+1,n) - \varphi(m,n) + 2\pi & \varphi(m+1,n) - \varphi(m,n) < -\pi \end{cases} \quad (9.52)$$

$$\Delta^y(m,n) = \begin{cases} \varphi(m,n+1) - \varphi(m,n) - 2\pi & \varphi(m,n+1) - \varphi(m,n) > \pi \\ \varphi(m,n+1) - \varphi(m,n) & |\varphi(m,n+1) - \varphi(m,n)| < \pi \\ \varphi(m,n+1) - \varphi(m,n) + 2\pi & \varphi(m,n+1) - \varphi(m,n) < -\pi \end{cases} \quad (9.53)$$

在正确情况下，解缠绕相位 $\phi(m,n)$ 的横向和纵向的一阶差分应该等于由缠绕相位 $\varphi(m,n)$ 求出的一阶差分，残点的存在会产生差异，可以用两者均方误差最小作为目标函数对 $\phi(m,n)$ 进行优化，即求解下式

$$J = \sum_{m=0}^{M-2} \sum_{n=0}^{N-1} \left[\phi(m+1,n) - \phi(m,n) - \Delta^x(m,n) \right]^2 + \\ \sum_{m=0}^{M-1} \sum_{n=0}^{N-2} \left[\phi(m,n+1) - \phi(m,n) - \Delta^y(m,n) \right]^2 \quad (9.54)$$

使 J 为最小时的 $\phi(m,n)$。为了求出最优的不缠绕的相位矩阵 $\boldsymbol{\varphi}$［$\boldsymbol{\varphi}$ 是二维相位序列构成的 $M \times N$ 维矩阵，$\boldsymbol{\varphi}_{m,n} = \phi(m,n)$］，将式（9.54）对相位矩阵 $\boldsymbol{\varphi}$ 中的每个元素 $\phi(m,n)$ 求偏导数，并令全部的偏导数为 0，可得最优解。因此最小二乘法的解为

$$\phi(m+1,n) + \phi(m-1,n) + \phi(m,n+1) + \phi(m,n-1) - 4\phi(m,n) \\ = \Delta^x(m,n) - \Delta^x(m-1,n) + \Delta^y(m,n) - \Delta^y(m,n-1) \quad (9.55)$$

式（9.55）给出了最小二乘意义下缠绕相位差分与解缠绕相位之间的关系，可以改写为

$$\left[\phi(m+1,n) - 2\phi(m,n) + \phi(m-1,n) \right] + \left[\phi(m,n+1) - 2\phi(m,n) + \phi(m,n-1) \right] \\ = \rho(m,n) \quad (9.56)$$

式（9.56）中

$$\rho(m,n) = \left[\Delta^x(m,n) - \Delta^x(m-1,n) \right] + \left[\Delta^y(m,n) - \Delta^y(m,n-1) \right] \quad (9.57)$$

容易看到，式（9.56）是下面 Poisson 方程的离散形式，即

$$\frac{\partial}{\partial x^2}\phi(x,y)+\frac{\partial}{\partial y^2}\phi(x,y)=\rho(x,y) \tag{9.58}$$

给定一个纽曼（Neumam）边界条件，则可得到 Poisson 方程的一族定解，即解与解之间只差一个常数。但是在特定的条件下，即当 $\phi(m,n)$ 为周期函数时，此 Neumam 边界条件是不需要的。因此可将缠绕相位图延拓为周期性的图像。

边界问题是图像延拓时涉及的一个重要问题，也是最小二乘二维相位解缠绕法的一个关键技术。如果边界问题解决不好，就有可能导致相位解缠绕的失败。

如果先对函数图像进行二维镜像反射，再进行周期延拓，可以保证延拓边界的光滑性，从而很好地解决边界问题，延拓后可用离散余弦变换或 FFT 求解。利用 FFT 求解 Possion 方程的优点主要是计算量小、具有数值计算的稳健性。它还能自动添加适当的边界条件，精确地求解 Possion 方程。

二维镜像反射的示意图如图 9.23 所示，在二维平面内，将 $\varphi(m,n)$ 先以 $m=M-\frac{1}{2}$ 为轴作镜像反射，再以 $n=N-\frac{1}{2}$ 为轴作镜像反射，这种反射得到的图像称为半采样对称图像，得到 $\tilde{\varphi}(m,n)$，$0\leqslant m\leqslant 2M-1$，$0\leqslant n\leqslant 2N-1$。用公式可以写成

$$\tilde{\varphi}(m,n)=\begin{cases}\varphi(m,n) & (0\leqslant m\leqslant M-1,\ 0\leqslant n\leqslant N-1)\\ \varphi(2M-1-m,n) & (M\leqslant m\leqslant 2M-1,\ 0\leqslant n\leqslant N-1)\\ \varphi(m,2N-1-n) & (0\leqslant m\leqslant M-1,\ N\leqslant n\leqslant 2N-1)\\ \varphi(2M-1-m,2N-1-n) & (M\leqslant m\leqslant 2M-1,\ N\leqslant n\leqslant 2N-1)\end{cases} \tag{9.59}$$

然后再将 $\tilde{\varphi}(m,n)$ 在二维平面上延拓成周期函数。

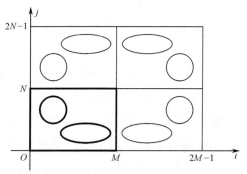

图 9.23　二维镜像反射的示意图

显然，利用延拓后的周期函数进行计算，$\Delta^x(m,n)$、$\Delta^y(m,n)$ 和 $\rho(m,n)$ 也分别是周期为 $(2M,2N)$ 的周期函数。这样就可以对式（9.56）用 FFT 进行求解，得

$$\Phi(k,l)=\frac{P(k,l)}{\left(2\cos\dfrac{\pi k}{M}+2\cos\dfrac{\pi l}{N}-4\right)} \tag{9.60}$$

式（9.60）中，$P(k,l)$ 表示对 $\rho(m,n)$ 做 FFT 得到的变换结果，$\Phi(k,l)$ 表示解缠绕相位 $\phi(m,n)$ 的二维镜像反射 $\tilde{\phi}(m,n)$ 的 FFT 结果。按照式（9.60），$\Phi(0,0)$ 没有定义，它表示了一个加性常数，可以设它为零。所以只要对 $\Phi(k,l)$ 进行二维逆FFT 得到 $\tilde{\phi}(m,n)$，并取 $0 \leqslant m \leqslant M-1$，$0 \leqslant n \leqslant N-1$ 区间的值就可以得到所求的 $\phi(m,n)$。

综上所述，最小二乘法二维相位解缠绕的求解步骤如下：

（1）用式（9.59）对 $\varphi(m,n)$ 做镜像反射，得 $\tilde{\varphi}(m,n)$，$0 \leqslant m \leqslant 2M-1$，$0 \leqslant n \leqslant 2N-1$。

（2）用式（9.52）和式（9.53）分别求出 $\Delta^x(m,n)$ 和 $\Delta^y(m,n)$，$0 \leqslant m \leqslant 2M-1$，$0 \leqslant n \leqslant 2N-1$。注意求解边界点的数值要利用周期函数的性质。

（3）同样，用式（9.57）求出 $\rho(m,n)$，$0 \leqslant m \leqslant 2M-1$，$0 \leqslant n \leqslant 2N-1$。

（4）对 $\rho(m,n)$ 做二维 FFT 得到 $P(k,l)$，$0 \leqslant k \leqslant 2M-1$，$0 \leqslant k \leqslant 2N-1$。

（5）用式（9.60）求出 $\Phi(k,l)$，$0 \leqslant k \leqslant 2M-1$，$0 \leqslant l \leqslant 2N-1$，令 $\Phi(0,0)=0$。

（6）对 $\Phi(k,l)$ 做二维逆 FFT 得到 $\tilde{\phi}(m,n)$，$0 \leqslant m \leqslant 2M-1$，$0 \leqslant n \leqslant 2N-1$。

（7）取 $0 \leqslant m \leqslant M-1$ 和 $0 \leqslant n \leqslant N-1$ 区间内的 $\tilde{\phi}(m,n)$，即为所求 $\phi(m,n)$。

采用 FFT 实现最小二乘方法具有计算效率高、稳健性好的特点。但是最小二乘方法没有利用残点的性质，其结果往往将高度剧烈变化或者不连续的地形平滑，使其他点的相位解缠绕出现误差，这是其较难克服的缺陷。

上面介绍的这两种方法是最基本的方法，显然不是完善的，二维相位解缠绕技术仍在不断发展，还有一些问题需要解决。

在二维相位解缠绕之后，还要将原来去掉的平地相位恢复，这个过程很简单，可参见 9.2 节的内容。但是，此时的干涉相位仍然不能反映真实的波程差，因为从上述相位解缠绕的过程可以看到，在二维相位解缠绕中只是将整个图像中像素与像素之间的相位差恢复了，并不能得到真实的干涉相位。二维相位解缠绕，恢复平地相位后，得到的整个平面相位仍与真实干涉相位之间差一个相位，这个相位是 2π 的整数倍，而且对图像中每个像素都一样。那么这个相位可以依靠地面某一个已知高度的点进行标定。此后根据式（9.4）至式（9.7）可以恢复每个像素地面高度 h 和 Y 方向的距离 y，由此得到地面高程模型。

9.7　高程测量误差分析

从前面描述的高程测量的各个步骤可以看到，采用 InSAR 进行地面高程测量是一个比较复杂的过程，很多因素都会造成高程测量的误差。

由式（9.4）至式（9.7）可以推导各个分量误差对测高精度的影响。由于基线长度和姿态的测量是按照水平和垂直两个方向进行的，在航迹法平面内通常将基线 B 分解为水平基线 $B_x = B\sin\alpha$ 和垂直基线 $B_y = B\cos\alpha$ 两个分量。通过微分，可以计算 r_1、B_x、B_y、H_0 和 ϕ 这 5 个参量的误差 σ_{r_1}、σ_{B_x}、σ_{B_y}、σ_{H_0} 和 σ_ϕ 引起的高度误差分量[4]

$$\sigma_h^{(1)} = \sigma_{r_1}\cos\theta \tag{9.61}$$

$$\sigma_h^{(2)} = \frac{r_1\sin^2\theta}{B_x\cos\theta + B_y\sin\theta}\sigma_{B_x} \tag{9.62}$$

$$\sigma_h^{(3)} = \frac{r_1\sin\theta\cos\theta}{B_x\cos\theta + B_y\sin\theta}\sigma_{B_y} \tag{9.63}$$

$$\sigma_h^{(4)} = \sigma_{H_0} \tag{9.64}$$

$$\sigma_h^{(5)} = \frac{\lambda r_1\sin\theta}{2\pi\left(B_x\cos\theta + B_y\sin\theta\right)}\sigma_\phi \tag{9.65}$$

由此可以简单估计每个参量误差引起的高程测量误差的大小。在上面公式中，$B_x\cos\theta + B_y\sin\theta = B\sin(\alpha + \theta)$ 实际上就是有效基线的长度 $B_\perp$。需要指出的是，式（9.61）中斜距的误差 σ_{r_1} 并不表示雷达系统的距离分辨率，而是指雷达系统中系统时钟、采样时钟、大气和电离层传播延时等因素引起的误差。

在实际工作中，高度测量误差的大小主要是由相位测量误差引起的，而相位测量误差主要受信噪比、多视的视数、图像配准的精度、基线长度引起的去相关、二维相位解缠绕的方法等几方面因素的影响。接收机热噪声无疑会对相位测量产生影响，由于 SAR 是相干雷达，图像中的像素还会受到目标衰落噪声的影响（称为相干斑），可以采用多视处理对图像进行平均，以减小相干斑的影响，相位测量精度也会随着视数的增加而提高。

文献[4]等从理论上详细分析了图像配准的精度、基线长度引起的去相关对干涉相位精度影响的模型，并采用 SEASAT 卫星的 SAR 数据对模型进行了验证。从式（9.65）可以看到，有效基线 $B_\perp$ 越长，相位对高程的变化越敏感，测得的高度 h 对相位误差 $\Delta\phi$ 越不敏感。似乎基线 $B_\perp$ 越长，高程测量的精度会越高。但实际情况并不是这样。由于两个天线以不同角度观测同一地形会使获得的两幅图像之间的相干性降低，这一方面是因为不同的成像斜平面得到的两幅图像中的像素不可能对应地面同一块面积，即同样的斜距分辨宽度在不同的观测几何条件下对应不同的地面水平距离分辨宽度，即使插值、配准也无法消除这种区别；更主要的另一方面是因为地面的每一个分辨单元实际上都包含很多的散射点，观测几何关

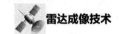

系的变化会使各点子回波的向量和改变，从而使它们的相干性下降，使干涉相位的测量误差加大。

对有效基线长度 $B_\perp$ 的选择，在相位的高度敏感度和图像相干性之间是矛盾的，有效基线长度 $B_\perp$ 越短，相位对高度的变化越迟钝，但相干性越好；有效基线长度 $B_\perp$ 越长，相位对高度的变化越敏感，但相干性变差。当有效基线长度 $B_\perp$ 超过某一极限长度时，两幅图像就会完全丧失相干性，这时无法得到与高度有关的干涉相位，即前面已经提到的极限基线 $B_{\perp c}$，其计算公式如下

$$B_{\perp c} = \frac{\Delta f \lambda r \tan(\theta - \alpha)}{c} \tag{9.66}$$

文献[17]系统地分析了高程测量 InSAR 的设计问题，指出 InSAR 系统设计中存在的最优基线，其定义为使目标高度估计方差最小的基线，最优基线可按如下设计

$$B_{\text{opt}\perp} = \left[1 - \gamma_{\text{opt}} \left(1 + \text{SNR}^{-1} \right) \right] \frac{\lambda r_1 \tan\theta}{\rho_s} \tag{9.67}$$

式（9.67）中，$\gamma_{\text{opt}} = 0.618 - 1.171\,\text{SNR}^{-1}$ 是最优情况下的相关系数，SNR 是信噪功率比。同理也可求 InSAR 的最优工作波长，如果基线长度已经确定，则最优的工作波长为

$$\lambda_{\text{opt}} = \frac{\rho_s B_\perp}{r_1 \tan\theta \left[1 - \gamma_{\text{opt}} \left(1 + \text{SNR}^{-1} \right) \right]} \tag{9.68}$$

这里需要指出的是，上面两个最优值是在没有进行预滤波的假设条件下推出的，由于预滤波可以提高图像对中相应像素的相干性，所以可在长基线条件下得到较好的结果。

9.8　地面动目标检测[5,18-26]

动目标显示是雷达早期习惯采用的术语，称为动目标检测更为确切，它是雷达常用的重要功能。相干雷达具有对目标的测速功能，在雷达发展的早期，地基雷达就利用地杂波的多普勒接近零的特点，用动目标显示滤波器抑制远比目标强的地杂波。

机载雷达，由于飞机平台快速运动，使来自不同方向的地杂波具有不同的多普勒信号，它使主瓣杂波谱展宽，同时还使副瓣杂波扩散到几乎整个多普勒域（特别是低、中重复频率的雷达）。机载雷达一般都采用超低副瓣天线技术、脉冲多普勒技术减小副瓣杂波对信号检测的影响，采用相位中心偏置天线（Displaced Phase Center Antenna，DPCA）技术减小主瓣杂波的影响。近十余年来，更采用空时自

适应处理技术，在空时二维平面（空间角-多普勒）里更好地分离动目标和地杂波。

早期雷达所指的动目标通常是空中快速飞行的目标，如飞机、导弹等。现代战争为了提高战场感知能力，对地面慢速目标也十分关注，相应地开展了空（天）平台雷达地面动目标检测（Ground Moving Target Indication，GMTI）的研究。为了区别，许多场合将高速动目标检测称为空中动目标检测。

GMTI 的特点是目标的速度慢、多普勒频率低，它通常会淹没在被展宽了的主瓣杂波中，由于主瓣杂波通常远强于副瓣杂波和运动目标的回波，从而使 GMTI 的实现更加困难。

将原有技术进一步改进，实现 GMTI 还是有可能的，如在天基雷达上采用孔径特大的天线，得到特窄的主波束，使扩展了的杂波多普勒谱仍然较窄，不致淹没低速目标，也可以采用天线相位中心偏置（DPCA）[18-20] 和空时自适应信号处理技术，使之更有利于将主瓣杂波与低速动目标的分离。

将 SAR 和 GMTI 相结合（SAR-GMTI）是现代战场侦察的需要，它可以更好地监视场景中的静止和运动目标。众所周知，SAR 是借助于多普勒频率获得高的横向分辨率。如果在场景中有低速目标，其速度低到 SAR 的相干成像期间还移不出一个分辨单元，地面低速动目标回波也会被聚焦处理，并显示在 SAR 图像里。不过动目标具有额外的多普勒频率，因而目标在图像里的位置会产生横向偏移，称为多普勒耦合。在通常的 SAR 图像里，公路上行驶的车辆常被显示在公路外侧，就是由此产生的。而在一般的 SAR 图像里，是难以检测出动目标的[①]。

在 SAR-GMTI 雷达以 GMTI 模式工作时，为了兼顾各种速度的地面动目标，故意将分辨率取得低一些，使速度较高的目标仍能基本满足在相干成像期间不发生越分辨单元徙动的条件，甚至采用非聚焦 SAR［即多普勒波束锐化（DBS）技术］。实际上，GMTI 主要用于军事目的，在飞行过程中要求对更广大的区域的动目标分布及运动状况分区域做多次观测，在一次飞行过程中，对所需区域进行多次观测，对地面动目标形成航迹，为此不允许有很长的相干成像时间，低分辨率 SAR 是更常用的。

如上所述，一般的 SAR 的图像只是产生动目标的横向偏移，而难以将动目标从固定场景中分离出来。虽然对此也进行了许多研究，但性能不高。为了更好地从固定杂波中检测动目标，还要加上空域处理，因为雷达载体以一定速度 V 直线飞行时，地杂波回波的多普勒频率与其相对于雷达的方向有一定关系，即将雷达回波做多普勒分析时，某多普勒的输出对应一定的指向。而对动目标则不然，它

---

① 在一般 SAR 图像里，利用动目标的某些特性，有可能检测出动目标，但很难得到好的检测性能。

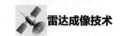

是通过多普勒耦合将其他指向处的目标，呈现在该多普勒频率的输出中。因此，如果用两副或多副天线，对同一多普勒频率输出做阵列处理，使波束在地杂波对应的方向上呈现零点，这时该多普勒输出的地杂波会受到很大抑制，而同一多普勒输出的动目标则由于实际指向不同会保留下来。

另外，在战场侦察雷达中，不仅需要检测地面上运动的目标，还要对目标进行精确定位，并将目标的真实位置标注在 SAR 图像上。指战员也希望知道目标运动的方向、速度和轨迹，以便对战场态势进行评估。

在这种情况下，两个孔径只能完成对杂波（地面静止回波）的相消和运动目标的检测。对目标进行精确定位和测速则需要至少三个孔径。例如，沿航向有 A_1、A_2 和 A_3 三个孔径，而用 A_1 和 A_2 以及 A_2 和 A_3 分别作为地杂波相消检测动目标，由于两组天线的相位中心不同，因而可用以测出动目标的空间位置。

在这里首先简单介绍 DPCA 方法的基本原理，然后再介绍空时处理和干涉法的基本原理。

9.8.1　DPCA **方法的原理**

DPCA 技术起源于地面雷达的两脉冲相消动目标显示技术。在机载（星载）雷达中，由于平台的运动使杂波多普勒谱扩散，地面雷达的两脉冲杂波相消的动目标显示技术无法有效抑制杂波。DPCA 方法通过偏置运动天线的相位中心，即令天线相位中心与平台做反向运动，从而使天线相位中心在相继的发射脉冲时间里相对于地面静止不动，这样采用两脉冲或多脉冲相消就可以抑制地面杂波。

图 9.24 给出 DPCA 技术基本原理的示意图，该图中雷达天线置于运动载体上，发射孔径和接收孔径沿航向分置，发射孔径只有一个，而接收孔径分成了 3 个子孔径，且轮流使用。在 $t=0$ 时刻发射第一个脉冲，采用第一个接收子孔径接收回波信号，这种收发天线分开较近的双站工作方式等效于在两天线的中点处以一副天线发射和接收的信号，该中点称为等效相位中心。在 $t=T_r$ 时刻发射第二个脉冲，采用第二个接收子孔径接收回波信号。在 $t=2T_r$ 时刻发射第三个脉冲，采用第三个接收子孔径接收回波信号。如果 3 个接收相位中心的两两间距 d 满足一定的条件，就能使偏置后的 3 次回波的等效相位中心重合，相当于使运动雷达的这 3 次发射和接收相对于地面是静止的。这一条件称为 DPCA 条件。

设平台运动的速度为 V，经脉冲重复周期 T_r 后，发射孔径和整个接收孔径向前运动的位移为 VT_r，接收孔径 2 的相位中心位置必须比接收孔径 1 后置 $2VT_r$，才能使两次回波的等效相位中心重合。所以这种情况下的 DPCA 条件为

$$d = 2VT_r = \frac{2V}{f_r}\text{①} \qquad\qquad (9.69)$$

为了实现 DPCA 条件，必须按照两个相邻子孔径的间距 d 和平台运动速度 V 对发射的重复间隔 T_r 进行调节。这样如果有 K 个接收子孔径，就可以在同一个等效相位中心接收 K 个脉冲，采用地面雷达信号处理的方法就可以完成杂波抑制，进行运动目标检测。但考虑天线的复杂性和单个接收孔径的增益不能太低（面积不能太小），接收子孔径的数目 N 一般较少（通常取 2～3）。增加接收子孔径的数目，可用更多的脉冲以获得更好的性能，在星载的场合，有时采用更多的接收子孔径。限于篇幅，这里不进行介绍，有兴趣的读者，可以参阅有关文献，如文献[23-24]。

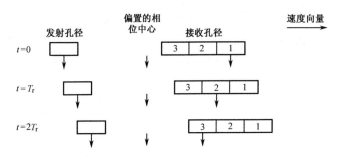

图 9.24　DPCA 技术的基本原理示意图

DPCA 方法的优点在于原理简单、易于实现。其缺点是杂波抑制的性能难以保证，在系统参数 d 和 V 存在较大测量误差，飞机速度向量明显偏离飞机轴线方向（称为偏航），或者几个天线方向图特性和通道特性不一致的情况下，杂波相消就会产生较大的剩余，对动目标的检测造成影响，而用多个接收孔径和通道可以得到改善。

上面介绍的是 DPCA 方法的基本原理，DPCA 技术还有其他的多种实现形式，比如先进行多普勒滤波的频域 DPCA，利用双天线或多天线轮流发射和接收的 DPCA，利用和、差波束通道的电子 DPCA 等。其中电子 DPCA 可以突破重复频率和载机速度条件的限制，可以以自适应的方式实现，但是对和、差波束的幅相特性也提出了特殊的要求。对于这些技术，有兴趣的读者可以参阅本套丛书中的《机载雷达技术》和文献[18]。

9.8.2　干涉处理的原理

从雷达回波可以确定目标的空间位置（距离和视角），也可确定它的时间特性

---

① 可以证明，VT_r 为 $d/2$ 的整数倍时均可满足 DPCA 条件，一般将该整数取为 1。

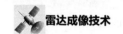

（多普勒）。机载雷达的地杂波回波在空间视角和多普勒频率之间有着固定的关系。在 3.2.2 节，曾经讨论过载机以速度 V 平行于地面直线飞行时，对于不同的视角 θ，固定地物回波的多普勒频率为

$$f_{\mathrm{d}} = \frac{2V}{\lambda} \sin\theta \qquad (9.70)$$

时间序列回波的多普勒 f_{d} 与视角 θ 有固定的关系，即所谓地杂波回波的空时耦合。

实际上，运动载体的雷达回波序列不仅是时间函数，也是来波方向（即空间指向）的函数，即应为空时多维函数。从式（9.70）可见，地物回波的 f_{d} 可以表示为视角 θ 的一维函数，这时的空时序列信号可用二维表示，f_{d} 是时域的多普勒频率，$\sin\theta$ 相当于空间域的空间频率，f_{d}-$\sin\theta$ 构成序列信号的空时二维谱平面，简称为空时二维平面。应当指出，这里所说的时间是指慢时间，至于快时间信号，由于载体的运动速度比光速慢很多，在快时间域里，载体的运动速度可以忽略。

对于固定地物目标的回波序列，它满足式（9.70）的关系，即它在 f_{d}-$\sin\theta$ 平面里表现为图 9.25 所示的斜直线，该直线相当于地杂波的支撑区，即地杂波的二维谱只能落在该斜直线所限定的范围内。至于实际的二维杂波谱则取决于雷达天线的辐射（主要是方向图，以 $\sin\theta$ 表示）和地面的后向散射系数。假设地面是均匀的，发射天线方向图对斜直线的均匀地杂波强度起调制作用。该二维杂波谱在多普勒维的投影（每一个多普勒单元空间维的求和）即为一般机载雷达时序回波的多普勒谱。

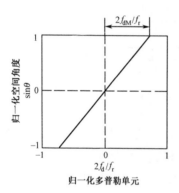

图 9.25　杂波的空时耦合特性

二维地杂波谱在二维平面里为斜直线，是一种理想的说法，正如说地基雷达的地杂波谱为冲激函数一样。实际上，由于场景中树木摇动等因素，杂波谱有一定宽度，不过是很窄的。

图 9.25 所示的直线斜率取决于载机速度 V 和雷达波长 λ，机首方向的多普勒频率最大，以 $f_{\mathrm{dM}}\left(f_{\mathrm{dM}} = \dfrac{2V}{\lambda}\right)$ 表示。当视角 $\theta = 0$ 时，$f_{\mathrm{d}} = 0$；而当 $\theta = \pm\dfrac{\pi}{2}$ 时，

$f_{\mathrm{d}} = \pm f_{\mathrm{dM}} = \pm\dfrac{2V}{\lambda}$。图 9.25 画的是 $f_{\mathrm{dM}} < f_{\mathrm{r}}/2$ 的情况，若 $f_{\mathrm{dM}} > f_{\mathrm{r}}/2$，则会出现多普勒模糊。在合成孔径雷达里，是以高的多普勒分辨率实现雷达横向成像的，它的天线主瓣的多普勒宽度接近于雷达脉冲重复频率 f_{r}，如图 9.26 所示。这时天线副瓣区会出现多普勒模糊，会对场景图像产生影响，通常用低副瓣天线来减小它的影响，这些在 4.4 节里已经讨论过。

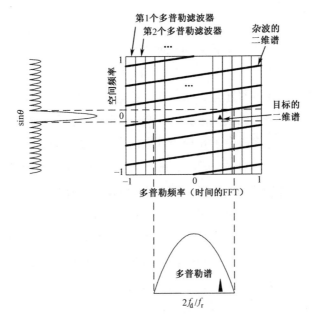

图 9.26　杂波谱形成示意图

下面来讨论地面动目标的情况。对位于雷达视角为 θ 处的动目标[①]，由于它相对于雷达还有一定的径向速度 V_t，它的多普勒 f_d 和视角 θ 不满足式（9.70）的关系，相当于将原 θ 角在地杂波谱斜直线上相应的点沿多普勒轴横移 $2V_t/\lambda$，V_t 值越大，离二维地杂波谱也越远，在图 9.26 里以符号▲表示。

从图 9.26 可见，所谓动目标混在主杂波谱里，是对其时域的一维多普勒谱而言的，图中显示了空时（空间和时间）二维谱在多普勒维投影的多普勒谱，它们确实混叠在一起，且杂波强度大于目标，不可能从中检测出动目标。但从空时二维谱平面来看，两者是分开的，只要设计出凹口对准地杂波谱，即图 9.26 所示中间的粗斜线的空时二维滤波器，就有可能抑制强的地杂波，而将动目标检测出来。为了进行空时（空间和时间）二维处理，首先要获取空时二维数据，一般均用阵列天线（是实际阵列，不是合成阵列）的各个阵元（或子阵）分别接收不同空间位置的回波信号，相当于空间采样；然后再对各个阵元接收的时序信号进行时间采样。通过对空时二维采样得到的二维数据进行加权和的滤波，便可得到空时二维滤波。空间阵列一般沿载机前进速度方向排列，因而载机速度的视角 θ 即为阵列的视角。由于空时二维处理系统误差难以避免，一般均采用自适应方式，称为空时自适应处理。

---

① 对于高分辨率 SAR，即使慢速动目标移动很少，在相干积累期间视角 θ 也会改变。这里是以较低分辨率的非聚焦 SAR 为例来讨论的，这时相干积累时间短，视角 θ 近似不变。但所得结果不难推广到聚焦 SAR。

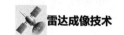

空时二维处理内容很多，不可能在这里做详细介绍。下面选择与 SAR-GMTI 结合密切，且结构简单，性能较好的一种先加以讨论。

这里介绍一种简单的"空域局域化"的空时二维处理方法。设雷达天线由沿航线相邻放置的两个子孔径组成，将两个子孔径的和波束作为发射波束，而接收部分则先将两子孔径输出的地杂波做"空域局域化"，然后再分别处理。所谓地杂波"空域局域化"就是将两个子孔径的时序信号分别做 FFT 处理，得到一系列不同的多普勒频率 f_d 输出（见图 9.26）。由于固定地物回波多普勒 f_d 与视角 θ 有对应关系，每一路多普勒输出对应的地杂波则限制在一个很窄的角域范围里，众多的多普勒输出相当于将主杂波照射范围分割成许多很窄的角域（通常称为多普勒波束锐化），对应于任一路多普勒输出，其对应的波束覆盖范围并无变化，但固定杂波则限制在很窄的角域里，且每一路多普勒输出所对应的窄的杂波角域是不同的，这就是杂波"空域局域化"。为了使空域的分割受其他区域影响小，做 FFT 时应先做较重的幅度锥削加权，以降低锐化多普勒波束的副瓣。至于原波束覆盖范围里的动目标，则它只能在与其相应的多普勒通道输出，但在该通道里它与杂波所对应的角域是不同的。

如果仅仅作多普勒滤波器组处理（一般的脉冲多普勒雷达就是这样做的），其结果是每路多普勒输出只是整个杂波谱的一小部分，从而使输出的信杂比（如果有目标的话）得到大的提升。用合成孔径雷达的话来说，这相当于用减小横向分辨单元长度来减小杂波。慢速动目标通常位于主波束的杂波谱中，这种抑制杂波的方法是远远不够的。这也只是做了时域处理。

这里介绍的杂波"空域局域化"方法，是在两个波束的信号各自作 FFT 的多普勒滤波后，再将两个子孔径里同一编号的一对多普勒输出再做空域处理。众所周知，同一多普勒输出对应主波束照射的固定场景中同一个窄的角域。图 9.27 所示为第 k 个多普勒通道的杂波抑制示意图，它将第 k 个多普勒滤波器通道的工作状况放大画出，在脉冲数 K 值比较大的情况下，每个多普勒滤波器所对应的地杂波谱的宽度是很窄的，该图中主波束里的动目标▲虽也处于这一多普勒通道里，但它和窄角域的地杂波在空域里是分开的。利用两个子孔径形成的差波束，依靠权向量调整差波束零点的指向，使之与该多普勒通道所对应的地杂波的指向重合，从而使地杂波进一步得到较大的抑制。

上面是以第 k 个多普勒滤波器为例说明的，对所有不同的多普勒滤波器，它们的工作原理均相同，只是所对应的窄角域地杂波在指向上略有差异，在形成两子孔径的差波束时，要用不同零点指向，也就是要用不同的权向量加以调控。用比相法形成差波束是雷达技术里的说法，而在物理学里常解释为调整两波束输出信号的相位相消，称为干涉法。

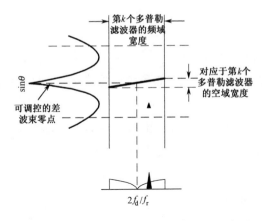

图 9.27 第 k 个多普勒通道的杂波抑制示意图

干涉法在各个子孔径通道里先利用深加权的多普勒滤波器将杂波在空域做局域化处理，使不同多普勒输出的杂波对应主瓣内不同的窄的角域，再利用空域自由度，分别在相应方向上形成零点，以滤除各通道的主瓣杂波。图 9.28 以第 2 个多普勒通道为例给出空域局域化干涉法的信号处理结构。

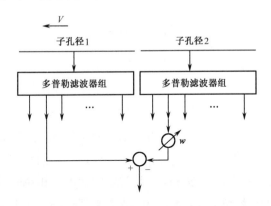

图 9.28 空域局域化干涉法的信号处理结构

设对于第 k 个多普勒滤波器，多普勒频率与其中心频率很接近的运动目标信号将从该多普勒滤波器输出。该多普勒滤波器多普勒中心频率为 $f_{\mathrm{d},k} = -f_{\mathrm{r}}/2 + kf_{\mathrm{r}}/K$，其中 K 为多普勒通道数，$1 \leqslant k \leqslant K$。与其相同的地杂波的多普勒频率 $f_{\mathrm{d,c}}$（等于 $f_{\mathrm{d},k}$）所对应的视角有下列关系

$$f_{\mathrm{d,c}} = \frac{2V}{\lambda} \sin\theta \tag{9.71}$$

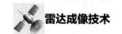

式（9.71）中，θ 代表了主瓣杂波区中与该多普勒通道中心频率相等的窄的杂波指向。这个指向的地杂波回波在两个子孔径上的相位差为

$$\Delta\varphi = \frac{2\pi d}{\lambda}\sin\theta \tag{9.72}$$

所以只要令权系数 $w = \mathrm{e}^{\mathrm{j}\Delta\varphi} = \mathrm{e}^{\mathrm{j}\frac{2\pi d}{\lambda}\sin\theta}$，就可以在视角 θ 处形成零点。干涉法是一种多普勒后处理方法，要求针对不同的多普勒通道分别计算权系数，在不同的方向形成零点。

由于子孔径的间距 $d > \lambda/2$，相消时会在空间形成多个零点，这些多余的零点如果落在主瓣内将是有害的，会对速度高一些的低速目标产生盲速问题。在机载的情况下，多个接收子孔径紧接排列，子孔径间距通常等于子孔径长度，按照上面的结构，如果 $\sin\theta$ 满足

$$\frac{d \times 2\pi}{\lambda}\sin\theta = \Delta\phi \pm n \times 2\pi \tag{9.73}$$

式（9.73）中，n 为整数，则 θ 是空域的一个零点。两个相邻的零点 θ_1 和 θ_2 满足

$$\Delta\sin\theta = |\sin\theta_1 - \sin\theta_2| = \frac{\lambda}{d} \tag{9.74}$$

设发射孔径的长度等于接收子孔径长度的 l 倍，即 ld，则可以推得发射波束主瓣的零点宽度满足

$$\Delta\sin\theta = K \times \frac{\lambda}{d} \times \frac{2}{l} \tag{9.75}$$

式（9.75）中，K 是取决于阵列加权情况的展宽系数，通常略大于 1。所以在 $l \geqslant 2K$ 的情况下，主瓣区内只会出现一个零点，其他零点均在副瓣区。

采用两个孔径的结构只能完成主杂波相消，而所在的多普勒通道只是对地杂波有对应的空间视角，而动目标的视角是未知的，要进一步完成对目标角度的精确测量，系统至少应具备 3 个子孔径。如图 9.29 所示，天线的 3 个子孔径两两之间分两组做杂波相消后进行干涉测向，与常规雷达的比相单脉冲测角原理和公式都相同。按照测得的目标位置和目标所在的多普勒通道，可以计算目标的径向速度。

这种三孔径战场侦察雷达，早在 1991 年海湾战争中就投入使用，在所在战场上获得了好的效果。这就是 E-8 上搭载的"联合监视目标攻击雷达系统"[22]。在一个 12m 长的独木舟形的雷达天线罩内装有一副具有 3 个子孔径的相控阵天线，旨在提供近实时的广阔区域监视和远程目标攻击指示能力，以便向地面和空中指挥官提供战况进展和目标变化的迹象和警报。图 9.30 所示为联合监视目标攻击雷达实际工作时得到的伊拉克从科威特撤军的平面显示器画面，可以看到大量的车辆沿公路上退回伊拉克的情景。

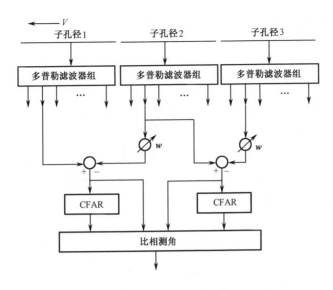

图 9.29　3 孔径干涉结构

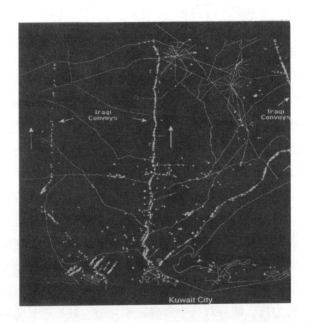

图 9.30　联合监视目标攻击雷达观测到的伊拉克从科威特撤军的平面显示器画面

　　干涉处理方法是最简单的开环空时处理方法，它的两个通道（包括天线）的特性很难完全一致，因而影响了地杂波的抑制性能。为了补偿系统参数误差和天线方向性函数的差异，它也可以采用自适应处理的方法来实现，即估计杂波的统计特性计算权系数，使系统的信杂（噪）比输出最大化，它必须解决非均匀环境中参考样本选取等问题。

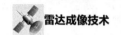

9.8.3 两孔径干涉的性能提高——多普勒后空时自适应处理简介

前面介绍的 DPCA 方法和干涉法都是空时自适应处理的简单形式。为了提高检测性能，必须采用结构更复杂的形式。最初提出的全空时处理对一个相干积累时间内的全部阵元的全部脉冲进行自适应加权滤波，其总的自由度（维数）等于子阵数和脉冲数的乘积，常常达到数千甚至数万。不仅接收机和信号处理器的设备量非常庞大难以实现，而且为估计杂波特性的协方差矩阵所需的庞大距离样本数目也无法从实际回波数据中获得。众所周知，为了实现协方差矩阵的精确估计，满足独立同分布条件的距离门样本数至少应该是系统总自由度的两倍。为了使空时自适应处理能够实际应用，研究人员研究了各种降维方法。

按照自适应处理方式在多普勒滤波（加权 FFT）之前或之后完成，将空时自适应处理分为"多普勒前处理"（pre-Doppler）和"多普勒后处理"（post-Doppler）两类，前面已经介绍的 DPCA 方法可以看作多普勒前处理的一个特例，两孔径干涉法则是多普勒后处理的一个特例。

在两孔径干涉法中，由于空间自由度的限制，只能形成余弦形凹口的响应，当两孔径间的距离较短时，余弦形响应在零点附近上升慢（即速度响应有较长的过渡带），对速度很低目标的检测会有较大的损失（低速目标多普勒谱接近杂波也被滤掉），而最低可检测速度（Minimal Detectable Velocity，MDV）是地面动目标检测的一个重要指标。为了得到低的 MDV，需要采用更为复杂的方法。一种方法是采用更多的空间自由度。在多普勒不模糊的情况下，更多的空间自由度可以形成更宽的凹口而过渡带很窄的阻带响应；在多普勒模糊的情况下，一个多普勒通道的杂波具有多个空间角度，也需要更多的自由度。这些自由度通常可以采用天线子阵分割的方法获得。考虑飞机高度、姿态和速度的测量误差，天线和接收机的系统响应不一致性，以及不同地形条件下植被等地物的内部运动（称为内杂波运动）和杂波分布的不均匀性，最好能够采用自适应处理来补偿系统误差，调整凹口的位置、宽度，以及对运动目标的响应。这种多普勒滤波后的空间多通道自适应处理方法称为 1DT（即只对一个多普勒单元做空域处理）方法或因子化方法（Factored Approach，FA），如图 9.31 所示。它相当于将图 9.28 和图 9.29 中的天线孔径数增多，并采用自适应算法确定权向量。

下面采用自适应算法对 1DT 方法权值的确定做具体分析。

图 9.31 是上述方法的示意图，如果先不看图中用虚线框出的 FFT 部分，这就是一般的数字波束形成方法，当用作抗干扰时，权向量 W 应该按照以下方法选取。

首先是确定波束指向，设导向向量为 $a = (a_1, a_2, \cdots, a_N)^T$，令

$$W^{\mathrm{H}} a = 1 \tag{9.76}$$

式（9.76）称为约束条件。设 N 路的数字输出干扰（含杂波和噪声）用向量表示为 $X = (x_1, x_2, \cdots, x_N)^{\mathrm{H}}$，则加权和输出为 $W^{\mathrm{H}} X$，其功率为 $E\left[\left|W^{\mathrm{H}} X\right|^2\right] = W^{\mathrm{H}} R W$，其中 $R = E\left[XX^{\mathrm{H}}\right]$ 为干扰协方差矩阵，其优化条件为输出杂波最小，即

$$\min_{W}\left[W^{\mathrm{H}} R W\right] \tag{9.77}$$

在式（9.76）的约束条件下，求解式（9.77），可得最优的权矢量为

$$W_{\mathrm{o}} = \mu R^{-1} S \tag{9.78}$$

式（9.78）中，μ 为比例系数。

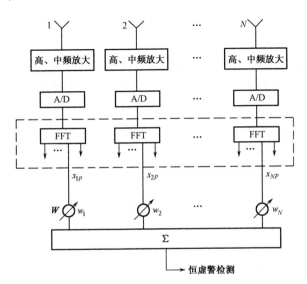

图 9.31　1DT 方法的处理框图

上面简略介绍了用作抗干扰时数字波束形成权向量的计算。但用其消除 SAR-GMTI 的固定杂波是不行的，因为 SAR 的固定杂波即观测场景的回波，它充满整个主波束区，用一般在波束的干扰处"置 0"的方法是无法实现的。

一种有效的方法是使波束里的杂波"局域化"，即在图 9.31 中接入虚线方框所示的 FFT。先看其中一路 FFT 的作用，由于平台运动，SAR 的回波具有空时耦合性，即 FFT 各路多普勒输出对应于天线的不同波束指向，如果雷达相干积累时间较长，则 FFT 的波束锐化将形成一组比主波束窄得多的波束组，以其中一路（如第 p 路）为例，其输出杂波局限于与之相应的很窄的角域里。这是对固定杂波而言，在导向向量的约束下，波束的覆盖范围并未减小，该范围里的动目标均会有回波到达，只要其多普勒频率与这一路相适应，就会有输出。

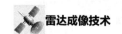

"局域化"后固定杂波局限于很窄的角域里，上述对干扰处的波束"置0"的方法可以应用。因此，可对第 p 路采用式（9.76）和式（9.77）的处理方法，计算出其自适应权向量。

采用 FFT 的局域化处理后，虽然对动目标来说，波束覆盖的范围未变，但能从第 p 路输出的只是多普勒频率与该路相适应的回波。为了对各种多普勒动目标回波均能有效检测，对 FFT 的所有各路（如共 K 路）做同样的处理。在同一时刻，各路的导向向量均相同，但局域化杂波的位置是不同的（也就是协方差矩阵 R 不同），各路有不同的权向量。

图 9.31 所示的 1DT 方法还可进一步改进，这种 1DT 方法在用 FFT 做局域化时利用了空时耦合特性，但对各路做杂波滤除时只用了空间一维滤波。图 9.32（a）是在二维平面里用等值线画出的其中一路的滤波特性。该图中的等值线在两侧较低是由于多普勒滤波响应中间高、两侧低而形成的。将该滤波特性与图中所示的杂波支撑区相比较可见，这种对杂波的滤波特性还不是最"匹配"的。虽然局域化的多普勒谱已经很窄，如果二维杂波在该频带内的斜率还不能忽略不计，则滤波器对慢速运动目标的响应就会比较差。前面已经提到，动目标检测有一个重要的技术指标——最低可检测速度（MDV）。结合波束来说，希望在地杂波处的响应降到零，在离开地杂波后响应会很快上升，只有这样才能得到较低的 MDV。考虑杂波在空时二维平面为一斜线，波束的特性最好是二维的，使波束的零区在二维平面为与杂波支撑区相适应的斜线［见图 9.32（b）］。

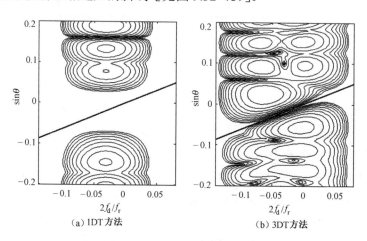

（a）1DT 方法　　　　　　　（b）3DT 方法

图 9.32　1DT 方法与 3DT 方法的二维响应比较

在现有空间通道的基础上，利用多个多普勒通道进行联合处理，可以产生斜的凹口，更好地与杂波匹配。如果联合 3 个多普勒通道，称为 3DT 方法，国外称为扩展因子方法（Extended Factored Approach，EFA），其处理框图如图 9.33 所示。

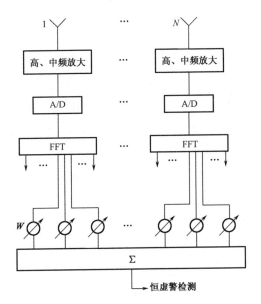

图 9.33　3DT 方法的处理框图

　　3DT 方法可以形成斜凹口，更好地与杂波匹配，可以得到低的 MDV 速度响应。限于篇幅这里不能详细介绍其应用中的问题，有兴趣的读者可以参阅相关的文献[25-26]。

9.9　单脉冲 ISAR[27]

　　在第 8 章的 ISAR 成像中，雷达波束一直跟踪目标，并接收了一串回波。通过包络对齐和自聚焦的平动补偿，运动目标等效为围绕其轴心转动的转台目标。如果将目标作为固定的基准，转动过程就可以等效为雷达围绕目标的焦点运动而在空间形成逆合成阵列流形（扫描线）。ISAR 成像的任务是利用观测期间扫描线上一系列点所接收的回波数据重构目标图像。

　　众所周知，ISAR 是依靠目标相对于雷达射线的姿态变化所产生的多普勒效应做横向分辨成像的，其横坐标是多普勒频率。散射点子回波的多普勒频率不取决于目标姿态，而依赖于姿态变化率。不同的姿态变化率（即不同的转轴）可形成不同的多普勒分布，使各时刻的成像平面可能有大的区别，且横向实际尺寸是未知的，特别是目标做机动飞行时，ISAR 图像会和直视的目标图像有很大的不同，这在第 8 章里已经介绍过（参阅图 8.20）。

　　成像平面由目标姿态变化率来确定，在实际应用中是不方便的。通常雷达成

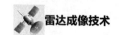
像要求能正确判断相对于雷达射线真实的左、右、上、下，即目标散射点的横坐标不要取决于回波的多普勒频率，而取决于相对雷达射线的真实位置。这一功能要采用单脉冲技术来完成。

单脉冲技术是雷达常用的测角方法，有比幅法和比相法两种，一般雷达常用的是比幅法。比幅单脉冲雷达具有和、差两个波束，用和波束来检测、跟踪目标，而从差波束输出确定目标相对于雷达射线的偏离角。单脉冲技术测角只允许分辨单元（即波束内的一个距离单元）里有一个点目标，如果同时存在方向不同的两个或两个以上点目标，差波束的测角输出会发生错误。为此，要对散射点模型的目标采用单脉冲技术成像，必须将散射点加以分离。用宽带信号得到高的纵向分辨率，使不同纵向位置的散射点分置在各个距离单元里；然后用多普勒分析（若目标非平稳转动则必须用时频分析）将横向位置不同的散射点分离开，再用差波束对各个散射点逐个测角，即由和波束通道所成图像的各个散射点，在差波束通道里得知相应点的角度差，从而得到以距离-角差作为平面的成像平面。如果用方位角差波束，则成像为距离-方位平面；而采用高低角差波束，则成像平面为距离-俯仰平面。

一般目标，如飞机，对应于雷达天线相位中心的张角很小（除非距离很近），必须用很窄的波束，才能得到所需要的角度分辨率。所以比幅法只能用于近程雷达，而一般雷达应采用比相法（即干涉法）。比较两接收通道图像各像素点的相位，从其相位差可计算出各像素点的方位或仰角差，得到距离-方位或距离-俯仰的图像。

为了实现干涉式 ISAR，至少也要另加一副辅助接收天线和接收通道，如要测得目标的距离-方位像，辅助天线应水平配置；要测得距离-俯仰像则辅助天线应高低配置。单通道测得的 ISAR 图像的成像平面垂直目标有效转动的转轴，其纵坐标值能正确反映各散射点相对于雷达的距离，而横坐标值是由目标姿态变化率与散射点横向位置共同确定的多普勒频率决定。因此，在干涉式 ISAR 里，单通道 ISAR 横向成像的目的只是利用各散射点的不同多普勒频率，将它们分离开，然后用干涉式比相测角，得到所需要的横向分布。下面以距离-方位像为例作具体说明。

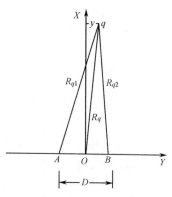

图 9.34　天线和目标的几何关系

如图 9.34 所示，设 A 点为原雷达的天线相位中心，而 B 点为辅助接收天线的相位中心，A 点和 B 点之间的间距为 D，A 点和 B 点的中点记为 O，A 点和 B 点的延长线为 Y 轴，以 O 为

中心与 Y 轴垂直的轴为 X 轴并称其为天线电轴。设目标中心（焦点）位于 X 轴上，q 为目标的一个散射点，q 到 A、B 和 O 的距离分别为 R_{q1}、R_{q2} 和 R_q。

通过对天线 A（A 点）接收的信号进行距离压缩，以及对方位方向进行多普勒分析后，得到目标散射点在距离和瞬时多普勒域的分布图（即距离-瞬时多普勒像），以及该时刻各散射点的复振幅。设从 A 点的天线获得的 q 散射点在某成像时刻 t_m 的复振幅为

$$s_{qA}(t_m) = A_q e^{-j4\pi f_c R_{q1}(t_m)/c} \tag{9.79}$$

则从辅助接收天线（B 点处）获得的 q 散射点在 t_m 时刻的复振幅为

$$s_{qB}(t_m) = A_q e^{-j2\pi f_c \left[R_{q1}(t_m)+R_{q2}(t_m)\right]/c} \tag{9.80}$$

将两者共轭相乘，得

$$s_{qB}(t_m)s_{qA}^*(t_m) = A_q^2 e^{j2\pi f_c \left[\frac{R_{q1}(t_m)-R_{q2}(t_m)}{c}\right]} = A_q^2 e^{j\frac{2\pi}{\lambda}\left[\frac{2y(t_m)D}{R_{q1}(t_m)+R_{q2}(t_m)}\right]} \tag{9.81}$$

在一般情况下，满足 $R_{q1}(t_m)+R_{q2}(t_m) \gg y(t_m)$ 和 $R_{q1}(t_m)+R_{q2}(t_m) \gg D$ 的条件，因此可采用 $R_{q1}(t_m)+R_{q2}(t_m) \approx 2R_q(t_m)$，即 $s_{qB}(t_m)s_{qA}^*(t_m)$ 的相位与 $y(t_m)$ 成正比。因 $2R_q(t_m)$ 可以较精确地测量出来，故通过计算 $s_{qB}(t_m)s_{qA}^*(t_m)$ 的相位即可把 $y(t_m)$ 求出。记 $s_{qB}(t_m)s_{qA}^*(t_m)$ 的相位为 $\varphi(t_m)$，那么

$$y(t_m) = \frac{\varphi(t_m)\lambda R_q(t_m)}{2\pi D} \tag{9.82}$$

由于相位差以 2π 为周期，为使横向测距无模糊，应保证 $\left|\dfrac{2\pi}{\lambda}\dfrac{y(t_m)D}{R_q(t_m)}\right| < \pi$。那么最大横距范围为

$$Y_{max} = \left[-\frac{\lambda R_q(t_m)}{2D}, \frac{\lambda R_q(t_m)}{2D}\right] \tag{9.83}$$

即目标的横向尺寸不超过 $2Y_{max}$。为了保证一定的横向不模糊距离和一定的测角精度，D 值应随着 R 值的变化而变化。对于 3cm 波长，为了保证 300m 的不模糊横向距离，对于 20km 处的目标，D 最大可以取 2m；对于 10km 处的目标，D 最大可以取 1m。同时 D 也不宜取得过小，否则会降低横距灵敏度。

同样，对于目标俯仰向信息的测量，可以通过在高度方向放置一副天线 C（C 点），通过计算天线 C（C 点）和天线 A（A 点）的回波信号的相位差测量目标相对于天线电轴的高度。单脉冲技术可以准确测角，只要目标到雷达的距离能较准确测量（这是可以做到的），成像的横距尺度就是精确已知，这是一般 ISAR 成像难以做到的。

单脉冲技术成像的基础在于散射点可分离，由于目标散射点在三维空间分布，

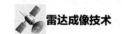

有可能在某距离单元里在不同方向上有多普勒相同的两个或两个以上的散射点（相当于在多普勒域发生层叠），这些点在 ISAR 距离-多普勒域里是不可分离的，用单脉冲测角就会产生相当于波束里同时有两个或两个以上目标的情况，从而出现测角错误，在成像中应将其剔除。

如何发现在距离-多普勒域分离的散射点，而实际为方向不同的多个点呢？这是容易做到的，若对某分离的像素点作测角处理时，可先比较 A 和 B 两通道（天线）ISAR 两幅图像各像素的振幅，设比较其中第 (i, j) 像素的振幅 $\left|s_{ijA}(t_{\mathrm{m}})\right|$ 和 $\left|s_{ijB}(t_{\mathrm{m}})\right|$，如果该像素点所对应的角度域里也是一个点，则振幅 $\left|s_{ijA}(t_{\mathrm{m}})\right|$ 和 $\left|s_{ijB}(t_{\mathrm{m}})\right|$ 应相等（考虑实际因素会有小的误差）；如果在角域里映射出多个点，则 A 和 B 两通道的回波应为多个子回波之和，考虑路径不同的波程差，多个子回波的向量与在 A 和 B 两通道的图像会有明显差别，即 $\left|s_{ijA}(t_{\mathrm{m}})\right|$ 和 $\left|s_{ijB}(t_{\mathrm{m}})\right|$ 有显著差别，因此可取相对幅度差为

$$\Delta V = \frac{\left|\left|s_{ijA}(t_{\mathrm{m}})\right| - \left|s_{ijB}(t_{\mathrm{m}})\right|\right|}{\left|\left|s_{ijA}(t_{\mathrm{m}})\right| + \left|s_{ijB}(t_{\mathrm{m}})\right|\right|} \tag{9.84}$$

作为判别准则。

实际处理表明，以 $\Delta V > 0.15$ 作为多点情况而加以剔除是合适的。

应当指出，前面为了便于解释，设目标中心位于 X 轴上（见图 9.34）。实际上是不必要的，因为小的横向偏移，对式（9.82）的结果不会有影响，只是所得距离-方位像有少量的偏移，而对实际应用也没有影响。

如果目标远离 X 轴，即从目标到图 9.34 中的 O 点有一定的倾角 θ（图 9.34 的情况为 $\theta = 0$），这时可将目标到 O 点的连线作为新的 X 轴（标为 X' 轴），并通过 O 点将与 X' 轴垂直的线作为 Y' 轴，这时 A 和 B 两天线（点）的有效距离为 $D\cos\theta$。其他分析与上面的相同。

因此，若辅助接收天线在地面设置，它最好是可转动的，即天线 A 和 B 装置在一个转动平台上，类似于跟踪雷达，随目标运动而转动，使目标基本处于两天线连线的法线方向。

如果辅助接收天线在地面固定放置（其射线与主天线同步旋转），应有正交放置的两副天线，而根据目标方向选用其中一副。由于主天线和辅助天线的距离固定，其测角灵敏度为常数（对法线方向，其他方向应乘以 $\cos\theta$），目标横距的测量灵敏度会随目标距离的加大而下降，因此实际应用要加以考虑。

下面举一个计算机仿真的例子。设以 330 个散射点（三维的）模仿飞机模型，模型俯视投影如图 9.35（a）所示，其长/宽/高分别为 70m/60m/9m。雷达中心频率为 5GHz，信号带宽为 400MHz，脉冲重复频率为 1250Hz。该例中飞机机动飞行，

目标距离为 20km。经平动补偿后等效为三维转动的转台目标，实际目标姿态如图 9.35（a）所示而位于图 9.34 的 X 轴上（A 和 B 的间距为 1m），其三维转动参数为 $\Omega_X = 0.36°/s$，$\alpha_X = 0.36°/s^2$；$\Omega_Y = 0.42°/s$，$\alpha_Y = 0.42°/s^2$；$\Omega_Z = 0.55°/s$，$\alpha_Z = 0.17°/s^2$。其中，X 轴向的转动不产生多普勒效应，有效转动分量由 Y 和 Z 轴的转动分量组成。用本书第 8 章介绍的方法作 ISAR 单通道（只有天线 A 接收）成像处理，其结果如图 9.35（b）所示。图 9.35（a）和图 9.35（b）具有相同数目的散射点，且各点的纵坐标（距离向）相同，只是图 9.35（b）的横坐标为各散射点的瞬时多普勒频率，其成像平面有大的变化。图 9.35（b）的横坐标以多普勒为尺度，它不是真正的横距。如果不进行方位向定标，则只能根据对目标的先验知识适当调整尺度（这里未进行精确的尺度处理）。

对利用图 9.34 的 A 和 B 两副天线接收的 ISAR 复数图像［其实数图像同图 9.35（b）］逐点进行比相测角，并根据目标距离计算各点的横距。计算中对各点在两天线通道的相对幅度差［见式（9.84）］进行了检查，其中有 13 个点（为总数的 4%）超过 0.15，而摒弃不用，最后得到如图 9.35（c）所示的距离-方位像。比较图 9.35（c）和 9.35（a）可见，两者基本相同，图 9.35（c）能反映目标的实际姿态，也能反映目标的实际横向尺度。

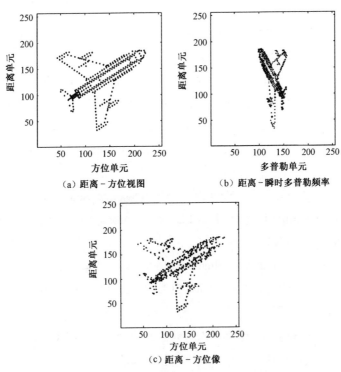

（a）距离-方位视图　　　（b）距离-瞬时多普勒频率

（c）距离-方位像

（横轴表示方位单元序号，纵轴表示距离单元序号）

图 9.35　仿真目标的 ISAR 和干涉 ISAR 成像的结果

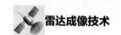

如同本章前面在 InSAR 干涉高程测量中叙述的那样，实际上一个距离-方位分辨单元（像素）中往往包含多个散射点，ISAR 成像后该像素的复幅度是多个散射点的矢量和，它会影响对该像素的测向。考虑飞机等人工目标具有一定的规则外形，这种影响会小一些。在上面的仿真中，实际上只是仿真了飞机轮廓的一些离散的散射点，实际应用中不会产生这样好的结果。但希望这种技术至少能帮助人们确定目标飞机的飞行姿态。

9.10　本章小结

高程测量和运动目标检测、定位、测速等干涉方法是合成孔径雷达成像技术的发展和延伸。它们极大地拓展了成像雷达的功能和应用范围，在军事和国民经济中可以发挥重大作用。本章重点介绍了高程测量和地面运动目标检测和测速的基本原理和基本实现过程，简要介绍了单脉冲 ISAR 的基本原理。有兴趣的读者可以查阅相关文献。

参 考 文 献

[1]　Graham L C. Synthetic Interferometer Radar for Topographic Mapping[J]. Proceedings of the IEEE, 1974, 62(6): 763-768.

[2]　Goldstein R M, Zebker H A, Werner C L. Satellite Radar Interferometry: Two-Dimensional Phase Unwrapping[J]. Radio Science, 1988, 23(4): 713-720.

[3]　Gabriel A K, Goldstein R M. Crossed Orbit Interferometry: Theory and Experimental Results From SIR-B[J]. International Journal of Remote Sensing, 1988, 9(5): 857-872.

[4]　Li F K. Goldstein R M. Studies of Multibaseline Spaceborme Interferometric Synthetic Aperture Radars[J]. IEEE Transactions on Geoscience and Remote Sensing, 1990, 28(1): 88-97.

[5]　Yadin E. A Performance Evaluation Mode for a Two Port Interferometer SAR-MTI[C]// Proceedings of the 1996 IEEE National Radar Conference. Ann Arbor, Michigan: IEEE, 1996, 5(13-16): 261-266.

[6]　Rosen P A, Hensley S, Joughin I R, et al. Synthetic Aperture Radar Interferometry[J]. Proceedings of the IEEE, 2000, 88(3): 333-382.

[7]　王超, 张红, 刘智. 星载合成孔径雷达干涉测量[M]. 北京：科学出版社, 2002.

[8]　穆冬. 干涉合成孔径雷达成像技术研究[D]. 南京：南京航空航天大学, 2001.

[9]　Zebker H A, Villasenor J. Decorrelation in Interferometric Radar Echoes[J]. IEEE Transactions on Geoscience and Remote Sensing, 1992, 30(5): 950-959.

[10]　Gatelli F, Guamieri A M, Parizzi F, et al. The Wavenumber Shift in SAR Interferometry[J]. IEEE Transactions on Geoscience and Remote Sensing, 1994, 32(4): 855-865.

[11]　Schwabisch M, Geudtner D. Improvement of Phase and Coherence Map Quality Using Azimuth Prefiltering: Examples from ERS-1 and X-SAR[C]// 1995 International Geoscience and Remote Sensing Symposium, Quantitative Remote Sensing for Science and Applications. IEEE, 1995, 10-14(6): 205-207.

[12]　Lee J S, Hoppel K W, Mango S A, et al. Intensity and phase statistics of multilook polarimetric and interferometric imagery[J]. IEEE Transactions on Geoscience and Remote Sensing, 1994, 32(5): 1017-1028.

[13]　Eichel P H, Ghiglia D C, Jokowatz Jr C V, et al. Spotlight SAR Interferometry for Terrain Elevation Mapping and Interferometric Change Detection[R]. Sandia National Labs Tech. (SNL-NM), ALbuquerque, NM (United states); AT and Technologies Inc-7 ALbuquerque, NM (United states), 1996.

[14]　Lanari R, Fornaro G, Riccio D, et al. Generation of Digital Elevation Models by Using SIR-C/X-SAR Multifrequency Two-Pass Interferometry: The Etna Case Study[J]. IEEE Transactions on Geoscience and Remote Sensing, 1996, 34(5): 1097-1114.

[15]　Lee J S, Papathanassiou K P, Ainsworth T L, et al. A new technique for noise filtering of SAR interferometric phase image[J]. IEEE Transactions on Geoscience and Remote Sensing, 1998, 36(5): 1456-1465.

[16]　Ghiglia D C, Romero L A. Robust two-Dimensional Weighted and Unweighted Phase Unwrapping That Uses Fast Transforms and Iterative Methods[J]. Journal of the Optical Society of America A-Optics Image Science and Vision, 1994, 11(1): 107-117.

[17]　Rodriguez E, Martin J M. Theory and design of interferometric synthetic-aperture radars[J]. IEE Proceedings F, Radar and Signal Processing, 1992, 139(2): 147-159.

[18]　Skolnik M I. Radar Handbook[M]. 2nd ed. New York: McGraw-hill, 1990.

[19]　保铮, 廖桂生, 吴仁彪, 等. 相控阵机载雷达杂波抑制的时—空二维自适应滤波[J]. 电子学报, 1993, 21(9).

[20]　王彤, 保铮, 廖桂生. 地面慢速目标检测 STAP 方法[J]. 电子学报, 2000,

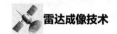

28(9).

[21] 王彤, 保铮, 李真芳. 地面慢速目标检测方法研究[J]. 西安电子科技大学学报, 2001, 28(增刊).

[22] Entzminger J N, Fowler C A, Kenneally W J. Joint STARS ang GMTI: past, present and future[J]. IEEE Transactions on Aerospace and Electronic Systems, 1999, 35(2): 748-761.

[23] Shaw G A, McAulay R J. The Application of Multichannel Signal Processing to Clutter Suppression for a Moving Platform Radar[C]. IEEE Acoustics, Speech, and Signal Processing Spectrum Estimation Workshop II. 1983: 308-311.

[24] Faubert D, Tam W. Improvement in the Detection Performance of a Space Based Radar Using a Displaced Phase Centre Antenna[C]// 1987 Antennas and Propagation Society International Symposium. IEEE, 1987, 25: 964-967.

[25] 廖桂生, 保铮, 张玉洪. 机载雷达时一空二维部分联合自适应处理[J]. 电子科学学刊, 1933(11), 15(6).

[26] Dipietro R C. Extended factored space-time processing for airborne radar systems. Proceedings of the 26th Asilomar Conference on Signals[C]// Conference Record of the Twenty-Sixth Asilomar Conference on Signals, Systems & Computers. IEEE Computer Society, 1992(10): 425-430.

[27] 张群, 马长征, 张涛, 等. 干涉式逆合成孔径雷达三维成像技术研究[J]. 电子与信息学报, 2001(09).